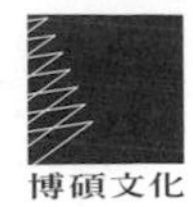

圖解

資料結構 × 演算法

運用C#

胡昭民 著

以C# 程式語言實作
解說資料結構概念的入門書

| 豐富圖例闡述基本概念 | 培養紮實資料結構基礎 |
| 深化演算法的邏輯訓練 | 加強建構運算思維能力 |

博碩官網下載・書中範例程式碼

作　　者：胡昭民
責任編輯：黃俊傑

董 事 長：陳來勝
總 編 輯：陳錦輝

出　　版：博碩文化股份有限公司
地　　址：221 新北市汐止區新台五路一段 112 號 10 樓 A 棟
電話 (02) 2696-2869 傳真 (02) 2696-2867

發　　行：博碩文化股份有限公司
郵撥帳號：17484299　戶名：博碩文化股份有限公司
博碩網站：http://www.drmaster.com.tw
讀者服務信箱：dr26962869@gmail.com
訂購服務專線：(02) 2696-2869 分機 238、519
（週一至週五 09:30 ～ 12:00；13:30 ～ 17:00）

版　　次：2023 年 3 月初版一刷

建議零售價：新台幣 600 元
I S B N：978-626-333-407-6
律師顧問：鳴權法律事務所 陳曉鳴律師

本書如有破損或裝訂錯誤，請寄回本公司更換

國家圖書館出版品預行編目資料

圖解資料結構 x 演算法：運用 C# / 胡昭民著 .
-- 初版 . -- 新北市：博碩文化股份有限公司,
2023.03

面；　公分

ISBN 978-626-333-407-6(平裝)

1.CST: 資料結構 2.CST: 演算法 3.CST: C#(電腦程式語言)

312.73　　　　112001806

Printed in Taiwan

序 Preface

資料結構一直是電腦科學領域非常重要的基礎課程，除了是全國各大專院校資訊、資工、資管、應用數學、電腦科學、計算機等資訊相關科系的必修科目之外，近年來也被電子、電機或一些商學管理科系列入選修課程。同時，一些資訊相關科系的轉學考、研究所考試、國家高、普、特考等，也將資料結構列入必考科目。由此可知，不論就考試的角度，或是研究資訊科學學問的角度，資料結構確實是有志從事資訊工作的專業人員，不得不重視的一門基礎課程。

對於第一次接觸資料結構課程的初學者來說，過多的內容及不清楚的表達常是造成學習障礙最主要的原因。本書是以 C# 程式語言實作來解說資料結構概念的入門書，內容淺顯易懂，藉由豐富圖例來闡述基本概念，將重要理論、演算法做最意簡言明的詮釋及舉例，同時配合完整的範例程式碼，期能透過實作來熟悉資料結構。因此，這是一本兼具內容及專業的資料結構教學用書。

由於筆者長期從事資訊教育及寫作工作，在文句的表達上盡量朝向簡潔有力、邏輯清楚闡述為主，而為了驗收各章的學習成果，特別蒐集了大量的習題，並參閱國內各種重要考試與資料結構相關的題型，提供讀者更多的實戰演練經驗。

一本好的理論書籍除了內容的完備專業外，更需要有清楚易懂的架構安排及表達方式。另外本書所有的程式都已經正確編譯執行，讀者也可以自行驗證，最後希望本書能帶給各位對此學科更完整的認識。

目錄

Contents

Chapter 1 資料結構入門與演算法

Chapter 2 陣列結構

Chapter 3 串列結構

Chapter 4 堆疊

Chapter 5 佇列

Chapter 6　樹狀結構

Chapter 7 圖形結構

Chapter 8 排序演算法

Chapter 9 搜尋演算法與雜湊函數

Appendix A 資料結構專有名詞索引

CHAPTER

1

資料結構入門與演算法

人們當初試圖發明電腦的主要原因之一，主要就是用來儲存及管理一些數位化資料清單與資料，這也是「資料結構」(Data Structure）學科的由來。當我們要求電腦解決問題時，必須以電腦了解的方式來描述問題，資料結構是資料的表示法，也就是指電腦中儲存資料的方法。對於一個有志於從事資訊專業領域的人員來說，資料結構（Data Structure）是一門和電腦硬體與軟體都有相關涉獵的學科，稱得上是近十幾年來蓬勃興起的一門新興科學。

圖書館的書籍管理是一種資料結構的應用

資料結構的研究重點是在電腦的程式設計領域中，探討將資料更有組織的存放到電腦記憶體中，以某種方式組織而成來提升程式之執行效率。所謂資料結構的定義就是一種輔助程式設計最佳化的方法論，它不僅討論到儲存的資料，同時也考慮到彼此之間的關係與運算，使達到加快執行速度與減少記憶體佔用空間等功用，其中包含了演算法（Algorithm）、儲存結構、排序、搜尋、樹狀、圖形設計概念與雜湊函數。

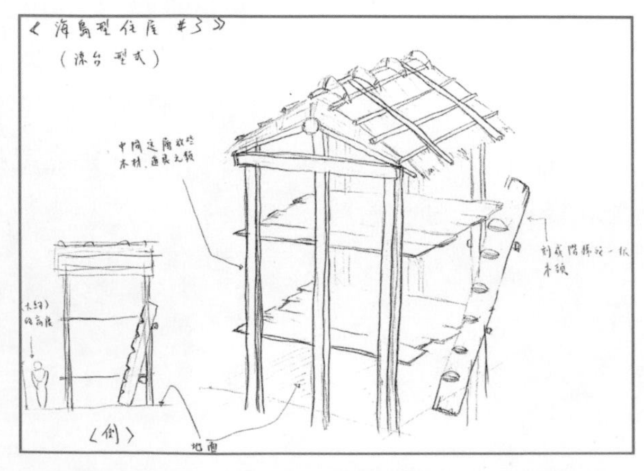

寫程式就像蓋房子一樣，先要規劃出資料結構圖

1-1 資料結構的定義

在資訊科技發達的今日，我們每天的生活已經和電腦產生密切的結合，尤其電腦與資訊是息息相關的，因為電腦處理速度快與儲存容量大的兩大特點，在資料處理的角色上更為舉足輕重。資料結構無疑就是資料進入電腦化處理的一套完整邏輯。就像程式設計師必須選擇一種資料結構來進行資料的新增、修改、刪除、儲存等動作，如果在選擇資料結構時作了錯誤決定，那程式執行起來的速度將可能變得非常沒有效率，甚至如果選錯了資料型態，那後果更是不堪設想。

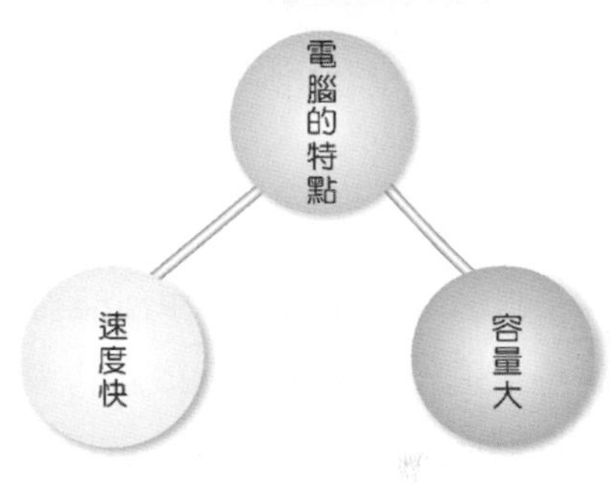

各位可以將資料結構看成是在資料處理過程中一種分析、組織資料的方法與邏輯，考慮了資料間的特性與相互關係。簡單來說，資料結構的定義就是一種程式設計最佳化的方法論，不僅討論到儲存的資料，同時也考慮到彼此之間的關係與運算，使達到加快執行速度與減少記憶體佔用空間等功用。具體而言，資料結構就是資料與程式設計的研究與討論。

1-1-1 資料與資訊

談到資料結構，首先就必須了解何謂資料（Data）與資訊（Information）。從字義上來看，所謂「資料」(Data)，指的就是一種未經處理的原始文字（Word）、數字（Number）、符號（Symbol）或圖形（Graph）等，它所表達出來的只是一種沒有評估價值的基本元素或項目。例如，姓名或我們常看到的課表、通訊錄等等都可泛稱是一種「資料」(Data)。

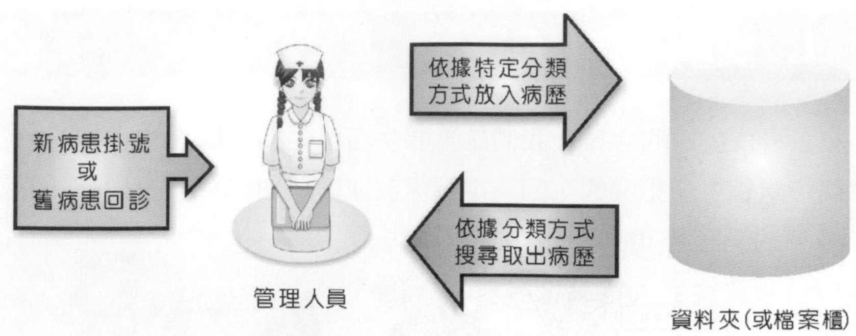

病歷表算是一種資料的概念

當資料經過處理（Process）過程，例如以特定的方式有系統的整理、歸納甚至進行分析後，就成為「資訊」（Information）。而這樣處理的過程就稱為「資料處理」（Data Processing）。從嚴謹的角度來形容－「資料處理」，就是用人力或機器設備，對資料進行有系統的整理如記錄、排序、合併、整合、計算、統計等，使原始的資料符合需求，成為有用的資訊。

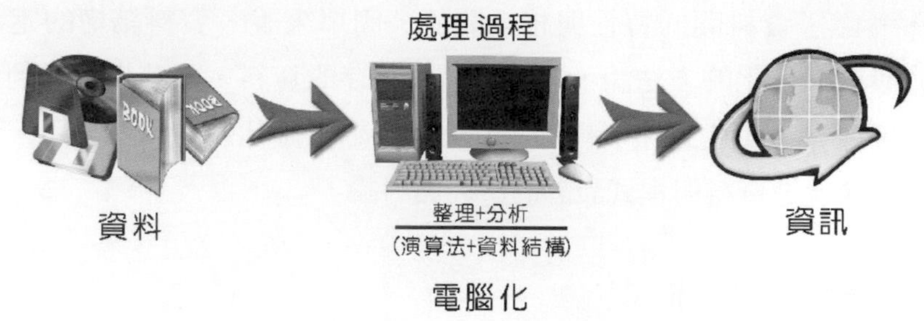

各位可能會有疑問：「那麼資料和資訊的角色是否絕對一成不變？」這倒也不一定，同一份文件可能在某種況下為資料，而在另一種狀況下則為資訊。例如全球新冠肺炎（Covid-19）死傷人數的詳細報告，對你我這些平民百姓而言，當然只是一份讓人驚悚的「資料」，不過對於「衛福部指揮中心」（CDC）的指揮官而言，這可就是彌足珍貴的「資訊」。

1-1-2 資料的特性

電腦化作業的增加，同時帶動了數位化資料的大量成長

通常依照計算機中所儲存和使用的對象，我們可將資料分為兩大類，一為數值資料（Numeric Data），例如 0,1,2,3…9 所組成，可用「運算子」（Operator）來做運算的資料，另一類為文數資料（Alphanumeric Data），像 A,B,C...+,* 等非數值資料（Non-Numeric Data）。不過如果依據資料在計算機程式語言中的存在層次來區分，可以分為以下三種型態：

基本資料型態（Primitive Data Type）

不能以其他型態來定義的資料型態，或稱為純量資料型態（Scalar Data Type），幾乎所有的程式語言都會提供一組基本資料，例如 C 語言中的基本資料型態，就包括了整數（int）、浮點數（float）、字元（char）等。

結構化資料型態（Structured Data Type）

或稱為虛擬資料型態（Virtual Data Type），是一種比基本資料型態更高一層的資料型態，例如字串（string）、陣列（array）、指標（pointer）、串列（list）、檔案（file）等。

抽象資料型態（Abstract Data Type：ADT）

對一種資料型態而言，我們可以將其看成是一種值的集合，以及在這些值上所作的運算與本身所代表的屬性所成的集合。至於「抽象化」沒有固定的模式，它會隨著需要或實際狀況而有不同。譬如把一台車子抽象化，每個人都有各自的理解方式，像是車商業務員與修車技師對車子抽象化的結果可能就會有差異。

車商業務員：輪子、引擎、方向盤、煞車、底盤。

修車技師：引擎系統、底盤系統、傳動系統、煞車系統、懸吊系統。

「抽象資料型態」（Abstract Data Type ,ADT）所代表的意義便是定義這種資料型態所具備的資料與抽象關係。也就是說，ADT 在電腦中是表示一種「資訊隱藏」（Information Hiding）的精神與某一種特定的關係模式。例如堆疊（Stack）是一種後進先出（Last In, First Out）的資料運作方式，就是一種很典型的 ADT 模式。

1-1-3　資料結構的應用

在現實生活中，電腦的主要工作就是把我們口中所稱的「資料」（Data），透過某種運算處理的過程，轉換為實用的「資訊」（Information）。例如一個學生的國文成績是 90 分，我們可以說這是一筆成績的資料，不過無法判斷它具備任何意義。如果經過某些如排序（sorting）的處理，就可以知道這學生國文成績在班上同學中的名次，也就是清楚在這班學生中的相對好壞，因此這就是一種資訊，而排序就是資料結構的一種應用。以下我們將介紹一些資料結構的常見應用：

樹狀結構

樹狀結構是一種相當重要的非線性資料結構，廣泛運用在如人類社會的族譜或是機關組織、計算機上的 MS-DOS 和 Unix 作業系統、平面繪圖應用、遊戲設計等。

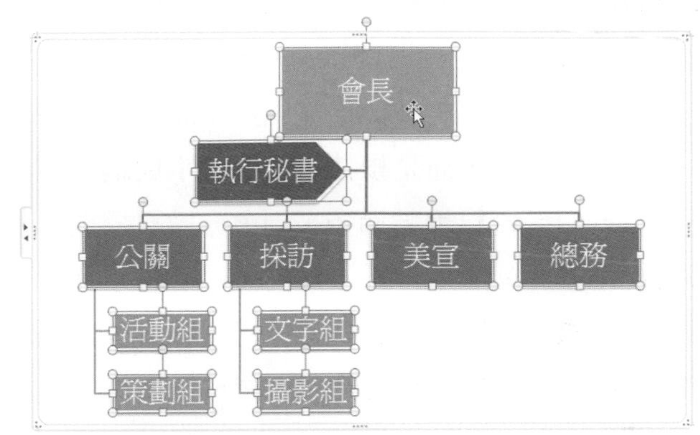

社團的組織圖也是樹狀結構的應用

最短路徑

最短路徑的功用是在眾多不同的路徑中，找尋行經距離最短、或者所花費成本最少的路徑。最傳統的應用是在公共交通運輸或網路架設上可能的開始時間的最短路徑問題，如都市運輸系統、鐵道運輸系統、通信網路系統等。

許多大眾運輸系統都必須運用到最短路徑的圖形理論

像是「衛星導航系統」(Global Positioning System, GPS)，就是透過衛星與地面接收器，達到傳遞方位訊息、計算路程、語音導航與電子地圖等功，目前有許多汽車與手機都安裝有 GPS 定位器作為定位與路況查詢之用。其中路程的計算就以最短路徑的理論為程式設計上的依歸，提供旅行者路徑選擇方案，增加駕駛者選擇的彈性。

搜尋理論

Google 搜尋引擎平時最主要的工作就是在 Web 上爬行，並且索引數千萬字的網站文件、網頁、檔案、影片、視訊與各式媒體，分別是爬行網站（crawling）與建立網站索引（index）兩大工作項目，例如 Google 的 Spider 程式與爬蟲（web crawler），會主動經由網站上的超連結爬行到另一個網站，並收集該網站上的資訊，最後將這些網頁的資料傳回 Google 伺服器。請注意！當開始搜尋時主要是搜尋之前建立與收集的索引頁面（Index Page），不是真的搜尋網站中所有內容的資料庫，而是根據頁面關鍵字與網站相關性判斷，一般來說會由上而下列出，如果資料筆數過多，則會分數頁擺放。使用者在進行搜尋時，當在內部的程式設計就必須仰賴不同的搜尋理論來進行，資訊會由上而下列出，如果資料筆數過多，則分數頁擺放，列出的方式則是由搜尋引擎自行判斷使用者搜尋時最有可能想得到的結果來擺放。

Google 搜尋引擎必須運用到不同搜尋理論

1-2 演算法

資料結構與演算法是程式設計中最基本的內涵，一個程式能否快速而有效率的完成預定的任務，取決於是否選對了資料結構，而程式是否能清楚而正確的把問題解決，則取決於演算法。所以各位可以這麼認為：「資料結構加上演算法等於可執行的程式。」

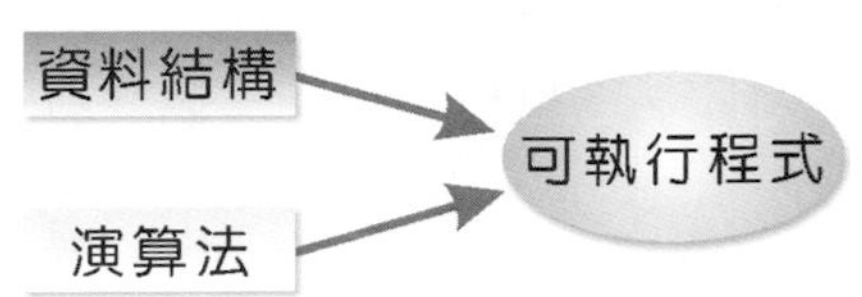

在韋氏辭典中演算法定義為：「在有限步驟內解決數學問題的程序。」如果運用在計算機領域中，我們也可以把演算法定義成：「為了解決某一個工作或問題，所需要有限數目的機械性或重覆性指令與計算步驟。」演算法並不是僅僅用於電腦領域上，包括在數學、物理或者是每天的生活上也有極大的用處。日常生活中也有許多工作都可以利用演算法來描述，例如員工的工作報告、寵物的飼養過程、廚師準備美食的食譜、學生的功課表等，甚至於連我們平時經常使用的搜尋引擎都必須藉由不斷更新演算法來運作。

廚師的食譜也是一種演算法

1-2-1 演算法的條件

在電腦裡演算法更是不可獲缺的一環，在這裡要討論包括電腦程式所常使用到演算法的概念與定義。當認識了演算法的定義後，我們還要說明描述演算法所必須符合的五個條件：

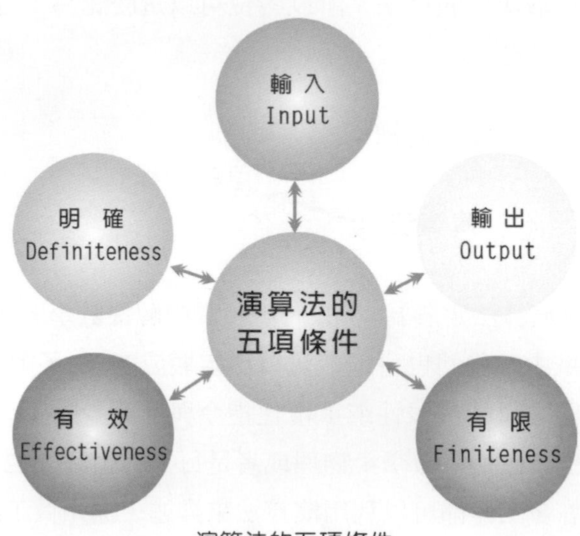

演算法的五項條件

演算法特性	內容與說明
輸入（Input）	0 個或多個輸入資料，這些輸入必須有清楚的描述或定義。
輸出（Output）	至少會有一個輸出結果，不可以沒有輸出結果。
明確性（Definiteness）	每一個指令或步驟必須是簡潔明確且不含糊。
有限性（Finiteness）	在有限步驟後一定會結束，不會產生無窮迴路。
有效性（Effectiveness）	步驟清楚可行，能讓使用者用紙筆計算求出答案。

1-2-2 演算法的表現方式

接著還要來思考到該用什麼方法來表達演算法最為適當呢？其實演算法的主要目的是在提供給人們閱讀瞭解所執行的工作流程與步驟，演算法則是學習如何解決事情的辦法，只要能夠清楚表現演算法的五項特性即可。常用的演算法有一般文字敘述如中文、英文、數字等，特色是使用文字或語言敘述來說明演算步驟，以下就是一個學生小華早上上學並買早餐的簡單文字演算法：

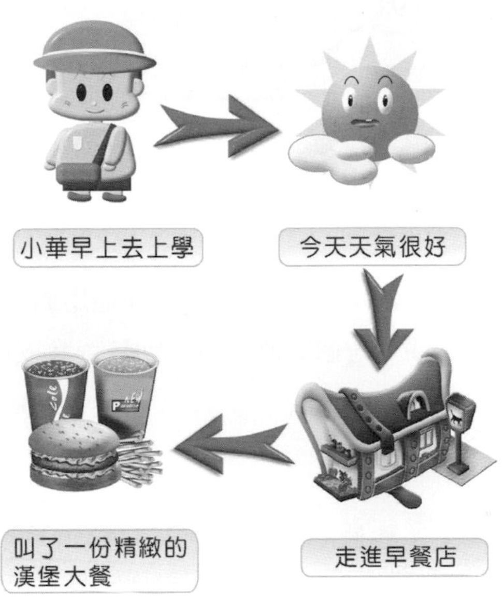

- **虛擬語言（Pseudo-Language）**：接近高階程式語言的寫法，也是一種不能直接放進電腦中執行的語言。一般都需要一種特定的前置處理器（preprocessor），或者用手寫轉換成真正的電腦語言，經常使用的有 SPARKS、PASCAL-LIKE 等語言。以下是用 SPARKS 寫成的鏈結串列反轉的演算法：

```
Procedure Invert(x)
    P←x; Q←Nil;
    WHILE P≠NIL do
        r←q; q←p;
        p←LINK(p);
        LINK(q)←r;
    END
    x←q;
END
```

- 表格或圖形：如陣列、樹狀圖、矩陣圖等。

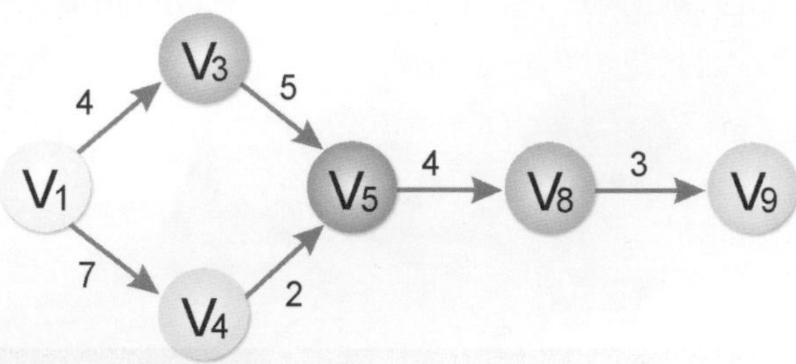

- 流程圖：流程圖（ Flow Diagram）算是一種通用的表示法，必須使用某些圖型符號。例如請您輸入一個數值，並判別是奇數或偶數。

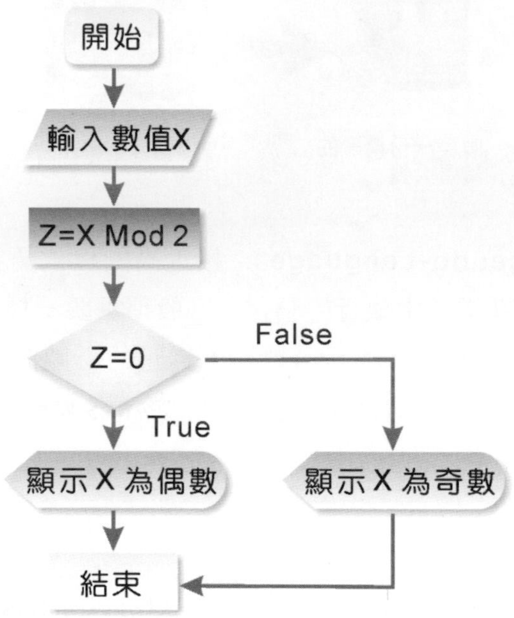

- 程式語言：目前演算法也能夠直接以可讀性高的高階語言來表示，例如 C#、Java、Python、Visual Basic、C、C++。

TIPS 演算法和程式有何不同？與流程圖又有什麼關係？

演算法和程序是有所區別，因為程式不一定要滿足有限性的要求，如作業系統或機器上的運作程序。除非當機，否則永遠在等待迴路（waiting loop），這也違反了演算法五大原則之一的「有限性」。另外只要是演算法都能夠利用程式流程圖表現，但因為程序流程圖可包含無窮迴路，所以無法利用演算法來表達。

1-3 常見演算法簡介

我們可以這樣形容，演算法就是用電腦來使用數學的學問，能夠了解這些演算法如何運作，以及他們是怎麼樣在各層面影響我們的生活。懂得善用演算法，當然是培養程式設計邏輯的很重要步驟，許多實際的問題都有多個可行的演算法來解決，但是要從中找出最佳的解決演算法卻是一個挑戰。本節中將為各位介紹一些近年來相當知名的演算法，能幫助您更加瞭解不同演算法的觀念與技巧，以便日後更有能力分析各種演算法的優劣。

1-3-1 分治法

「分治法」（Divide and conquer）是一種很重要的演算法，可以應用分治法來逐一拆解複雜的問題，核心精神在將一個難以直接解決的大問題依照相同的概念，分割成兩個或更多的子問題，以便各個擊破，分而治之。其實任何一個可以用程式求解的問題所需的計算時間都與其規模有關，問題的規模越小，越容易直接求解。由於在分割問題也是遇到大問題的解決方式，可以使子問題規模不斷縮小，直到這些子問題足夠簡單到可以解決，最後將各子問題的解合併得到原問題的解答。這個演算法應用相當廣泛，例如「快速排序法」（quick sort）、「遞迴演算法」（recursion）、「大整數乘法」。

例如以下有 8 張很複雜難畫的圖，我們可以分成 2 組各四幅畫來完成，如果還是覺得太複雜，繼續在分成四組，每組各兩幅畫來完成，利用相同模式反覆分割問題，這就是最簡單的分治法核心精神。如下圖所示：

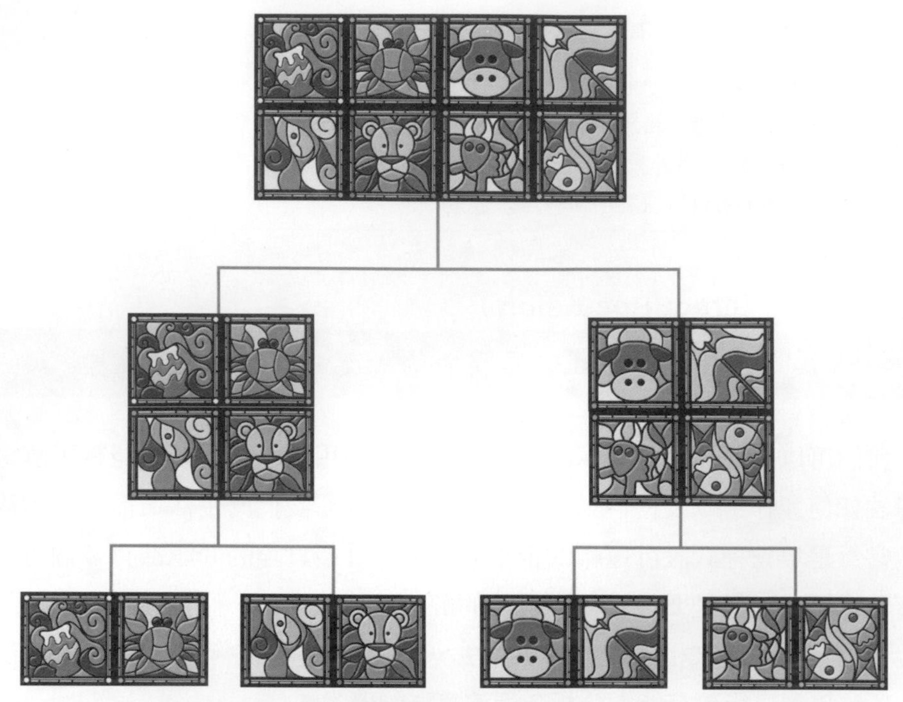

1-3-2 遞迴法

遞迴是種很特殊的演算法，分治法和遞迴法很像一對孿生兄弟，都是將一個複雜的演算法問題，讓規模越來越小，最終使子問題容易求解。遞迴在早期人工智慧所用的語言。如 Lisp、Prolog 幾乎都是整個語言運作的核心，現在許多程式語言，包括 C#、C、C++、Java 、Python 等，都具備遞迴功能。簡單來說，對程式設計師的實作而言，「函數」（或稱副程式）不單純只是能夠被其他函數呼叫（或引用）的程式單元，在某些語言還提供了自身引用的功能，這種功用就是所謂的「遞迴」。

從程式語言的角度來說，談到遞迴的正式定義，我們可以正式這樣形容，假如一個函數或副程式，是由自身所定義或呼叫的，就稱為遞迴（Recursion），它至少要定義 2 種條件，包括一個可以反覆執行的遞迴過程，與一個跳出執行過程的出口。

TIPS

「尾歸遞迴」(Tail Recursion)就是程式的最後一個指令為遞迴呼叫，因為每次呼叫後，再回到前一次呼叫的第一行指令就是 return，所以不需要再進行任何計算工作。

此外，遞迴因為呼叫對象的不同，可以區分為以下兩種：

直接遞迴(Direct Recursion)

指遞迴函數中，允許直接呼叫該函數本身，稱為直接遞迴(Direct Recursion)。如下例：

```
int Fun(...)
{
     .
     .
          if(...)
               Fun(...)
     .
     .
}
```

間接遞迴

指遞迴函數中，如果呼叫其他遞迴函數，再從其他遞迴函數呼叫回原來的遞迴函數，我們就稱做間接遞迴(Indirect Recursion)。

```
int Fun1(...)                  int Fun2(...)
{                              {
     .                              .
     .                              .
     if(...)                        if(...)
          Fun2(...)                      Fun1(...)
     .                              .
     .                              .
}                              }
```

例如我們知道階乘函數是數學上很有名的函數，對遞迴式而言，也可以看成是很典型的範例，我們一般以符號「！」來代表階乘。如 4 階乘可寫為 4!，n! 可以寫成：

```
n!=n×(n-1)*(n-2)……*1
```

各位可以一步分解它的運算過程，觀察出一定的規律性：

```
5! = (5 * 4!)
   = 5 * (4 * 3!)
   = 5 * 4 * (3 * 2!)
   = 5 * 4 * 3 * (2 * 1)
   = 5 * 4 * (3 * 2)
   = 5 * (4 * 6)
   = (5 * 24)
   = 120
```

至於 C# 的 n! 遞迴函數演算法可以寫成如下：

```
static int fac(int n)
{
    if (n == 0) //遞迴終止的條件
        return 1;
    else
        return n * fac(n - 1); //遞迴呼叫
}
```

接著請以設計一個 n！遞迴式演算法。

範例程式：Fac.sln

```
using static System.Console;//滙入靜態類別

WriteLine($"5!={Fac(5)}");
ReadKey();

static int Fac(int n)
{
    if (n == 0) //遞迴終止的條件
        return 1;
    else
        return n * Fac(n - 1); //遞迴呼叫
}
```

【執行結果】

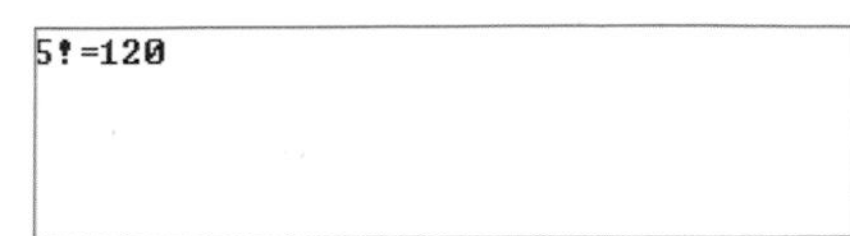

以上遞迴應用的介紹是利用階乘函數的範例來說明遞迴式的運作，在實作遞迴時，會應用到堆疊的資料結構概念，所謂堆疊（Stack）是一群相同資料型態的組合，所有的動作均在頂端進行，具「後進先出」（Last In, First Out: LIFO）的特性。有關堆疊的進一步功能說明與實作請參考第 4 章堆疊。寫到這裡，相信各位應該不會再對遞迴有陌生的感覺了！

我們再來看一個很有名氣的費伯那序列（Fibonacci Polynomial）求解，首先看看費伯那序列的基本定義：

$$F_n=\begin{cases}0 & n=0\\ 1 & n=1\\ F_{n-1}+F_{n-2} & n=2,3,4,5,6\cdots\cdots\text{（n 為正整數）}\end{cases}$$

簡單來說，就是一序列的第零項是 0、第一項是 1，其他每一個序列中項目的值是由其本身前面兩項的值相加所得。從費伯那序列的定義，也可以嘗試把它設計轉成遞迴形式：

```
public static int Fibonacci(int n)
{
    if (n==0)        // 第0項為 0
        return (0) ;
    else if (n==1)  // 第1項為 1
        return (1) ;
    else
        return( Fibonacci(n-1)+Fibonacci(n-2));
    // 遞迴呼叫函數第n項為n-1跟n-2項之和
}
```

接下來，請設計一個計算第 n 項費伯那序列的遞迴程式。

範例程式：Fib.sln

```
using static System.Console;//滙入靜態類別
int num;
string str;

WriteLine("使用遞迴計算費氏級數");
Write("請輸入一個整數:");
str = ReadLine();
num = int.Parse(str);
if (num < 0)
    WriteLine("輸入數字必須大於0");
else
    Write("Fibonacci(" + num + ")=" + Fibonacci(num) + "\n");
ReadKey();

static int Fibonacci(int n)
{
    if (n == 0)       // 第0項為 0
        return (0);
    else if (n == 1) // 第1項為 1
        return (1);
    else
        return (Fibonacci(n - 1) + Fibonacci(n - 2));
    // 遞迴呼叫函數 第N項為n-1 跟 n-2項之和
}
```

【執行結果】

```
使用遞迴計算費氏級數
請輸入一個整數:8
Fibonacci(8)=21
```

1-3-3 動態規劃法

「動態規劃法」(Dynamic Programming Algorithm, DPA)類似分治法，由 20 世紀 50 年代初美國數學家 R. E. Bellman 所發明，用來研究多階段決策過程的優化過程與求得一個問題的最佳解。動態規劃法主要的做法是如果一個問題答案與子問題相關的話，就能將大問題拆解成各個小問題，其中與分治法最大不同的地方是可以讓每一個子問題的答案被儲存起來，以供下次求解時直接取用。這樣的作法不但能減少再次需要計算的時間，並將這些解組合成大問題的解答，故使用動態規劃則可以解決重覆計算的缺點。

例如前面費伯納數列是用類似分治法的遞迴法，如果改用動態規劃寫法，已計算過資料而不必計算，也不會再往下遞迴，會達到增進效能的目的，例如我們想求取第 4 個費伯那數 Fib(4)，它的遞迴過程可以利用以下圖形表示：

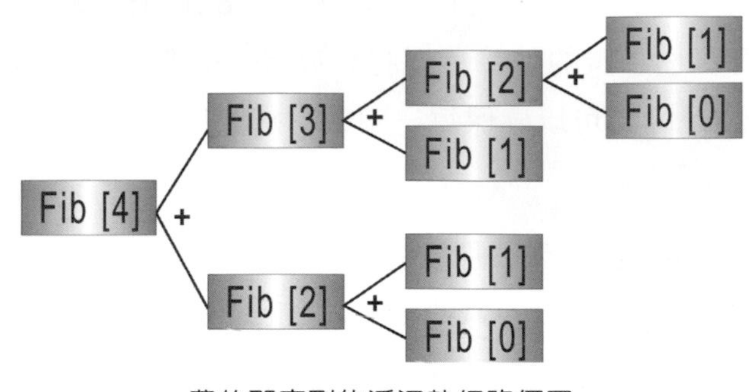

費伯那序列的遞迴執行路徑圖

從路徑圖中可以得知遞迴呼叫 9 次，而執行加法運算 4 次，Fib(1) 共執行了 3 次，浪費了執行效能，我們依據動態規劃法的精神，依照這演算法可以繪製出如下的示意圖：

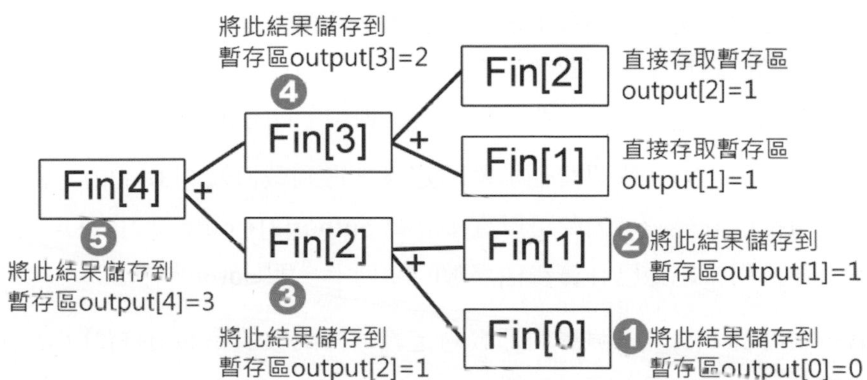

為了達到這個目的，我們可以先設置一個用來紀綠該費伯那數是否已計算過的陣列 ouput，該陣列中每一個元素是用來紀錄已被計算過的費伯那數，不過在計算之前，該 ouput 陣列的初值全部設定指向空的值（以 C 語言為例為 NULL，Python 為 None），但是當該費伯那數已被計算過後，就必須將該費伯那數計算而得的值儲存到 ouput 陣列中，舉例來說，我們可以將 F(0) 紀錄到 output[0]，F(1) 紀錄到 output[2]…以此類推。

不過每當要要計算每一個費伯那數會先從 output 陣列中判斷，如果是空的值，就進行費伯那數的計算，再將計算得到的費伯那數儲存到對應索引的 output 陣列中，因此可以確保每一個費伯那數只被計算過一次。演算過程如下：

1. 第一次計算 F(0)，依照費伯那數的定義，得到數值為 0，記得將此值存入用來紀錄已計算費伯那數的陣列中，即 output[0]=0。
2. 第一次計算 F(1)，依照費伯那數的定義，得到數值為 1，記得將此值存入用來紀錄已計算費伯那數的陣列中，即 output[1]=1。
3. 第一次計算 F(2)，依照費伯那數的定義，得到數值為 F(1)+F(0)，因為這兩個數值都已計算過，因此可以直接計算 output[1]+ output[0]=1+0=1 記得將此值存入用來紀錄已計算費伯那數的陣列中，即 output[2]=1。
4. 第一次計算 F(3)，依照費伯那數的定義，得到數值為 F(2)+F(1)，因為這兩個數值都已計算過，因此可以直接計算 output[2]+ output[1]=1+1=2 記得將此值存入用來紀錄已計算費伯那數的陣列中，即 output[3]=2。
5. 第一次計算 F(4)，依照費伯那數的定義，得到數值為 F(3)+F(2)，因為這兩個數值都已計算過，因此可以直接計算 output[3]+ output[2]=2+1=3 記得將此值存入用來紀錄已計算費伯那數的陣列中，即 output[4]=3。

第一次計算 F(5)，依照費伯那數的定義，得到數值為 F(4)+F(3)，因為這兩個數值都已計算過，因此可以直接計算 output[4]+ output[3]=3+2=5 記得將此值存入用來紀錄已計算費伯那數的陣列中，即 output[5]=5。以此類推……。

演算法可以修改如下（以 C# 語法為例）：

```
static int[] output = new int[1000]; //fibonacci的暫存區

static int fib(int n)
{
    int result;
    result=output[n];
    if (result==0)
    {
        if(n==0)
            return 0;
        if(n==1)
            return 1;
        else
            return (fib(n-1)+fib(n-2));
    }
    output[n]=result;
    return result;
}
```

1-3-4 疊代法

疊代法（iterative method）是指無法使用公式一次求解，必須要反覆運算，例如用迴圈去循環重複程式碼的某些部分來得到答案。

底下程式將利用 for 迴圈設計一個計算 1!~n! 的遞迴程式。

範例程式：Iterative.sln

```
using static System.Console;//滙入靜態類別
int sum = 1;

Write("請從鍵盤輸入n= ");
int n = int.Parse(ReadLine());

//以for迴圈計算 n!
for (int i = 1; i < n + 1; i++)
{
    for (int j = i; j > 0; j--)
```

```
            sum = sum * j;      // sum=sum*j
        WriteLine(i + "!=" + sum);
        sum = 1;
    }
    ReadKey();
```

【執行結果】

```
請從鍵盤輸入n= 8
1!=1
2!=2
3!=6
4!=24
5!=120
6!=720
7!=5040
8!=40320
```

上述的例子是一種固定執行次數的疊代法，當遇到一個問題，無法一次以公式求解，又不確定要執行多少次數，這個時候，就可以使用 while 迴圈。

while 迴圈必須自行加入控制變數起始值以及遞增或遞減運算式，撰寫迴圈程式時必須檢查離開迴圈的條件是否存在，如果條件不存在會讓迴圈一直循環執行而無法停止，導致「無窮迴圈」。迴圈結構通常需要具備三個要件：

1. 變數初始值
2. 迴圈條件式
3. 調整變數增減值

例如下面的程式：

```
i=1;
while(i < 10){
    //迴圈條件式
    WriteLine(i);
    i += 1;   //調整變數增減值
}
```

當 i 小於 10 時會執行 while 迴圈內的敘述，所以 i 會加 1，直到 i 等於 10，條件式為 False，就會跳離迴圈了。

1-3-5 貪心法

「貪心法」（Greed Method）又稱為貪婪演算法，方法是從某一起點開始，就是在每一個解決問題步驟使用貪心原則，都採取在當前狀態下最有利或最優化的選擇，不斷的改進該解答，持續在每一步驟中選擇最佳的方法，並且逐步逼近給定的目標，盡最大可能求得更好的解。當達到某一步驟不能再繼續前進時，演算法停止。

貪心法的精神雖然是把求解的問題分成若干個子問題，不過不能保證求得的最後解是最佳的。貪心法容易過早做決定，只能求滿足某些約束條件的可行解的範圍，不過在有些問題卻可以得到最佳解。經常用在求圖形的最小生成樹（MST）、最短路徑與霍哈夫曼編碼等。

我們來看一個簡單的例子，假設你今天去便利商店買了一罐可樂，要價 24 元，你付給售貨員 100 元，希望找的錢全部都是硬幣，而且你不喜歡拿太多銅板，硬幣的數量越少越好，所以應該要如何找錢？目前的硬幣有 50 元、10 元、5 元、1 元四種，從貪心法的策略來說，應找的錢總數是 76 元，所以一開始選擇 50 元一枚，接下來就是 10 元兩枚，再來是 5 元一枚及最後 1 元一枚，總共四枚銅板，這個結果也確實是最佳的解答。

貪心法很也適合作為旅遊某些景點的判斷，假如我們要從下圖中的頂點 5 走到頂點 3 最短的路徑該怎麼走才好？以貪心法來說，當然是先走到頂點 1 最近，接著選擇走到頂點 2，最後從頂點 2 走到頂點 5，這樣的距離是 28，可是從下圖中我們發現直接從頂點 5 走到頂點 3 才是最短的距離，也就是在這種情況下，那就沒辦法從貪心法規則下找到最佳的解答。

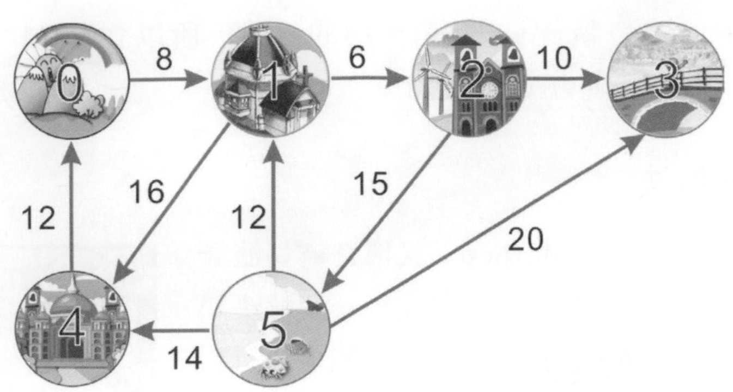

貪心法適合計算前往旅遊點景的最短路徑

1-3-6 枚舉法

枚舉法，又稱為窮舉法，枚舉法是一種常見的數學方法，是我們在日常中使用到的最多的一個演算法，它的核心思想就是：枚舉所有的可能。根據問題要求，一一枚舉問題的解答，或者為瞭解決問題的方便，把問題分為不重複、不遺漏的有限種情況，一一枚舉各種情況，並加以解決，最終達到解決整個問題的目的。枚舉法這種分析問題、解決問題的方法，得到的結果總是正確的，枚舉演算法的缺點就是速度太慢。

例如我們想將 A 與 B 兩字串連接起來，也就是將 B 字串接到 A 字串後方，就是利用將 B 字串的每一個字元，從第一個字元開始逐步連結到 A 字串的最後一個字元。

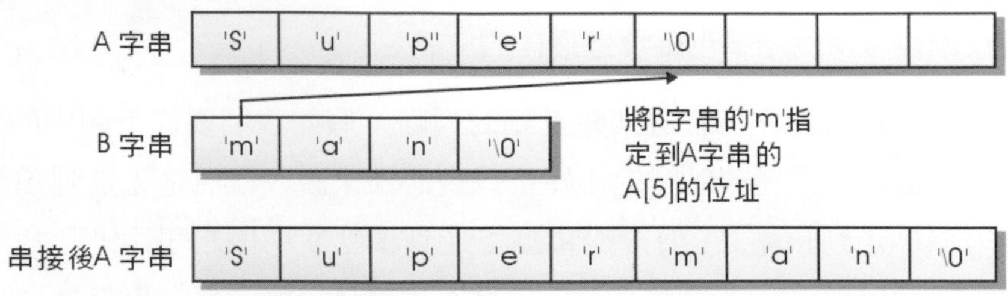

再來看一個例子，當某數 1000 依次減去 1,2,3... 直到哪一數時，相減的結果開始為負數，這是很單純的枚舉法應用，只要依序減去 1,2,3,4,5,6,8....?

```
1000-1-2-3-4-5-6....-? < 0
```

用 C# 寫成的演算法如下：

```
x=1;
num=1000;
while (num>=0) { //while迴圈
    num-=x;
    x=x+1;
}
Console.WriteLine (x-1);
```

簡單來說，枚舉法的核心概念就是將要分析的項目在不遺漏的情況下逐一枚舉列出，再從所枚舉列出的項目中去找到自己所需要的目標物。我們再舉一個例子來加深各位的印象，如果你希望列出 1 到 500 間的所有 5 的倍數的整數，以枚舉法的作法就是 1 開始到 500 逐一列出所有的整數，並一邊枚舉，一邊檢查該枚舉的數字是否為 5 的倍數，如果不是，不加以理會，如果是，則加以輸出。

如果以 C# 語言來示範，其演算法如下：

```
for (int num=1; num<501; num++)
    if (num % 5 ==0 )
        Console.WriteLine (num+"是5的倍數");
```

如果在寫 C# 語言來示範，先依底下指令匯入 System.Console 靜態類別：

```
using System.IO;
using static System.Console;//滙入靜態類別
```

這種情況下在進行主控台的輸出入指令時，就可以省略「Console.」語法。上述同一程式就可以修改如下：

```
for (int num=1; num<501; num++)
    if (num % 5 ==0 )
        WriteLine (num+"是5的倍數");
```

接下來所舉的例子也很有趣，我們把 3 個相同的小球放入 A，B，C 三個小盒中，請問共有多少種不同的放法？分析枚舉法的關鍵是分類，本題分類的方法有很多，如可以分成這樣三類：3 個球放在一個盒子裡，2 個球放在一個盒子裡，另一個球放一個盒子裡，3 個球分 3 個盒子放。

第一類：3 個球放在一個盒子裡，會有底下三種可能性：

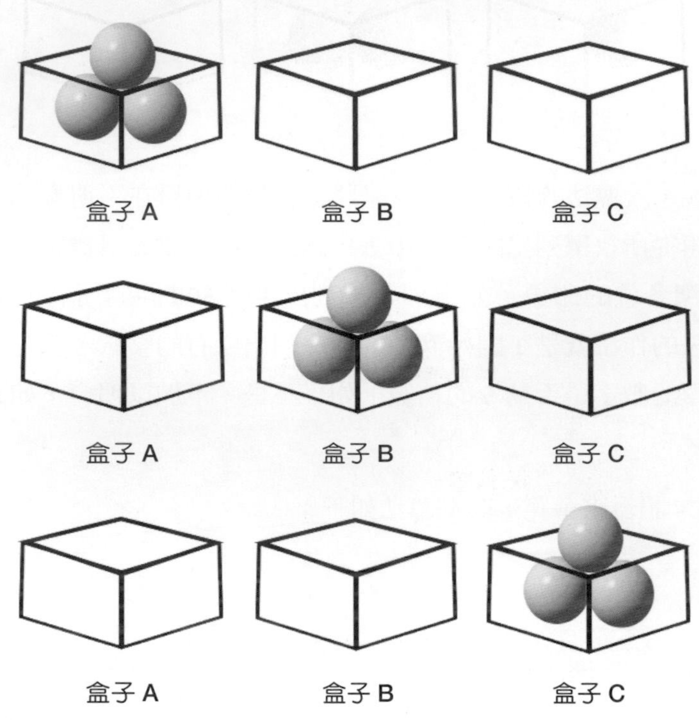

第二類：2 個球放在一個盒子裡，另一個球放一個盒子裡，會有底下六種可能性：

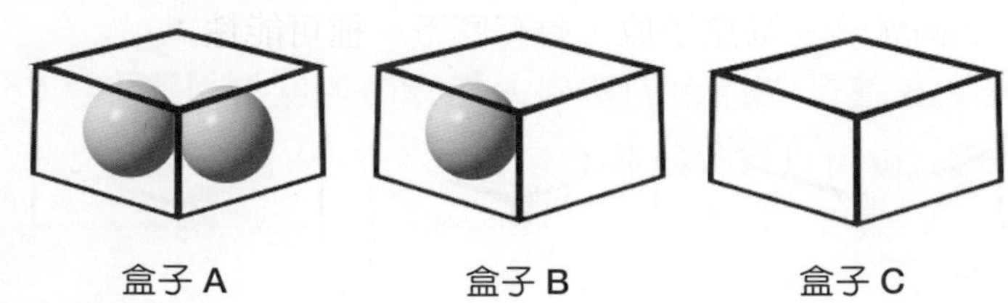

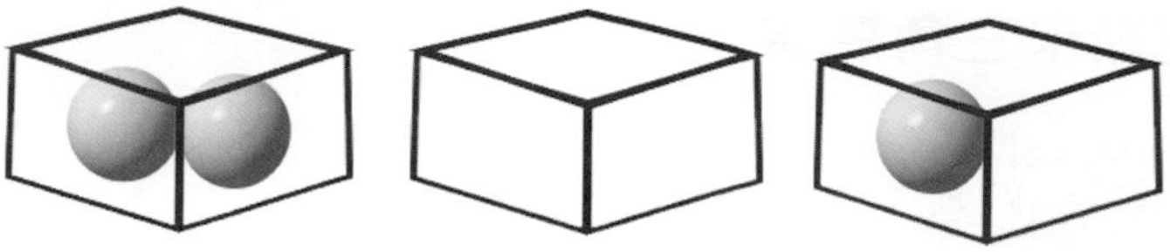

盒子 A 盒子 B 盒子 C

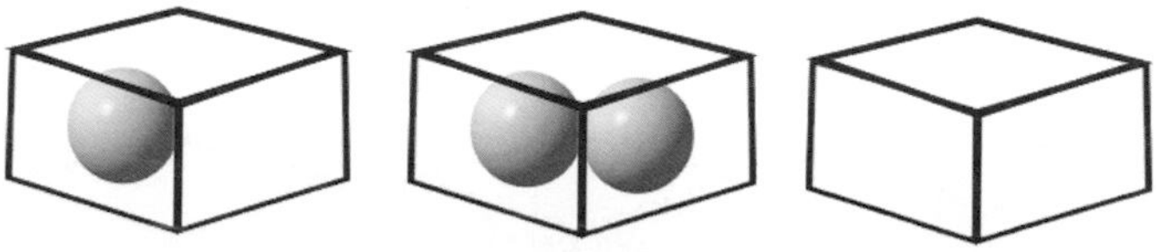

盒子 A 盒子 B 盒子 C

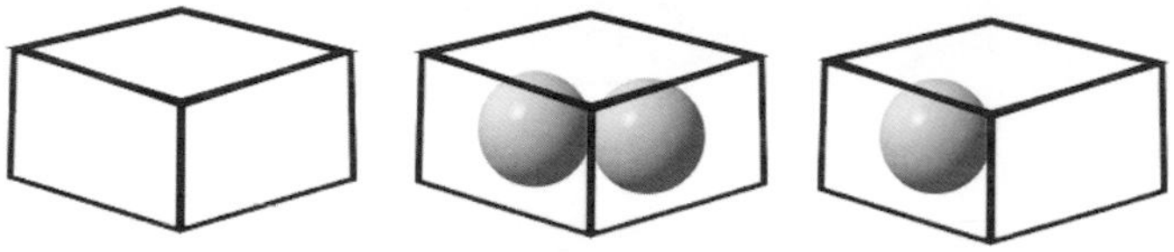

盒子 A 盒子 B 盒子 C

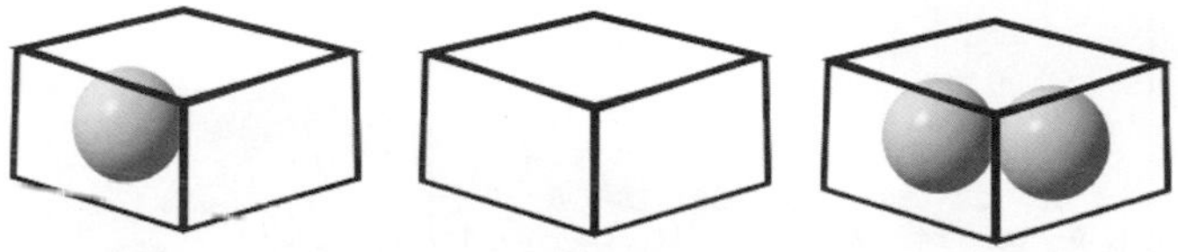

盒子 A 盒子 B 盒子 C

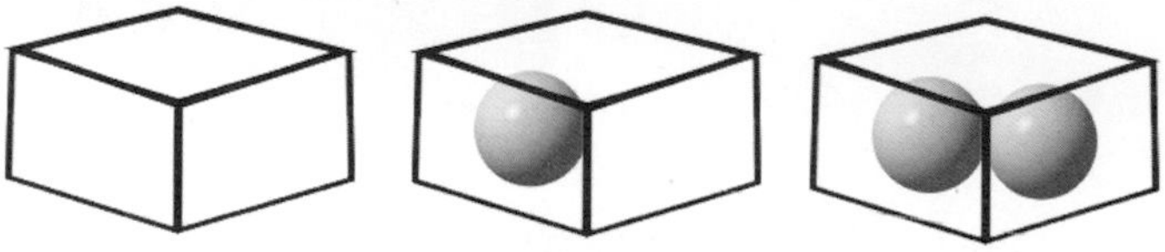

盒子 A 盒子 B 盒子 C

第三類：3 個球分 3 個盒子放，會有底下一種可能性：

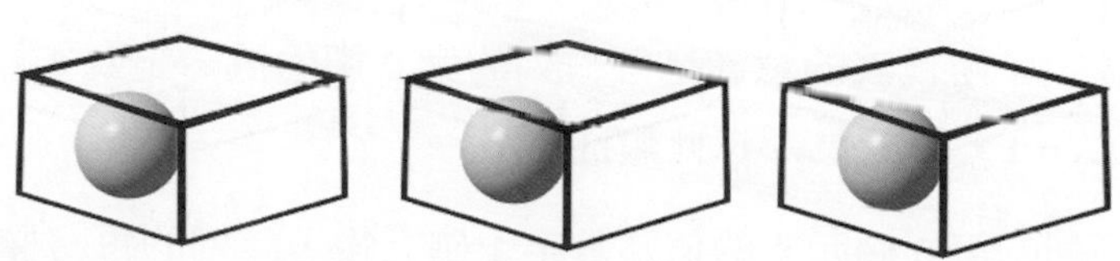

依據枚舉法的精神共找出上述 10 種方式。

1-3-7 巴斯卡三角形演算法

巴斯卡（Pascal）三角形演算法基本上就是計算出每一個三角形位置的數值。在巴斯卡三角形上的每一個數字各對應一個 rCn，其中 r 代表 row（列），而 n 為 column（欄），其中 r 及 n 都由數字 0 開始。巴斯卡三角形如下：

$$
\begin{array}{c}
{}_0C_0 \\
{}_1C_0\ {}_1C_1 \\
{}_2C_0\ {}_2C_1\ {}_2C_2 \\
{}_3C_0\ {}_3C_1\ {}_3C_2\ {}_3C_3 \\
{}_4C_0\ {}_4C_1\ {}_4C_2\ {}_4C_3\ {}_4C_4
\end{array}
$$

巴斯卡三角形對應的數據如下圖所示：

1
1 1
1 2 1
1 3 3 1
1 4 6 4 1
1 5 10 10 5 1
1 6 15 20 15 6 1
1 7 21 35 35 21 7 1
1 8 28 56 70 56 28 8 1
1 9 36 84 126 126 84 36 9 1

至於如何計算三角形中的 ${}_rC_n$，各位可以使用以下的公式：

$$
\begin{aligned}
{}_rC_0 &= 1 \\
{}_rC_n &= {}_rC_{n-1} * (r - n + 1) / n
\end{aligned}
$$

上述兩個式子所代表的意義是每一列的第 0 欄的值一定為 1。例如：${}_0C_0$ = 1、${}_1C_0$ = 1、${}_2C_0$ = 1、${}_3C_0$ = 1..... 以此類推。

一旦每一列的第 0 欄元素的值為數字 1 確立後，該列的每一欄的元素值，都可以由同一列前一欄的值，依據底下公式計算得到：

```
rCn = rCn-1 * (r - n + 1) / n
```

舉例來說：

❶ 第 0 列巴斯卡三角形的求值過程：

當 r=0，n=0，即第 0 列（row=0）、第 0 欄（column=0），所對應的數字為 0。此時的巴斯卡三角形外觀如下：

1

❷ 第 1 列巴斯卡三角形的求值過程：

- 當 r=1，n=0，代表第 1 列第 0 欄，所對應的數字 $_{1}C_{0}$ =1。
- 當 r=1，n=1，即第 1 列（row=1）、第 1 欄（column=1），所對應的數字 $_{1}C_{1}$ 。

請代入公式 $_{r}C_{n} = {_{r}C_{n-1}} * (r - n + 1)/ n$：（其中 r=1，n=1）

可以推衍出底下的式子：

```
1C1 = 1C0 * (1 - 1 + 1) / 1=1*1=1
```

得到的結果是 $_{1}C_{1} = 1$

此時的巴斯卡三角形外觀如下：

```
   1
1     1
```

❸ 第 2 列巴斯卡三角形的求值過程：

依上述的計算每一列中各元素值的求值過程，可以推得 $_{2}C_{0}$ =1、$_{2}C_{1}$ =2、$_{2}C_{2}$=1。

此時的巴斯卡三角形外觀如下：

```
      1
   1     1
1     2     1
```

❹ 第 3 列巴斯卡三角形的求值過程：

依上述的計算每一列中各元素值的求值過程，可以推得 $_3C_0$ =1、$_3C_1$ =3、$_3C_2$=3、$_3C_3$ =1。

此時的巴斯卡三角形外觀如下：

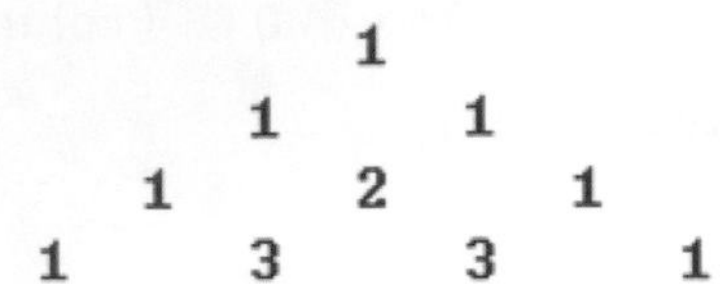

同理，可以陸續推算出第 4 列、第 5 列、第 6 列……等所有巴斯卡三角形各列的元素。

1-3-8 質數求解演算法

所謂質數是一種大於 1 的數，除了自身之外，無法被其它整數整除的數，例如：2,3,5,7,11,13,17,19,23,……。如何快速出質數，在此特別推薦 Eratosthenes 求質數方法。首先假設要檢查的數是 N，接著請依下列的步驟說明，就可以判斷數字 N 是否為質數？在求質數中過程，可以適時運用一些技巧以減少迴圈的檢查次數，來加速質數的判斷工作。

除了判斷一個數是否為質數外，另外一個衍生的問題就是如何求出小於 N 的所有質數？在此也會一併說明。

要求質數很簡單，這個問題可以使用迴圈將數字 N 除以所有小於它的數值，若可以整除就不是質數，而且只要檢查至 N 的開根號就可以了。這是因為如果 N=A*B，如果 A 大於 N 的開根號，但在小於 A 之前就已先檢查過 B 這個數。由於開根號常會碰到浮點數精確度的問題，因此為了讓迴圈檢查的速度加快，也可以使用整數 i 及 i * i <= N 的判斷式來決定要檢查到哪一個數就停止。

1-4 演算法效能分析

對一個程式（或演算法）效能的評估，經常是從時間與空間兩種因素來做考量。時間方面是指程式的執行時間，稱為「時間複雜度」(Time Complexity)。空間方面則是此程式在電腦記憶體所佔的空間大小，稱為「空間複雜度」(Space Complexity)。

空間複雜度

「空間複雜度」是一種以概量精神來衡量所需要的記憶體空間。而這些所需要的記憶體空間，通常可以區分為「固定空間記憶體」(包括基本程式碼、常數、變數等）與「變動空間記憶體」(隨程式或進行時而改變大小的使用空間，例如參考型態變數)。由於電腦硬體進展的日新月異及牽涉到所使用電腦的不同，所以純粹從程式（或演算法）的效能角度來看，應該以演算法的執行時間為主要評估與分析的依據。

時間複雜度

例如程式設計師可以就某個演算法的執行步驟計數來衡量執行時間的標準，但是同樣是兩行指令：

```
a=a+1與a=a+0.3/0.7*10005
```

由於涉及到變數儲存型態與運算式的複雜度，所以真正絕對精確的執行時間一定不相同。不過話又說回來，如此大費周章的去考慮程式的執行時間往往窒礙難行，而且毫無意義。這時可以利用一種「概量」的觀念來做為衡量執行時間，我們就稱為「時間複雜度」(Time Complexity)。詳細定義如下：

在一個完全理想狀態下的計算機中，我們定義一個 T(n) 來表示程式執行所要花費的時間，其中 n 代表資料輸入量。當然程式的執行時間或最大執行時間（Worse Case Executing Time）作為時間複雜度的衡量標準，一般以 Big-oh 表示。

由於分析演算法的時間複雜度必須考慮它的成長比率（Rate of Growth）往往是一種函數，而時間複雜度本身也是一種「漸近表示」（Asymptotic Notation）。

1-4-1 Big-oh

O(f(n)) 可視為某演算法在電腦中所需執行時間不會超過某一常數倍的 f(n)，也就是說當某演算法的執行時間 T(n) 的時間複雜度（Time Complexity）為 O(f(n))（讀成 Big-oh of f(n) 或 Order is f(n)）。

意謂存在兩個常數 c 與 n_0，則若 $n \geqq n_0$，則 $T(n) \leqq cf(n)$，f(n) 又稱之為執行時間的成長率（rate of growth）。請各位多看以下範例題，可以更了解時間複雜度的意義。

範例 1.4.1 假如執行時間 $T(n)=3n^3+2n^2+5n$，求時間複雜度為何？

解答 首先得找出常數 c 與 n_0，我們可以找到當 $n_0 = 0$，c=10 時，則當 $n \geqq n_0$ 時，$3n^3+2n^2+5n \leqq 10n^3$，因此得知時間複雜度為 $O(n^3)$。

範例 1.4.2 ：請證明 $\sum_{1 \le i \le n} i = O(n^2)$

解答 $\sum_{1 \le i \le n} i = 1+2+3+\cdots+n = \frac{n(n+1)}{2} = \frac{n^2+n}{2}$

又可以找到常數 $n_0=0$、c=1，當 $n \geqq n_0$，$\frac{n^2+n}{2} \leqq n^2$，因此得知時間複雜度為 $O(n^2)$。

範例 1.4.3 考慮下列 x ← x+1 的執行次數。

(1)

```
:
x←x+1
:
```

(2)

```
for i←1 to n do
:
x←x+1
:
end
```

(3)

```
for i←1 to n do
:
    for j←1 to m do
    :
    x←x+1
    :
    end
:
end
```

解答 (1) 1 次 (2) n 次 (3) n*m 次。

範例 **1.4.4** 求下列演算法中 x ← x+1 的執行次數及時間複雜度。

```
for i←1 to n do
    j←i
    for k←j+1 to n do
        x←x+1
    end
end
```

解答 有關 x ← x+1 這行指令的指令次數，因為 j ← i，且 k ← j+1 所以可用以下數學式表示，所以其執行次數為

$$\sum_{i=1}^{n} \sum_{k=i+1}^{n} 1 = \sum_{i=1}^{n}(n-i) = \sum_{i=1}^{n} n - \sum_{i=1}^{n} i = n^2 - \frac{n(n+1)}{2} = \frac{n(n-1)}{2} \text{（次）}$$

而時間複雜度為 $O(n^2)$。

範例 **1.4.5** 請決定以下片斷程式的執行時間：

```
k=100000
while k<>5 do
    k=k DIV 10
end
```

解答 因為 k=k DIV 10，所以一直到 k=0 時，都不會出現 k=5 的情況，整個迴路為無窮迴路，執行時間為無限長。

常見 Big-oh

事實上，時間複雜度只是執行次數的一個概略的量度層級，並非真實的執行次數。而 Big-oh 則是一種用來表示最壞執行時間的表現方式，它也是最常使用在描述時間複雜度的漸近式表示法。常見的 Big-oh 有下列幾種：

Big-oh	特色與說明
O(1)	稱為常數時間（constant time），表示演算法的執行時間是一個常數倍。
O(n)	稱為線性時間（linear time），執行的時間會隨資料集合的大小而線性成長。
$O(\log_2 n)$	稱為次線性時間（sub-linear time），成長速度比線性時間還慢，而比常數時間還快。
$O(n^2)$	稱為平方時間（quadratic time），演算法的執行時間會成二次方的成長。
$O(n^3)$	稱為立方時間（cubic time），演算法的執行時間會成三次方的成長。
(2^n)	稱為指數時間（exponential time），演算法的執行時間會成二的 n 次方成長。例如解決 Nonpolynomial Problem 問題演算法的時間複雜度即為 $O(2^n)$。
$O(n\log_2 n)$	稱為線性乘對數時間，介於線性及二次方成長的中間之行為模式。

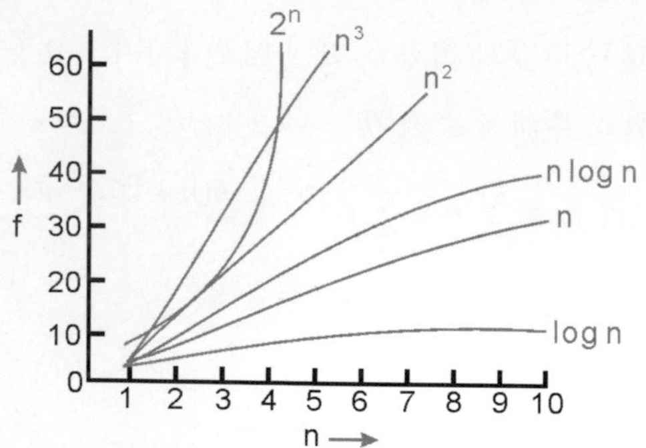

對於 n ≥ 16 時，時間複雜度的優劣比較關係如下：

$O(1) < O(\log_2 n) < O(n) < O(n\log_2 n) < O(n^2) < O(n^3) < O(2^n)$

範例 **1.4.6** 決定下列的時間複雜度（f(n) 表執行次數）

(a) $f(n)=n^2logn+logn$

(b) $f(n)=8loglogn$

(c) $f(n)=logn^2$

(d) $f(n)=4loglogn$

(e) $f(n)=n/100+1000/n^2$

(f) $f(n)=n!$

解答 (a) $f(n)=(n^2+1)logn=O(n^2logn)$

(b) $f(n)=8loglogn=O(loglogn)$

(c) $f(n)=logn^2=2logn=O(logn)$

(d) $f(n)=4loglogn=O(loglogn)$

(e) $f(n)=n/100+1000/n^2 \leqq n/100$（當 $n \geqq 1000$ 時）$=O(n)$

(f) $f(n)=n!=1*2*3*4*5 \cdots *n \leqq n*n*n* \cdots n*n \leqq n^n$（$n \geqq 1$ 時）$=O(n^n)$

1-4-2 Ω（omega）

Ω 也是一種時間複雜度的漸近表示法，如果說 Big-oh 是執行時間量度的最壞情況，那 Ω 就是執行時間量度的最好狀況。以下是 Ω 的定義：

對 $f(n)= \Omega(g(n))$（讀作 "big-omega of g(n)"），意思是存在常數 c 和 n_0，對所有的 n 值而言，$n \geqq n_0$ 時，$f(n) \geqq cg(n)$ 均成立。例如 $f(n)=5n+6$，存在 $c=5$ $n_0=1$，對所有 $n \geqq 1$ 時，$5n+6 \geqq 5n$，因此 $f(n)= \Omega(n)$ 而言，n 就是成長的最大函數。

範例 **1.4.7** $f(n)=6n^2+3n+2$，請利用 Ω 來表示 f(n) 的時間複雜度。

解答 $f(n)= 6n^2+3n+2$，存在 $c=6$ ，$n_0 \geqq 1$，對所有的 $n \geqq n_0$，使得 $6n^2+3n+2 \geqq 6n^2$，所以 $f(n)= \Omega(n^2)$。

1-4-3 θ（theta）

是一種比 Big-O 與 Ω 更精確時間複雜度的漸近表示法。

定義如下：

$f(n)=\theta(g(n))$（讀作 "big-theta of g(n)"），意是存在常數 c_1、c_2、n_0，對所有的 $n \geqq n_0$ 時，$c_1 g(n) \leqq f(n) \leqq c_2 g(n)$ 均成立。換句話說，當 $f(n)=\theta(g(n))$ 時，就表示 g(n) 可代表 f(n) 的上限與下限。

例如以 $f(n)=n^2+2n$ 為例，當 $n \geqq 0$ 時，$n^2+2n \leqq 3n^2$，可得 $f(n)=O(n^2)$。同理，$n \geqq 0$ 時，$n^2+2n \geqq n^2$，可得 $f(n)=\Omega(n^2)$。所以 $f(n)=n^2+2n=\theta(n^2)$。

1. 請問以下 C 程式片段是否相當嚴謹地表現出演算法的意義？

```
count=0;
while(count< > 3)
```

2. 請問下列程式區段的迴圈部份，實際執行次數與時間複雜度。

```
for i=1 to n
    for j=i to n
        for k =j to n
        { end of k Loop }
    { end of j Loop }
{ end of i Loop }
```

3. 試証明 $f(n)=a_mn^m+...+a_1n+a_0$，則 $f(n)=O(n^m)$。

4. 求下列片段程式中，函數 F(i,j,k) 的執行次數：

```
for k=1 to n
    for I-0 to k-1
        for j=0 to k-1
            if i<>j then F(i,j,k)
        end
    end
end
```

5. 請問以下程式的 Big-O 為何？

```
Total=0;
for(i=1; i<=n ; i++)
    total=total+i*i;
```

6. 試述 Nonpolynomial Problem 的意義。

7. 解釋下列名詞：

   (1) O(n)(Big-Oh of n)

   (2) 抽象資料型（Abstract Data Type）

8. 試述結構化程式設計與物件導向程式設計的特性為何？試簡述之。

9. 請寫一個演算法來求取函數 f(n), f(n) 的定義如下：

$$f(n):\begin{cases} n^n & \text{if } n \geqq 1 \\ 1 & \text{otherwise} \end{cases}$$

10. 演算法必須符合那五項條件？

11. 試簡述貪心法的主要核心概念。

12. 什麼是疊代法，請簡述之。

13. 枚舉法的核心概念是什麼？試簡述之。

CHAPTER

2

陣列結構

「線性串列」（Linear List）是數學理論應用在電腦科學中一種相當簡單與基本的資料結構，簡單的說，線性串列是 n 個元素的有限序列（n≧0），像是 26 個英文字母的字母串列：A,B,C,D,E...,Z，就是一個線性串列，串列中的資料元素是屬於字母符號，或是 10 個阿拉伯數字的串列 0,1,2,3,4,5,6,7,8,9。線性串列的應用在計算機科學領域中是相當廣泛的，例如本章中將要介紹陣列結構（Array）就是一種典型線性串列的應用。

線性串列是將元素排成一列，除了第一個和最後一個元素，每個元素都會和前後元素相鄰。

2-1 線性串列簡介

線性串列的關係（Relation）本身可以看成是一種有序對的集合，目的在表現串列中的任兩相鄰元素之間的關係。其中 a_{i-1} 稱為 a_i 的先行元素，a_i 是 a_{i-1} 的後繼元素。簡單的表示線性串列，各位可以寫成（$a_1,a_2,a_3.........,a_{n-1},a_n$）。以下我們嘗試以更清楚及口語化來重新定義「線性串列」（Linear List）的定義：

1. 有序串列可以是空集合，或者可寫成（$a_1,a_2,a_3 \cdots ,a_{n-1},a_n$）。
2. 存在唯一的第一個元素 a_1 與存在唯一的最後一個元素 a_n。
3. 除了第一個元素 a_1 外，每一個元素都有唯一的先行者（precessor），例如 ai 的先行者為 a_{i-1}。
4. 除了最後一個元素 a_n 外，每一個元素都有唯一的後續者（successor），例如 a_{i+1} 是 a_i 的後續者。

線性串列中的每一元素與相鄰元素間還會存在某種關係，例如以下 8 種常見的運算方式：

1. 計算串列的長度 n。
2. 取出串列中的第 i 項元素來加以修正，1≦i≦n。
3. 插入一個新元素到第 i 項，1≦i≦n，並使得原來的第 i，i+1...，n 項，後移變成 i+1，i+2...，n+1 項。
4. 刪除第 i 項的元素，1≦i≦n，並使得第 i+1，i+2，...n 項，前移變成第 i，i+1...，n-1 項。
5. 從右到左或從左到右讀取串列中各個元素的值。
6. 在第 i 項存入新值，並取代舊值，1≦i≦n。
7. 複製串列。
8. 合併串列。

2-1-1 儲存結構簡介

線性串列也可應用在電腦中的資料儲存結構，基本上按照記憶體儲存的方式，可區分為以下兩種方式：

◆ 靜態資料結構（Static Data Structure）

靜態資料結構或稱為「密集串列」(Dense List)，它是一種將有序串列的資料使用連續記憶空間（Contiguous Allocation）來儲存。靜態資料結構的記憶體配置是在編譯時，就必須配置給相關的變數，因此在建立初期，必須事先宣告最大可能的固定憶空間，容易造成記憶體的浪費，例如陣列結構（Array）就是一種典型的靜態資料結構。優點是設計時相當簡單及讀取與修改串列中任一元素的時間都固定。缺點則是刪除或加入資料時，需要移動大量的資料。

置物櫃的概念就是靜態資料結構

動態資料結構（dynamic data structure）

動態資料結構又稱為「鏈結串列」(linked list)，它是一種將具有線性串列原理的資料，使用不連續記憶空間來儲存，優點是資料的插入或刪除都相當方便，不需要移動大量資料。另外動態資料結構的記憶體配置是在執行時才發生，所以不須事先宣告，能夠充份節省記憶體。缺點就是在設計資料結構時較為麻煩，另外在搜尋資料時，也無法像靜態資料一般可以隨機讀取資料，必須透過循序方法找到該資料為止。

火車的多節車廂的概念就是一種動態資料結構

範例 **2.1.1** 密集串列（dense list）於某些應用上相當方便，請問 1. 何種情況下不適用？ 2. 如果原有 n 筆資料，請計算插入一筆新資料，平均需要移動幾筆資料？

解答 1. 密集串列中同時加入或刪除多筆資料時，會造成資料的大量移動，此種狀況非常不方便，例如陣列結構。

2. 因為可能插入位置的機率都一樣為 1/n，所以平均移動資料的筆數為（求期望值）。

$$E=1*\frac{1}{n}+2*\frac{1}{n}+3*\frac{1}{n}+\cdots\cdots+n*\frac{1}{n}$$

$$=\frac{1}{n}*\frac{n*(n+1)}{2}=\frac{n+1}{2} \text{ 筆}$$

2-2 認識陣列

「陣列」（Array）結構就是一排緊密相鄰的可數記憶體，並提供一個能夠直接存取單一資料內容的運作方式。各位其實可以想像成住家前面的信箱，每個信箱都有住址，其中路名就是名稱，而信箱號碼就是索引。郵差可以依照傳遞信件上的住址，把信件直接投遞到指定的信箱中，這就好比程式語言中陣列的名稱是表示一塊緊密相鄰記憶體的起始位置，而陣列的索引功能則是用來表示從此記憶體起始位置的第幾個區塊。

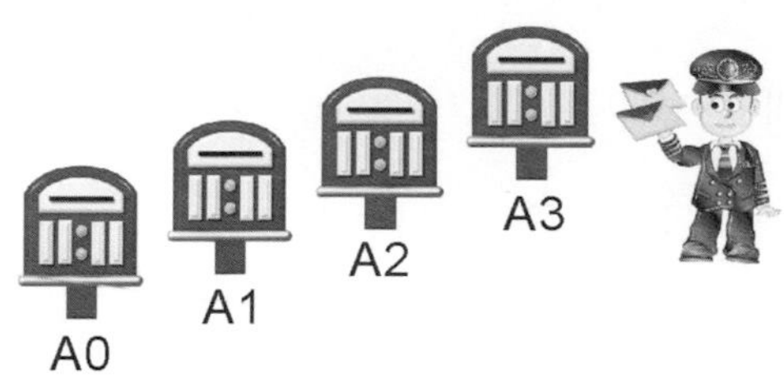

在不同的程式語言中，陣列結構型態的宣告也會有所差異，不過通常都必須包含下列五種屬性：

1. **起始位址**：表示陣列名稱（或陣列第一個元素）所在記憶體中的起始位址。
2. **維度（dimension）**：代表此陣列為幾維陣列，如一維陣列、二維陣列、三維陣列等等。
3. **索引上下限**：指元素在此陣列中，記憶體所儲存位置的上標與下標。
4. **陣列元素個數**：是索引上限與索引下限的差 +1。
5. **陣列型態**：宣告此陣列的型態，它決定陣列元素在記憶體所佔有的大小。

任何程式語言中的陣列表示法（Representation of Arrays），只要符合具備有陣列五種屬性與電腦記憶體足夠的理想情況下，都可能容許 n 維陣列的存在。通常陣列的使用可以分為一維陣列、二維陣列與多維陣列等等，其基本的運作原理都相同。其實多維陣列（二維或以上陣列）也必須在一維的實體記憶體中表示，因為記憶體位置都是依線性順序遞增。通常依照不同的語言，又可區分為兩種方式：

1. **以列為主（Row-major）**：一列一列來依序儲存，例如 C/C++、C#、Java、PASCAL 語言的陣列存放方式。
2. **以行為主（Column-major）**：一行一行來依序儲存，例如 Fortran 語言的陣列存放方式。

接下來我們將更深入為各位逐步介紹各種不同維數陣列的詳細定義，至於陣列相關的宣告與記憶體配置方式，本節中都會陸續為各位說明。

2-2-1 一維陣列

在 C# 語言，一維陣列的語法宣告如下：

```
資料型別[] 陣列名稱=new 資料型別[元素個數];
```

- **資料型別**：表示該陣列存放的資料型態，可以是基本的資料型態（如 int，float，char…等），或延伸的資料型態，如 C/C++ 結構型態（struct）、Java 的類別型態（class）等。
- **陣列名稱**：命名規則與變數相同。
- **元素個數**：表示陣列可存放的資料個數，為一個正整數常數，且陣列的索引值是從 0 開始。

當陣列宣告時會在記憶體中配置一段暫存空間，如下圖：

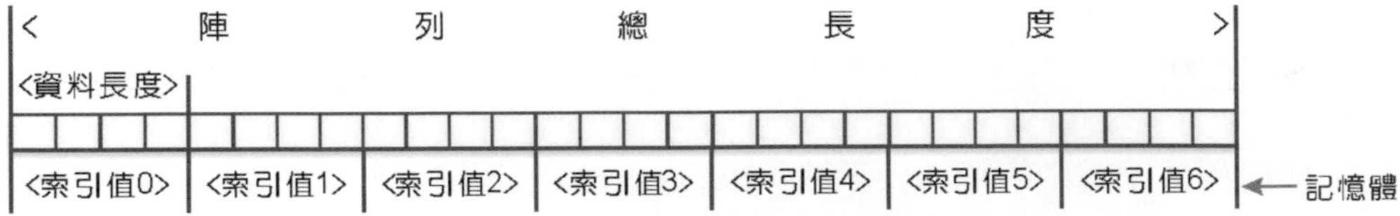

空間的大小以宣告的資料型別及陣列數量為依據。例如宣告 int 型別，陣列數量為 10，則陣列佔記憶體容量為 4*10=40（Byte）。

範例 2.2.1 假設 A 為一個具有 1000 個元素的陣列，每個元素為 4 個位元組的實數 ，若 A[500] 的位置為 1000_{16}，請問 A[1000] 的位址為何？

解答 本題很簡單，主要是位址以 16 進位法表式→

→ loc(A[1000])=loc(A[500])+(1000-500)×4

=4096(1000_{16}) +2000=6096

範例 2.2.2 有一 PASCAL 陣列 A:ARRAY[6..99] of REAL（假設 REAL 元素大小有 4)，如果已知陣列 A 的起始位址為 500，則元素 A[30] 的位址為何？

解答 Loc(A[30])=Loc(A[6])+(30-6)*4=500+96=596

範例 2.2.3 請利用一維陣列尋找與儲存範圍為 1 到 MAX 內的所有質數，所謂質數（prime number）是指不能被 1 和本身以外的數值所整除的整數。

範例：Array.sln

```
using static System.Console;//滙入靜態類別
const int MAX = 300;
//false為質數,true為非質數
//宣告後若沒有給定初值,其預設值為false
bool[] prime = new bool[MAX];
prime[0] = true;//0為非質數
prime[1] = true;//1為非質數
int num = 2, i;
//將1~MAX中不是質數者,逐一過濾掉,以此方式找到所有質數
while (num < MAX)
{
    if (!prime[num])
    {
        for (i = num + num; i < MAX; i += num)
        {
            if (prime[i]) continue;
            prime[i] = true;//設定為true,代表此數為非質數
        }
    }
    num++;
}
//列印1~MAX間的所有質數
```

```
WriteLine($"1到 {MAX} 間的所有質數:");
for (i = 2, num = 0; i < MAX; i++)
{
    if (!prime[i])
    {
        Write(i + "\t");
        num++;
    }
}
WriteLine("\n質數總數= " + num + "個");
ReadKey();
```

【執行結果】

```
1到 300 間的所有質數:
2       3       5       7       11      13      17      19      23      29
31      37      41      43      47      53      59      61      67      71
73      79      83      89      97      101     103     107     109     113
127     131     137     139     149     151     157     163     167     173
179     181     191     193     197     199     211     223     227     229
233     239     241     251     257     263     269     271     277     281
283     293
質數總數= 62個
```

2-2-2 二維陣列

二維陣列（Two-dimension Array）可視為一維陣列的延伸，都是處理相同資料型態資料，差別只在於維度的宣告。例如一個含有 m*n 個元素的二維陣列 A（1:m,1:n），m 代表列數，n 代表行數，各個元素在直觀平面上的排列方式如下矩陣，A[4][4] 陣列中各個元素在直觀平面上的排列方式如下：

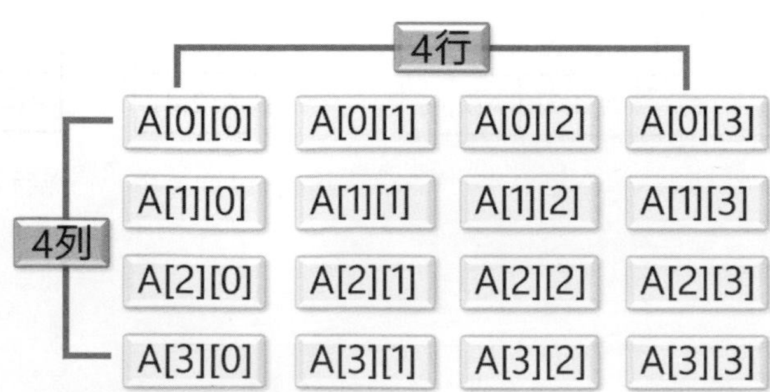

當然在實際的電腦記憶體中是無法以矩陣方式儲存，仍然必須以線性方式，視為一維陣列的延伸來處理。通常依照不同的語言，又可區分為兩種方式：

1. **以列為主（Row-major）**：則存放順序為 $a_{11},a_{12},...a_{1n},a_{21},a_{22},...,..a_{mn}$，假設 α 為陣列 A 在記憶體中起始位址，d 為單位空間，那麼陣列元素 a_{ij} 與記憶體位址有下列關係：

   $Loc(a_{ij})= \alpha+n*(i-1)*d+(j-1)*d$

2. **以行為主（Column-major）**：則存放順序為 $a_{11},a_{21},...a_{m1},a_{12},a_{22},...,..a_{mn}$，假設 α 為陣列 A 在記憶體中起始位址，d 為單位空間，那麼陣列元素 a_{ij} 與記憶體位址有下列關係：

   $Loc(a_{ij})= \alpha+(i-1)*d+m*(j-1)*d$

了解以上的公式後，我們在此以下例圖說為各位說明。如果宣告陣列 A(1:2,1:4)，表示法如下：

以上兩種計算陣列元素位址的方法，都是以 A(m,n) 或寫成 A(1:m,1:n) 的方式來表示來表示，這樣的方式稱為簡單表示法，且 m 與 n 的起始值一定都是 1。如果我們把陣列 A 宣告成 $A(l_1:u_1,l_2:u_2)$，且對任意 a_{ij}，有 $u_1 \geqq i \geqq l_1$，

$u_2 \geqq j \geqq l_2$，這種方式稱為「註標表示法」。此陣列共有 (u_1-l_1+1) 列，(u_2-l_2+1) 行。那麼位址計算公式和上面以簡單表示法有些不同，假設 α 仍為起始位址，而且 $m=(u_1-l_1+1), n=(u_2-l_2+1)$。則可導出下列公式：

1. **以列為主（Row-major）**

$$Loc(a_{ij})=\alpha+((i-l_1+1)-1)*n*d+((j-l_2+1)-1)*d$$
$$=\alpha+(i-l_1)*n*d+(j-l_2)*d$$

2. **以行為主（Column-major）**

$$Loc(a_{ij})=\alpha+((i-l_1+1)-1)*d+((j-l_2+1)-1)*m*d$$
$$=\alpha+(i-l_1)*d+(j-l_2)*m*d$$

在 C# 語言中，二維陣列的宣告格式如下：

```
資料型別[ , ] 變數名稱=new 資料型別[第一維長度,第二維長度];
```

例如宣告：

```
int [,] a= new int[2,3];
```

此陣列共有 2 列 3 行的元素，也就是每列有 3 個元素，也就是陣列元素分別是 a[0,0],a[0,1],a[0,2],…,a[1,2]，在存取二維陣列中的資料時，使用的索引值仍然是由 0 開始計算。

範例 2.2.4 現有一二維陣列 A，有 3*5 個元素，陣列的起始位址 A(1,1) 是 100，以列為主（Row-major）排列，每個元素佔 2 bytes，請問 A(2,3) 的位址？

解答 直接代入公式，Loc(A(2,3))=100+(2-1)*5*2+(3-1)*2=114

範例 2.2.5 二維陣列 A[1:5,1:6]，如果以 column-major 存放，則 A(4,5) 排在此陣列的第幾個位置？ (α=0，d=1)

解答 Loc(A(4,5))=0+(4-1)*5*1+(5-1)*1=19（下一個），所以 A(4,5) 在第 20 個位置。

範例 2.2.6 A(-3:5,-4:2) 的起始位址 A(-3,-4)=1200，以 row-major 排列，每個元素佔 1 bytes，請問 Loc(A(1,1))= ？

解答 假設 A 陣列以 row-major 排列，且 α=Loc(A(-3,-4))=1200

m=5-(-3)+1=9(列)、n=2-(-4)+1=7(行)，

A(1,1)=1200+1*7*(1-(-3))+1*(1-(-4))=1233

範例 2.2.7 請設計一程式，可利用了二維陣列來儲存產生的亂數。亂數產生時還需要檢查號碼是否重複，請利用二維陣列的索引值特性及 while 迴圈機制做反向檢查，完成了 6 個不會重複的號碼。

範例：Twodim.sln

```
using static System.Console;//滙入靜態類別
//變數宣告
int intCreate = 1000000;//產生亂數次數
Random Rand = new Random();    //產生的亂數號碼
int[][] intArray = new int[2][];//置放亂數陣列
intArray[0] = new int[42];
intArray[1] = new int[42];
//將產生的亂數存放至陣列
int intRand;
while (intCreate-- > 0)
{
    intRand = Rand.Next(42);
    intArray[0][intRand]++;
    intArray[1][intRand]++;
}
//對intArray[0]陣列做排序
Array.Sort(intArray[0]);
//找出最大數六個數字號碼
for (int i = 41; i > (41 - 6); i--)
{
    //逐一檢查次數相同者
    for (int j = 41; j >= 0; j--)
    {
        //當次數符合時印出
        if (intArray[0][i] == intArray[1][j])
        {
```

```
                WriteLine($"亂數號碼 {j + 1} 出現 {intArray[0][i] } 次");
                intArray[1][j] = 0; //將找到的數值將次數歸零
                break;  //中斷內迴圈，繼續外迴圈
            }
        }
    }
ReadKey();
```

【執行結果】

```
亂數號碼 6 出現 24138 次
亂數號碼 27 出現 24097 次
亂數號碼 22 出現 24004 次
亂數號碼 35 出現 23995 次
亂數號碼 3 出現 23993 次
亂數號碼 11 出現 23985 次
```

2-2-3 三維陣列

現在讓我們來看看三維陣列（Three-dimension Array），基本上三維陣列的表示法和二維陣列一樣，皆可視為是一維陣列的延伸，如果陣列為三維陣列時，可以看作是一個立方體。如下圖所示：

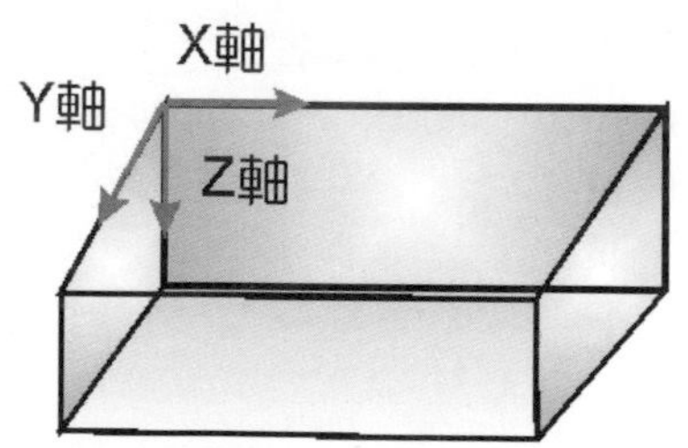

基本上，三維陣列如果是以線性的方式來處理，一樣可分為「以列為主」和「以行為主」兩種方式。如果陣列 A 宣告為 $A(1:u_1,1:u_2,1:u_3)$，表示 A 為一個含有 $u_1*u_2*u_3$ 元素的三維陣列。我們可以把 A(i,j,k) 元素想像成空間上的立方體圖：

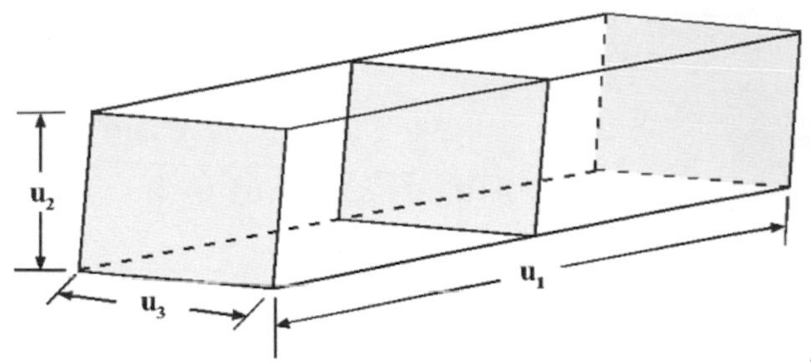

以列為主（Row-major）

我們可以將陣列 A 視為 u_1 個 u_2*u_3 的二維列陣，再將每個陣列視為有 u_2 個一維陣列，每一個一維陣列可包含 u_3 的元素。另外每個元素有 d 個單位空間，且 α 為陣列起始位址。

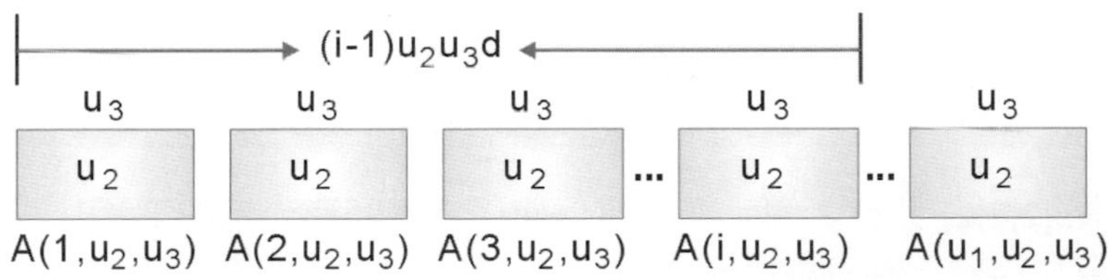

在想像轉換公式時，只要知道我們最終是要把 A(i,j,k)，看看它是在一直線排列的第幾個，所以很簡單可以得到以下位址計算公式：

$Loc(A(i,j,k))=\alpha+(i-1)u_2u_3d+(j-1)u_3d+(k-1)d$

若陣列 A 宣告為 $A(l_1:u_1,l_2:u_2,l_3:u_3)$ 模式，則

$a= u_1- l_1+1,b= u_2- l_2+1,c= u_3- l_3+1;$

$Loc(A(i,j,k))=\alpha+(i-l_1)bcd+(j-l_2)cd+(k-l_3)d$

以行為主（Column-major）

將陣列 A 視為 u_3 個 u_2*u_1 的二為陣列，再將每個二維陣列視為有 u_2 個一維陣列，每一陣列含有 u_1 個元素。每個元素有 d 單位空間，且 α 為起始位址：

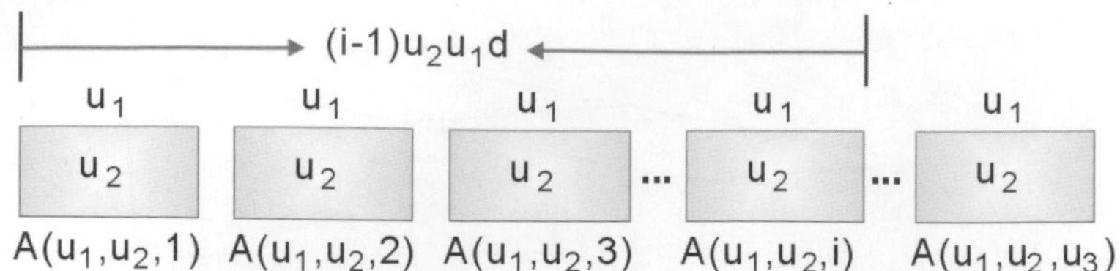

可以得到下列的位址計算公式：

$Loc(A(i,j,k))=\alpha+(k-1)u_2u_1d+(j-1)u_1d+(i-l)d$

若陣列宣告為 $A(l_1:u_1,l_2:u_2,l_3:u_3)$ 模式，則

$a= u_1- l_1+1,b= u_2- l_2+1,c= u_3- l_3+1$；

$Loc(A(i,j,k))=\alpha+(k-l_3)abd+(j-l_2)ad+(i-l_1)d$

例如在 C# 語言中三維陣列宣告方式如下：

```
資料型別 [ ,, ] 變數名稱=new資料型別[第一維長度,第二維長度,第三維長度];
```

陣列 No[2,2,2] 共有 8 個元素。可以使用立體圖形表示如下：

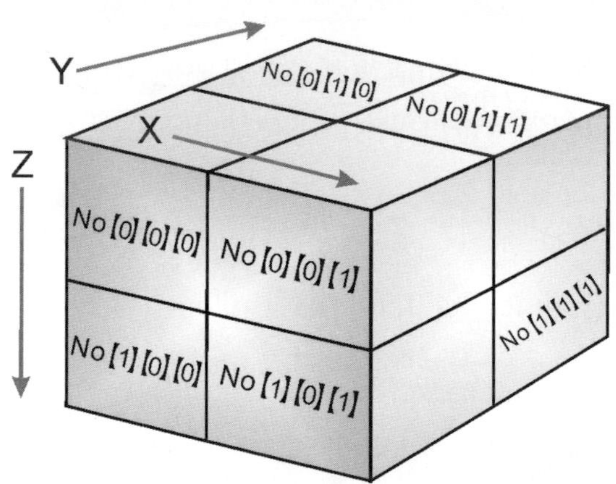

範例 **2.2.8** 假設有以列為主排列的程式語言，宣告 A(1:3,1:4,1:5) 三維陣列，且 Loc(A(1,1,1))=100，請求出 Loc(A(1,2,3))= ？

解答 直接代入公式：Loc(A(1,2,3))=100+(1-1)*4*5*1+(2-1)*5*1+(3-1)*1=107

範例 **2.2.9** A(6,4,2) 是以行為主方式排列，若 α=300，且 d=1，求 A(4,4,1) 的位址。

解答 這題是「以列為主」(Row-Major)，我們直接代入公式即可：

Loc(A(4,4,1))=300+(1-1)*6*4+(4-1)*2+(6-1)

=300+6+5=311

範例 **2.2.10** 假設一個三維陣列元素內容如下：

```
int [,,] num={{{33,45,67},
              {23,71,56},
              {55,38,66}},
              {{21,9,15 },
              {38,69,18},
              {90,101,89}}}
```

請設計一支 C# 程式，利用三層巢狀迴圈來找出此 2x3x3 三維陣列中所儲存數值中的最小值。

範例：Min.sln

```
using static System.Console;//滙入靜態類別

int[,,] num ={{{33,45,67},
              {23,71,56},
              {55,38,66}},
              {{21,9,15 },
              {38,69,18},
              {90,101,89}}};//宣告三維陣列
int min = num[0, 0, 0];//設定main為num陣列的第一個元素

for (int i = 0; i < 2; i++)
    for (int j = 0; j < 3; j++)
        for (int k = 0; k < 3; k++)
            if (min >= num[i, j, k])
                min = num[i, j, k]; //利用三層迴圈找出最小值

Write("最小值= " + min + '\n');
ReadKey();
```

【執行結果】

```
最小值= 9
```

2-2-4 n 維陣列

有了一維、二維、三維陣列，當然也可能有四維、五維、或者更多維數的陣列。不過因為受限於電腦記憶體，通常程式語言中的陣列宣告都會有維數的限制。在此，我們將三維以上的陣列歸納為 n 維陣列。例如在 C# 語言中 n 維陣列宣告方式如下：

```
資料型別 [,,,,,,,….] 變數名稱=new資料型別 [第一維長度,第二維長度,…,第n維長度];
```

假設陣列 A 宣告為 $A(1:u_1,1:u_2,1:u_3......,1:u_n)$，則可將陣列視為有 u_1 個 n-1 維陣列，每個 n-1 維陣列中有 u_2 個 n-2 維陣列，每個 n-2 維陣列中，有 u_3 個 n-3 維陣列……有 u_{n-1} 個一維陣列，在每個一維陣列中有 u_n 個元素。

如果 α 為起始位址 (α = Loc(A(1,1,1,1,......1)))，d 為單位空間。則陣列 A 元素中的記憶體配置公式如下兩種方式：

1. 以列為主（Row-major）

$$
\begin{aligned}
Loc(A(i_1,i_2,i_3.........,i_n)) = \alpha &+(i_1-1)u_2u_3u_4......u_nd \\
&+(i_2-1)u_3u_4......u_nd \\
&+(i_3-1)u_4u_5......u_nd \\
&+(i_4-1)u_5u_6......u_nd \\
&+(i_5-1)u_6u_7......u_nd \\
&: \\
&+(i_{n-1}-1)u_nd \\
&+(i_n-1)d
\end{aligned}
$$

2. 以行為主（Column-major）

$$
\begin{aligned}
Loc(A(i_1,i_2,i_3.........,i_n)) = \alpha &+ (i_n-1)u_{n-1}u_{n-2}......u_1d \\
&+ (i_{n-1}-1)u_{n-2}......u_1d \\
&: \\
&+ (i_2-1)u_1d \\
&+ (i_1-1)d
\end{aligned}
$$

範例 2.2.11 在 4-D array A[1:4,1:6,1:5,1:3] 中，且 $\alpha = 200$，d=1。並已知是以行排列（Column-major），求 A[3,1,3,1] 的位址。

解答 由於本題中原本就是陣列的簡單表示法，所以不須經過轉換。並直接代入計算公式即可。

Loc(A[3,1,3,1])

=200+(1-1)*5*6*4+(3-1)*6*4+(1-1)*4+3-1

=250

2-3 矩陣與深度學習

從數學的角度來看，對於 m×n 矩陣（Matrix）的形式，可以描述一個電腦中 A（m,n）二維陣列，如下圖 A 矩陣，各位是否立即想到了一個宣告為 A（1:3,1:3）的二維陣列。

$$
A = \begin{bmatrix} a_{11} & a_{12} & a_{13} \\ a_{21} & a_{22} & a_{23} \\ a_{31} & a_{32} & a_{33} \end{bmatrix}_{3x3}
$$

矩陣是高等代數學中的常見工具，也常見於統計分析等應用數學學科中，許多矩陣的運算與應用，都可以使用電腦中的二維陣列解決，例如在 3D 圖學中也經常使用矩陣，因為它可用來清楚的表示模型資料的投影、擴大、縮小、平移、偏斜與旋轉等等運算。

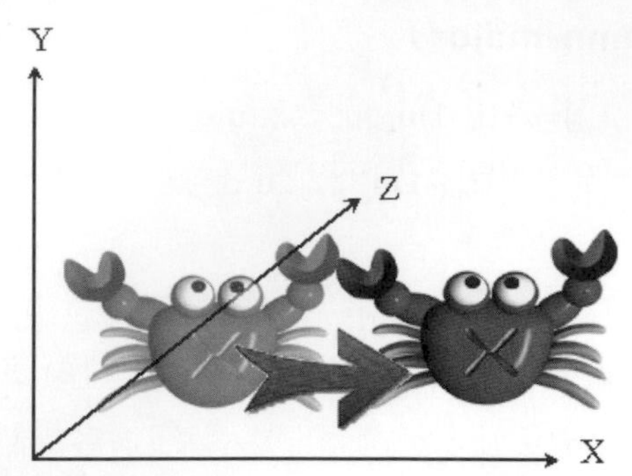

矩陣平移是物體在 3D 世界向著某一個向量方向移動

TIPS

在三維空間中，向量以（a, b, c）表示，其中 a、b、c 分別表示向量在 x、y、z 軸的分量。在下圖中的 A 向量是一個由原點出發指向三維空間中的一個點（a, b, c），也就是說，向量同時包含了大小及方向兩種特性，所謂的單位向量，指的是「向量長度」（norm）為 1 的向量。通常在向量計算時，為了降低計算上的複雜度，會以「單位向量」（Unit Vector）來進行運算，所以使用向量表示法就可以指明某變量的大小與方向。

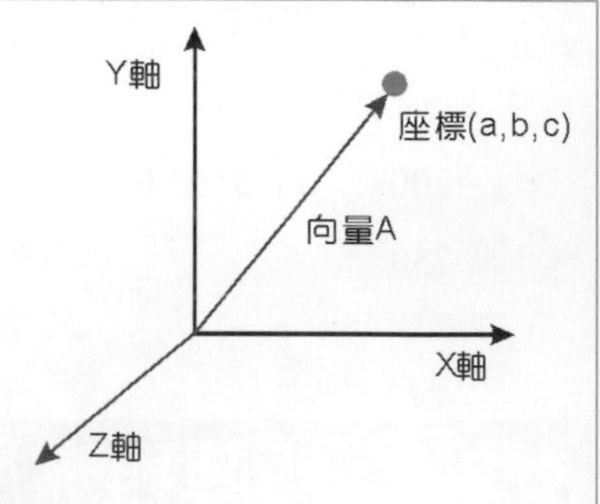

例如，深度學習（Deep Learning, DL）則是目前最熱門的話題，不但是人工智慧（AI）的一個分支，也可以看成是具有層次性的機器學習法（Machine Learning, ML），更將 AI 推向類似人類學習模式的優異發展，在深度學習中，線性代數是一個強大的數學工具箱，常常遇到需要使用大量矩陣運算來提高計算效率。

TIPS

Deep Learning, DL（深度學習）：可以看成是具有層次性的機器學習法，源自於類神經網路（Artificial Neural Network）模型，並且結合了神經網路架構與大量的運算資源，目的在於讓機器建立與模擬人腦進行學習的神經網路，以解釋大數據中圖像、聲音和文字等多元資料。

本節中我們將會討論到兩個矩陣的相加、相乘，或是某些稀疏矩陣（Sparse Matrix）、轉置矩陣（A^t）、上三角形矩陣（Upper Triangular Matrix）與下三角形矩陣（Lower Triangular Matrix）等等。

2-3-1 矩陣相加

矩陣的相加運算則較為簡單，前題是相加的兩矩陣列數與行數都必須相等，而相加後矩陣的列數與行數也是相同。必須兩者的列數與行數都相等，例如 $A_{mxn}+B_{mxn}=C_{mxn}$。以下我們就來實際進行一個矩陣相加的例子：

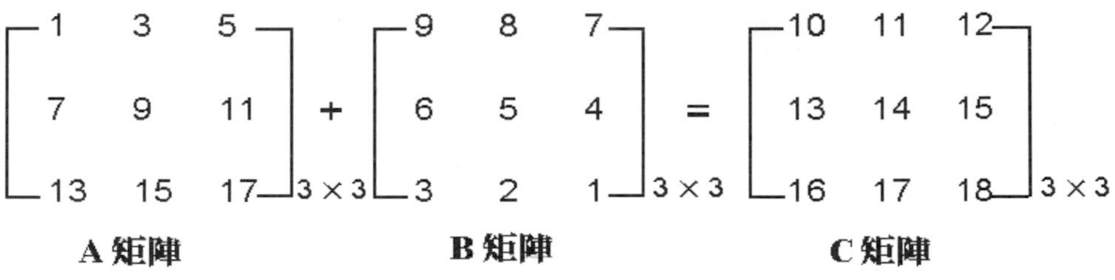

範例 2.3.1 請設計一程式，來實作 2 個 3*3 矩陣相加的過程，並顯示兩矩陣相加後的結果。

範例：MatrixAdd.sln

```
using static System.Console;//滙入靜態類別

namespace MatrixAdd
{
    class Program
    {
        static void MatrixAdd(int[,] arrA, int[,] arrB, int[,] arrC, int dimX, int dimY)
        {
            int row, col;
            if (dimX <= 0 || dimY <= 0)
            {
                WriteLine("矩陣維數必須大於0");
                return;
            }
```

```
            for (row = 1; row <= dimX; row++)
            {
                for (col = 1; col <= dimY; col++)
                {
                    arrC[(row - 1), (col - 1)] = arrA[(row - 1), (col - 1)] + arrB[(row - 1), (col - 1)];
                }
            }
        }
        static void Main(string[] args)
        {
            int i;
            int j;
            const int ROWS = 3;
            const int COLS = 3;
            int[,] A = {{1,3,5},
                         {7,9,11},
                         {13,15,17}};
            int[,] B = {{9,8,7},
                         {6,5,4},
                         {3,2,1}};
            int[,] C = new int[ROWS, COLS];
            WriteLine("[矩陣A的各個元素]");  //印出矩陣A的內容
            for (i = 0; i < 3; i++)
            {
                for (j = 0; j < 3; j++)
                    Write(A[i, j] + " \t");
                WriteLine();
            }
            WriteLine("[矩陣B的各個元素]");  //印出矩陣B的內容
            for (i = 0; i < 3; i++)
            {
                for (j = 0; j < 3; j++)
                    Write(B[i, j] + " \t");
                WriteLine();
            }
            MatrixAdd(A, B, C, 3, 3);
            WriteLine("[顯示矩陣A和矩陣B相加的結果]"); //印出A+B的內容
            for (i = 0; i < 3; i++)
            {
                for (j = 0; j < 3; j++)
                    Write(C[i, j] + " \t");
                WriteLine();
            }
```

```
                ReadKey();
            }
        }
    }
```

【執行結果】

```
[矩陣A的各個元素]
1       3       5
7       9       11
13      15      17
[矩陣B的各個元素]
9       8       7
6       5       4
3       2       1
[顯示矩陣A和矩陣B相加的結果]
10      11      12
13      14      15
16      17      18
```

2-3-2 矩陣相乘

如果談到兩個矩陣 A 與 B 的相乘，是有某些條件限制。首先必須符合 A 為一個 m*n 的矩陣，B 為一個 n*p 的矩陣，對 A*B 之後的結果為一個 m*p 的矩陣 C。如下圖所示：

$$\begin{bmatrix} a_{11} & \cdots & a_{1n} \\ \vdots & & \vdots \\ a_{m1} & \cdots & a_{mn} \end{bmatrix} \times \begin{bmatrix} b_{11} & \cdots & b_{1p} \\ \vdots & & \vdots \\ b_{n1} & \cdots & b_{np} \end{bmatrix} = \begin{bmatrix} c_{11} & \cdots & c_{1p} \\ \vdots & & \vdots \\ c_{m1} & \cdots & c_{mp} \end{bmatrix}$$

$$m\times n \qquad n\times p \qquad m\times p$$

$$C_{11}= a_{11} * b_{11}+ a_{12}* b_{21}+\dots\dots+ a_{1n}* b_{n1}$$

$$\vdots$$

$$C_{1p}= a_{11}* b_{1p}+ a_{12}* b_{2p}+\dots\dots+ a_{1n}*b_{np}$$

$$\vdots$$

$$C_{mp}= a_{m1}* b_{1p}+ a_{m2}* b_{2p}+\dots\dots+ a_{mn}* b_{np}$$

範例 **2.3.2** 請設計一程式來實作下列兩個可自行輸入矩陣維數的相乘過程，並顯示相乘後的結果。

範例：MatrixMiltiply.sln

```
using static System.Console;//滙入靜態類別

namespace MatrixMultiply
{
    class Program
    {
        static void Main(string[] args)
        {
            int M, N, P;
            int i, j;
            String strM;
            String strN;
            String strP;
            String tempstr;
            WriteLine("請輸入矩陣A的維數(M,N): ");
            Write("請先輸入矩陣A的M值: ");
            strM = ReadLine();
            M = int.Parse(strM);
            Write("接著輸入矩陣A的N值: ");
            strN = ReadLine();
            N = int.Parse(strN);
            int[,] A = new int[M, N];
            WriteLine("[請輸入矩陣A的各個元素]");
            WriteLine("注意！每輸入一個值按下Enter鍵確認輸入");
            for (i = 0; i < M; i++)
                for (j = 0; j < N; j++)
                {
                    Write("a" + i + j + "=");
                    tempstr = ReadLine();
                    A[i, j] = int.Parse(tempstr);
                }
            WriteLine("請輸入矩陣B的維數(N,P): ");
            Write("請先輸入矩陣B的N值: ");
            strN = ReadLine();
            N = int.Parse(strN);
            Write("接著輸入矩陣B的P值: ");
            strP = ReadLine();
```

```
            P = int.Parse(strP);
            int[,] B = new int[N, P];
            WriteLine("[請輸入矩陣B的各個元素]");
            WriteLine("注意！每輸入一個值按下Enter鍵確認輸入");
            for (i = 0; i < N; i++)
                for (j = 0; j < P; j++)
                {
                    Write("b" + i + j + "=");
                    tempstr = ReadLine();
                    B[i, j] = int.Parse(tempstr);
                }
            int[,] C = new int[M, P];
            MatrixMultiply(A, B, C, M, N, P);
            WriteLine("[AxB的結果是]");
            for (i = 0; i < M; i++)
            {
                for (j = 0; j < P; j++)
                {
                    Write(C[i, j]);
                    Write('\t');
                }
                WriteLine();
            }
            ReadKey();
        }

        static void MatrixMultiply(int[,] arrA, int[,] arrB, int[,]
arrC, int M, int N, int P)
        {
            int i, j, k, Temp;
            if (M <= 0 || N <= 0 || P <= 0)
            {
                WriteLine("[錯誤:維數M,N,P必須大於0]");
                return;
            }
            for (i = 0; i < M; i++)
                for (j = 0; j < P; j++)
                {
                    Temp = 0;
                    for (k = 0; k < N; k++)
                        Temp = Temp + arrA[i, k] * arrB[k, j];
                    arrC[i, j] = Temp;
```

```
                    }
            }
    }
}
```

【執行結果】

```
請輸入矩陣A的維數(M,N):
請先輸入矩陣A的M值: 2
接著輸入矩陣A的N值: 3
[請輸入矩陣A的各個元素]
注意！每輸入一個值按下Enter鍵確認輸入
a00=3
a01=3
a02=3
a10=5
a11=5
a12=5
請輸入矩陣B的維數(N,P):
請先輸入矩陣B的N值: 3
接著輸入矩陣B的P值: 2
[請輸入矩陣B的各個元素]
注意！每輸入一個值按下Enter鍵確認輸入
b00=1
b01=2
b10=3
b11=4
b20=5
b21=6
[AxB的結果是]
27      36
45      60
```

2-3-3 轉置矩陣

「轉置矩陣」(A^t) 就是把原矩陣的行座標元素與列座標元素相互調換，假設 A^t 為 A 的轉置矩陣，則有 $A^t[j,i]=A[i,j]$，如下圖所示：

$$A=\begin{bmatrix}1 & 2 & 3\\4 & 5 & 6\\7 & 8 & 9\end{bmatrix}_{3\times 3}\qquad A^t=\begin{bmatrix}1 & 4 & 7\\2 & 5 & 8\\3 & 6 & 9\end{bmatrix}_{3\times 3}$$

範例 2.3.3 請設計一程式，可任意輸入 m 與 n 值，來實作一 m*n 二維陣列的轉置矩陣。

範例：Transpose.sln

```
using static System.Console;//滙入靜態類別

int M, N, row, col;
String strM;
String strN;
String tempstr;
WriteLine("[輸入MxN矩陣的維度]");
Write("請輸入維度M: ");
strM = ReadLine();
M = int.Parse(strM);
Write("請輸入維度N: ");
strN = ReadLine();
N = int.Parse(strN);
int[,] arrA = new int[M, N];
int[,] arrB = new int[N, M];
WriteLine("[請輸入矩陣內容]");
for (row = 1; row <= M; row++)
{
    for (col = 1; col <= N; col++)
    {
        Write("a" + row + col + "=");
        tempstr = ReadLine();
        arrA[row - 1, col - 1] = int.Parse(tempstr);
    }
}
WriteLine("[輸入矩陣內容為]\n");
for (row = 1; row <= M; row++)
{
    for (col = 1; col <= N; col++)
    {
        Write(arrA[(row - 1), (col - 1)]);
        Write('\t');
    }
    WriteLine();
}
//進行矩陣轉置的動作
for (row = 1; row <= N; row++)
    for (col = 1; col <= M; col++)
        arrB[(row - 1), (col - 1)] = arrA[(col - 1), (row - 1)];

WriteLine("[轉置矩陣內容為]");
for (row = 1; row <= N; row++)
```

```
{
    for (col = 1; col <= M; col++)
    {
        Write(arrB[(row - 1), (col - 1)]);
        Write('\t');
    }
    WriteLine();
}
ReadKey();
```

【執行結果】

```
[輸入MxN矩陣的維度]
請輸入維度M: 4
請輸入維度N: 3
[請輸入矩陣內容]
a11=1
a12=2
a13=3
a21=4
a22=5
a23=6
a31=7
a32=8
a33=9
a41=10
a42=11
a43=12
[輸入矩陣內容為]

1       2       3
4       5       6
7       8       9
10      11      12
[轉置矩陣內容為]
1       4       7       10
2       5       8       11
3       6       9       12
```

2-3-4 稀疏矩陣

對於抽象資料型態而言，我們希望闡述的是在電腦定義中具備某種意義的特別概念（Concept），例如稀疏矩陣（Sparse Matrix）就是一個很好的例子。什麼是稀疏矩陣呢？簡單的說，「如果一個矩陣中的大部分元素為零的話，就可以稱為稀疏矩陣」。例如以下的矩陣就是一種典型的稀疏矩陣：

$$\begin{bmatrix} 25 & 0 & 0 & 32 & 0 & -25 \\ 0 & 33 & 77 & 0 & 0 & 0 \\ 0 & 0 & 0 & 55 & 0 & 0 \\ 0 & 0 & 0 & 0 & 0 & 0 \\ 101 & 0 & 0 & 0 & 0 & 0 \\ 0 & 0 & 38 & 0 & 0 & 0 \end{bmatrix} \quad 6 \times 6$$

對稀疏矩陣而言，實際儲存的資料項目很少，如果在電腦中利用傳統的二維陣列方式存放，就會十分浪費儲存的空間。特別是當矩陣很大時，考慮儲存一個 1000*1000 的矩陣所需空間需求，而且大部分的元素都是零的話，這樣空間的管理確實不經濟，要改進記憶體空間浪費的方法就是利用三項式（3-tuple）的資料結構。我們把每一個非零項目以（i,j,item-value）來表示。就是假如一個稀疏矩陣有 n 個非零項目，那麼可以利用一個 A(0:n,1:3) 的二維陣列來表示，我們稱為壓縮矩陣。

A(0,1) 代表此稀疏矩陣的列數，A(0,2) 代表此稀疏矩陣的行數，而 A(0,3) 則是此稀疏矩陣非零項目的總數。另外每一個非零項目以（i,j,item-value）來表示。其中 i 為此非零項目所在的列數，j 為此非零項目所在的行數，item-value 則為此非零項的值。以上圖 6x6 稀疏矩陣為例，可以如下表示：

```
A(0,1)=>表示此矩陣的列數
A(0,2)=>表示此矩陣的行數
A(0,3)=>表示此矩陣非零項目的總數
```

	1	2	3
0	6	6	8
1	1	1	25
2	1	4	32
3	1	6	-25
4	2	2	33
5	2	3	77
6	3	4	55
7	5	1	101
8	6	3	38

範例 2.3.4 請設計一程式，並利用 3 項式（3-tuple）資料結構，來壓縮 8*8 稀疏矩陣，以達到減少記憶體不必要的浪費。

範例：Sparse.sln

```
using static System.Console;//滙入靜態類別

const int _ROWS = 8;     //定義列數
const int _COLS = 9;     //定義行數
const int _NOTZERO = 8; //定義稀疏矩陣中不為0的個數
int i, j, tmpRW, tmpCL, tmpNZ;
int temp = 1;
int[,] Sparse = new int[_ROWS, _COLS]; //宣告稀疏矩陣
int[,] Compress = new int[_NOTZERO + 1, 3]; //宣告壓縮矩陣
Random intRand = new Random(); //宣告一個Random物件
for (i = 0; i < _ROWS; i++)  //將稀疏矩陣的所有元素設為0
    for (j = 0; j < _COLS; j++)
        Sparse[i, j] = 0;
tmpNZ = _NOTZERO;
for (i = 1; i < tmpNZ + 1; i++)
{
    tmpRW = intRand.Next(100);
    tmpRW = (tmpRW % _ROWS);
    tmpCL = intRand.Next(100);
    tmpCL = (tmpCL % _COLS);
    if (Sparse[tmpRW, tmpCL] != 0)//避免同一個元素設定兩次數值而造成壓縮矩陣中有0
        tmpNZ++;
    Sparse[tmpRW, tmpCL] = i; //隨機產生稀疏矩陣中非零的元素值
}
WriteLine("[稀疏矩陣的各個元素]"); //印出稀疏矩陣的各個元素
for (i = 0; i < _ROWS; i++)
{
    for (j = 0; j < _COLS; j++)
        Write(Sparse[i, j] + " ");
    WriteLine();
}
/*開始壓縮稀疏矩陣*/
Compress[0, 0] = _ROWS;
Compress[0, 1] = _COLS;
Compress[0, 2] = _NOTZERO;
for (i = 0; i < _ROWS; i++)
```

```
    for (j = 0; j < _COLS; j++)
        if (Sparse[i, j] != 0)
        {
            Compress[temp, 0] = i;
            Compress[temp, 1] = j;
            Compress[temp, 2] = Sparse[i, j];
            temp++;
        }
WriteLine("[稀疏矩陣壓縮後的內容]"); //印出壓縮矩陣的各個元素
for (i = 0; i < _NOTZERO + 1; i++)
{
    for (j = 0; j < 3; j++)
        Write(Compress[i, j] + " ");
    WriteLine();
}
ReadKey();
```

【執行結果】

```
[稀疏矩陣的各個元素]
0 0 0 0 0 0 0 0 0
7 0 0 0 0 9 0 0 0
0 0 0 0 0 0 0 0 0
0 0 0 0 4 0 0 0 0
1 0 0 0 0 0 2 0 0
0 0 0 0 0 0 0 0 0
0 6 3 0 0 0 0 0 0
0 8 0 0 0 0 0 0 0
[稀疏矩陣壓縮後的內容]
8 9 8
1 0 7
1 5 9
3 4 4
4 0 1
4 6 2
6 1 6
6 2 3
7 1 8
```

各位清楚了壓縮稀疏矩陣的儲存方法後，我們還要簡單說明稀疏矩陣的相關運算，例如，轉置矩陣的問題就是挺有趣的。依照轉置矩陣的基本定義，對於任何稀疏矩陣而言，它的轉置矩陣仍然是一個稀疏矩陣。

如果直接將此稀疏矩陣轉換，因為只利用兩個 for 迴圈，所以時間複雜度可以視為 O（columns*rows）。如果說我們利用一個用三項式表示的壓縮矩陣，它首先會決定在原始稀疏陣中每一行的元素個數。根據這個原因，就可以事先決定轉置矩陣中每一列的起始位置，接著再將原始稀疏矩陣中的元素一個個地放到在轉置矩陣中的相關正確位置。這樣的做法可以將時間複雜度調整到 O（columns+rows）。

2-3-5 上三角形矩陣

「上三角形矩陣」（Upper Triangular Matrix）就是一種對角線以下元素皆為 0 的 n*n 矩陣。其中又可分為「右上三角形矩陣」（Right Upper Triangular Matrix）與「左上三角形矩陣」（Left Upper Triangular Matrix）。由於「上三角形矩陣」仍有許多元素為 0，為了避免浪費空間，我們可以把三角形矩陣的二維模式，儲存在一維陣列中。我們分別討論如下：

右上三角形矩陣矩陣

即對 nxn 的矩陣 A，假如 i>j，那麼 A（i,j）=0，如下圖所示：

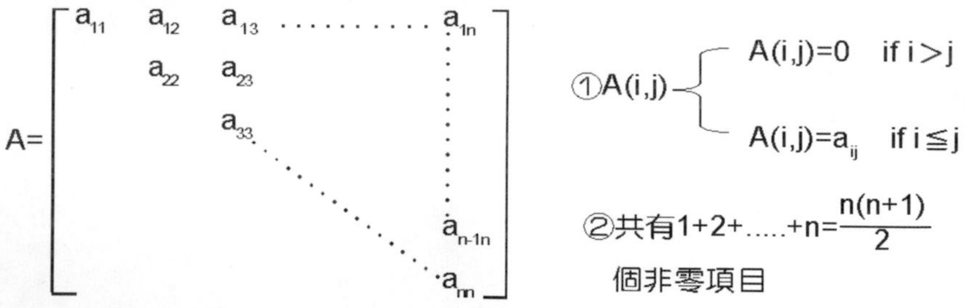

$$A=\begin{bmatrix} a_{11} & a_{12} & a_{13} & \cdots & a_{1n} \\ & a_{22} & a_{23} & & \vdots \\ & & a_{33} & & \vdots \\ & & & \ddots & a_{n-1n} \\ & & & & a_{nn} \end{bmatrix}$$

①$A(i,j)\begin{cases} A(i,j)=0 & \text{if } i>j \\ A(i,j)=a_{ij} & \text{if } i\leqq j \end{cases}$

②共有$1+2+.....+n=\frac{n(n+1)}{2}$個非零項目

由於此二維矩陣的非零項目可依序對映成一維矩陣，且需要一個一維陣列 $B(1:\frac{n*(n+1)}{2})$ 來儲存。對映方式也可區分為以列為主（Row-major）及以行為主（Column-major）兩種陣列記憶體配置方式。

1. 以列為主（Row-major）

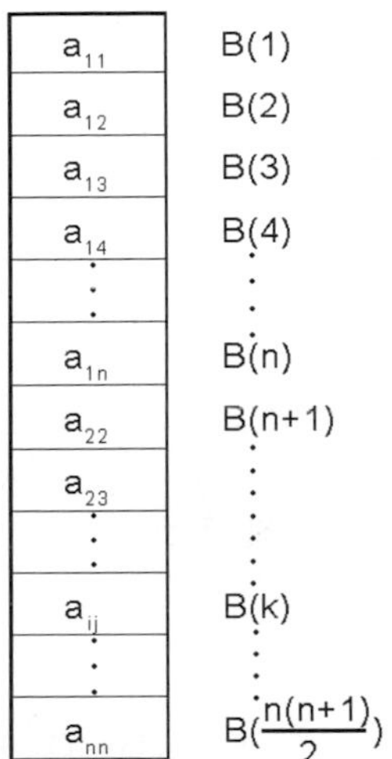

由上圖可得 a_{ij} 在 B 陣列中所對應的 k 值，也就是 a_{ij} 會存放在 B(k) 中，則 k 的值會等於第 1 列到第 i-1 列所有的元素個數減去第 1 列到第 i-1 列中所有值為零的元素個數加上 a_{ij} 所在的行數 j，即：

$$k=n*(i-1)-\frac{i*(i-1)}{2}+j$$

2. 以行為主（column-major）

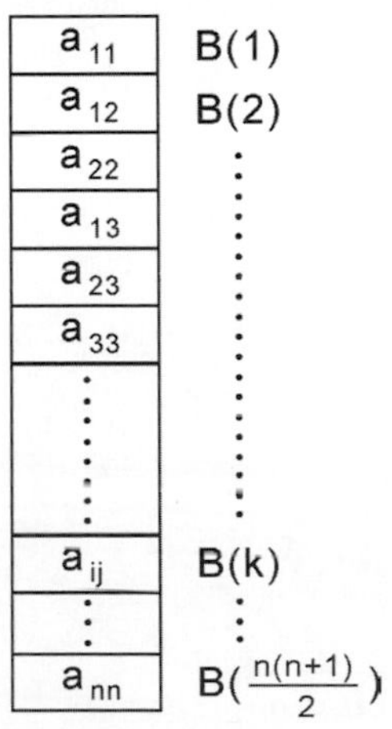

由圖可得 a_{ij} 在 B 陣列中所對應的 k 值，也就是 a_{ij} 會存放在 B(k) 中，則 k 的值會等於第 1 行到第 j-1 行的所有非零元素的個數加上 a_{ij} 所在的列數 i：

即：

$$k=\frac{j*(i-1)}{2}+i$$

範例 2.3.5 假如有一個 5x5 的右上三角形矩陣 A，以行為主對映到一維陣列 B，請問 a_{23} 所對映 B(k) 的 k 值為何？

解答 直接代入右上三角形矩陣公式：

$$k=\frac{j*(j-1)}{2}+i=\frac{3*(3-1)}{2}+2=5=> \text{對映到 } B(5)$$

範例 2.3.6 請練習設計一程式，將右上三角形矩陣壓縮為一維陣列。

範例：Upper.sln

```
using static System.Console;//滙入靜態類別

namespace Upper
{
    class Program
    {
        const int ARRAY_SIZE = 5;
        static int[,] A ={ //上三角矩陣的內容
                            {7, 8, 12, 21, 9},
                            {0, 5, 14,  17, 6},
                            {0, 0, 7, 23, 24},
                            {0, 0, 0,  32, 19},
                            {0, 0, 0,  0,  8}};
        //一維陣列的陣列宣告
        static int[] B = new int[ARRAY_SIZE * (1 + ARRAY_SIZE) / 2];

        static int GetValue(int i, int j)
        {
            int index = ARRAY_SIZE * i - i * (i + 1) / 2 + j;
            return B[index];
        }

        static void Main(string[] args)
```

```
        {
            int i = 0, j = 0;
            int index;

            WriteLine("============================================");
            WriteLine("上三角形矩陣：");
            for (i = 0; i < ARRAY_SIZE; i++)
            {
                for (j = 0; j < ARRAY_SIZE; j++)
                    Write("\t" + A[i, j]);
                WriteLine();
            }
            //將右上三角矩陣壓縮為一維陣列
            index = 0;
            for (i = 0; i < ARRAY_SIZE; i++)
            {
                for (j = 0; j < ARRAY_SIZE; j++)
                {
                    if (A[i, j] != 0) B[index++] = A[i, j];
                }
            }
            WriteLine("============================================");
            WriteLine("以一維的方式表示：");
            Write("\t[");
            for (i = 0; i < ARRAY_SIZE; i++)
            {
                for (j = i; j < ARRAY_SIZE; j++)
                    Write(" " + GetValue(i, j));
            }
            Write(" ]");
            WriteLine();
            ReadKey();
        }
    }
}
```

【執行結果】

```
============================================
上三角形矩陣：
        7       8       12      21      9
        0       5       14      17      6
        0       0       7       23      24
        0       0       0       32      19
        0       0       0       0       8
============================================
以一維的方式表示：
        [ 7 8 12 21 9 5 14 17 6 7 23 24 32 19 8 ]
```

左上三角形矩陣

即對 nxn 的矩陣 A，假如 i>n-j+1 時，A(i,j)=0，如下圖所示：

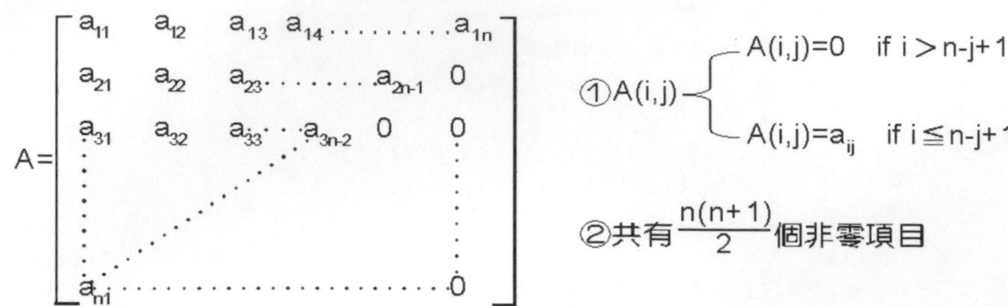

與右上三角形矩陣相同，對應方式也分為以列為主及以行為主兩種陣列記憶配體置方式。

1. 以列為主（Row-major）

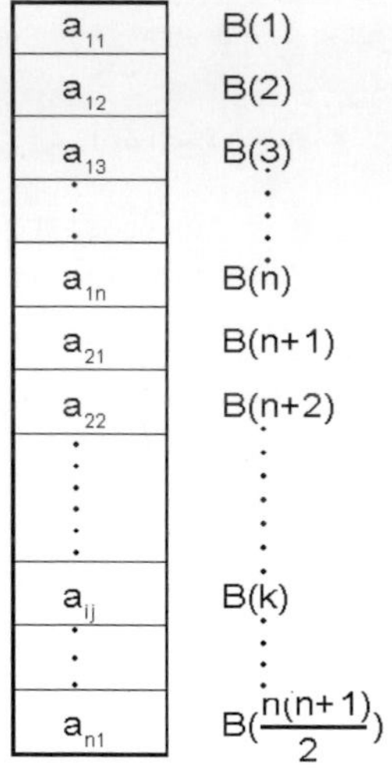

由上圖可得 a_{ij} 在 B 陣列中所對應的 k 值，也就是 a_{ij} 會存放在 B(k) 中，則 k 的值會等於第 1 列到第 i-1 列所有的元素個數減去第 1 列到第 i-2 列中所有值為零的元素個數加上 a_{ij} 所在的行數 j，即

$$k = n*(i-1) - \frac{(i-2)*((i-2)+1)}{2} + j$$

$$= n*(i-1) - \frac{(i-2)*(i-1)}{2} + j$$

2. 以行為主（Column-major）

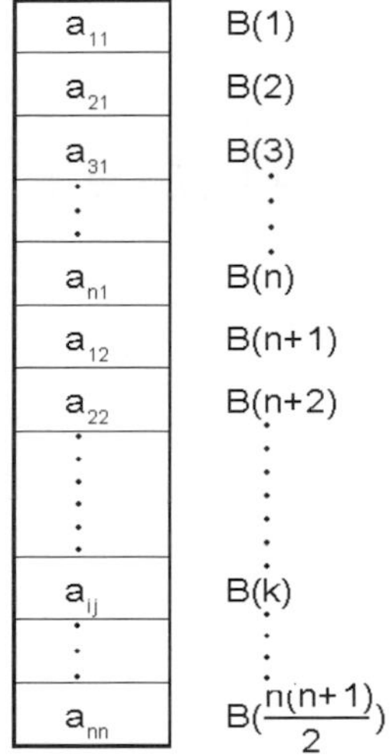

由上圖可得 a_{ij} 在 B 陣列中所對應的 k 值，也就是 a_{ij} 會存放在 B(k) 中，則 k 的值會等於第 1 行到第 j-1 行的所有的元素個數減去第 1 行到第 j-2 行中所有值為零的元素個數加上 a_{ij} 所在的列數 i，即

$$k = n*(j-1) - \frac{(j-2)*(j-1)}{2} + i$$

範例 **2.3.7** 假如有一個 5*5 的左上三角形矩陣，以行為主對映到一維陣列 B，請問 a_{23} 所對映 B(k) 的 k 值為何？

解答 由公式可得 $k= n*(j-1)+i- \frac{(j-2)*(j-1)}{2}$

$$= 5*(3-1)+2- \frac{(3-2)*(3-1)}{2}$$

$$= 10+2-1=11$$

2-3-6 下三角形矩陣

下三角形矩陣與上三角形矩陣相反，就是一種對角線以上元素皆為 0 的 nxn 矩陣。其中也可分為左下三角形矩陣（Left Lower Triangular Matrix）和右下三角形矩陣（Right Lower Triangular Matrix）。我們分別討論如下：

左下三角形矩陣

即對 nxn 的矩陣 A，假如 i<j，那麼 A(i,j)=0 如下圖所示：

$$A=\begin{bmatrix} a_{11} & & & \\ a_{21} & a_{22} & & \\ a_{31} & a_{32} & a_{33} & \\ \vdots & \vdots & & \ddots \\ a_{n1} & a_{n2} & \cdots & a_{nn} \end{bmatrix}$$

① $A(i,j)\begin{cases} A(i,j)=0 & \text{if } i<j \\ A(i,j)=a_{ij} & \text{if } i\geq j \end{cases}$

② 共有 $\frac{n(n+1)}{2}$ 個非零項目

同樣的，對映到一維陣列 $B(1: \frac{n*(n+1)}{2})$ 的方式，也可區分為以列為主及以行為主兩種陣列記憶體配置方式。

1. 以列為主

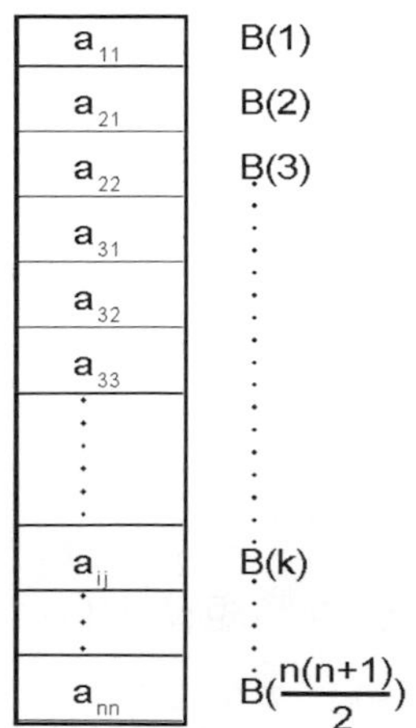

由圖可知 a_{ij} 在 B 陣列中所對應的 k 值，也就是 a_{ij} 會存放在 B(k) 中。則 k 的值會等於第 1 列到第 i-1 列所有非零元素個數加上 a_{ij} 所在的行數 j。

$$k=\frac{i*(i-1)}{2}+j$$

2. 以行為主

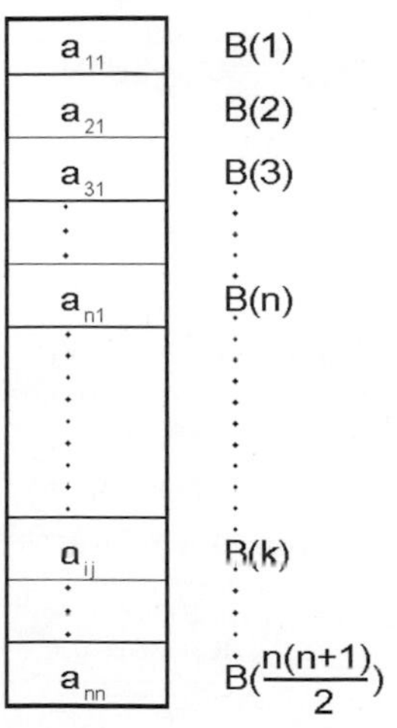

由圖可知 a_{ij} 在 B 陣列中所對應的 k 值，也就是 a_{ij} 會存放在 B(k) 中。則 k 的值會等於第 1 行到第 j-1 行所有非零元素個數減去第 1 行到第 j-1 行所有值為零的元素個數，再加上 a_{ij} 所在的列數 i。

$$k = n*(j-1)+i-\frac{(j-1)*[1+(j-1)]}{2}$$

$$= n*(j-1)+i-\frac{j*(j-1)}{2}$$

範例 2.3.8 有一 6x6 的左下三角形矩陣，以行為主的方式對映到一維陣列 B，求元素 a_{32} 所對映 B(k) 的大值為何？

解答 代入公式 $k=n*(j-1)+i-\frac{j*(j-1)}{2}$

$$=6*(2-1)+3-\frac{2*(2-1)}{2}$$

$$=6+3-1=8$$

範例 2.3.9 請設計一程式，將左下三角形矩陣壓縮為一維陣列。

範例：Lower.sln

```
using static System.Console;//滙入靜態類別

namespace Lower
{
    class Program
    {
        const int ARRAY_SIZE = 5; //矩陣的維數大小

        static int[,] A ={ //下三角矩陣的內容
                                {76, 0, 0, 0, 0},
                                {54, 51, 0, 0, 0},
                                {23, 8, 26, 0, 0},
```

```
                          {43, 35, 28, 18, 0},
                          {12, 9, 14, 35, 46}};
        //一維陣列的陣列宣告
        static int[] B = new int[ARRAY_SIZE * (1 + ARRAY_SIZE) / 2];
        static int GetValue(int i, int j)
        {
            int index = ARRAY_SIZE * i - i * (i + 1) / 2 + j;
            return B[index];
        }
        static void Main(string[] args)
        {
            int i = 0, j = 0;
            int index;
            Write("=============================================\n");
            Write("下三角形矩陣：\n");
            for (i = 0; i < ARRAY_SIZE; i++)
            {
                for (j = 0; j < ARRAY_SIZE; j++)
                    Write($"\t{A[i, j]}");
                WriteLine();
            }
            //將左下三角矩陣壓縮為一維陣列
            index = 0;
            for (i = 0; i < ARRAY_SIZE; i++)
            {
                for (j = 0; j < ARRAY_SIZE; j++)
                {
                    if (A[i, j] != 0) B[index++] = A[i, j];
                }
            }
            Write("=============================================\n");
            Write("以一維的方式表示：\n");
            Write("\t[");
            for (i = 0; i < ARRAY_SIZE; i++)
            {
                for (j = i; j < ARRAY_SIZE; j++)
                    Write($" {GetValue(i, j)}");
            }
```

```
                Write(" ]");
                WriteLine();
                ReadKey();
            }
        }
    }
```

【執行結果】

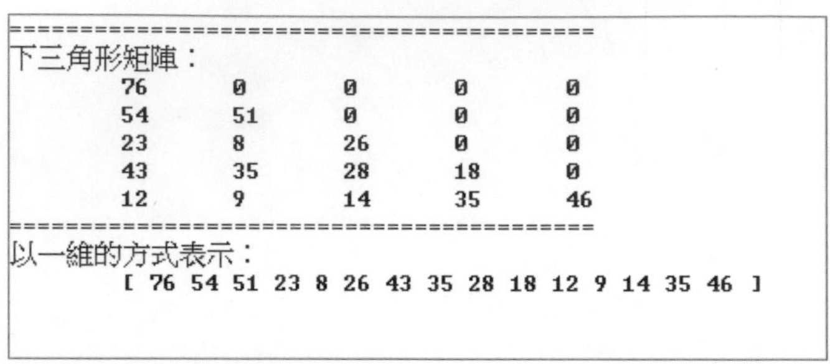

```
==========================================
下三角形矩陣：
        76      0       0       0       0
        54      51      0       0       0
        23      8       26      0       0
        43      35      28      18      0
        12      9       14      35      46
==========================================
以一維的方式表示：
        [ 76 54 51 23 8 26 43 35 28 18 12 9 14 35 46 ]
```

右下三角形矩陣

即對 n*m 的矩陣 A，假如 i<n-j+1，那麼 A(i,j)=0，如下圖所示

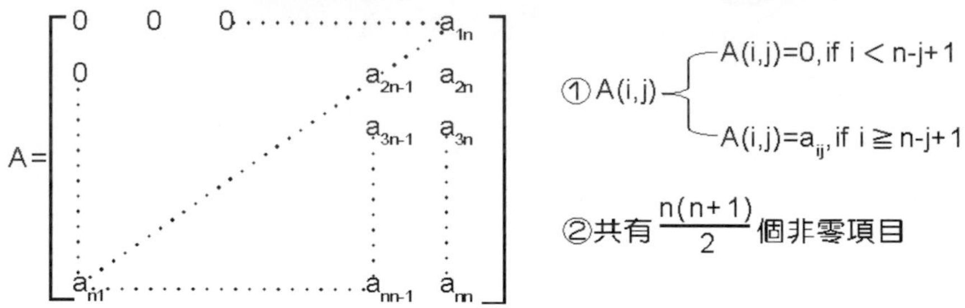

同樣的，對應到一維陣列 B(1: $\frac{n*(n+1)}{2}$) 的方式，也可區分為以列為主與以行為主兩種陣列記憶體配置方式。

1. 以列為主

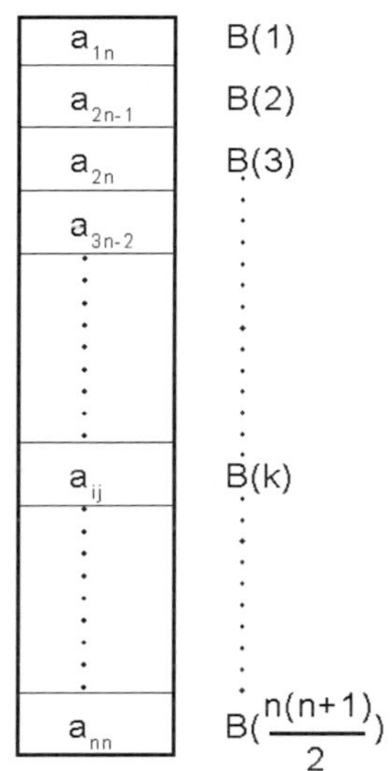

由上圖可知 a_{ij} 在 B 陣列中所對應的 k 值，也就是 a_{ij} 會存放在 B(k) 中。則 k 的值會等於第 1 列到第 i-1 列非零元素的個數加上 a_{ij} 所在的行數 j，再減去該行中所有值為零的個數：

$$k = \frac{(i-1)}{2} * [1+(i-1)]+j-(n-i)$$

$$= \frac{[i*(i-1)+2*i]}{2} +j-n$$

$$= \frac{i*(i+1)}{2} +j-n$$

2. 以行為主

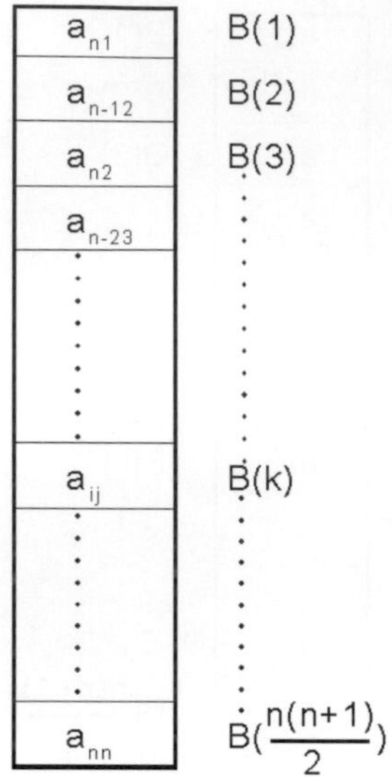

由上圖可知 a_{ij} 在 B 陣列中所對應的 k 值，也就是 a_{ij} 會存放在 B(k) 中。則 k 的值會等於第 1 行到第 j-1 行的非零元素個數加上 a_{ij} 所在的第 i 列減去該列中所有值為零的元素個數。

$$k = \frac{[(j-1)*[1+(j-1)]}{2} + i-(n-j)$$

$$= \frac{j*(j+1)}{2} + i-n$$

範例 2.3.10 假設有一個 4x4 的右下三角形矩陣，以行為主對映到一維陣列 B，求元素 a_{32} 所對映 B(k) 的 k 值為何？

解答 代入公式 $k=\frac{j*(j+1)}{2}+i-n$

$$=\frac{2*(2+1)}{2}+3-4$$

$$=2$$

2-3-7 帶狀矩陣

「帶狀矩陣」（Band Matrix）是一種在應用上較為特殊且稀少的矩陣。定義就是在上三角形矩陣中，右上方的元素皆為零，在下三角形矩陣中，左下方的元素也為零，也就是除了第一列與第 n 列有兩個元素外，其餘每列都具有三個元素，使得中間主軸附近的值形成類似帶狀的矩陣。如下圖所示：

$$\begin{bmatrix} a_{11} & a_{21} & 0 & 0 & 0 \\ a_{12} & a_{22} & a_{32} & 0 & 0 \\ 0 & a_{23} & a_{33} & a_{43} & 0 \\ 0 & 0 & a_{34} & a_{44} & a_{54} \\ 0 & 0 & 0 & a_{45} & a_{55} \end{bmatrix}_{5 \times 5} \qquad a_{ij}=0,\ \text{if}|i-j|>|$$

由於本身也是稀疏矩陣，在儲存上也只將非零項目儲存到一維陣列中，對映關係同樣可分為以列為主及以行為主兩種。例如對以列為主的儲存方式而言，對一個 n*n 帶狀矩陣來說，除了第 1 及第 n 列為 2 個元素，其餘均為三個元素，因此非零項總數最多為 3n-2，而 a_{ij} 所對應到的 B(k)，

```
k=2+3+⋯+3+j-i+2
 =2+3i-6+j-i+2
 =2i+j-2
```

2-4 陣列與多項式

多項式是數學中相當重要的表現方式，通常如果使用電腦來處理多項式的各種相關運算，可以將多項式以陣列（Array）或鏈結串列（LInked List）來儲存。本節中，我們先來討論多項式以陣列結構表示的相關應用。

2-4-1 認識多項式

假如一個多項式 $P(x)=a_nx^n+a_{n-1}x^{n-1}+......+a_1x+a_0$，則稱 P(x) 為一 n 次多項式。而一個多項式使用陣列結構儲存在電腦中的話，可以使用底下兩種模式：

1. 使用一個 n+2 長度的一維陣列存放，陣列的第一個位置儲存最大指數 n，其他位置依照指數 n 遞減，依序儲存相對應的係數：

   $P=(n,a_n,a_{n-1},......,a_1,a_0)$ 儲存在 A(1:n+2)，例如 $P(x)=2x^5+3x^4+5x^2+4x+1$，可轉換為成 A 陣列來表示，例如：

   ```
   A={5,2,3,0,5,4,1}
   ```

   使用這種表示法的優點就是在電腦中運用時，對於多項式的各種運算（如加法與乘法）較為方便設計。不過如果多項式的係數為多半為零，如 $x^{100}+1$，就顯得太浪費空間了。

2. 只儲存多項式中非零項目。如果有 m 項非零項目則使用 2m+1 長的陣列來儲存每一個非零項的指數及係數，但陣列的第一個元素則為此多項式非零項的個數。

   例如 $P(x)=2x^5+3x^4+5x^2+4x+1$，可表示成 A(1:2m+1) 陣列，例如：

   ```
   A={5,2,5,3,4,5,2,4,1,1,0}
   ```

   這種方法的優點是可以節省不必要的記憶空間浪費，但缺點則是在多項式各種演算法設計時，會複雜許多。

範例 2.4.1 以下以本節所介紹的第一種多項式表示法設計一個程式，來進行兩多項式 $A(x)=3x^4+7x^3+6x+2$，$B(x)=x^4+5x^3+2x^2+9$ 的加法運算。

範例：Poly.sln

```
using static System.Console;//滙入靜態類別

namespace Poly
{
```

```
    class Program
    {
        static int ITEMS = 6;
        static void Main(string[] args)
        {
            int[] PolyA = { 4, 3, 7, 0, 6, 2 }; //宣告多項式A
            int[] PolyB = { 4, 1, 5, 2, 0, 9 }; //宣告多項式B
            Write("多項式A=> ");
            PrintPoly(PolyA, ITEMS);   //印出多項式A
            Write("多項式B=> ");
            PrintPoly(PolyB, ITEMS);   //印出多項式B
            Write("A+B => ");
            PolySum(PolyA, PolyB);     //多項式A+多項式B
            ReadKey();
        }

        static void PrintPoly(int[] Poly, int items)
        {
            int i, MaxExp;
            MaxExp = Poly[0];
            for (i = 1; i <= Poly[0] + 1; i++)
            {
                MaxExp--;
                if (Poly[i] != 0)        //如果該項式0就跳過
                {
                    if ((MaxExp + 1) != 0)
                        Write(Poly[i] + "X^" + (MaxExp + 1));
                    else
                        Write(Poly[i]);
                    if (MaxExp >= 0)
                        Write('+');
                }
            }
            WriteLine();
        }

        static void PolySum(int[] Poly1, int[] Poly2)
        {
            int i;
            int[] result = new int[ITEMS];
            result[0] = Poly1[0];
            for (i = 1; i <= Poly1[0] + 1; i++)
                result[i] = Poly1[i] + Poly2[i]; //等冪的係數相加
```

```
                PrintPoly(result, ITEMS);
            }
        }
    }
```

【執行結果】

```
多項式A=> 3X^4+7X^3+6X^1+2
多項式B=> 1X^4+5X^3+2X^2+9
A+B => 4X^4+12X^3+2X^2+6X^1+11
```

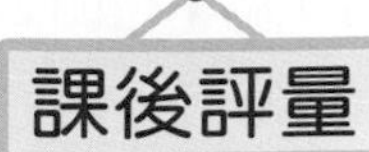

1. 試舉出 8 種線性串列常見的運算方式。
2. 如果 Loc(A(1,1))=2，Loc(A(2,3))=18，Loc(A(3,2))=28，試求 Loc(A(4,5))= ？
3. 若 Loc(A(3,3))=121，且 Loc(A(6,4))=159，則 Loc(A(4,5))= ？
4. A(-3:5,-4:2) 陣列的起始位址 A(-3,-4)=100，以列排列為主，請問 Loc(A(1,1))= ？
5. 若 A(3,3) 在位置 121，A(6,4) 在位置 159，則 A(4,5) 的位置為何？ (單位空間 d=1)
6. 若 A(1,1) 在位置 2，A(2,3) 在位置 18，A(3,2) 在位置 28，試求 A(4,5) 的位置？
7. 請說明稀疏矩陣的定義，並舉例說明之。
8. 假設陣列 A[-1:3,2:4,1:4,-2:1] 是以列為主排列，起始位址 α=200，每個陣列元素儲存空間為 5，請問 A [-1,2,1,-2]、A [3,4,4,1]、A [3,2,1,0] 的位置。
9. 求下圖稀疏矩陣的壓縮陣列表示法。

$$\begin{bmatrix} 0 & 0 & 0 & 0 & 3 \\ 1 & 0 & 0 & 0 & 0 \\ 0 & 0 & 0 & 4 & 0 \\ 6 & 0 & 0 & 0 & 7 \\ 0 & 5 & 0 & 0 & 0 \end{bmatrix}$$

10. 何謂帶狀矩陣（Band Matrix）？並舉例說明。
11. 解釋下列名詞；

    ① 轉置矩陣　② 稀疏矩陣　③ 左下三角形矩陣　④ 有序串列
12. 陣列結構型態通常包含那幾種屬性？

13. 陣列（Array）是以 PASCAL 語言來宣告，每個陣列元素佔用 4 個單位的記憶體。若起始位址是 255，在下列宣告中，所列元素存放位置為何？

    (1) Var A=array[-55...1,1...55]，求 A[1,12] 之位址。

    (2) Var A=array[5...20,-10...40]，求 A[5,-5] 之位址。

14. 假設我們以 FORTRAN 語言來宣告浮點數陣列 A[8][10]，且每個陣列元素佔用 4 個單位的記憶體，如果 A[0][0] 的起始位址是 200，則元素 A[5][6] 的位址為何？

15. 假設有一三維陣列宣告為 A(1:3,1:4,1:5)，A(1,1,1)=300，且 d=1，試問以行為主的排列方式下，求出 A(2,2,3) 的所在位址。

16. 有一個三維陣列 A(-3:2,-2:3,0:4)，以 Row-major 方式排列，陣列之起始位址是 1118，試求 Loc(A(1,3,3))= ？(d=1)

17. 假設有一三維陣列宣告為 A(-3:2,-2:3,0:4)，A(1,1,1)=300，且 d=2，試問以行為主的排列方式下，求出 A(2,2,3) 的所在位址。

18. 一個下三角陣列（Lower Triangular Array），B 是一個 nxn 的陣列，其中 B[i,j]=0，i<j。

    (1) 求 B 陣列中不為 0 的最大個數。

    (2) 如何將 B 陣列以最經濟的方式儲存在記憶體中。

    (3) 寫出在 (2) 的儲存方式中，如何求得 B[i,j]，i>=j。

19. 請使用多項式的兩種陣列表示法來儲存 $P(x)=8x^5+7x^4+5x^2+12$。

20. 如何表示與儲存多項式 $P(x,y)=9x^5+4x^4y^3+14x^2y^2+13xy^2+15$ ？試說明之。

CHAPTER

3

串列結構

3-1 動態配置記憶體

3-2 單向鏈結串列

3-3 環狀鏈結串列

3-4 雙向鏈結串列

串列（Linked List）或稱為「鏈結串列」是由許多相同資料型態的項目，依特定順序排列而成的線性串列，但特性是在電腦記憶體中位置是不連續、隨機（Random）的方式儲存，優點是資料的插入或刪除都相當方便。當有新資料加入就向系統要一塊記憶體空間，資料刪除後，就把空間還給系統，不需要移動大量資料。缺點就是設計資料結構時較為麻煩，另外在搜尋資料時，也無法像靜態資料一般可隨機讀取資料，必須循序找到該資料為止。

日常生活中有許多鏈結串列的抽象運用，例如可以把「單向串列」想像成自強號火車，有多少人就只掛多少節的車廂，當假日人多時，需要較多車廂時可多掛些車廂，人少了就把車廂數量減少，作法十分彈性。或者像遊樂場中的摩天輪也是一種「環狀鏈結串列」的應用，可以自由增加坐廂數量。

3-1 動態配置記憶體

鏈結串列與陣列的最大不同點，就是在它各個元素間不必是分配在連續的記憶體上，而是考量到邏輯上的順序即可。雖然陣列結構也可以模擬鏈結串列的結構，但在設計及增刪或移動元素時相當不便，而且事先必須宣告固定的陣列空間，太多太少都各有利弊，十分缺乏彈性。因此，使用動態配置記憶體的模式，最適合於鏈結串列的結構設計。

「動態配置記憶體」（dynamic allocation）的基本精神，主要就是讓記憶體運用更為彈性，即可於程式執行時期，再依照使用者的設定與需求，適當配置所需要的變數記憶體空間。雖然動態配置記憶體方式比一般靜態配置來的彈性許多，不過動態配置方式還是隱藏些許多遜色之處。以下列出靜態及動態配置兩種方式相關比較：

相關比較表	動態配置	靜態配置
記憶體配置	執行階段	編譯階段
記憶體釋放	程式結束前必需釋放配置的空間，否則造成記憶體缺口	不需釋放，程式結束時自動歸還系統
程式執行效能	較慢。(因為所需記憶體必需於程式執行時才能配置)	較快。(程式編譯階段即已決定記憶體所需容量)
指標遺失配置位址	若指向動態配置空間的指標，在未釋放該位址空間前，又指向別的記憶空間時，則原本所指向的空間將無法被釋放，而造成記憶體缺口	沒有此問題

3-2 單向鏈結串列

在動態配置記憶體空間時，最常使用的就是「單向鏈結串列」(Single Linked List)。基本上，一個單向鏈結串列節點由兩個欄位，即資料欄及指標欄組成，而指標欄將會指向下一個元素的記憶體所在位置。如右圖所示：

1	資料欄位
2	鏈結欄位

在「單向鏈結串列」中第一個節點是「串列指標首」，指向最後一個節點的鏈結欄位設為 NULL 表示它是「串列指標尾」，不指向任何地方。如下圖所示：

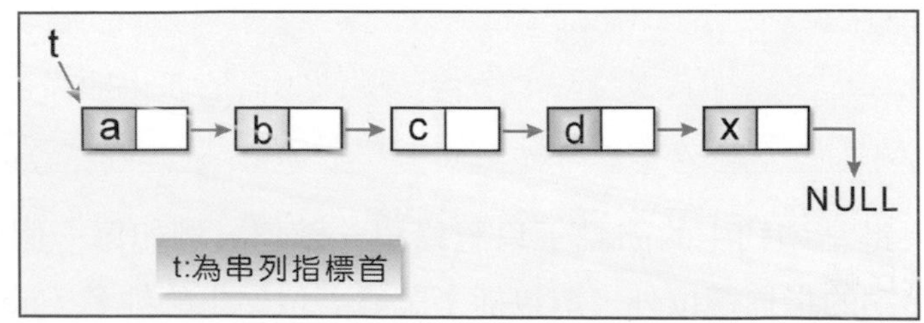

由於串列中所有節點都知道節點本身的下一個節點在那裡，但是對於前一個節點卻是沒有辦法知道，所以在串列的各種動作中，「串列指標首」就顯得相當重要，只要有串列首存在，就可以對整個串列進行走訪、加入及刪除節點等動作，並且除非必要否則不可移動串列指標首。

通常在其他程式語言中，如 C 或 C++ 語言，是以指標（pointer）型態來處理串列型態的結構。不過由於在 C# 程式語言中預設不支援指標，所以可以宣告鏈結串列為類別型態。例如要模擬鏈結串列中的節點，必須宣告如下的 Node 類別：

```
class Node
{
    public int data;
    public Node next;
    public Node(int data) //節點宣告的建構子
    {
        this.data=data;
        this.next=null;
    }
}
```

接著可以宣告鏈結串列 LinkedList 類別，該類別定義兩個 Node 類別節點指標，分別指向鏈結串列的第 1 節點及最後 1 個節點，如下所示：

```
class LinkedList
{
    private Node first;
    private Node last;
    //定義類別的方法
    ........................
    ........................
}
```

另外如果鏈結串列中的節點不只記錄單一數值，例如每一個節點除了有指向下一個節點的指標欄位外，還包括了記錄一位學生的姓名（name）、座號（no）、成績（score），則其鏈結串列的圖示如下：

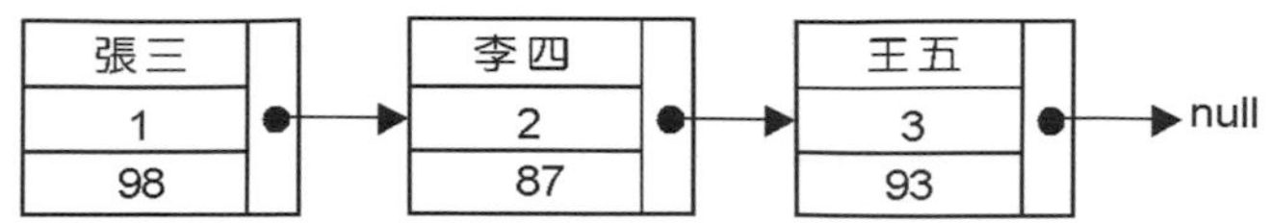

要模擬鏈結串列中的此類節點，其 Node 類別的語法可以宣告如下：

```
class Node
{
    public String   name;
    public int  no;
    public int  score;
    public Node next;
    public Node(String name,int no,int score)
    {
        this.name=name;
        this.no=no;
        this.score=score;
        this.next=null;
    }
}
```

3-2-1 建立單向鏈結串列

現在我們嘗試使用 C# 語言的單向鏈結串列處理以下學生的成績問題。學生成績處理會有以下欄位。

座號	姓名	成績
01	黃小華	85
02	方小源	95
03	林大暉	68
04	孫阿毛	72
05	王小明	79

首先各位必須宣告節點的資料型態，讓每一個節點包含一筆資料，並且包含指向下一筆資料的指標，使所有資料能被串在一起而形成一個串列結構，如下圖：

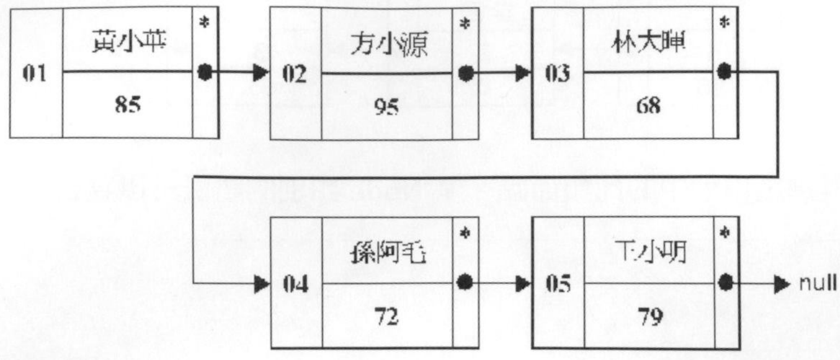

以下我們將詳細說明此工作原理：

步驟 1 建立新節點。

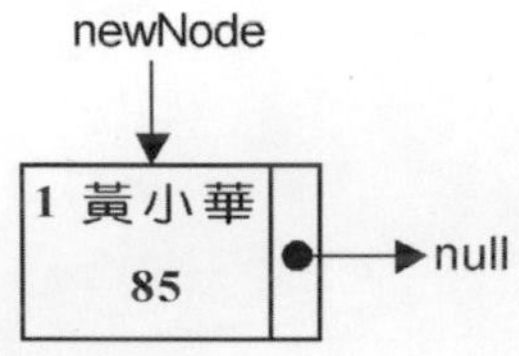

步驟 2 將鏈結串列的 first 及 last 指標欄指向 newNode。

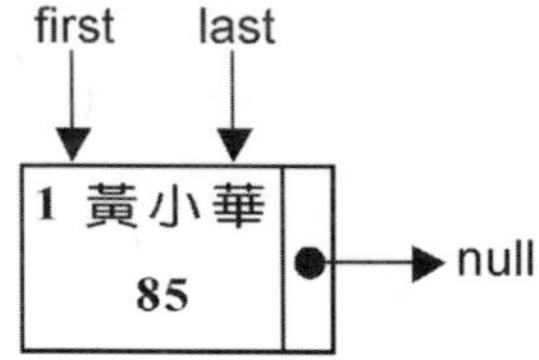

步驟 3 建立另一個新節點。

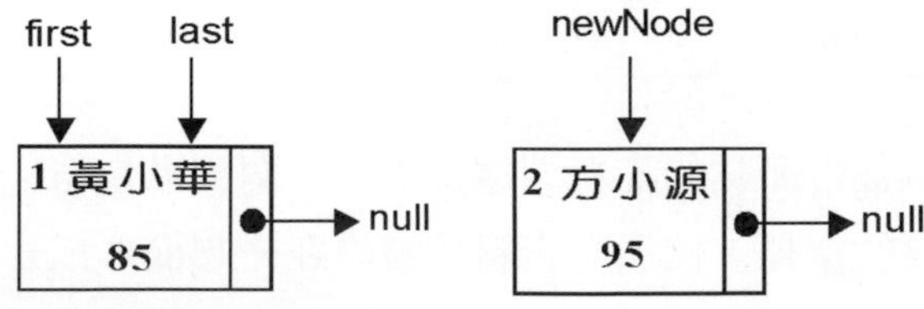

步驟 4 將兩個節點串起來。

```
last.next=newNode;
last=newNode;
```

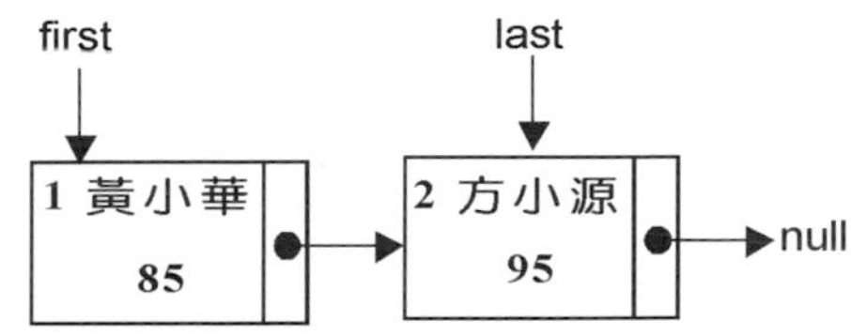

步驟 5 依序完成如下圖所示的鏈結串列結構。

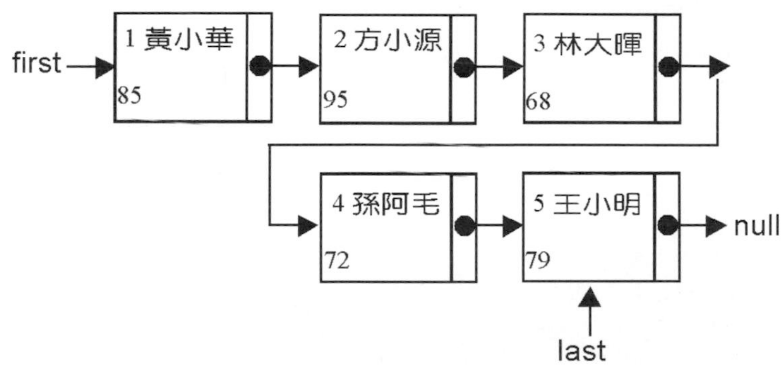

另外由於串列中所有節點都知道節點本身的下一個節點在那裡，但是對於前一個節點卻是沒有辦法知道，所以「串列首」就顯得相當重要。

無論如何，只要有串列首存在，就可以對整個串列進行走訪、加入及刪除節點等動作。而之前建立的節點若沒有串起來就會形成無人管理的節點，並一直佔用記憶體空間。因此在建立串列時必須有一串列指標指向串列首，並且除非必要否則不可移動串列首指標。

我們可以先在程式中會宣告 Node 類別及 LinkedList 類別，在 LinkedList 類別中，除了定義兩個 Node 類別節點指標，分別指向鏈結串列的第 1 個節點及最後 1 個節點外，並在該類別中宣告了三個方法：

方法名稱	功能說明
public boolean isEmpty()	用來判斷目前的鏈結串列是否為空串列
public void print()	用來將目前的鏈結串列內容列印出來
public void insert(int data,String names,int np)	用來將指定的節點資料插入至目前的鏈結串列

範例 3.2.1 請設計一程式，可以讓使用者輸入資料來新增學生資料節點，與建立一個單向鏈結串列。接著再利資料宣告來建立這五個學生成績的單向鏈結串列，並走訪每一個節點來列印成績，單向鏈結串列的走訪（traverse），是拜訪串列中的每個節點。

範例程式：Single.sln

```
using static System.Console;//滙入靜態類別

namespace Single
{
    public class Node
    {
        public int data;
        public int np;
        public String names;
        public Node next;
        public Node(int data, String names, int np)
        {
            this.np = np;
            this.names = names;
            this.data = data;
            this.next = null;
        }
    }

    public class LinkedList
    {
        private Node first;
        private Node last;
        public bool isEmpty()
        {
            return first == null;
        }
```

```
        public void Print()
        {
            Node current = first;
            while (current != null)
            {
                WriteLine("[" + current.data + " " + current.names + " " + current.np + "]");
                current = current.next;
            }
            WriteLine();
        }
        public void Insert(int data, String names, int np)
        {
            Node newNode = new Node(data, names, np);
            if (this.isEmpty())
            {
                first = newNode;
                last = newNode;
            }
            else
            {
                last.next = newNode;
                last = newNode;
            }
        }
    }

    class Program
    {
        static void Main(string[] args)
        {
            int num;
            String name;
            int score;

            WriteLine("請輸入5筆學生資料： ");
            LinkedList list = new LinkedList();
            for (int i = 1; i < 6; i++)
            {
                Write("請輸入座號： ");
                num = int.Parse(ReadLine());
                Write("請輸入姓名： ");
                name = ReadLine();
```

```
                    Write("請輸入成績： ");
                    score = int.Parse(ReadLine());
                    list.Insert(num, name, score);
                    WriteLine("-------------");
                }
                WriteLine(" 學 生 成 績 ");
                WriteLine(" 座號  姓名 成績 ===========");
                list.Print();
                ReadKey();
            }
        }
    }
```

【執行結果】

```
請輸入5筆學生資料：
請輸入座號： 1
請輸入姓名： 陳冠中
請輸入成績： 89
-------------
請輸入座號： 2
請輸入姓名： 許大為
請輸入成績： 97
-------------
請輸入座號： 3
請輸入姓名： 邱士章
請輸入成績： 85
-------------
請輸入座號： 4
請輸入姓名： 魏思年
請輸入成績： 85
-------------
請輸入座號： 5
請輸入姓名： 許常德
請輸入成績： 86
-------------
 學 生 成 績
 座號  姓名 成績 ===========
[1 陳冠中 89]
[2 許大為 97]
[3 邱士章 85]
[4 魏思年 85]
[5 許常德 86]
```

3-2-2 單向鏈結串列刪除節點

在單向鏈結型態的資料結構中，若要在鏈結中刪除一個節點，依據所刪除節點的位置會有三種不同的情形：

刪除串列的第一個節點

只要把串列指標首指向第二個節點即可。如下圖所示：

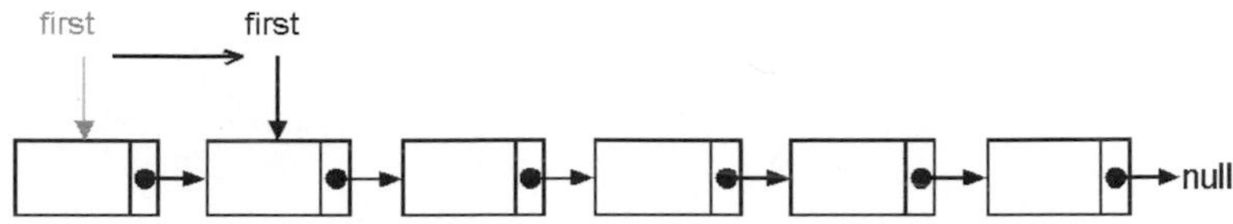


```
if(first.data==delNode.data)
    first=first.next;
```

刪除串列內的中間節點

只要將刪除節點的前一個節點的指標，指向欲刪除節點的下一個節點即可。如下圖所示：

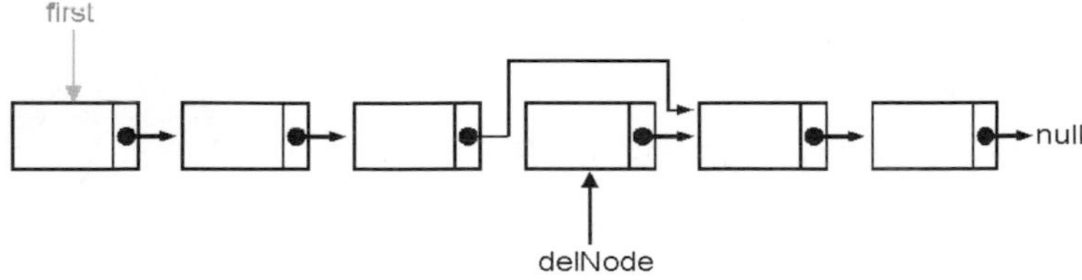


```
newNode=first;
tmp=first;
while(newNode.data!=delNode.data)
{
    tmp=newNode;
    newNode=newNode.next;
}
tmp.next=delNode.next;
```

刪除串列後的最後一個節點

只要指向最後一個節點 ptr 的指標，直接指向 null 即可。如下圖所示：

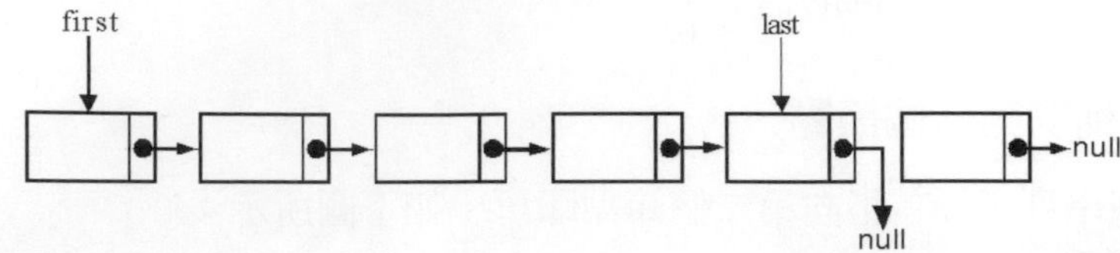


```
if(last.data==delNode.data)
{
    newNode=first;
    while(newNode.next!=last) newNode=newNode.next;
    newNode.next=last.next;
    last=newNode;
}
```

範例 3.2.2 請設計一程式，來實作建立一組學生成績的單向鏈結串列程式，包含了座號、姓名與成績三種資料。只要輸入想要刪除的成績，就可以走訪該此串列，並清除該位學生的節點。要結束輸，請輸入 "-1"，則此時會列出此串列未刪除的所有學生資料。

範例程式：Score.sln

```
using static System.Console;//滙入靜態類別

namespace Score
{
    public class Node
    {
        public int data;
        public int np;
        public String names;
        public Node next;

        public Node(int data, String names, int np)
        {
            this.np = np;
            this.names = names;
```

```
            this.data = data;
            this.next = null;
        }
    }

    public class StuLinkedList
    {
        public Node first;
        public Node last;
        public bool isEmpty()
        {
            return first == null;
        }

        public void Print()
        {
            Node current = first;
            while (current != null)
            {
                WriteLine("[" + current.data + " " + current.names + " " + current.np + "]");
                current = current.next;
            }
            WriteLine();
        }

        public void Insert(int data, String names, int np)
        {
            Node newNode = new Node(data, names, np);
            if (this.isEmpty())
            {
                first = newNode;
                last = newNode;
            }
            else
            {
                last.next = newNode;
                last = newNode;
            }
        }

        public void Delete(Node delNode)
        {
            Node newNode;
            Node tmp;
            if (first.data == delNode.data)
```

```
                {
                    first = first.next;
                }
                else if (last.data == delNode.data)
                {
                    newNode = first;
                    while (newNode.next != last) newNode = newNode.next;
                    newNode.next = last.next;
                    last = newNode;
                }
                else
                {
                    newNode = first;
                    tmp = first;
                    while (newNode.data != delNode.data)
                    {
                        tmp = newNode;
                        newNode = newNode.next;
                    }
                    tmp.next = delNode.next;
                }
            }
        }

    class Program
    {
        static void Main(string[] args)
        {
            Random rand = new Random();
            StuLinkedList list = new StuLinkedList();
            int i, j, findword = 0;
            int[,] data = new int[12, 10];
            String[] name = new String[] { "Allen", "Scott",
                "Marry", "Jon", "Mark", "Ricky", "Lisa",
                "Jasica", "Hanson", "Amy", "Bob", "Jack" };
            WriteLine("座號成績座號成績座號成績座號成績\n ");
            for (i = 0; i < 12; i++)
            {
                data[i, 0] = i + 1;
                data[i, 1] = (Math.Abs(rand.Next(50))) + 50;
                list.Insert(data[i, 0], name[i], data[i, 1]);
            }
            for (i = 0; i < 3; i++)
            {
                for (j = 0; j < 4; j++)
                    Write("[" + data[j * 3 + i, 0] + "]  [" + data[j *
    3 + i, 1] + "]  ");
```

```
                    WriteLine();
                }
                while (true)
                {
                    Write("請輸入要刪除成績的座號，結束輸入-1： ");
                    findword = int.Parse(ReadLine());
                    if (findword == -1)
                        break;
                    else
                    {
                        Node current = new Node(list.first.data, list.first.names, list.first.np);
                        current.next = list.first.next;
                        while (current.data != findword) current = current.next;
                        list.Delete(current);
                    }
                    WriteLine("刪除後成績串列，請注意！要刪除的成績其座號必須在此串列中\n");
                    list.Print();
                }
                ReadKey();
            }
        }
}
```

【執行結果】

```
座號成績座號成績座號成績座號成績

[1]  [80]  [4]  [82]  [7]  [86]  [10]  [58]
[2]  [59]  [5]  [62]  [8]  [58]  [11]  [52]
[3]  [65]  [6]  [84]  [9]  [82]  [12]  [84]
請輸入要刪除成績的座號，結束輸入-1： 11
刪除後成績串列，請注意！要刪除的成績其座號必須在此串列中

[1 Allen 80]
[2 Scott 59]
[3 Marry 65]
[4 Jon 82]
[5 Mark 62]
[6 Ricky 84]
[7 Lisa 86]
[8 Jasica 58]
[9 Hanson 82]
[10 Amy 58]
[12 Jack 84]

請輸入要刪除成績的座號，結束輸入-1：
```

3-2-3 單向鏈結串列插入新節點

在單向鏈結串列中插入新節點，如同一列火車中加入新的車箱，有三種情況：加於第 1 個節點之前、加於最後一個節點之後以及加於此串列中間任一位置。接下來，我們利用圖解方式說明如下：

新節點插入第一個節點之前，即成為此串列的首節點

只需把新節點的指標指向串列的原來第一個節點，再把串列指標首移到新節點上即可。

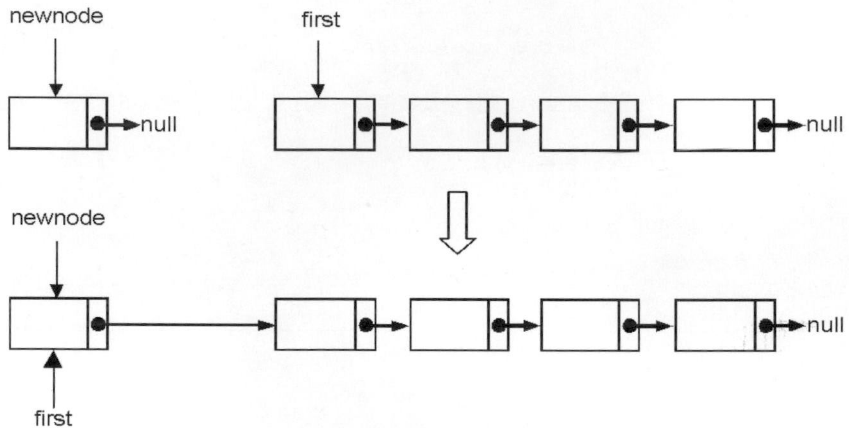

新節點插入最後一個節點之後

只需把串列的最後一個節點的指標指向新節點，新節點再指向 null 即可。

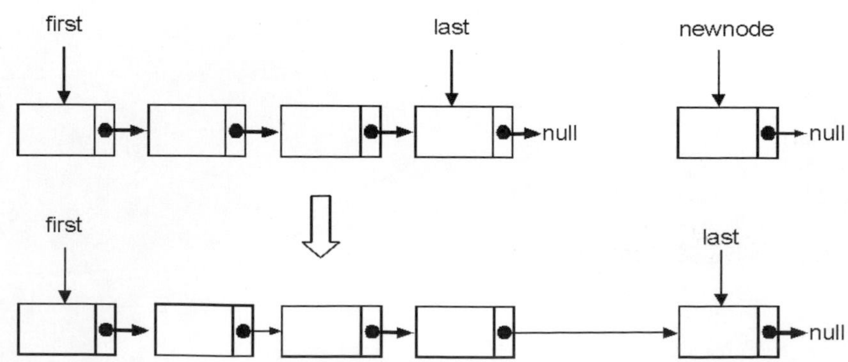

將新節點插入串列中間的位置

例如插入的節點是在 X 與 Y 之間，只要將 X 節點的指標指向新節點，新節點的指標指向 Y 節點即可。如下圖所示：

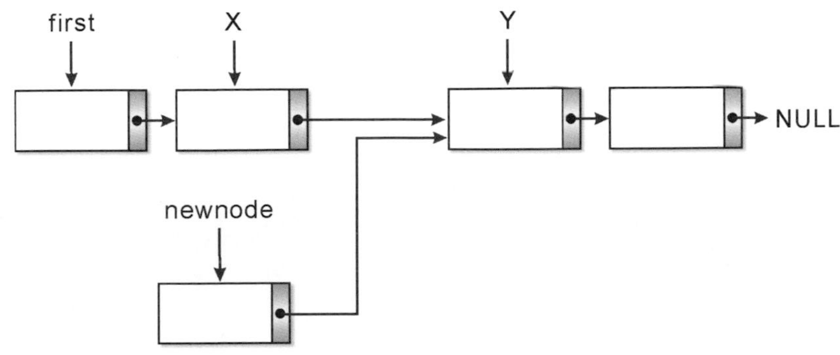

接著把插入點指標指向的新節點。

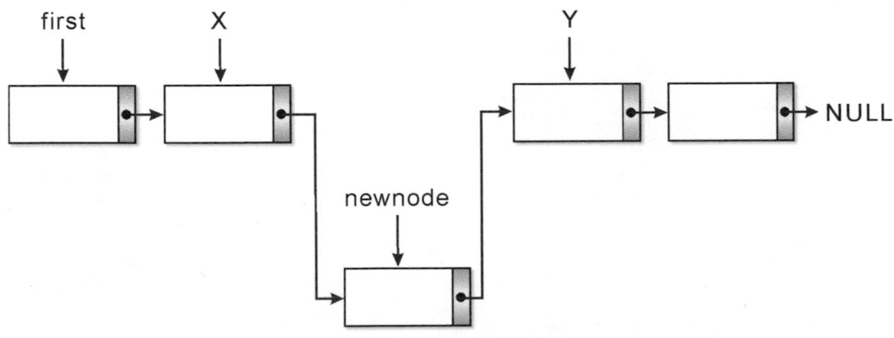

以下是以 C# 語言實作的插入節點演算法：

```
//插入節點
public void Insert(Node ptr)
{
    Node tmp;
    Node newNode;
    if (this.isEmpty())
    {
        first = ptr;
```

```
            last = ptr;
        }
        else
        {
            if (ptr.next == first)//插入第一個節點
            {
                ptr.next = first;
                first = ptr;
            }
            else
            {
                if (ptr.next == null)//插入最後一個節點
                {
                    last.next = ptr;
                    last = ptr;
                }
                else//插入中間節點
                {
                    newNode = first;
                    tmp = first;
                    while (ptr.next != newNode.next)
                    {
                        tmp = newNode;
                        newNode = newNode.next;
                    }
                    tmp.next = ptr;
                    ptr.next = newNode;
                }
            }
        }
```

範例 3.2.3 請設計一程式，來實作單向鏈結串列新增節點過程，並且允許可以在串列首、串列尾及串列中間等三種狀況下插入新節點。

範例程式：Insert.sln

```
using static System.Console;//滙入靜態類別

namespace Insert
{
    class Node
```

```
    {
        public int data;
        public Node next;
        public Node(int data)
        {
            this.data = data;
            this.next = null;
        }
    }

    class LinkedList
    {
        public Node first;
        public Node last;
        public bool isEmpty()
        {
            return first == null;
        }
        public void Print()
        {
            Node current = first;
            while (current != null)
            {
                Write("[" + current.data + "]");
                current = current.next;
            }
            WriteLine();
        }
        //串接兩個鏈結串列
        public LinkedList Concatenate(LinkedList head1, LinkedList head2)
        {
            LinkedList ptr;
            ptr = head1;
            while (ptr.last.next != null)
                ptr.last = ptr.last.next;
            ptr.last.next = head2.first;
            return head1;
        }
        //插入節點
        public void Insert(Node ptr)
        {
            Node tmp;
            Node newNode;
```

```
            if (this.isEmpty())
            {
                first = ptr;
                last = ptr;
            }
            else
            {
                if (ptr.next == first)//插入第一個節點
                {
                    ptr.next = first;
                    first = ptr;
                }
                else
                {
                    if (ptr.next == null)//插入最後一個節點
                    {
                        last.next = ptr;
                        last = ptr;
                    }
                    else//插入中間節點
                    {
                        newNode = first;
                        tmp = first;
                        while (ptr.next != newNode.next)
                        {
                            tmp = newNode;
                            newNode = newNode.next;
                        }
                        tmp.next = ptr;
                        ptr.next = newNode;
                    }
                }
            }
        }
    }

    class Program
    {
        static void Main(string[] args)
        {
            LinkedList list1 = new LinkedList();
            LinkedList list2 = new LinkedList();
            Node node1 = new Node(5);
```

```
            Node node2 = new Node(6);
            list1.Insert(node1);
            list1.Insert(node2);
            Node node3 = new Node(7);
            Node node4 = new Node(8);
            list2.Insert(node3);
            list2.Insert(node4);
            list1.Concatenate(list1, list2);
            list1.Print();
            ReadKey();
        }
    }
}
```

【執行結果】

```
[5][6][7][8]
```

3-2-4 單向鏈結串列的反轉

看完了節點的刪除及插入後，各位可以發現在這種具有方向性的鏈結串列結構中增刪節點是相當容易的一件事。而要從頭到尾列印整個串列也不難，但是如果要反轉過來列印就真得需要某些技巧了。我們知道在鏈結串列中的節點特性是知道下一個節點的位置，可是卻無從得知它的上一個節點位置，不過如果要將串列反轉，則必須使用三個指標變數。如下圖所示：

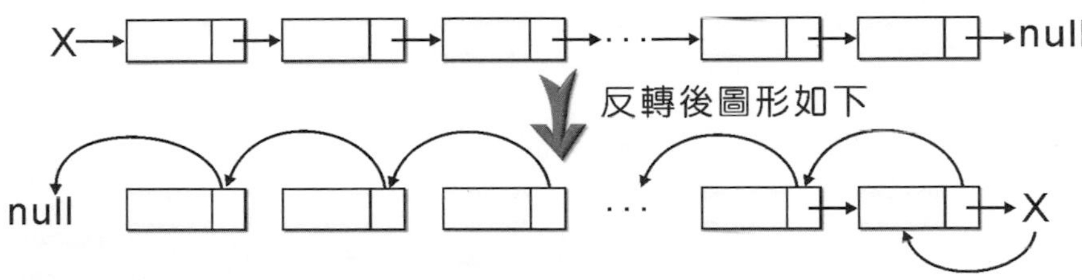

以下我們就來設計將前面的學生成績程式中的學生成績依照座號反轉列印出來，底下就是完整程式碼。

範例程式：Reverse.sln

```
using static System.Console;//滙入靜態類別

namespace Reverse
{
    class Node
    {
        public int data;
        public int np;
        public String names;
        public Node next;

        public Node(int data, String names, int np)
        {
            this.np = np;
            this.names = names;
            this.data = data;
            this.next = null;
        }
    }

    class StuLinkedList
    {
        public Node first;
        public Node last;
        public bool IsEmpty()
        {
            return first == null;
        }

        public void Print()
        {
            Node current = first;
            while (current != null)
            {
                WriteLine("[" + current.data + " " + current.names + " " + current.np + "]");
                current = current.next;
            }
            WriteLine();
        }

        public void Insert(int data, String names, int np)
```

```
        {
            Node newNode = new Node(data, names, np);
            if (this.IsEmpty())
            {
                first = newNode;
                last = newNode;
            }
            else
            {
                last.next = newNode;
                last = newNode;
            }
        }

        public void Delete(Node delNode)
        {
            Node newNode;
            Node tmp;
            if (first.data == delNode.data)
            {
                first = first.next;
            }
            else if (last.data == delNode.data)
            {
                newNode = first;
                while (newNode.next != last) newNode = newNode.next;
                newNode.next = last.next;
                last = newNode;
            }
            else
            {
                newNode = first;
                tmp = first;
                while (newNode.data != delNode.data)
                {
                    tmp = newNode;
                    newNode = newNode.next;
                }
                tmp.next = delNode.next;
            }
        }
    }
```

```
    class ReverseStuLinkedList : StuLinkedList
    {

        public void Reverse_print()
        {
            Node current = first;
            Node before = null;
            WriteLine("反轉後的串列資料:");
            while (current != null)
            {
                last = before;
                before = current;
                current = current.next;
                before.next = last;
            }
            current = before;
            while (current != null)
            {
                WriteLine("[" + current.data + " " + current.names + "
" + current.np + "]");
                current = current.next;
            }
            WriteLine();
        }
    }

    class Program
    {
        static void Main(string[] args)
        {
            Random rand = new Random();
            ReverseStuLinkedList list = new ReverseStuLinkedList();
            int i, j;
            int[,] data = new int[12, 10];
            String[] name = new String[] { "Allen", "Scott", "Marry",
"Jon", "Mark", "Ricky", "Lisa", "Jasica", "Hanson", "Amy", "Bob",
"Jack" };
            WriteLine("座號成績座號成績座號成績座號成績\n ");
            for (i = 0; i < 12; i++)
            {
                data[i, 0] = i + 1;
                data[i, 1] = (Math.Abs(rand.Next(50))) + 50;
                list.Insert(data[i, 0], name[i], data[i, 1]);
```

```
            }
            for (i = 0; i < 3; i++)
            {
                for (j = 0; j < 4; j++)
                    Write("[" + data[j * 3 + i, 0] + "]  [" + data[j * 3 + i, 1] + "]  ");
                WriteLine();
            }
            list.Reverse_print();
            ReadKey();
        }
    }
}
```

【執行結果】

```
座號成績座號成績座號成績座號成績

[1]  [79]  [4]  [52]  [7]  [88]  [10]  [90]
[2]  [78]  [5]  [99]  [8]  [88]  [11]  [52]
[3]  [71]  [6]  [81]  [9]  [69]  [12]  [64]
反轉後的串列資料:
[12 Jack 64]
[11 Bob 52]
[10 Amy 90]
[9 Hanson 69]
[8 Jasica 88]
[7 Lisa 88]
[6 Ricky 81]
[5 Mark 99]
[4 Jon 52]
[3 Marry 71]
[2 Scott 78]
[1 Allen 79]
```

3-2-5 單向鏈結串列的連結

對於兩個或以上鏈結串列的連結（Concatenation），其實作法也很容易；只要將串列的首尾相連即可。如下圖所示：

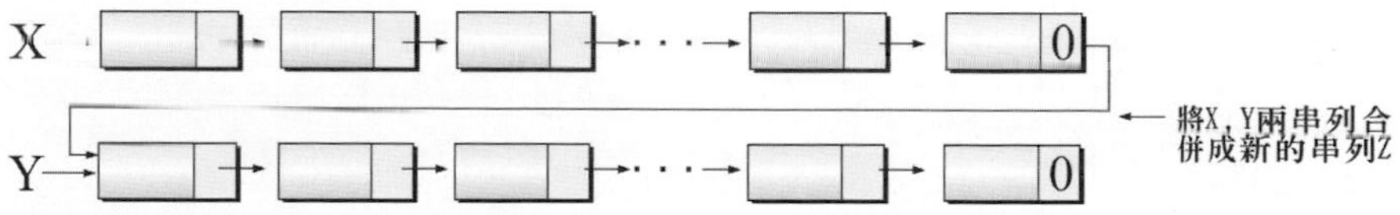

演算法如下所示：

```
class Node
{
    public int data;
    public Node next;
    public Node(int data)
    {
        this.data = data;
        this.next = null;
    }
}

public class LinkeList
{
    Node first;
    Node last;
    public bool IsEmpty()
    {
        return first == null;
    }
    public void Print()
    {
        Node current = first;
        while (current != null)
        {
            Write("[" + current.data + "]");
            current = current.next;
        }
        WriteLine();
    }
}

/*連結兩個鏈結串列*/
public LinkeList Concatenate(LinkeList head1, LinkeList head2)
{
    LinkeList ptr;
    ptr = head1;
    while (ptr.last.next != null)
        ptr.last = ptr.last.next;
    ptr.last.next = head2.first;
    return head1;
}
```

3-2-6 多項式串列表式法

假如一個多項式 $P(x)=a_nx^n+a_{n-1}x^{n-1}+......+a_1x+a_0$，則稱 P(x) 為一 n 次多項式，而一個多項式如果使用陣列結構儲存在電腦中的話，表示法有以下兩種，第一種是使用一個 n+2 長度的一維陣列存放，陣列的第一個位置儲存最大指數 n，其他位置依照指數 n 遞減，依序儲存相對應的係數，例如 $P(x)=12x^5+23x^4+5x^2+4x+1$，可轉換為成 A 陣列來表示，例如：

```
A={12,23,0,5,4,1}
```

這種方法對於某些多項式而言，太浪費空間，如 $X^{10000}+1$，用此方法需要長度 10002,=>A=(10000,1,0,0,......,0,1)。第二種方法是只儲存多項式中非零項目。如果有 m 項非零項目則使用 2m+1 長的陣列來儲存每一個非零項的指數及係數，例如 8 多項式 $P=8X^5+6X^4+3X^2+8$，可得 P=(4,8,5,6,4,3,2,8,0)。

範例 3.2.4 請寫出以下兩多項式的任一陣列表示法。

$A(x)=X^{100}+6X^{10}+1$

$B(x)=X^5+9X^3+X^2+1$

解答 對於 A(x) 可以採用儲存非零項次的表示法，也就是使用 2m+1 長度的陣列，m 表示非零項目的數目，因此 A 陣列的內容為

```
A=(3,1,100,6,10,1,0)
```

另外 B(x) 多項式的非零項較多，因此可使用 m+2 長度的一維陣列，n 表示位高項指數。

```
B=(5,1,0,9,1,0,1)
```

一般說來，使用陣列表示法經常會出現以下的困擾：

1. 多項式內容變動時，對陣列結構的影響相當大，演算法處理不易。
2. 由於陣列是靜態資料結構，所以事先必須尋找一塊連續夠大的記憶體，容易形成空間的浪費。

這時如果使用鏈結串列來表示多項式，就可以克服以上的問題。多項式的鏈結串列表示法主要是儲存非零項目，並且每一項均符合以下資料結構：

COEF：表示該變數的係數

EXP ：表示該變數的指數

LINK：表示指到下一個節點的指標

例如假設多項式有 n 個非零項，且 $P(x)=a_{n-1}x^{en-1}+_{an-2}x^{en-2}+\ldots+a_0$，則可表示成：

例如 $A(x)=3X^2+6X-2$ 的表示方法如下圖：

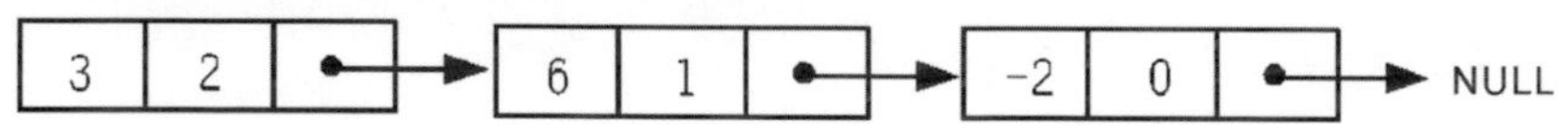

多項式以單向鏈結方式表式的功用，主要是在不同的四則運算，例如加法或減法運算。如以下兩多項式 A(x)、B(x)，求兩式相加的結果 C(x)：

P
A
3 2 → 2 1 → 1 0 → NIL

B
q
1 2 → 3 0 → NIL

$A=3X^2+2x+1$

$B=X^2+3$

基本上，對於兩個多項式相加，採往右逐一往比較項次，比較冪次大小，當指數冪次大者，則將此節點加到 C(x)，指數冪次相同者相加，若結果非零也將此節點加到 C(x)，直到兩個多項式的每一項都比較完畢為止。我們以下圖來做說明：

步驟 1 Exp(p)=Exp(q)

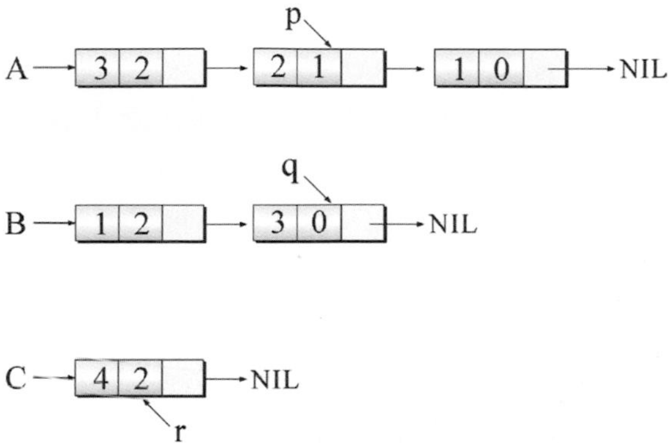

步驟 2 Exp(p)>Exp(q)

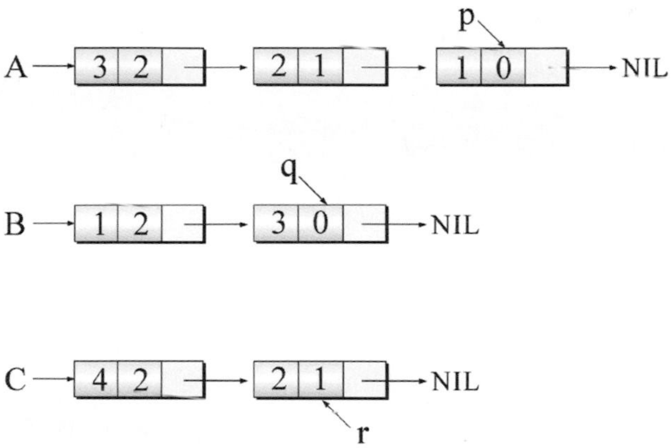

步驟 3 Exp(p)=Exp(q)

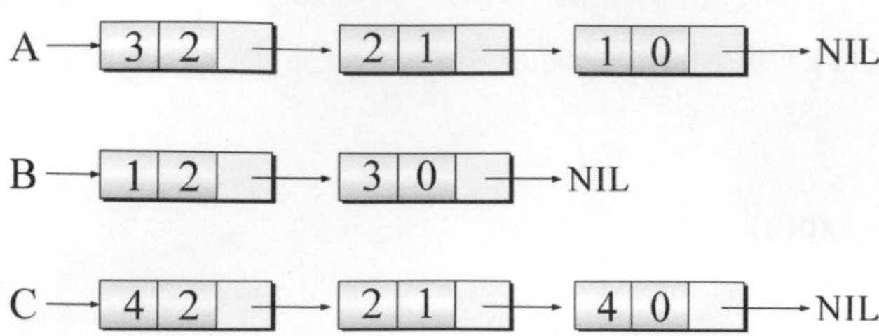

範例 3.2.5 請設計一程式，以單向鏈結串列來實作兩個多項式相加的過程。

範例程式：Concatenation.sln

```
using static System.Console;//滙入靜態類別

namespace Concatenation
{
    class Node
    {
        public int coef;
        public int exp;
        public Node next;
        public Node(int coef, int exp)
        {
            this.coef = coef;
            this.exp = exp;
            this.next = null;
        }
    }
    class PolyLinkedList
    {
        public Node first;
        public Node last;

        public bool IsEmpty()
        {
            return first == null;
        }

        public void Create_link(int coef, int exp)
        {
```

```
            Node newNode = new Node(coef, exp);
            if (this.IsEmpty())
            {
                first = newNode;
                last = newNode;
            }
            else
            {
                last.next = newNode;
                last = newNode;
            }
        }

        public void Print_link()
        {
            Node current = first;
            while (current != null)
            {
                if (current.exp == 1 && current.coef != 0) // X^1時不顯示指數
                    Write(current.coef + "X + ");
                else if (current.exp != 0 && current.coef != 0)
                    Write(current.coef + "X^" + current.exp + " + ");
                else if (current.coef != 0)     // X^0時不顯示變數
                    Write(current.coef);
                current = current.next;
            }
            WriteLine();
        }

        public PolyLinkedList Sum_link(PolyLinkedList b)
        {
            int[] sum = new int[10];
            int i = 0, maxnumber;
            PolyLinkedList tempLinkedList = new PolyLinkedList();
            PolyLinkedList a = new PolyLinkedList();
            int[] tempexp = new int[10];
            Node ptr;
            a = this;
            ptr = b.first;
            while (a.first != null)  //判斷多項式1
            {
                b.first = ptr;        // 重複比較A及B的指數
```

```
                while (b.first != null)
                {
                    if (a.first.exp == b.first.exp) //指數相等，係數相加
                    {
                        sum[i] = a.first.coef + b.first.coef;
                        tempexp[i] = a.first.exp;
                        a.first = a.first.next;
                        b.first = b.first.next;
                        i++;
                    }
                    else if (b.first.exp > a.first.exp) //B指數較大，指定係數給C
                    {
                        sum[i] = b.first.coef;
                        tempexp[i] = b.first.exp;
                        b.first = b.first.next;
                        i++;

                    }
                    else if (a.first.exp > b.first.exp) //A指數較大，指定係數給C
                    {
                        sum[i] = a.first.coef;
                        tempexp[i] = a.first.exp;
                        a.first = a.first.next;
                        i++;
                    }
                } // end of inner while loop
            }   // end of outer while loop
            maxnumber = i - 1;
            for (int j = 0; j < maxnumber + 1; j++) tempLinkedList.Create_link(sum[j], maxnumber - j);
            return tempLinkedList;
        } // end of Sum_link
    } // end of class PolyLinkedList

    class Program
    {
        static void Main(string[] args)
        {
            PolyLinkedList a = new PolyLinkedList();
            PolyLinkedList b = new PolyLinkedList();
            PolyLinkedList c = new PolyLinkedList();
```

```
        int[] data1 = { 8, 54, 7, 0, 1, 3, 0, 4, 2 };
                                            //多項式A的係數
        int[] data2 = { -2, 6, 0, 0, 0, 5, 6, 8, 6, 9 };
                                            //多項式B的係數
        Write("原始多項式：\nA=");

        for (int i = 0; i < data1.Length; i++)
            a.Create_link(data1[i], data1.Length - i - 1);
                                            //建立多項式A，係數由3遞減

        for (int i = 0; i < data2.Length; i++)
            b.Create_link(data2[i], data2.Length - i - 1);
                                            //建立多項式B，係數由3遞減

        a.Print_link();       //列印多項式A
        Write("B=");
        b.Print_link();       //列印多項式B
        Write("多項式相加結果：\nC=");
        c = a.Sum_link(b);    //C為A、B多項式相加結果
        c.Print_link();       //列印多項式C
        ReadKey();
    }
  }
}
```

【執行結果】

```
原始多項式：
A=8X^8  + 54X^7  + 7X^6  + 1X^4  + 3X^3  + 4X  + 2
B=-2X^9  + 6X^8  + 5X^4  + 6X^3  + 8X^2  + 6X  + 9
多項式相加結果：
C=-2X^9  + 14X^8  + 54X^7  + 7X^6  + 6X^4  + 9X^3  + 8X^2  + 10X  + 11
```

範例 3.1.6 請設計一串列資料結構表示

$$P(x,y,z)=x^{10}y^3z^{10}+2x^8y^3z^2+3x^8y^2z^2+x^4y^4z+6x^3y^4z+2yz$$

解答 我們可建立一資料結構如下：

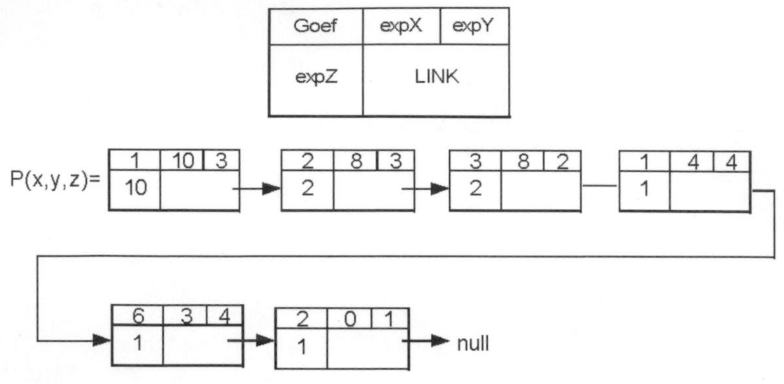

3-3 環狀鏈結串列

在單向鏈結串列中，維持串列首是相當重要的事，因為單向鏈結串列有方向性，所以如果串列首指標被破壞或遺失，則整個串列就會遺失，並且浪費整個串列的記憶體空間。

如果我們把串列的最後一個節點指標指向串列首，而不是指向 null，整個串列就成為一個單方向的環狀結構。如此一來便不用擔心串列首遺失的問題了，因為每一個節點都可以是串列首，也可以從任一個節點來追蹤其他節點。通常可做為記憶體工作區與輸出入緩衝區的處理及應用。如下圖所示：

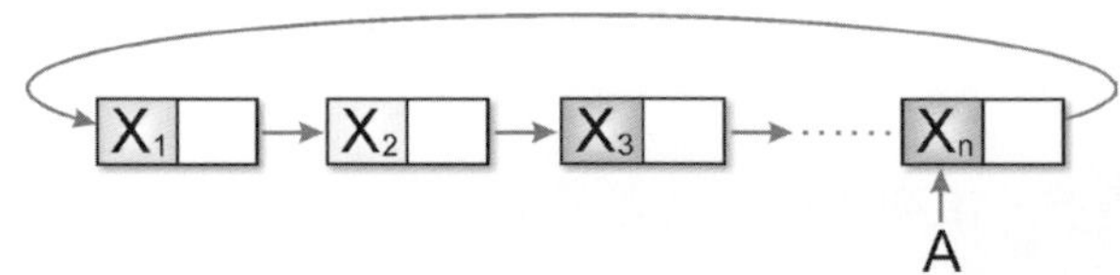

簡單來說，環狀鏈結串列（Circular Linked List）的特點是在串列中的任何一個節點，都可以達到此串列內的各節點，建立的過程與單向鏈結串列相似，唯一的不同點是必須要將最後一個節點指向第一個節點。事實上，環狀鏈結串

列的優點是可以從任何一個節點追蹤所有節點，而且回收整個串列所需時間是固定的，與長度無關，缺點是需要多一個鏈結空間，而且插入一個節點需要改變兩個鏈結。

3-3-1 環狀鏈結串列的節點插入

而環狀鏈結串列的插入節點時，通常會出現兩種狀況：

❶ 直接將新節點插在第一個節點前成為串列首。圖形如下：

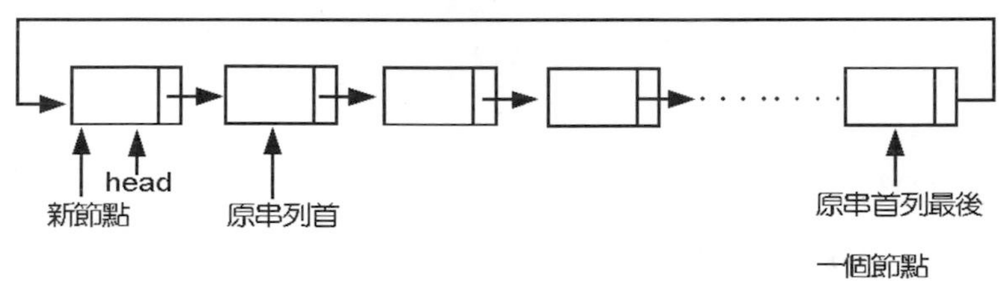

步驟
1. 將新節點的指標指向原串列首。
2. 找到原串列的最後一個節點，並將指標指向新節點。
3. 將串列首指向新節點。

❷ 將新節點 I 插在任意節點 X 之後，圖形如下：

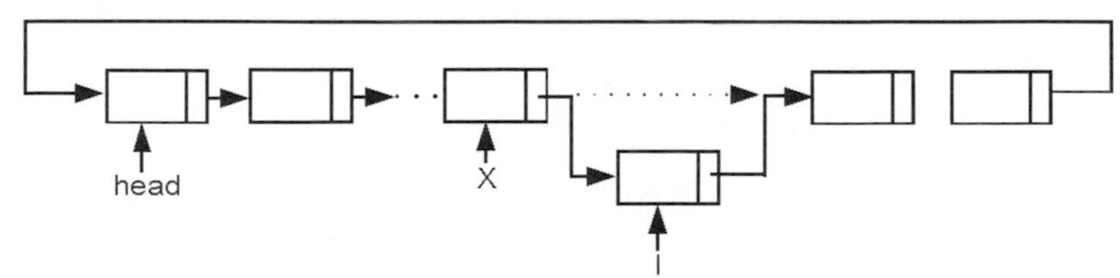

步驟
1. 將新節點 I 的指標指向 X 節點的下一個節點
2. 找將 X 節點的指標指向 I 節點。

3-3-2 環狀鏈結串列的節點刪除

至於環狀鏈結串的節點刪除，也有兩種情況：

❶ 刪除環狀鏈結串列的第一個節點。圖形如下：

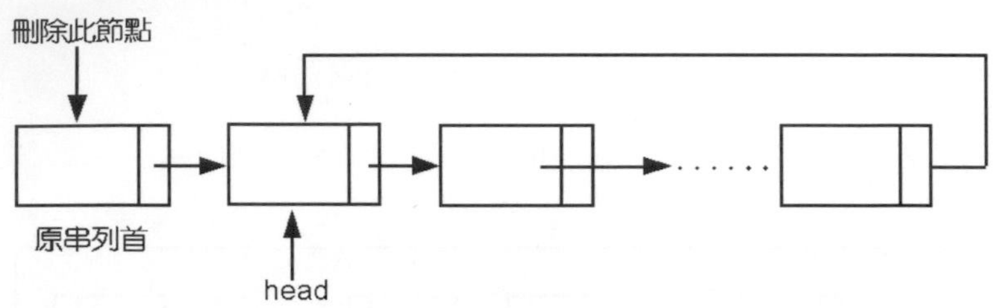

步驟 1. 將串列首 head 移到下一個節點。

2. 將最後一個節點的指標移到新的串列首。

❷ 刪除環狀鏈結串列的中間節點。圖形如下：

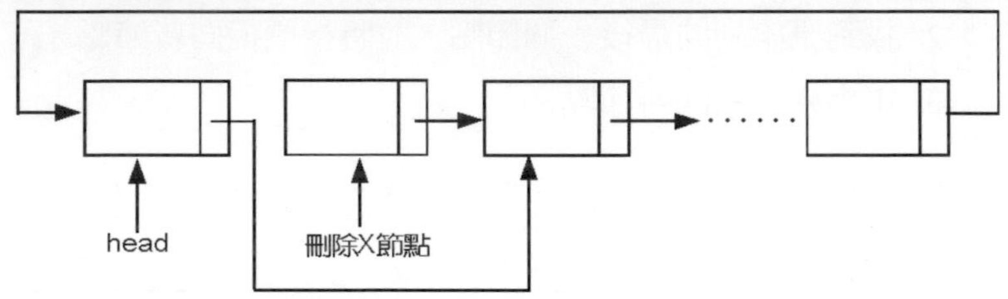

步驟 1. 請先找到所要刪除節點 X 的前一個節點。

2. 將 X 節點的前一個節點的指標指向節點 X 的下一個節點。

以下是環狀鏈結串列的插入與刪除演算法如下：

```
class Node
{
    public int data;
    public Node next;
    public Node(int data)
    {
        this.data = data;
```

```
            this.next = null;
        }
    }
    public class CircleLink
    {
        Node first;
        Node last;
        public bool IsEmpty()
        {
            return first == null;
        }
        public void Print()
        {
            Node current = first;
            while (current != last)
            {
                Write("[" + current.data + "]");
                current = current.next;

            }
            Write("[" + current.data + "]");
            WriteLine();
        }

        /*插入節點*/
        void Insert(Node trp)
        {
            Node tmp;
            Node newNode;
            if (this.IsEmpty())
            {
                first = trp;
                last = trp;
                last.next = first;
            }
            else if (trp.next == null)
            {
                last.next = trp;
                last = trp;
                last.next = first;
            }
            else
            {
                newNode = first;
                tmp = first;
                while (newNode.next != trp.next)
                {
```

```
                    if (tmp.next == first)
                        break;
                    tmp = newNode;
                    newNode = newNode.next;
                }
                tmp.next = trp;
                trp.next = newNode;
            }
        }

        /*刪除節點*/
        void Delete(Node delNode)
        {
            Node newNode;
            Node tmp;
            if (this.IsEmpty())
            {
                Write("[環狀串列已經空了]\n");
                return;
            }
            if (first.data == delNode.data)//要刪除的節點是串列首
            {
                first = first.next;
                if (first == null) Write("[環狀串列已經空了]\n");
                return;
            }
            else if (last.data == delNode.data)//要刪除的節點是串列尾
            {
                newNode = first;
                while (newNode.next != last) newNode = newNode.next;
                newNode.next = last.next;
                last = newNode;
                last.next = first;
            }
            else
            {
                newNode = first;
                tmp = first;
                while (newNode.data != delNode.data)
                {
                    tmp = newNode;
                    newNode = newNode.next;
                }
                tmp.next = delNode.next;
            }
        }
    }
```

3-3-3 環狀串列的連結

相信各位對於單向鏈結串列的連結功能各位已經清楚，就是只要改變一個指標就可以了，如下圖所示：

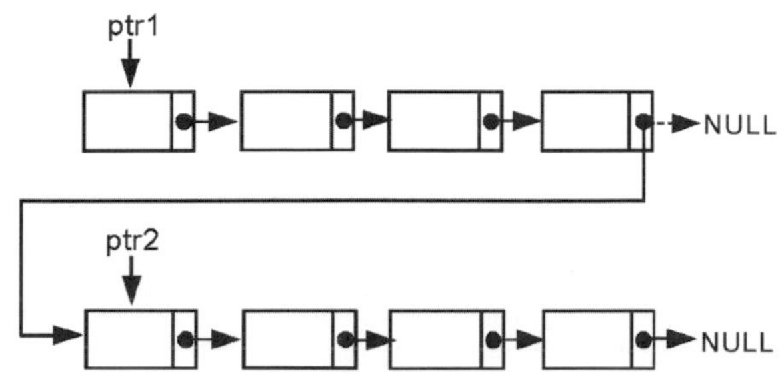

但如果是兩個環狀鏈結串列要連結在一起的話該怎麼做呢？其實並沒有想像中那麼複雜。因為環狀串列沒有頭尾之分，所以無法直接把串列 1 的尾指向串列 2 的頭。但是就因為不分頭尾，所以不需走訪串列去尋找串列尾，直接改變兩個指標就可以把兩個環狀串列連結在一起了，如下圖所示：

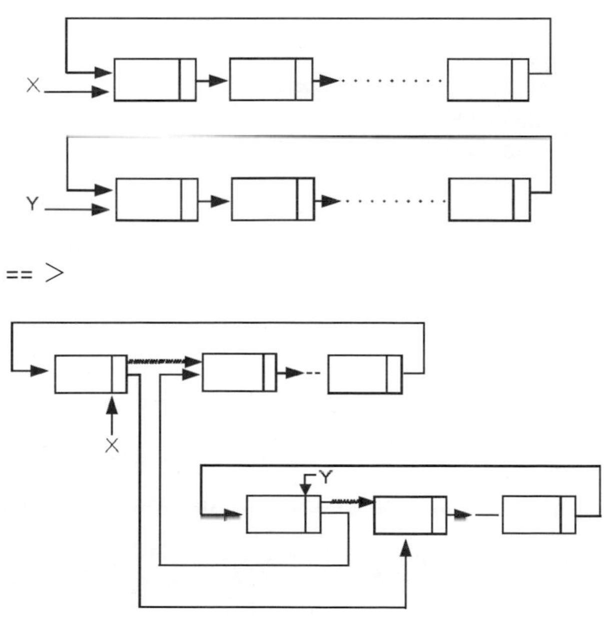

以下我們仍然是以二位學生成績處理環狀鏈結串列為例，說明環狀串列連結後的新串列，並列印新串列中學生的成績與座號。

範例程式：Circular.sln

```
using static System.Console;//滙入靜態類別

namespace Circular
{
    public class Node
    {
        public int data;
        public int np;
        public String names;
        public Node next;

        public Node(int data, String names, int np)
        {
            this.np = np;
            this.names = names;
            this.data = data;
            this.next = null;
        }
    }
    public class StuLinkedList
    {
        public Node first;
        public Node last;
        public bool IsEmpty()
        {
            return first == null;
        }

        public void Print()
        {
            Node current = first;
            while (current != null)
            {
                WriteLine("[" + current.data + " " + current.names + " " + current.np + "]");
                current = current.next;
            }
```

```
            WriteLine();
        }

        public void Insert(int data, String names, int np)
        {
            Node newNode = new Node(data, names, np);
            if (this.IsEmpty())
            {
                first = newNode;
                last = newNode;
            }
            else
            {
                last.next = newNode;
                last = newNode;
            }
        }

        public void Delete(Node delNode)
        {
            Node newNode;
            Node tmp;
            if (first.data == delNode.data)
            {
                first = first.next;
            }
            else if (last.data == delNode.data)
            {
                newNode = first;
                while (newNode.next != last) newNode = newNode.next;
                newNode.next = last.next;
                last = newNode;
            }
            else
            {
                newNode = first;
                tmp = first;
                while (newNode.data != delNode.data)
                {
                    tmp = newNode;
                    newNode = newNode.next;
                }
                tmp.next = delNode.next;
```

```
            }
        }
    }
    class ConcatStuLinkedList : StuLinkedList
    {

        public StuLinkedList Concat(StuLinkedList stulist)
        {
            this.last.next = stulist.first;
            this.last = stulist.last;
            return this;
        }
    }

    class Program
    {
        static void Main(string[] args)
        {
            Random rand = new Random();
            ConcatStuLinkedList list1 = new ConcatStuLinkedList();
            StuLinkedList list2 = new StuLinkedList();
            int i, j;
            int[,] data = new int[12, 10];

            String[] name1 = new String[] { "Allen", "Scott", "Marry", "Jon", "Mark", "Ricky", "Michael", "Tom" };
            String[] name2 = new String[] { "Lisa", "Jasica", "Hanson", "Amy", "Bob", "Jack", "John", "Andy" };
            WriteLine("座號  成績 座號 成績  座號  成績  座號  成績\n ");
            for (i = 0; i < 8; i++)
            {
                data[i, 0] = i + 1;
                data[i, 1] = (Math.Abs(rand.Next(50))) + 50;
                list1.Insert(data[i, 0], name1[i], data[i, 1]);
            }
            for (i = 0; i < 2; i++)
            {
                for (j = 0; j < 4; j++)
                    Write("[" + data[j + i * 4, 0] + "]  [" + data[j + i * 4, 1] + "]  ");
                WriteLine();
            }

```

```
            for (i = 0; i < 8; i++)
            {
                data[i, 0] = i + 9;
                data[i, 1] = (Math.Abs(rand.Next(50))) + 50;
                list2.Insert(data[i, 0], name2[i], data[i, 1]);
            }

            for (i = 0; i < 2; i++)
            {
                for (j = 0; j < 4; j++)
                    Write("[" + data[j + i * 4, 0] + "]  [" + data[j + i * 4, 1] + "]  ");
                WriteLine();
            }

            list1.Concat(list2);
            list1.Print();
            ReadKey();
        }
    }
}
```

【執行結果】

```
座號  成績 座號 成績  座號  成績  座號  成績

[1]  [62]  [2]  [88]  [3]  [64]  [4]  [78]
[5]  [86]  [6]  [65]  [7]  [75]  [8]  [59]
[9]  [53]  [10]  [73]  [11]  [87]  [12]  [93]
[13]  [74]  [14]  [56]  [15]  [58]  [16]  [67]
[1 Allen 62]
[2 Scott 88]
[3 Marry 64]
[4 Jon 78]
[5 Mark 86]
[6 Ricky 65]
[7 Michael 75]
[8 Tom 59]
[9 Lisa 53]
[10 Jasica 73]
[11 Hanson 87]
[12 Amy 93]
[13 Bob 74]
[14 Jack 56]
[15 John 58]
[16 Andy 67]
```

3-3-4 稀疏矩陣串列表示法

在第二章中，我們曾經利用 3-tuple<row,col,value> 的陣列結構來表示稀疏矩陣（Sparse Matrix），雖然優點為節省時間，但是當非零項目要增刪時，會造成大量移動及程式碼的撰寫不易。例如下圖的稀疏矩陣：

$$A=\begin{bmatrix} 0 & 0 & 0 \\ 12 & 0 & 0 \\ 0 & 0 & -2 \end{bmatrix}_{3*3}$$

以 3-tuple 的陣列表示如下：

	1	2	3
A(0)	3	3	3
A(1)	2	1	12
A(2)	3	3	-2

其實環狀鏈結串列也可以用來表現稀疏矩陣，而且簡單方便許多。而使用鏈結串列法的最大優點，在更動矩陣內的資料時，不需大量移動資料。主要的技巧是可用節點來表示非零項，由於是二維的矩陣，每個節點除了必須有 3 個資料欄位：row（列）、col（行）及 value（資料）外，還必須有兩個鏈結欄位：right、down，其中 right 指標可用來連結同一列的節點，而 down 指標則可用來連結同一行的節點。如下圖所示：

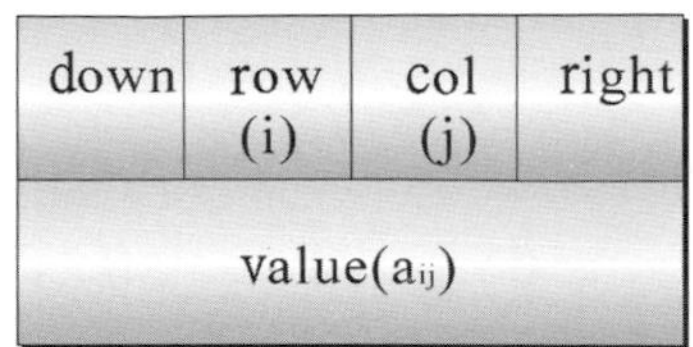

Value: 表示此非零項的值

Row: 以 i 表示非零項元素所在列數

Col: 以 j 表示非零項元素所在行數

Down: 為指向同一行中下一個非零項元素的指標

Right: 為指向同一列中下一個非零項元素的指標

下圖是將上例稀疏矩陣以環狀鏈結串列表示：

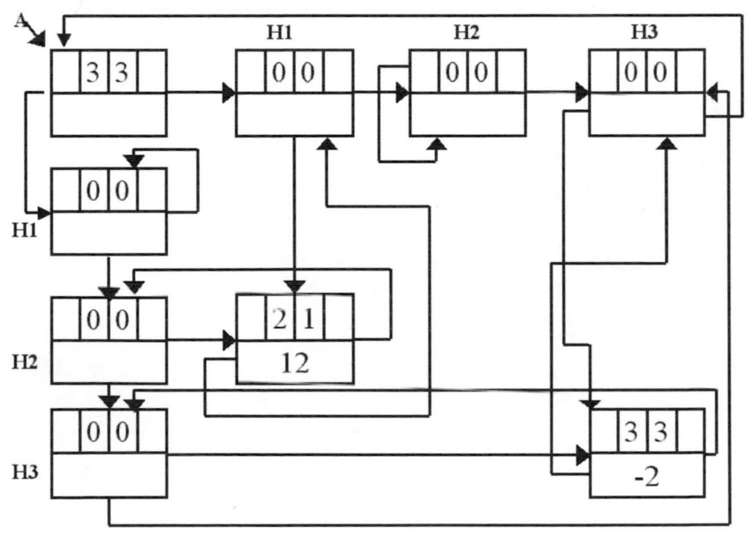

各位可發現，在此稀疏矩陣的資料結構中，每一列與每一行必須用一個環狀串列附加一個串列首 A 來表示，這個串列首節點內是存放此稀疏矩陣的列與行。上方 H1、H2、H3 為行首節點，最左方 H1、H2、H3 為列首節點，其它的兩個節點分別對應到陣列中的非零項。而為了模擬二維的稀疏矩陣，所以每一個非零節點會指回列或行的首節點形成環狀鏈結串列。

範例 **3.2.1** 如以下 4*4 稀疏矩陣 A：

$$\begin{bmatrix} 0 & 0 & 21 & 0 \\ -25 & 0 & 0 & 0 \\ 0 & -43 & 0 & 0 \\ 0 & 0 & 0 & 35 \end{bmatrix}_{4\times 4}$$

解答 請以環狀鏈結串列表示。

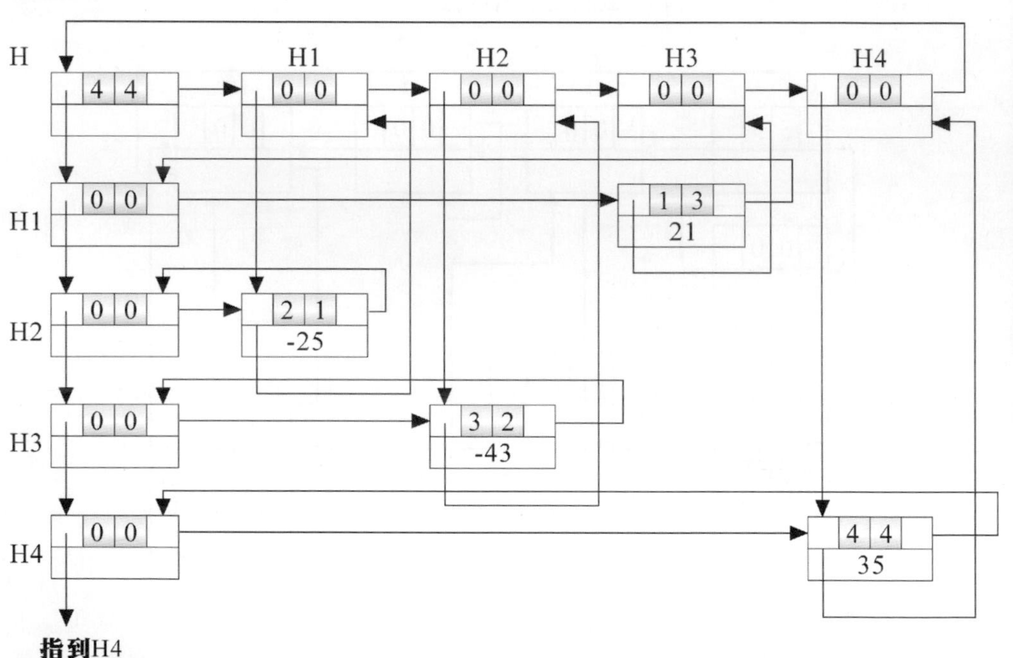

3-4 雙向鏈結串列

單向鏈結串列和環狀串列都是屬於擁有方向性的串列，不過只能單向走訪，萬一不幸其中有一個鏈結斷裂，那麼後面的串列資料便會遺失而無法復原了。因此我們可以將兩個方向不同的鏈結串列結合起來，除了存放資料的欄位外，它有兩個指標欄位，其中一個指標指向後面的節點，另一個則指向前面節點，這稱為雙向鏈結串列（Double Linked List）。

由於每個節點都有兩個指標所以可以雙向通行，所以能夠輕鬆找到前後節點，同時從串列中任一節點也可以找到其他節點，而不需經過反轉或比對節點等處理，執行速度較快。另外如果任一節點的鏈結斷裂，可經由反方向串列走訪，快速完整重建鏈結。

缺點是由於雙向鏈結串列有兩個鏈結，所以在加入或刪除節點時都得花更多時間來移動指標，不過較為浪費空間。

3-4-1 雙向鏈結串列的定義

LLink	Data	RLink

首先來介紹雙向鏈結串列的資料結構。對每個節點而言，具有三個欄位，中間為資料欄位。左右各有兩個鏈結欄位，分別為 LLink 及 RLink，其中 RLink 指向下一個節點，LLink 指向上一個節點。如下圖所示：

1. 每個節點具有三個欄位，中間為資料欄位。左右各有兩個鏈結欄位，分別為 LLink 及 RLink。其中 RLink 指向下一個節點，LLink 指向上一個節點。
2. 通常加上一個串列首，此串列不存任何資料，其左邊鏈結欄指向串列最後一個節點，而右邊鏈結指向第一個節點。
3. 假設 ptr 為一指向此串列上任一節點的鏈結，則有：

```
ptr=RLink(LLink(ptr))=LLink(RLink(ptr))
```

如果使用 C# 語言來宣告它的結構，方式如下：

```
class Node
{
    public int data;
    public Node rnext;
    Node lnext;
    public Node(int data)
    {
        this.data=data;
        this.rnext=null;
        this.lnext=null;
    }
}
```

3-4-2 雙向鏈結串列的節點插入

對於雙向鏈結串列的節點加入有三種可能情況：

❶ 將新節點加入此串列的第一個節點前，如下圖：

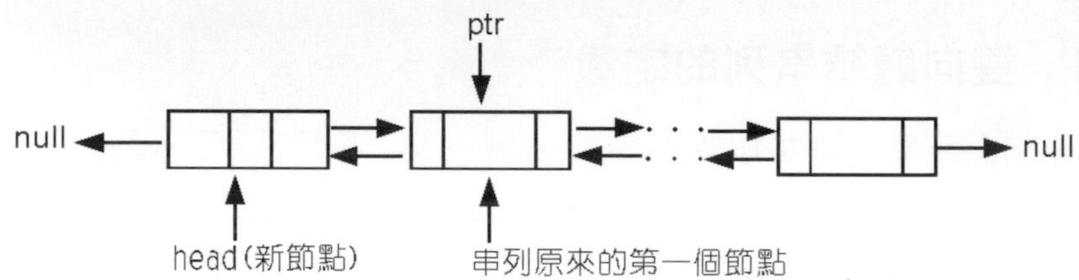

步驟
1. 將新節點的右鏈結指向原串列的第一個節點。
2. 將原串列第一個節點的左鏈結指向新節點。
3. 將原串列的串列首指標 head 指向新節點，且新節點的左鏈結指向 null。

❷ 將新節點加入此串列的最後一個節點之後。如下圖：

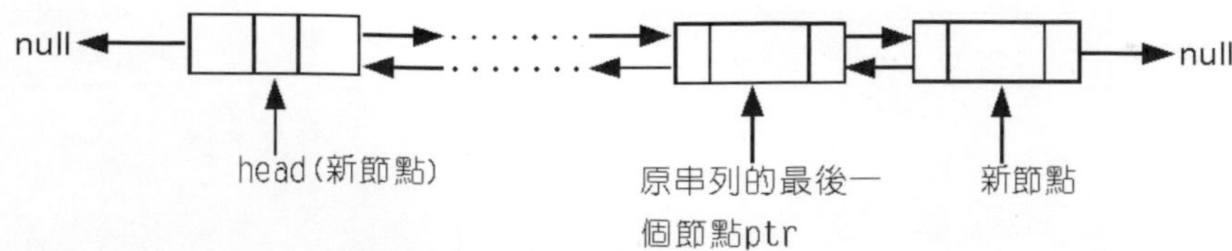

步驟 1. 將原串列的最後一個節點的右鏈結指向新節點。

2. 將新節點的左鏈結指向原串列的最後一個節點，並將新節點的右鏈結指向 null。

❸ 將新節點加入到 ptr 節點之後，如下圖

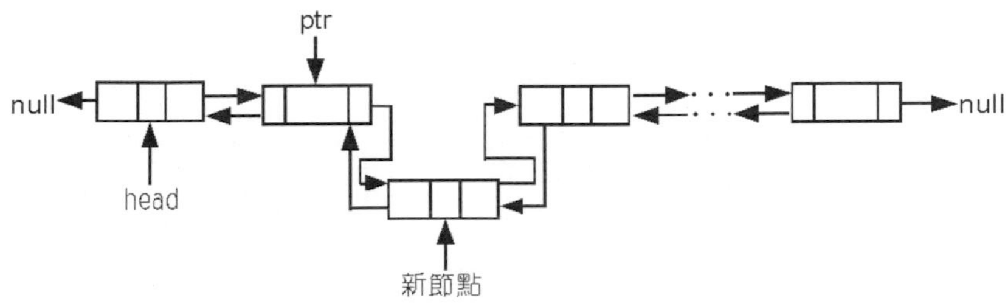

步驟 1. 將 ptr 節點的右鏈結指向新節點。

2. 將新節點的左鏈結指向 ptr 節點。

3. 將 ptr 節點的下一個節點的左鏈結指向新節點。

4. 將新節點的右鏈結指向 ptr 的下一個節點。

3-4-3 雙向鏈結串列節點刪除

對於雙向鏈結串列的節點刪除可能有三種情況：

❶ 刪除串列的第一個節點。如下圖：

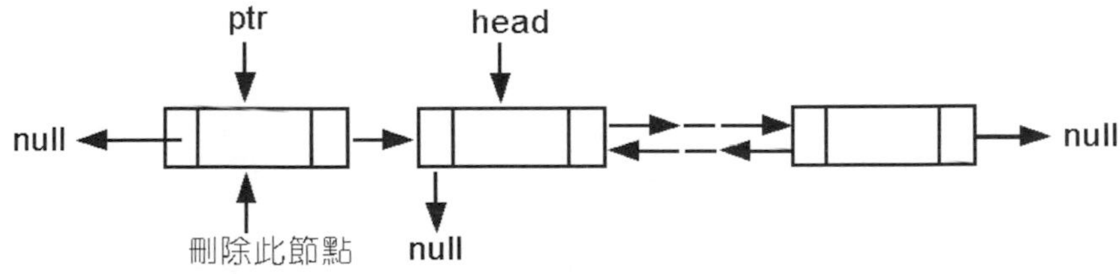

步驟 1. 將串列首指標 head 指到原串列的第二個節點。

2. 將新的串列首指標指向 null。

❷ 刪除此串列的最後一個節點。如下圖：

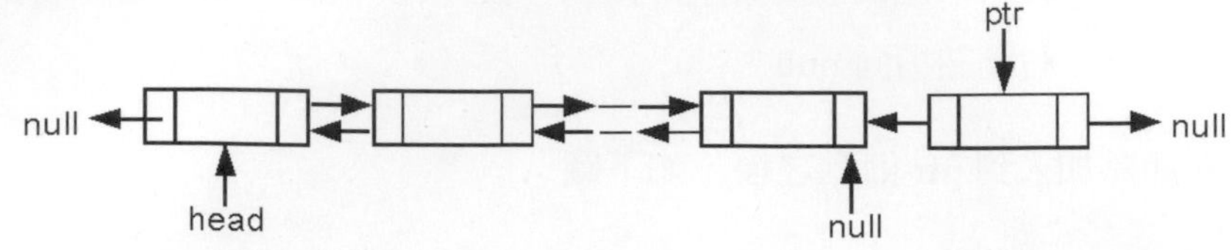

步驟 1. 將原串列最後一個節點之前一個節點的右鏈結指向 null 即可。

❸ 刪除串列中間的 ptr 節點。如下圖：

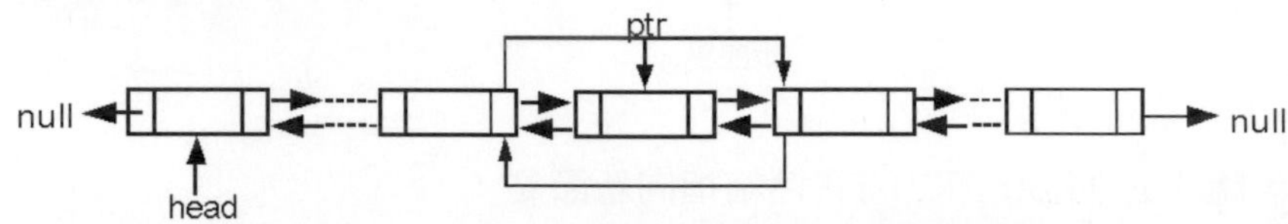

步驟 1. 將 ptr 節點的前一個節點右鏈結指向 ptr 節點的下一個節點。

2. 將 ptr 節點的下一個節點左鏈結指向 ptr 節點的上一個節點。

有關雙向鏈結串列宣告的資料結構、建立、節點加入及刪除節點的程式的演算法如下：

```
class Node
{
    public int data;
    public Node rnext;
    public  Node lnext;
    public Node(int data)
    {
        this.data = data;
        this.rnext = null;
        this.lnext = null;
    }
}

public class Doubly
{
```

```
        Node first;
        Node last;
        public bool IsEmpty()
        {
            return first == null;
        }
        public void Print()
        {
            Node current = first;
            while (current != null)
            {
                Write("[" + current.data + "]");
                current = current.rnext;

            }
            WriteLine();
        }

        //插入節點
        void Insert(Node newN)
        {
            Node tmp;
            Node newNode;
            if (this.IsEmpty())
            {
                first = newN;
                first.rnext = last;
                last = newN;
                last.lnext = first;
            }
            else
            {
                if (newN.lnext == null) //插入串列首的位置
                {
                    first.lnext = newN;
                    newN.rnext = first;
                    first = newN;
                }
                else
                {
                    if (newN.rnext == null) //插入串列尾的位置
                    {
                        last.rnext = newN;
```

```
                        newN.lnext = last;
                        last = newN;
                    }
                    else  //插入中間節點的位置
                    {
                        newNode = first;
                        tmp = first;
                        while (newN.rnext != newNode.rnext)
                        {
                            tmp = newNode;
                            newNode = newNode.rnext;
                        }
                        tmp.rnext = newN;
                        newN.rnext = newNode;
                        newNode.lnext = newN;
                        newN.lnext = tmp;
                    }
                }
            }
        }

        //刪除節點
        void Delete(Node delNode)
        {
            Node newNode;
            Node tmp;
            if (first == null)
            {
                Write("[串列是空的]\n");
                return;
            }
            if (delNode == null)
            {
                Write("[錯誤:del不是串列中的節點]\n");
                return;
            }
            if (first.data == delNode.data) //要刪除的節點是串列首
            {
                first = first.rnext;
                first.lnext = null;
            }
            else if (last.data == delNode.data) //要刪除的節點是串列尾
            {
```

```
                newNode = first;
                while (newNode.rnext != last)
                    newNode = newNode.rnext;
                newNode.rnext = null;
                last = newNode;
            }
            else
            {
                newNode = first;
                tmp = first;
                while (newNode.data != delNode.data)
                {
                    tmp = newNode;
                    newNode = newNode.rnext;
                }
                tmp.rnext = delNode.rnext;
                tmp.lnext = delNode.lnext;
            }
        }
    }
```

1. 在 C# 語言中要模擬鏈結串列中的節點，語法該如何宣告？
2. 如果鏈結串列中的節點不只記錄單一數值，例如每一個節點除了有指向下一個節點的指標欄位外，還包括了記錄一位學生的姓名（name）、座號（no）、成績（score），請問在 C# 要模擬鏈結串列中的此類節點，語法該如何宣告？
3. 請以 C# 程式碼及圖示說明如何刪除串列內的中間節點？
4. 請以程式語言實作單向鏈結串列插入節點的演算法？
5. 稀疏矩陣（sparse matrix）可以鏈結串列（linked list）來表示，請用鏈結串列表示下列矩陣：

$$\begin{bmatrix} 0 & 0 & 11 & 0 \\ -12 & 0 & 0 & 0 \\ 0 & -4 & 0 & 0 \\ 0 & 0 & 0 & -5 \end{bmatrix}_{4X4}$$

6. 以鏈結方式（Linked representation）表示一串資料有何好處？
7. 試說明使用循環序列（Circular List）的優缺點。
8. 在 n 筆資料的鏈結串列（linked list）中搜尋一筆資料，若以平均所花的時間考量，其時間複雜度為何？
9. 要刪除環狀鏈結的中間節點，該如何進行，請說明之。

10. 假設一鏈結串列的節點結構如下：

Cofficient				
±	A	B	C	LINK

來表示多項式 $X^AY^BZ^C$ 之項。

(a) 請繪出多項式 X^6-6XY^5+5Y^6 的鏈結串列圖。

(b) 繪出多項式 "0" 的鏈結串列圖。

(c) 繪出多項式 X^6-3X^5-4X^4+2X^3+3X+5 的鏈結串列圖。

11. 用陣列法和鏈結串列法表示稀疏矩陣有何優缺點，又如果用鏈結串列表示時，回收到 AVL 串列（可用空間串列），時間複雜度為多少？

12. 試比較雙向鏈結串列與單向鏈結串列間的優缺點。

NOTE

CHAPTER

4

堆疊

堆疊（Stack）是一群相同資料型態的組合，所有的動作均在頂端進行，並且具「後進先出」（Last In, First Out: LIFO）的特性。堆疊在電腦中的應用相當廣泛，時常被用來解決電腦的問題，例如前面所談到的遞迴呼叫、副程式的呼叫，至於在日常生活中的應用也隨處可以看到，例如大樓電梯、貨架上的貨品等等，都是類似堆疊的資料結構原理。

電梯搭乘方式就是一種堆疊的應用

4-1 堆疊簡介

談到所謂後進先出（Last In, Frist Out）的觀念，其實就如同自助餐中餐盤由桌面往上一個一個疊放，且取用時由最上面先拿，這就是一種典型堆疊概念的應用。由於堆疊是一種抽象型資料結構（Abstract Data Type, ADT），它有下列特性：

自助餐中餐盤的存取方式也具備堆疊後進先出的特性

1. 只能從堆疊的頂端存取資料。
2. 資料的存取符合「後進先出」（LIFO, Last In First Out）的原則。

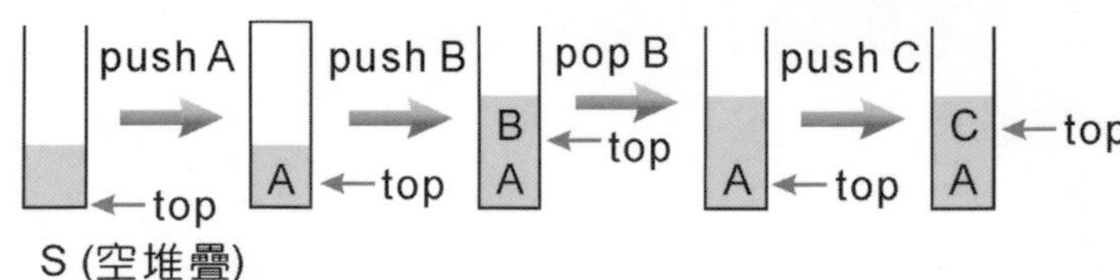

堆疊的基本運算可以具備以下五種工作定義：

CREATE	建立一個空堆疊。
PUSH	存放頂端資料，並傳回新堆疊。
POP	刪除頂端資料，並傳回新堆疊。
EMPTY	判斷堆疊是否為空堆疊，是則傳回 true，不是則傳回 false。
FULL	判斷堆疊是否已滿，是則傳回 true，不是則傳回 false。

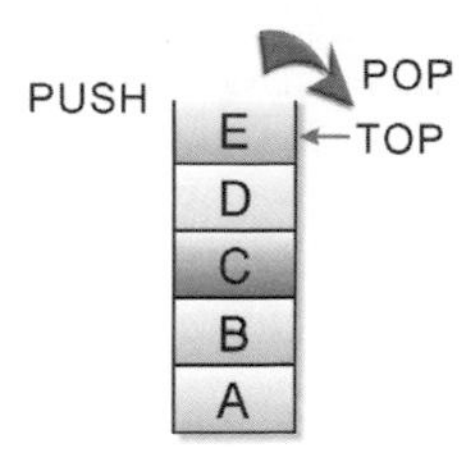

堆疊在 C# 程式設計領域中，包含以下兩種表示方式，分別是陣列結構與串列結構，分別介紹如下。

4-1-1 陣列實作堆疊

以陣列結構來製作堆疊的好處是製作與設計的演算法都相當簡單，但因為如果堆疊本身是變動的話，陣列大小並無法事先規劃宣告，太大時浪費空間，太小則不夠使用。

C# 的相關演算法如下：

```
//類別方法：Empty
//判斷堆疊是否為空堆疊,是則傳回true,不是則傳回false.
public bool Empty()
{
    if (top == -1) return true;
    else return false;
}

//類別方法：Push
//存放頂端資料,並更正新堆疊的內容.
public bool Push(int data)
{
    if (top >= stack.Length)
    { //判斷堆疊頂端的索引是否大於陣列大小
        WriteLine("堆疊已滿,無法再加入");
        return false;
    }
    else
    {
```

```
        stack[++top] = data; //將資料存入堆疊
        return true;
    }
}
```

```
//類別方法：Pop
//從堆疊取出資料
public int Pop()
{
    if (Empty()) //判斷堆疊是否為空的,如果是則傳回-1值
        return -1;
    else
        return stack[top--]; //先將資料取出後,再將堆疊指標往下移
}
```

範例 **4.1.1** 請利用陣列結構來設計一程式，並使用迴圈來控制準備推入或取出的元素，並模擬堆疊的各種工作運算，其中必須包括推入（push）與彈出（pop）函數，及最後輸出所有堆疊內的元素。

範例程式：StackArray.sln

```
using static System.Console;//滙入靜態類別

namespace StackArray
{
    class StackByArray
    { //以陣列模擬堆疊的類別宣告
        private int[] stack; //在類別中宣告陣列
        private int top;   //指向堆疊頂端的索引
                           //StackByArray類別建構子
        public StackByArray(int stack_size)
        {
            stack = new int[stack_size]; //建立陣列
            top = -1;
        }
        //類別方法：Push
        //存放頂端資料,並更正新堆疊的內容.
        public bool Push(int data)
        {
            if (top >= stack.Length)
            { //判斷堆疊頂端的索引是否大於陣列大小
                WriteLine("堆疊已滿,無法再加入");
```

```
                return false;
            }
            else
            {
                stack[++top] = data; //將資料存入堆疊
                return true;
            }
        }
        //類別方法：Empty
        //判斷堆疊是否為空堆疊,是則傳回true,不是則傳回false.
        public bool Empty()
        {
            if (top == -1) return true;
            else return false;
        }
        //類別方法：Pop
        //從堆疊取出資料
        public int Pop()
        {
            if (Empty()) //判斷堆疊是否為空的,如果是則傳回-1值
                return -1;
            else
                return stack[top--]; //先將資料取出後,再將堆疊指標往下移
        }
    }

    class Program
    {
        static void Main(string[] args)
        {
            int value;
            StackByArray stack = new StackByArray(10);
            WriteLine("請依序輸入10筆資料：");
            for (int i = 0; i < 10; i++)
            {
                value = int.Parse(ReadLine());
                stack.Push(value);
            }
            WriteLine("============================");
            while (!stack.Empty()) //將堆疊資料陸續從頂端彈出
                WriteLine("堆疊彈出的順序為:" + stack.Pop());
            ReadKey();
        }
    }
}
```

【執行結果】

```
請依序輸入10筆資料：
1
3
5
7
9
11
13
15
17
19
==============================
堆疊彈出的順序為:19
堆疊彈出的順序為:17
堆疊彈出的順序為:15
堆疊彈出的順序為:13
堆疊彈出的順序為:11
堆疊彈出的順序為:9
堆疊彈出的順序為:7
堆疊彈出的順序為:5
堆疊彈出的順序為:3
堆疊彈出的順序為:1
```

範例 4.1.2 請利用陣列模擬撲克牌洗牌及發牌的過程，以亂數取得撲克牌後放入堆疊，放滿 52 張牌後開始發牌，同樣是使用堆疊功能來發牌給四個人。

範例程式：Shuffle.sln

```
using static System.Console;//滙入靜態類別

namespace Shuffle
{
    class Program
    {
        static int top = -1;

        static void Main(string[] args)
        {
            int[] card = new int[52];
            int[] stack = new int[52];
            int i, j, k = 0, test;
            char ascVal = 'H';
            int style;
            Random intRnd = new Random();
            for (i = 0; i < 52; i++)
                card[i] = i;
            WriteLine("[洗牌中...請稍後!]");
            while (k < 30)
```

```
{
    for (i = 0; i < 51; i++)
    {
        for (j = i + 1; j < 52; j++)
        {
            if ((intRnd.Next(10000) % 52) == 2)
            {
                test = card[i];//洗牌
                card[i] = card[j];
                card[j] = test;
            }
        }

    }
    k++;
}
i = 0;
while (i != 52)
{
    Push(stack, 52, card[i]);  //將52張牌推入堆疊
    i++;
}
WriteLine("[逆時針發牌]");
WriteLine("[顯示各家牌子]\n 東家\t  北家\t   西家\t     南家");
WriteLine("=================================");
while (top >= 0)
{
    style = stack[top] / 13;   //計算牌子花色
    switch (style)            //牌子花色圖示對應
    {
        case 0:               //梅花
            ascVal = 'C';
            break;
        case 1:               //方塊
            ascVal = 'D';
            break;
        case 2:               //紅心
            ascVal = 'H';
            break;
        case 3:               //黑桃
            ascVal = 'S';
            break;
    }
    Write("[" + ascVal + (stack[top] % 13 + 1) + "]");
    Write('\t');
    if (top % 4 == 0)
        WriteLine();
```

```
                    top--;
                }
                ReadKey();
            }
            public static void Push(int[] stack, int MAX, int val)
            {
                if (top >= MAX - 1)
                    WriteLine("[堆疊已經滿了]");
                else
                {
                    top++;
                    stack[top] = val;
                }
            }

            public static int Pop(int[] stack)
            {
                if (top < 0)
                    WriteLine("[堆疊已經空了]");
                else
                    top--;
                return stack[top];
            }
        }
    }
```

【執行結果】

```
[洗牌中...請稍後!]
[逆時針發牌]
[顯示各家牌子]
 東家      北家      西家      南家
=================================
[D5]    [D8]    [D6]    [C1]
[S5]    [H3]    [S1]    [S2]
[D4]    [H9]    [H4]    [D2]
[D13]   [C7]    [H13]   [H5]
[S12]   [D11]   [S7]    [H7]
[D9]    [H1]    [S4]    [C8]
[C12]   [S10]   [D1]    [S13]
[S8]    [S11]   [H11]   [S9]
[H6]    [C6]    [C2]    [H2]
[C10]   [H8]    [C9]    [S6]
[D10]   [C13]   [C3]    [C11]
[H12]   [C4]    [C5]    [D3]
[D7]    [H10]   [D12]   [S3]
```

4-1-2 串列實作堆疊

雖然以陣列結構來製作堆疊的好處是製作與設計的演算法都相當簡單，但因為如果堆疊本身是變動的話，陣列大小並無法事先規劃宣告。這時往往必須使用最大可能性陣列空間來考量，這樣會造成記憶體空間的浪費。而鏈結串列來製作堆疊的優點是隨時可以動態改變串列長度，不過缺點是設計時，演算法較為複雜。以下我們將以串列來模擬堆疊實作。

相關演算法如下：

```
class Node //鏈結節點的宣告
{
    public int data;
    public Node next;
    public Node(int data)
    {
        this.data = data;
        this.next = null;
    }
}
//類別方法：IsEmpty()
//判斷堆疊如果為空堆疊,則front==null;
    public bool IsEmpty()
    {
        return front == null;
    }
```

```
//類別方法：Insert()
//在堆疊頂端加入資料
    public void Insert(int data)
    {
        Node newNode = new Node(data);
        if (this.IsEmpty())
        {
            front = newNode;
            rear = newNode;
        }
        else
        {
            rear.next = newNode;
            rear = newNode;
        }
    }
```

```
//類別方法：Pop()
//在堆疊頂端刪除資料
    public void Pop()
    {
        Node newNode;
        if (this.IsEmpty())
        {
            Write("===目前為空堆疊===\n");
            return;
        }
        newNode = front;
        if (newNode == rear)
        {
            front = null;
            rear = null;
            Write("===目前為空堆疊===\n");
        }
        else
        {
            while (newNode.next != rear)
                newNode = newNode.next;
            newNode.next = rear.next;
            rear = newNode;
        }
    }
```

範例 4.1.3 請利用串列結構來設計一程式，利用迴圈來控制準備推入或取出的元素，其中必須包括推入（push）與彈出（pop）函數，及最後輸出所有堆疊內的元素。

範例程式：StackList.sln

```
using static System.Console;//滙入靜態類別

namespace StackList
{
    class Node //鏈結節點的宣告
    {
        public int data;
        public Node next;
```

```
        public Node(int data)
        {
            this.data = data;
            this.next = null;
        }
    }
    class StackByLink
    {
        public Node front; //指向堆疊底端的指標
        public Node rear;  //指向堆疊頂端的指標
        //類別方法：isEmpty()
        //判斷堆疊如果為空堆疊,則front==null;
        public bool IsEmpty()
        {
            return front == null;
        }
        //類別方法：Output_of_Stack()
        //列印堆疊內容
        public void Output_of_Stack()
        {
            Node current = front;
            while (current != null)
            {
                Write("[" + current.data + "]");
                current = current.next;
            }
            WriteLine();
        }
        //類別方法：Insert()
        //在堆疊頂端加入資料
        public void Insert(int data)
        {
            Node newNode = new Node(data);
            if (this.IsEmpty())
            {
                front = newNode;
                rear = newNode;
            }
            else
            {
                rear.next = newNode;
                rear = newNode;
            }
```

```
        }
        //類別方法：Pop()
        //在堆疊頂端刪除資料
        public void Pop()
        {
            Node newNode;
            if (this.IsEmpty())
            {
                Write("===目前為空堆疊===\n");
                return;
            }
            newNode = front;
            if (newNode == rear)
            {
                front = null;
                rear = null;
                Write("===目前為空堆疊===\n");
            }
            else
            {
                while (newNode.next != rear)
                    newNode = newNode.next;
                newNode.next = rear.next;
                rear = newNode;
            }

        }
    }
    class Program
    {
        static void Main(string[] args)
        {
            StackByLink stack_by_linkedlist = new StackByLink();
            int choice = 0;
            while (true)
            {
                Write("(0)結束(1)在堆疊加入資料(2)彈出堆疊資料:");
                choice = int.Parse(ReadLine());
                if (choice == 2)
                {
                    stack_by_linkedlist.Pop();
                    WriteLine("資料彈出後堆疊內容:");
                    stack_by_linkedlist.Output_of_Stack();
```

```
                }
                else if (choice == 1)
                {
                    Write("請輸入要加入堆疊的資料:");
                    choice = int.Parse(ReadLine());
                    stack_by_linkedlist.Insert(choice);
                    WriteLine("資料加入後堆疊內容:");
                    stack_by_linkedlist.Output_of_Stack();
                }
                else if (choice == 0)
                    break;
                else
                {
                    WriteLine("輸入錯誤!!");
                }
            }
            ReadKey();
        }
    }
```

【執行結果】

```
<0>結束<1>在堆疊加入資料<2>彈出堆疊資料:1
請輸入要加入堆疊的資料:23
資料加入後堆疊內容:
[23]
<0>結束<1>在堆疊加入資料<2>彈出堆疊資料:1
請輸入要加入堆疊的資料:35
資料加入後堆疊內容:
[23][35]
<0>結束<1>在堆疊加入資料<2>彈出堆疊資料:1
請輸入要加入堆疊的資料:64
資料加入後堆疊內容:
[23][35][64]
<0>結束<1>在堆疊加入資料<2>彈出堆疊資料:2
資料彈出後堆疊內容:
[23][35]
<0>結束<1>在堆疊加入資料<2>彈出堆疊資料:2
資料彈出後堆疊內容:
[23]
<0>結束<1>在堆疊加入資料<2>彈出堆疊資料:0
```

4-2 堆疊的應用

堆疊在計算機領域的應用相當廣泛，主要特性是限制了資料插入與刪除的位置和方法，屬於有序串列應用。可以將它列舉如下：

1. 二元樹及森林的走訪運算，例如中序追蹤（Inorder）、前序追蹤（Preorder）等。
2. 電腦中央處理單元（CPU）的中斷處理（Interrupt Handling）。
3. 圖形的深度優先（DFS）追蹤法。
4. 某些所謂堆疊計算機（Stack Computer），是一種採用空位址（zero-address）指令，其指令沒有運算元欄，大部份透過彈出（Pop）及壓入（Push）兩個指令來處理程式。
5. 遞迴式的呼叫及返回：在每次遞迴之前，須先將下一個指令的位址、及變數的值保存到堆疊中。當以後遞迴回來（Return）時，則循序從堆疊頂端取出這些相關值，回到原來執行遞迴前的狀況，再往下執行。
6. 算術式的轉換和求值，例如中序法轉換成後序法。
7. 呼叫副程式及返回處理，例如要執行呼叫的副程式前，必須先將返回位置（即下一道指令的位址）儲存到堆疊中，然後才執行呼叫副程式的動作，等到副程式執行完畢後，再從堆疊中取出返回位址。
8. 編譯錯誤處理（Compiler Syntax Processing）：例如當編譯程式發生錯誤或警告訊息時，會將所在的位址推入堆疊中，才顯示出錯誤相關的訊息對照表。

範例 4.2.1 考慮如下所示的鐵路交換網路：

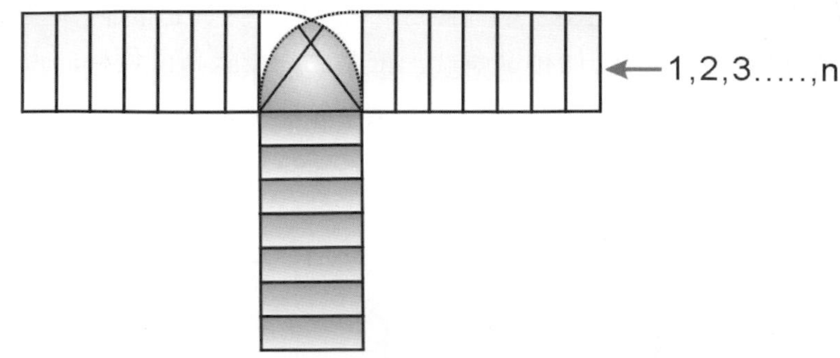

在圖右邊為編號 1,2,3,...,n 的火車廂。每一車廂被拖入堆疊，並可以在任何時候將它拖出。如 n=3，我們可以拖入 1，拖入 2，拖入 3 然後再將車廂拖出，此時可產生新的車廂順序 3,2,1。請問

1. 當 n=3 時，分別有那幾種排列的方式？那幾種排序方式不可能發生？
2. 當 n=6 時，325641 這樣的排列是否可能發生？或者 154236 ？或者 154623 ？又當 n=5 時，32154 這樣的排列是否可能發生？
3. 找出一個公式 S_n，當有 n 節車廂時，共有幾種排方式？

解答

1. 當 n=3 時，可能的排列方式有五種，分別是 123,132,213,231,321。不可能的排列方式有 312。
2. 依據堆疊後進先出的原則，所以 325641 的車廂號碼順序是可以達到。至於 154263 與 154623 都不可能發生。當 n=5 時，可以產生 32154 的排列。
3. $Sn=\frac{1}{n+1}\binom{2n}{n}$

$=\frac{1}{n+1}*\frac{(2n)!}{n!*n!}$

4-2-1 河內塔演算法

法國數學家 Lucas 在 1883 年介紹了一個十分經典的河內塔（Tower of Hanoil）智力遊戲，是典型使用遞迴式與堆疊觀念來解決問題的範例，內容是說在古印度神廟，廟中有三根木樁，天神希望和尚們把某些數量大小不同的圓盤，由第一個木樁全部移動到第三個木樁。

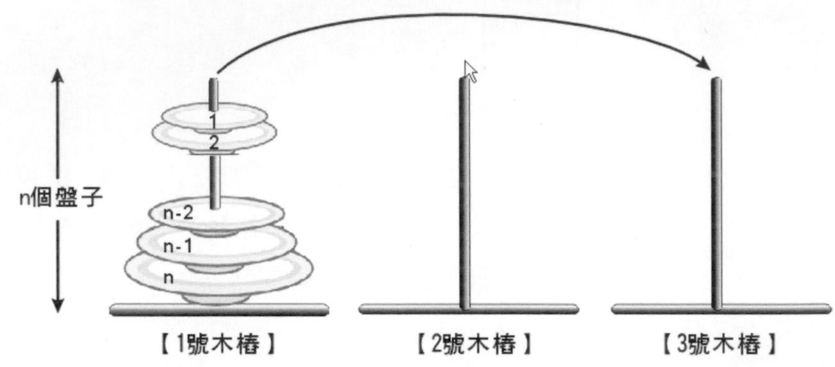

更精確來說，河內塔問題可以這樣形容：假設有 A、B、C 三個木樁和 n 個大小均不相同的套環（Disc），由小到大編號為 1,2,3…n，編號越大直徑越大。開始的時候，n 個套環境套在 A 木樁上，現在希望能找到將 A 木樁上的套環藉著 B 木樁當中間橋樑，全部移到 C 木樁上最少次數的方法。不過在搬動時還必須遵守下列規則：

1. 直徑較小的套環永遠置於直徑較大的套環上。
2. 套環可任意地由任何一個木樁移到其他的木樁上。
3. 每一次僅能移動一個套環，而且只能從最上面的套環開始移動。

現在我們考慮 n=1~3 的狀況，以圖示方式為各位示範處理河內塔問題的步驟：

n=1 個套環

（當然是直接把盤子從 1 號木樁移動到 3 號木樁。）

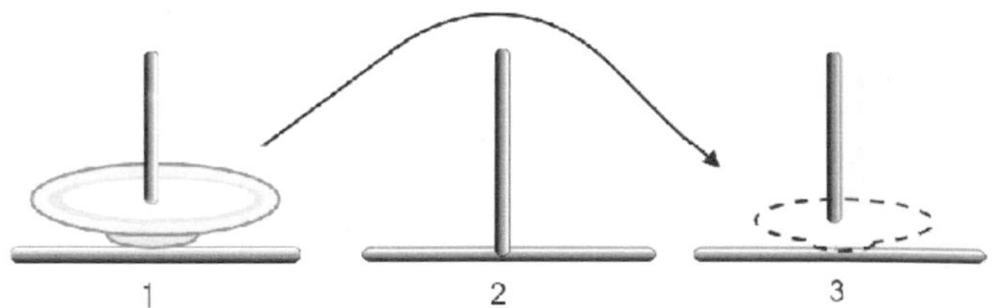

n=2 個套環

1. 將套環從 1 號木樁移動到 2 號木樁

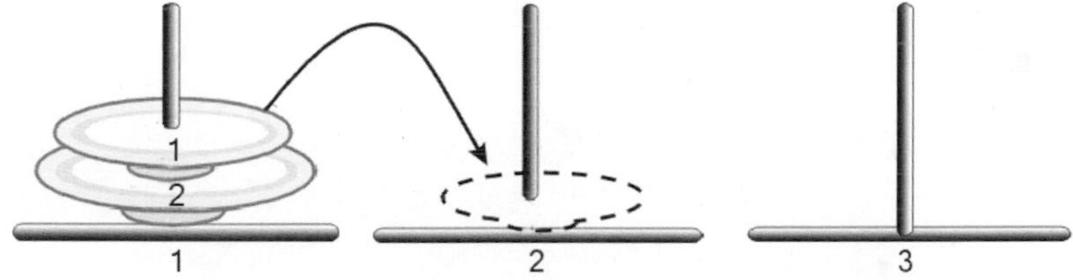

2. 將套環從 1 號木樁移動到 3 號木樁

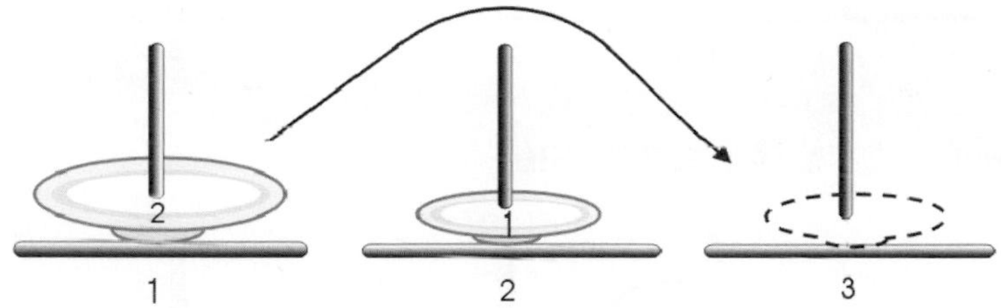

3. 將套環從 2 號木樁移動到 3 號木樁，就完成了

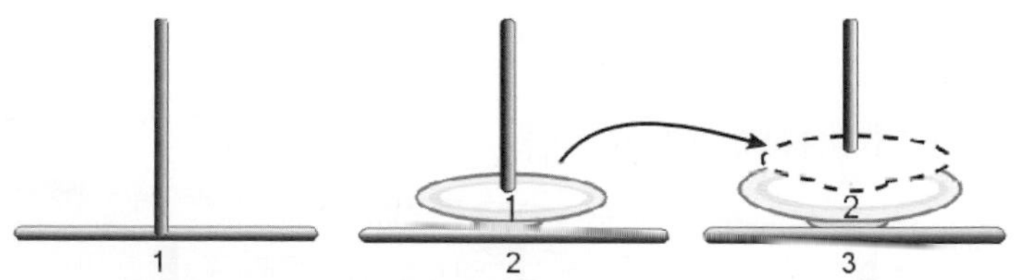

完成

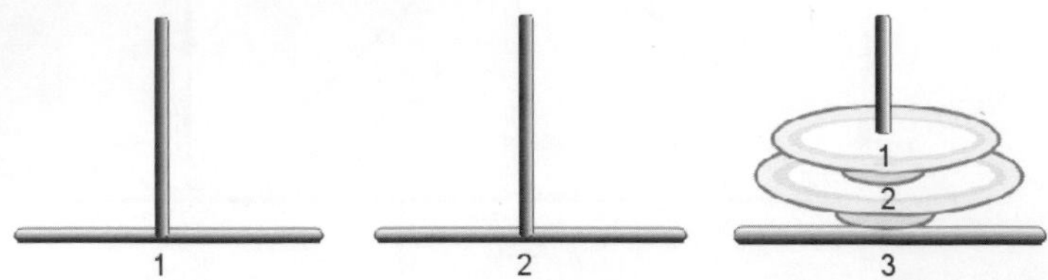

結論：移動了 2^2-1=3 次，盤子移動的次序為 1,2,1（此處為盤子次序）

步驟為：1 → 2，1 → 3，2 → 3（此處為木樁次序）

n=3 個套環

1. 將套環從 1 號木樁移動到 3 號木樁

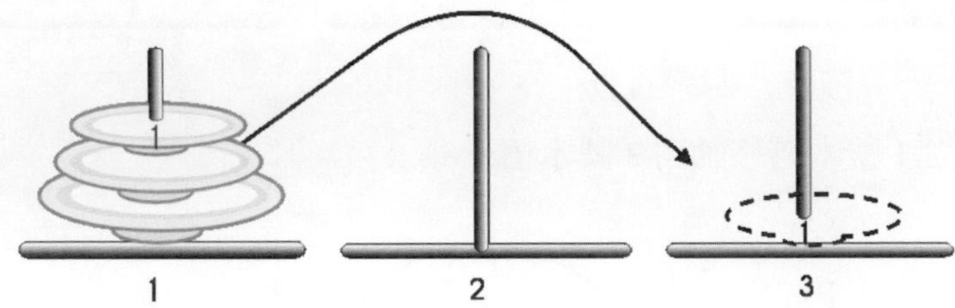

2. 將套環從 1 號木樁移動到 2 號木樁

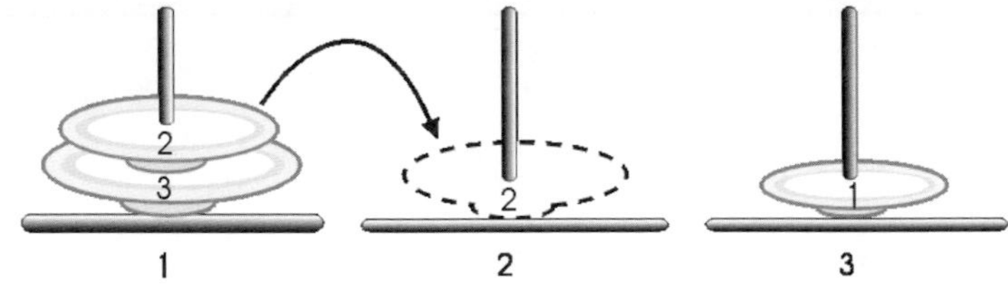

3. 將套環從 3 號木樁移動到 2 號木樁

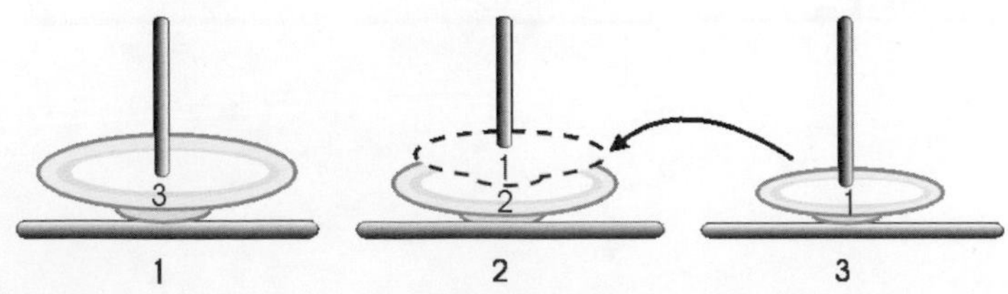

4. 將套環從 1 號木樁移動到 3 號木樁

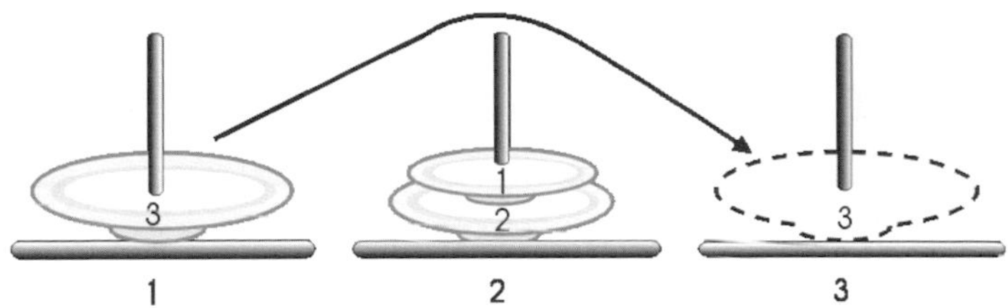

5. 將套環從 2 號木樁移動到 1 號木樁

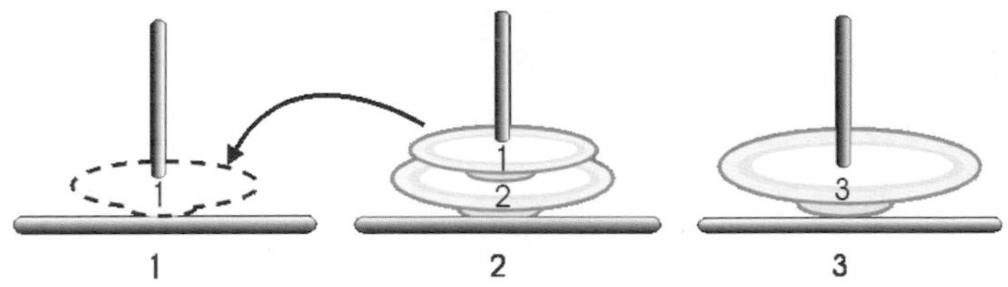

6. 將套環從 2 號木樁移動到 3 號木樁

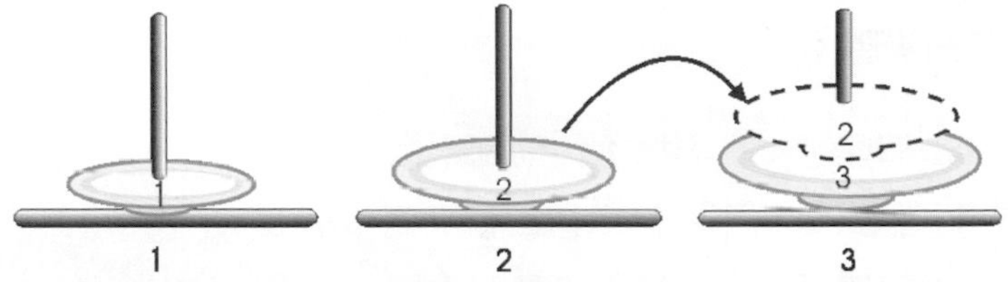

7. 將套環從 1 號木樁移動到 3 號木樁，就完成了

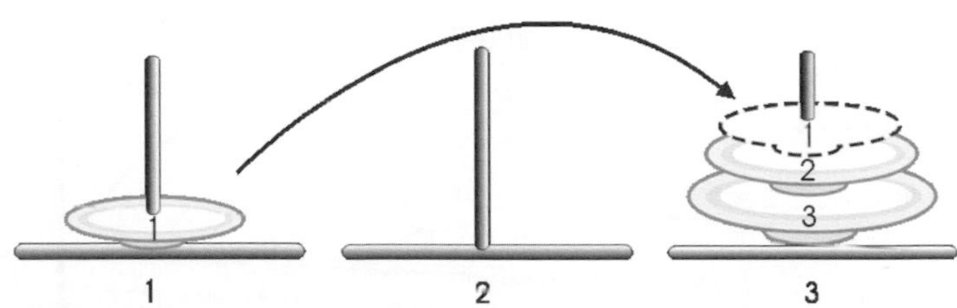

完成

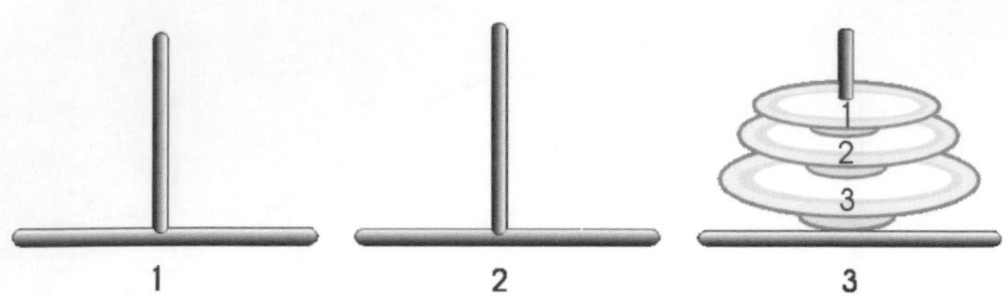

結論：移動了 2^3-1=7 次，盤子移動的次序為 1,2,1,3,1,2,1（盤子次序）

步驟為 1 → 3，1 → 2，3 → 2，1 → 3，2 → 1，2 → 3，1 → 3（木樁次序）

當有 4 個盤子時，我們實際操作後（在此不作圖說明），盤子移動的次序為 121312141213121，而移動木樁的順序為 1 → 2，1 → 3，2 → 3，1 → 2，3 → 1，3 → 2，1 → 2，1 → 3，2 → 3，2 → 1，3 → 1，2 → 3，1 → 2，1 → 3，2 → 3，而移動次數為 2^4-1=15。

當 n 不大時，各位可以逐步用圖示解決，但 n 的值較大時，那可就十分傷腦筋了。事實上，我們可以得到一個結論，例如當有 n 個盤子時，可將河內塔問題歸納成三個步驟：

步驟 1：將 n-1 個盤子，從木樁 1 移動到木樁 2。
步驟 2：將第 n 個最大盤子，從木樁 1 移動到木樁 3。
步驟 3：將 n-1 個盤子，從木樁 2 移動到木樁 3。

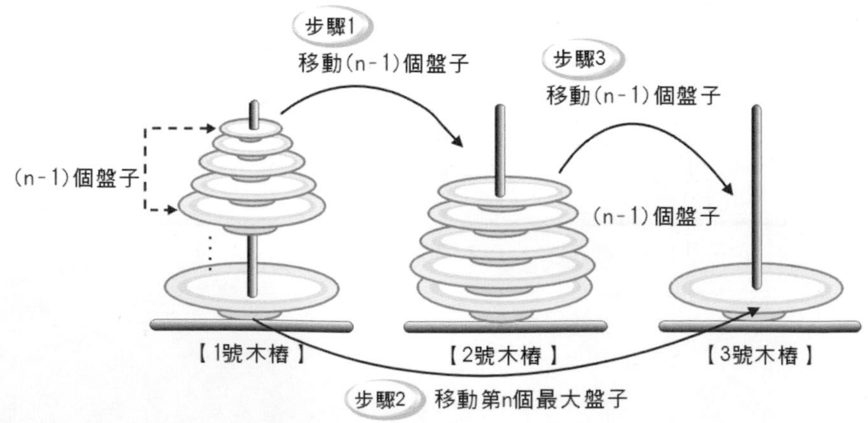

此刻相信各位應該發現河內塔問題是非常適合以遞迴式與堆疊來解決。因為它滿足了遞迴的兩大特性①有反覆執行的過程②有停止的出口。在此我們以底下程式來表示河內塔問題的演算法。

範例程式：Tower.sln

```
using static System.Console;//滙入靜態類別

namespace Tower
{
    class Program
    {
        static void Main(string[] args)
        {
            int j;
            String? str;
            Write("請輸入盤子數量： ");
            str = ReadLine();
            j = int.Parse(str);
            Hanoi(j, 1, 2, 3);
            ReadKey();
        }
        public static void Hanoi(int n, int p1, int p2, int p3)
        {
            if (n == 1)
                WriteLine("盤子從 " + p1 + " 移到 " + p3);
            else
            {
                Hanoi(n - 1, p1, p3, p2);
                WriteLine("盤子從 " + p1 + " 移到 " + p3);
                Hanoi(n - 1, p2, p1, p3);
            }
        }
    }
}
```

【執行結果】

```
請輸入盤子數量： 4
盤子從 1 移到 2
盤子從 1 移到 3
盤子從 2 移到 3
盤子從 1 移到 2
盤子從 3 移到 1
盤子從 3 移到 2
盤子從 1 移到 2
盤子從 1 移到 3
盤子從 2 移到 3
盤子從 2 移到 1
盤子從 3 移到 1
盤子從 2 移到 3
盤子從 1 移到 2
盤子從 1 移到 3
盤子從 2 移到 3
```

範例 4.2.1 請問河內塔問題中，移動 n 個盤子需的最小移動次數？試說明之。

解答 課文中曾經提過當有 n 個盤子時，可將河內塔問題歸納成三個步驟，其中 a_n 為移動 n 個盤子所需要的最少移動次數，a_{n-1} 為移動 n-1 個盤子所需要的最少移動次數，$a_1=1$ 為只剩一個盤子時的次數，因此可得如下式子：

$a_n = a_{n-1}+1+ a_{n-1}$

$= 2a_{n-1}+1$

$= 22(a_{n-2}+1)+1$

$= 4a_{n-2}+2+1$

$= 4(2a_{n-3}+1)+2+1$

$= 8a_{n-3}+4+2+1$

$= 8(2a_{n-4}+1)+4+2+1$

$= 16a_{n-4}+8+4+2+1$

$= \cdots$

$= \cdots$

$=2^{n-1}a_1+ \sum_{k=0}^{n-2} 2^k$ 因此，$a_n=2^{n-1}*1+ \sum_{k=0}^{n-2} 2^k$

$=2^{n-1+}2^{n-1}-1=2^n-1$，得知要移動 n 個盤子所需的最小移動次數為 2^n-1 次

4-2-2 回溯法 - 老鼠走迷宮

回溯法（Backtracking）也算是枚舉法中的一種，對於某些問題而言，回溯法是一種可以找出所有（或部分）解的一般性演算法，是隨時避免枚舉不正確的數值，一旦發現不正確的數值，就不遞迴至下一層，而是回溯至上一層來節省時間，這種走不通就退回再走的方式。主要是在搜尋過程中尋找問題的解，當發現已不滿足求解條件時，就回溯返回，嘗試別的路徑，避免無效搜索。

例如老鼠走迷宮就是一種回溯法（Backtracking）與堆疊的應用，我們應該提出討論，就是實驗心理學中有名的「老鼠走迷宮」問題。假設把一隻大老鼠被放在一個沒有蓋子的大迷宮盒的入口處，盒中有許多牆使得大部份的路徑都被擋住而無法前進，老鼠可以依照嘗試錯誤的方法找到出口。不過，老鼠必須具備走錯路時就會重來一次並把走過的路記起來，避免重複走同樣的路，就這樣直到找到出口為止。簡單說來，老鼠行進時，必須遵守以下三個原則：

1. 一次只能走一格。
2. 遇到牆無法往前走時，則退回一步找找看是否有其他的路可以走。
3. 走過的路不會再走第二次。

我們之所以對這個問題感興趣，就是它可以提供一種典型堆疊應用的思考方向，國內許多大學曾舉辦所謂「電腦鼠」走迷宮的比賽，就是要設計這種利用堆疊技巧走迷宮的程式。在建立走迷宮程式前，我們先來了解如何在電腦中表現一個模擬迷宮的方式。這時可以利用二維陣列 MAZE[row][col]，並符合以下規則：

MAZE[i][j]=1　表示 [i][j] 處有牆，無法通過
　　　　　=0　表示 [i][j] 處無牆，可通行
MAZE[1][1] 是入口，MAZE[m][n] 是出口

下圖就是一個使用 10x12 二維陣列的模擬迷宮地圖表示圖：

【迷宮原始路徑】

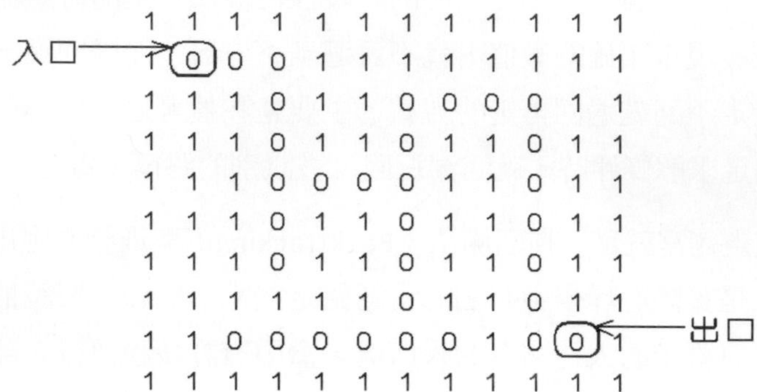

假設老鼠由左上角的 MAZE[1][1] 進入，由右下角的 MAZE[8][10] 出來，老鼠目前位置以 MAZE[x][y] 表示，那麼我們可以將老鼠可能移動的方向表示如下：

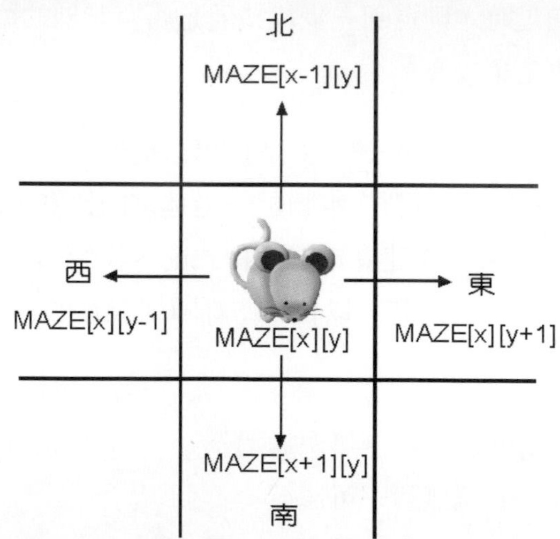

如上圖所示，老鼠可以選擇的方向共有四個，分別為東、西、南、北。但並非每個位置都有四個方向可以選擇，必須視情況來決定，例如 T 字型的路口，就只有東、西、南三個方向可以選擇。

我們可以利用鏈結串列來記錄走過的位置，並且將走過的位置的陣列元素內容標示為 2，然後將這個位置放入堆疊再進行下一次的選擇。如果走到死巷子並且還沒有抵達終點，那麼就必退出上一個位置，並退回去直到回到上一個叉路後再選擇其他的路。由於每次新加入的位置必定會在堆疊的最末端，因此堆疊末端指標所指的方格編號便是目前搜尋迷宮出口的老鼠所在的位置。如此一直重覆這些動作直到走到出口為止。如下圖是以小球來代表迷宮中的老鼠：

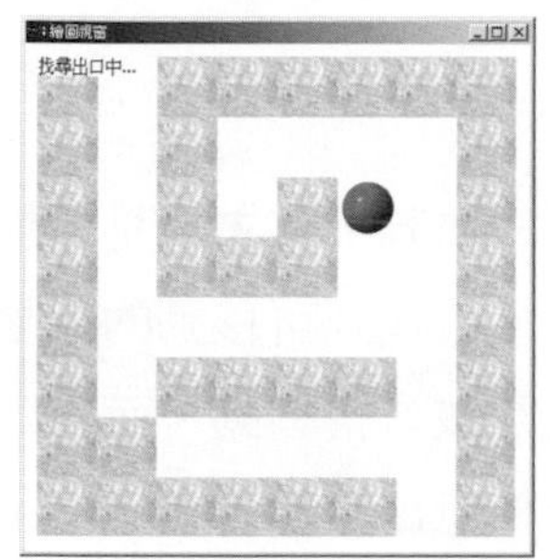

在迷宮中搜尋出口

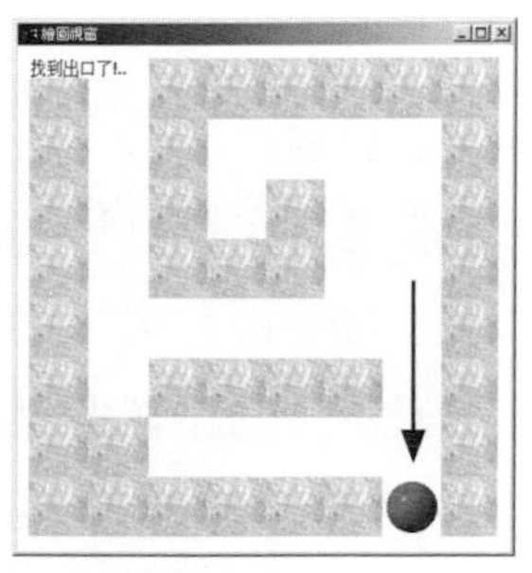

終於找到迷宮出口

上面這樣的一個迷宮搜尋的概念，底下利用演算法來加以描述：

```
if(上一格可走)
{
     加入方格編號到堆疊;
     往上走;
     判斷是否為出口;
}
else if(下一格可走)
{
     加入方格編號到堆疊;
     往下走;
     判斷是否為出口;
}
else if(左一格可走)
{
     加入方格編號到堆疊;
     往左走;
     判斷是否為出口;
}
else if(右一格可走)
```

```
20  {
21        加入方格編號到堆疊;
22        往右走;
23        判斷是否為出口;
24  }
25  else
26  {
27        從堆疊刪除一方格編號;
28        從堆疊中取出一方格編號;
29        往回走;
30  }
```

上面的演算法是每次進行移動時所執行的內容，其主要是判斷目前所在位置的上、下、左、右是否有可以前進的方格，若找到可移動的方格，便將該方格的編號加入到記錄移動路徑的堆疊中，並往該方格移動，而當四週沒有可走的方格時（第 25 行），也就是目前所在的方格無法走出迷宮，必須退回前一格重新再來檢查是否有其它可走的路徑，所以在上面演算法中的第 27 行會將目前所在位置的方格編號從堆疊中刪除，之後第 28 行再取出的就是前一次所走過的方格編號。

以下是迷宮問題的程式實作。

範例程式：Maze.sln

```
using static System.Console;//滙入靜態類別
namespace Maze
{
    public class Node
    {
        public int x;
        public int y;
        public Node next;
        public Node(int x, int y)
        {
            this.x = x;
            this.y = y;
            this.next = null;
        }
    }
```

```
    public class TraceRecord
    {
        public Node first;
        public Node last;
        public bool IsEmpty()
        {
            return first == null;
        }
        public void Insert(int x, int y)
        {
            Node newNode = new Node(x, y);
            if (this.IsEmpty())
            {
                first = newNode;
                last = newNode;
            }
            else
            {
                last.next = newNode;
                last = newNode;
            }
        }

        public void Delete()
        {
            Node newNode;
            if (this.IsEmpty())
            {
                Write("[佇列已經空了]\n");
                return;
            }
            newNode = first;
            while (newNode.next != last)
                newNode = newNode.next;
            newNode.next = last.next;
            last = newNode;

        }
    }

    class Program
    {
        public static int ExitX = 8; //定義出口的X座標在第八列
        public static int ExitY = 10;  //定義出口的Y座標在第十行
```

```
        public static int[,] MAZE = {{1,1,1,1,1,1,1,1,1,1,1,1},
                                                              //宣告迷宮陣列
                  {1,0,0,0,1,1,1,1,1,1,1,1},
                  {1,1,1,0,1,1,0,0,0,0,1,1},
                  {1,1,1,0,1,1,0,1,1,0,1,1},
                  {1,1,1,0,0,0,0,1,1,0,1,1},
                  {1,1,1,0,1,1,0,1,1,0,1,1},
                  {1,1,1,0,1,1,0,1,1,0,1,1},
                  {1,1,1,1,1,1,0,1,1,0,1,1},
                  {1,1,0,0,0,0,0,0,1,0,0,1},
                  {1,1,1,1,1,1,1,1,1,1,1,1}};

        static void Main(string[] args)
        {
            int i, j, x, y;
            TraceRecord path = new TraceRecord();
            x = 1;
            y = 1;
            Write("[迷宮的路徑(0的部分)]\n");
            for (i = 0; i < 10; i++)
            {
                for (j = 0; j < 12; j++)
                    Write(MAZE[i, j]);
                Write("\n");
            }
            while (x <= ExitX && y <= ExitY)
            {
                MAZE[x, y] = 2;
                if (MAZE[x - 1, y] == 0)
                {
                    x -= 1;
                    path.Insert(x, y);
                }
                else if (MAZE[x + 1, y] == 0)
                {
                    x += 1;
                    path.Insert(x, y);
                }
                else if (MAZE[x, y - 1] == 0)
                {
                    y -= 1;
                    path.Insert(x, y);
                }
                else if (MAZE[x, y + 1] == 0)
```

```
                {
                    y += 1;
                    path.Insert(x, y);
                }
                else if (ChkExit(x, y, ExitX, ExitY) == 1)
                    break;
                else
                {
                    MAZE[x, y] = 2;
                    path.Delete();
                    x = path.last.x;
                    y = path.last.y;
                }
            }
            Write("[老鼠走過的路徑(2的部分)]\n");
            for (i = 0; i < 10; i++)
            {
                for (j = 0; j < 12; j++)
                    Write(MAZE[i, j]);
                WriteLine();
            }
            ReadKey();
        }
        public static int ChkExit(int x, int y, int ex, int ey)
        {
            if (x == ex && y == ey)
            {
                if (MAZE[x - 1, y] == 1 || MAZE[x + 1, y] == 1 || MAZE[x, y - 1] == 1 || MAZE[x, y + 1] == 2)
                    return 1;
                if (MAZE[x - 1, y] == 1 || MAZE[x + 1, y] == 1 || MAZE[x, y - 1] == 2 || MAZE[x, y + 1] == 1)
                    return 1;
                if (MAZE[x - 1, y] == 1 || MAZE[x + 1, y] == 2 || MAZE[x, y - 1] == 1 || MAZE[x, y + 1] == 1)
                    return 1;
                if (MAZE[x - 1, y] == 2 || MAZE[x + 1, y] == 1 || MAZE[x, y - 1] == 1 || MAZE[x, y + 1] == 1)
                    return 1;
            }
            return 0;
        }
    }
}
```

【執行結果】

```
[迷宮的路徑(0的部分)]
111111111111
100011111111
111011000011
111011011011
111000011011
111011011011
111011011011
111111011011
110000001001
111111111111
[老鼠走過的路徑(2的部分)]
111111111111
122211111111
111211222211
111211211211
111222211211
111211011211
111211011211
111111011211
110000001221
111111111111
```

4-2-3 八皇后問題

八皇后問題也是一種常見的堆疊應用實例。在西洋棋中的皇后可以在沒有限定一步走幾格的前題下，對棋盤中的其它棋子直吃、橫吃及對角斜吃（左斜吃或右斜吃皆可），只要後放入的新皇后，放入前必須考慮所放位置直線方向、橫線方向或對角線方向是否已被放置舊皇后，否則就會被先放入的舊皇后吃掉。

利用這種觀念，我們可以將其應用在 4*4 的棋盤，就稱為 4-皇后問題；應用在 8*8 的棋盤，就稱為 8-皇后問題。應用在 N*N 的棋盤，就稱為 N-皇后問題。要解決 N-皇后問題（在此我們以 8-皇后為例），首先當於棋盤中置入一個新皇后，且這個位置不會被先前放置的皇后吃掉，就將這個新皇后的位置存入堆疊。

但是如果當您放置新皇后的該行（或該列）的 8 個位置，都沒有辦法放置新皇后（亦即一放入任何一個位置，就會被先前放置的舊皇后給吃掉）。此時，就必須由堆疊中取出前一個皇后的位置，並於該行（或該列）中重新尋找另一個新的位置放置，再將該位置存入堆疊中，而這種方式就是一種回溯（Backtracking）演算法的應用概念。

N-皇后問題的解答，就是配合堆疊及回溯兩種資料結構的概念，以逐行（或逐列）找新皇后位置（如果找不到，則回溯到前一行找尋前一個皇后另一個新的位置，以此類推）的方式，來尋找 N-皇后問題的其中一組解答。

底下分別是 4-皇后及 8-皇后在堆疊存放的內容及對應棋盤的其中一組解。

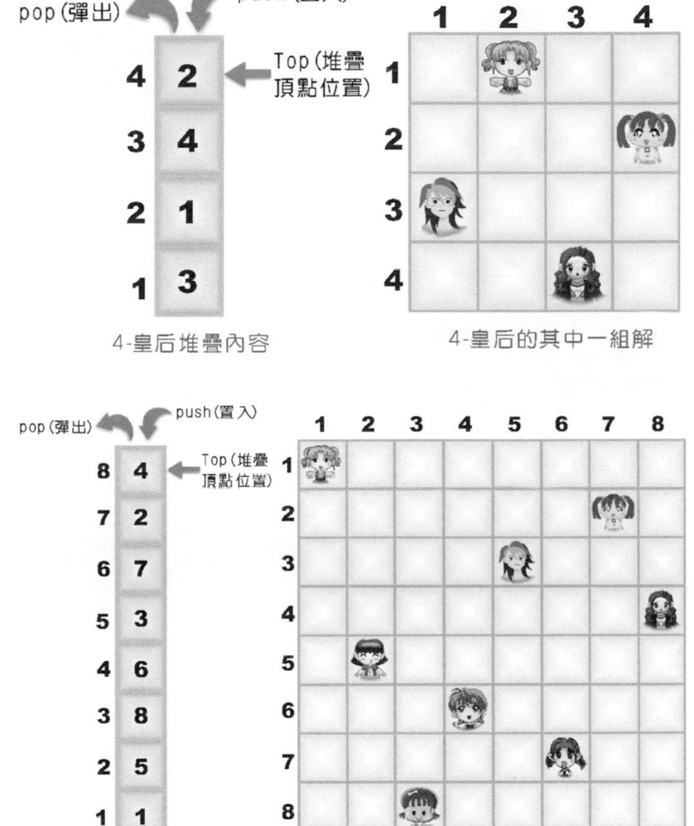

範例 **4.2.2** 請設計一程式，來計算八皇后問題共有幾組解的總數，如下執行結果所示：

範例程式：Eight.sln

```
using static System.Console;//滙入靜態類別

namespace Eight
{
    class Program
    {
        static int TRUE = 1, FALSE = 0, EIGHT = 8;
        static int[] queen = new int[EIGHT]; // 存放8個皇后之列位置
        static int number = 0; //// 計算共有幾組解的總數

        //按Enter鍵函數
        public static void PressEnter()
        {
            char tChar;
            Write("\n\n");
            WriteLine("...按下Enter鍵繼續...");
            tChar = (char)Read();
        }
        //決定皇后存放的位置
        public static void Decide_position(int value)
        {
            int i = 0;
            while (i < EIGHT)
            {
                // 是否受到攻擊的判斷式
                if (Attack(i, value) != 1)
                {
                    queen[value] = i;
                    if (value == 7)
                        Print_table();
                    else
                        Decide_position(value + 1);
                }
                i++;
            }
        }
        // 測試在(row,col)上的皇后是否遭受攻擊
        // 若遭受攻擊則傳回值為1，否則傳回0
```

```
        public static int Attack(int row, int col)
        {
            int i = 0, atk = FALSE;
            int offset_row = 0, offset_col = 0;

            while ((atk != 1) && i < col)
            {
                offset_col = Math.Abs(i - col);
                offset_row = Math.Abs(queen[i] - row);
                // 判斷兩皇后是否在同一列或在同一對角線上
                if ((queen[i] == row) || (offset_row == offset_col))
                    atk = TRUE;
                i++;
            }
            return atk;
        }

        // 輸出所需要的結果
        public static void Print_table()
        {
            int x = 0, y = 0;
            number += 1;
            WriteLine();
            Write("八皇后問題的第" + number + "組解\n\t");
            for (x = 0; x < EIGHT; x++)
            {
                for (y = 0; y < EIGHT; y++)
                    if (x == queen[y])
                        Write("<*>");
                    else
                        Write("<->");
                Write("\n\t");
            }
            PressEnter();
        }
        static void Main(string[] args)
        {
            number = 0;
            Decide_position(0);
            ReadKey();
        }
    }
}
```

【執行結果】

```
八皇后問題的第1組解
        <*><-><-><-><-><-><-><->
        <-><-><-><-><-><-><*><->
        <-><-><-><-><*><-><-><->
        <-><-><-><-><-><-><-><*>
        <-><*><-><-><-><-><-><->
        <-><-><-><*><-><-><-><->
        <-><-><-><-><-><*><-><->
        <-><-><*><-><-><-><-><->


...按下Enter鍵繼續...

八皇后問題的第2組解
        <*><-><-><-><-><-><-><->
        <-><-><-><-><-><-><*><->
        <-><-><-><*><-><-><-><->
        <-><-><-><-><-><*><-><->
        <-><-><-><-><-><-><-><*>
        <-><*><-><-><-><-><-><->
        <-><-><-><-><*><-><-><->
        <-><-><*><-><-><-><-><->


...按下Enter鍵繼續...
```

4-3 算術運算式的求值法

一個算術運算式是由運算子（+、-、*、/..）與運算元（1、2、3... 及間隔符號）所組成。下式為一個典型算術運算式：

```
(6*2+5*9)/3
```

以上運算式的表示法，稱為中序表示法（Infix Notation），這也是一般人所習慣的寫法。運算過程需注意的是括號內的運算式先行處理，且需注意運算子的優先權。

不過由於中序法有優先權與結合性的問題，在電腦編譯器的處理上會相當不方便，所以在電腦中解決之道是將它換成後序法（較常用）或前序法。至於運算式種類如果依據運算子在運算式中的位置，可區分以下三種表示法：

1. 中序法（infix）

```
<運算元1><運算子><運算元2>
```

例如 2+3、3*5、8-2 等等都是中序表示法。

2. 前序法（prefix）

```
<運算子><運算元1><運算元2>
```

例如中序運算式 2+3，前序運算式的表示法則為 +23，而 2*3+4*5 則為 +*23*45

3. 後序法（postfix）

```
<運算元1><運算元2><運算子>
```

例如後序運算式 2+3，後序運算式的表示法為 23+，而 2*3+4*5 的後序表示法為 23*45*+

接下來我們將告訴各位如何利用堆疊來計算中序、前序與後序三種表示的求值計算。

4-3-1 中序表示法求值

由中序表示法來求值，可依照底下五個步驟：

1. 建立兩個堆疊，分別存放運算子及運算元。
2. 讀取運算子時，必須先比較堆疊內的運算子優先權，若堆疊內運算子的優先權較高，則先計算堆疊內運算子的值。
3. 計算時，取出一個運算子及兩個運算元進行運算，運算結果直接存回運算元堆疊中，當成一個獨立的運算元。
4. 當運算式處理完畢後，一步一步清除運算子堆疊，直到堆疊空了為止。
5. 取出運算元堆疊中的值就是計算結果。

現在就以上述五個步驟，來求取中序表示法 2+3*4+5 的值。

作法如下：

運算式必須使用兩個堆疊分別存放運算子及運算元，並依優先順序進行運算：

運算子:				
運算元:				

步驟 1 依序將運算式存入堆疊，遇到兩個運算子時比較優先權再決定是否要先行運算：

運算子:	+			
運算元:	2	3		

步驟 2 遇到運算子 *，與堆疊中最後一個運算子 + 比較，優先權較高故存入堆疊：

運算子:	+	*		
運算元:	2	3	4	

步驟 3 遇到運算子 +，與堆疊中最後一個運算子 * 比較，優先權較低，故先計算運算子 * 的值。取出運算子 * 及兩個運算元進行運算，運算完畢則存回運算元堆疊：

運算子:	+			
運算元:	2	(3*4)		

步驟 4 把運算子 + 及運算元 5 存入堆疊，等運算式完全處理後，開始進行清除堆疊內運算子的動作，等運算子清理完畢結果也就完成了：

運算子:	+	+		
運算元:	2	(3*4)	5	

步驟 5 取出一個運算子及兩個運算元進行運算，運算完畢存入運算元堆疊：

運算子:	+		
運算元:	2	(3*4)+5	

完 成 取出一個運算子及兩個運算元進行運算，運算完畢存入運算元堆疊，直到運算子堆疊空了為止。

4-3-2 前序表示法求值

使用前序表示法求值的好處是不需考慮括號及優先權的問題，所以可以直接使用一個堆疊來處理運算式即可，不需把運算元及運算子分開處理。我們來實作前序運算式 +*23*45 如何使用堆疊來運算的步驟：

前序運算式堆疊:	+	*	2	3	*	4	5

步驟 1 從堆疊中取出元素：

前序運算式堆疊:	+	*	2	3	*		

運算元堆疊:	5	4		

步驟 2 從堆疊中取出元素，遇到運算子則進行運算，結果存回運算元堆疊：

前序運算式堆疊:	+	*	2	3			

運算元堆疊:	5*4			

步驟 3 從堆疊中取出元素：

前序運算式堆疊:	+	*					

運算元堆疊:	20	3	2	

步驟 4 從堆疊中取出元素，遇到運算子則從運算元取出兩個運算元進行運算，運算結果存回運算元堆疊：

前序運算式堆疊: | + | | | | | | |

運算元堆疊: | 20 | 3*2 | | |

完 成 把堆疊中最後一個運算子取出，從運算元取出兩個運算元進行運算，運算結果存回運算元堆疊。最後取出運算元堆疊中的值即為運算結果。

前序運算式堆疊: | | | | | | | |

運算元堆疊: | 20+6 | | | |

4-3-3 後序表示法的求值

後序運算式具有和前序運算式類似的好處，它沒有優先權的問題，而且後序運算式可以直接在電腦上進行運算，而不需先全數放入堆疊後再讀回運算。另外在後序運算式中，它使用迴圈直接讀取運算式，如果遇到運算子就從堆疊中取出運算元進行運算。我們繼續來實作後序表示法 23*45*+ 的求值運算：

步驟 1 直接讀取運算式，遇到運算子則進行運算：

運算元堆疊: | 2 | 3 | | | | |

放入 2 及 3 後取回 *，這時取回堆疊內兩個運算元進行運算，完畢後放回堆疊中。

2*3=6

步驟 2 接著放入 4 及 5 遇到運算子 *，取回兩個運算元進行運算，運算完後放回堆疊中：

運算元堆疊: | 6 | 20 | | | | |

4*5=20

完 成 最後取回運算子，重複上述步驟。

運算元堆疊：

6	20				

6+20=26

4-4 中序法轉換為前序法

前面一節中為各位介紹了三種算術運算式表示法的求值，其中我們最熟悉的還是中序法。如何將中序法直接轉換成容易讓電腦進行處理的前序與後序表示法呢？其實有三種常用的轉換方法，請繼續看以下說明：

4-4-1 二元樹法

這個方法是使用樹狀結構進行走訪來求得前序及後序運算式。到目前章節為止，我們還沒有為各位介紹過樹狀結構，所以二元樹法的程式寫法、及樹建立方法等詳細的說明，留待樹狀結構再為您介紹。但簡單來說，二元樹法就是把中序運算式依優先權的順序，建成一棵二元樹。之後再依樹狀結構的特性進行前、中、後序的走訪，即可得到前中後序運算式。

4-4-2 括號法

括號法就是先用括號把中序運算式的優先順序分出來，再進行運算子的移動，最後把括號拿掉就可完成中序轉後序或中序轉前序了。

一、中序轉前序

1. 將中序運算式根據順序完全括號起來。
2. 移動所有運算子來取代所有的左括號，並以最近者為原則。
3. 將所有右括號去掉。

二、中序轉後序

1. 將中序運算式根據順序完全括號起來。
2. 移動所有運算子來取代所有的右括號，並以最近者為原則。
3. 將所有左括號去掉。

現在我們練習以括號把下列中序式轉成前序及後序式。

2*3+4*5

作法如下：

❶ 中序轉前序

(1) 先把運算式依照順序以括號括起來：

((2*3)+(4*5))

(2) 把括號內的運算子取代所有的左括號，以最近者為優先：

+*23)*45))

(3) 將所有右括號去掉

+*23*45

❷ 中序轉後序

(1) 先把運算式依照順序以括號括起

((2*3)+(4*5))

(2) 把括號內的運算子取代所有的右括號，以最近者為優先

((23*(45*+

(3) 將所有左括號去掉

23*45*+

範例 4.4.1 請將 6+2*9/3+4*2-8 用括號法轉成前序法或後序法。

解答 1. 中序轉前序

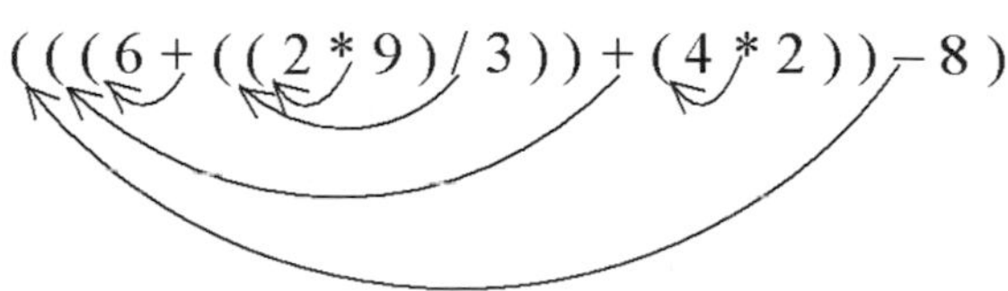

-++6/*293*428（前序式）

2. 中序轉後序

(((6+((2*9)/3))+(4*2))-8)

629*3/+42*+8-（後序式）

4-4-3 堆疊法

利用堆疊將中序法轉換成前序，其 ISP（In Stack Priority）是「堆疊內優先權」的意思，ICP（In Coming Priority）是「輸入優先權」的意思。運作步驟如下：

一、中序轉前序

1. 由右至左讀進中序運算式的每個字元。
2. 如果輸入為運算元則直接輸出。
3. ')' 在堆疊中的優先權最小，但在堆疊外卻是優先權最大。
4. 如果遇到 '('，則彈出堆疊內的運算子，直到彈出到一個 ')' 為止。
5. 如果 ISP>ICP 則將堆疊的運算子彈出，否則就加入到堆疊內。

二、中序轉後序

1. 由左至右讀每次讀入一個字元。
2. 輸入為運算元則直接輸出。
3. 如果 ISP>=ICP，則將堆疊內的運算子直接彈出，否則就加入到堆疊內。
4. '(' 在堆疊中的優先權最小，不過如果在堆疊外，它的優先權最大。
5. 如果遇到 ')'，則直接彈出堆疊內的運算子，一直到彈出一個 '(' 為止。

知道堆疊法的實作程序後，我們來以堆疊法求中序式 A-B*(C+D)/E 的後序法與前序法。

中序轉前序（從右至左讀入字元）

讀入字元	堆疊內容	輸出	說明
None	Empty	None	
E	Empty	E	字元是運算元就直接輸出
/	/	E	將運算子加入堆疊中
)	)/	E	')' 在堆疊中的先權較小
D	)/	DE	
+	+)/	DE	
C	+)/	CDE	
(	/	+CDE	彈出堆疊內的運算子，直到 ')' 為止
*	*/	+CDE	雖然 '*' 的 ICP 和 '/' 的 ISP 相等，但在中序 → 前序時不必彈出
B	*/	B+CDE	
-	-	/*B+CDE	'-' 的 ICP 小於 '*' 的 ISP，所以彈出堆疊內的運算子
A	-	A/*B+CDE	
None	empty	- A/*B+CDE	讀入完畢，將堆疊內的運算子彈出

中序轉後序（從左至右讀入字元）

讀入字元	堆疊內容	輸出	說明
None	Empty	None	
A	Empty	A	
-	-	A	將運算子加入堆疊中
B	-	AB	
*	*-	AB	因為 '*' 的 ICP>' -' 的 ISP，所以將 '*' 加入堆疊中
(	(*-	AB	'(' 在堆疊外優先權最大，所以 '(' 的 ICP>'*' 的 ISP
C	(*-	ABC	
+	+(*-	ABC	在堆疊內的優先權最小
D	+(*-	ABCD	
)	*-	ABCD+	遇到 '）)'，則直接彈出堆疊內運算子，一直到彈出一個 '(' 為止
/	/-	ABCD+*	因為在中序 → 後序中，只要 ISP>= ICP，則彈出堆疊內的運算子
E	/-	ABCD+*E	
None	Empty	ABCD+*E/-	讀入完畢，將堆疊內的運算子彈出

範例 4.4.2 請將中序式 (A+B)*D+E/(F+A*D)+C 以堆疊法轉換成前序式與後序式。

解答 中序轉前序

讀入字元	堆疊內容	輸出
None	Empty	None
C	Empty	C
+	+	C
)	)+	C
D	)+	DC

讀入字元	堆疊內容	輸出
*	*)+	DC
A	*)+	ADC
+	+)+	*ADC
F	+)+	F*ADC
(	+	+ F*ADC
/	/+	+ F*ADC
E	/+	E+ F*ADC
+	++	/E+ F*ADC
D	++	D/E+ F*ADC
*	*++	D/E+ F*ADC
)	)*++	D/E+ F*ADC
B	)*++	B D/E+ F*ADC
+	+)*++	B D/E+ F*ADC
A	+)*++	A B D/E+ F*ADC
(	*++	+A B D/E+ F*ADC
None	empty	++*+A B D/E+ F*ADC

解答 中序轉後序

讀入字元	堆疊內容	輸出
None	Empty	None
(	(	
A	(	A
+	+(	A
B	+(	AB
)	Empty	AB+
*	*	AB+
D	*	AB+D
+	+	AB+D*

讀入字元	堆疊內容	輸出
E	+	AB+D*E
/	/+	AB+D*E
(	(/+	AB+D*E
F	(/+	AB+D*EF
+	+(/+	AB+D*EF
A	+(/+	AB+D*EFA
*	*+(/+	AB+D*EFA
D	*+(/+	AB+D*EFAD
)	/+	AB+D*EFAD*+/
+	+	AB+D*EFAD*+/+
C	+	AB+D*EFAD*+/+C
None	Empty	AB+D*EFAD*+/+C+

以下是中序式轉後序式的程式實作。

範例程式：In2Post.sln

```
using static System.Console;//滙入靜態類別

namespace In2Post
{
    class Program
    {
        static int MAX = 50;
        static char[] infix_q = new char[MAX];

        // 運算子優先權的比較，若輸入運算子小於堆疊中運算子，則傳回值為1，否則為0
        public static int compare(char stack_o, char infix_o)
        {
            // 在中序表示法佇列及暫存堆疊中，運算子的優先順序表，其優先權值為
INDEX/2
            char[] infix_priority = new char[9];
            char[] stack_priority = new char[8];
            int index_s = 0, index_i = 0;

            infix_priority[0] = 'q'; infix_priority[1] = ')';
```

```
            infix_priority[2] = '+'; infix_priority[3] = '-';
            infix_priority[4] = '*'; infix_priority[5] = '/';
            infix_priority[6] = '^'; infix_priority[7] = ' ';
            infix_priority[8] = '(';

            stack_priority[0] = 'q'; stack_priority[1] = '(';
            stack_priority[2] = '+'; stack_priority[3] = '-';
            stack_priority[4] = '*'; stack_priority[5] = '/';
            stack_priority[6] = '^'; stack_priority[7] = ' ';

            while (stack_priority[index_s] != stack_o)
                index_s++;
            while (infix_priority[index_i] != infix_o)
                index_i++;
            return ((int)(index_s / 2) >= (int)(index_i / 2) ? 1 : 0);
        }
        //中序轉前序的方法
        public static void Infix_to_postfix()
        {
            int rear = 0, top = 0, flag = 0, i = 0;
            char[] stack_t = new char[MAX];

            for (i = 0; i < MAX; i++)
                stack_t[i] = '\0';

            while (infix_q[rear] != '\n')
            {
                try
                {
                    infix_q[++rear] = (char)Read();
                }
                catch (IOException e)
                {
                    WriteLine(e);
                }
            }
            infix_q[rear - 1] = 'q';  // 於佇列加入q為結束符號
            Write("\t後序表示法 : ");
            stack_t[top] = 'q';  // 於堆疊加入#為結束符號
            for (flag = 0; flag <= rear; flag++)
            {
                switch (infix_q[flag])
                {
```

```
                // 輸入為)，則輸出堆疊內運算子，直到堆疊內為(
                case ')':
                    while (stack_t[top] != '(')
                        Write(stack_t[top--]);
                    top--;
                    break;
                // 輸入為q，則將堆疊內還未輸出的運算子輸出
                case 'q':
                    while (stack_t[top] != 'q')
                        Write(stack_t[top--]);
                    break;
                // 輸入為運算子，若小於TOP在堆疊中所指運算子，則將堆疊所指運算子輸出
                // 若大於等於TOP在堆疊中所指運算子，則將輸入之運算子放入堆疊
                case '(':
                case '^':
                case '*':
                case '/':
                case '+':
                case '-':
                    while (compare(stack_t[top], infix_q[flag]) == 1)
                        Write(stack_t[top--]);
                    stack_t[++top] = infix_q[flag];
                    break;
                // 輸入為運算元，則直接輸出
                default:
                    Write(infix_q[flag]);
                    break;
            }
        }
    }

    static void Main(string[] args)
    {
        int i = 0;
        for (i = 0; i < MAX; i++)
            infix_q[i] = '\0';

        Write("\t==========================================\n");
        Write("\t本程式會將其轉成後序運算式\n");
        Write("\t請輸入中序運算式\n");
        Write("\t例如:(9+3)*8+7*6-12/4 \n");
```

```
            Write("\t可以使用的運算子包括:^,*,+,-,/,(,)等 \n");
            Write("\t==============================================\n");
            Write("\t請開始輸入中序運算式: ");
            Infix_to_postfix();
            Write("\t==============================================\n");

            ReadKey();
        }
    }
}
```

【執行結果】

```
==========================================
本程式會將其轉成後序運算式
請輸入中序運算式
例如:(9+3)*8+7*6-12/4
可以使用的運算子包括:^,*,+,-,/,(,)等
==========================================
請開始輸入中序運算式: (5+8)*4+6/2+3*7
後序表示法 :  58+4*62/+37*+
==========================================
```

4-5 前序與後序式轉換成中序式

上節所介紹的方法都是有關中序轉換成前序或後序式的方法，我們來思考如何把前序或後序轉換成中序式呢？各位一樣可以使用括號法及堆疊法來進行轉換。不過轉換方式略有不同，請看本節說明。

4-5-1 括號法

以括號法來求得運算式（前序式與後序式）的反轉為中序式的作法，若為前序必須以「運算子 + 運算元」的方式括號，若為後序必須以「運算元 + 運算子」的方式括號。另外還必須遵守以下原則：

一、前序轉中序

依次將每個運算子，以最近為原則取代後方的右括號，最後再去掉所有左括號。例如：+*23*45

作 法 依「運算子＋運算元」原則括號

→(+(*2)3)(*4)5 →((2*3+(4*5

⇨((2*3+(4*5

⇨ 拿掉括號即為所求：2*3+4*5

或者 -++6/*293*458

作 法 依「運算子＋運算元」原則括號

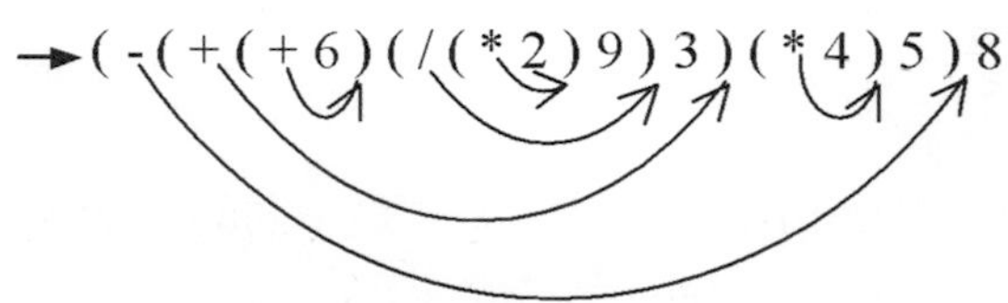

⇨(((6+((2*9/3+(4*5-8

⇨6+2*9/3+4*5-8

二、後序轉中序

依次將每個運算子，以最近為原則取代前方的左括號，最後再去掉所有右括號。例如：ABC↑/DE*+AC*-

作 法 依「運算子＋運算元」原則括號

→A(B(C↑)/)(D(E*)+)(A(C*)-)

⇨A/B↑C))+D*E))-A*C))

⇨A/B↑C+D*E-A*C

範例 4.5.1 下列哪個算術表示法不符合前表示法的語法規則？

(a)+++ab*cde(b)-+ab+cd*e(c)+-**abcde(d)+a*-+bcde

解答 可由以上前序式是否能成功轉換為中序式判斷，各位可按照本節所述的括號法檢驗得 (b) 並非完整的前序式，所以答案為 (b)。

4-5-2 堆疊法

以堆疊法來求得運算式（前序式與後序式）的反轉為中序式的作法必須遵照下列規則：

1. 若要轉換為前序，由右至左讀進運算式的每個字元；若是要轉換成後序，則讀取方向改成由左至右。
2. 辨別讀入字元，若為運算元則放入堆疊中。
3. 辨別讀入字元，若為運算子則從堆疊中取出兩個字元，結合成一個基本的中序運算式（< 運算元 >< 運算子 >< 運算元 >）後，再把結果放入堆疊。

在轉換過程中，前序和後序的結合方式是不同的，前序是 < 運算元 2>< 運算子 >< 運算元 1> 而後序是 < 運算元 1>< 運算子 >< 運算元 2>，如下圖所示：

運算子
OP2
OP1

前序轉中序：<OP2>< 運算子 ><OP1>

後序轉中序：<OP1>< 運算子 ><OP2>

現在我們就以堆疊法詳細為您說明將下列前序式及後序式轉換為中序式的作法。

1. 前序：+-*/ABCD//EF+GH
2. 後序：AB+C*DE-FG+*-

作 法

1. +-*/ABCD//EF+GH

從右至左讀取字元，如果為運算元則放入堆疊。

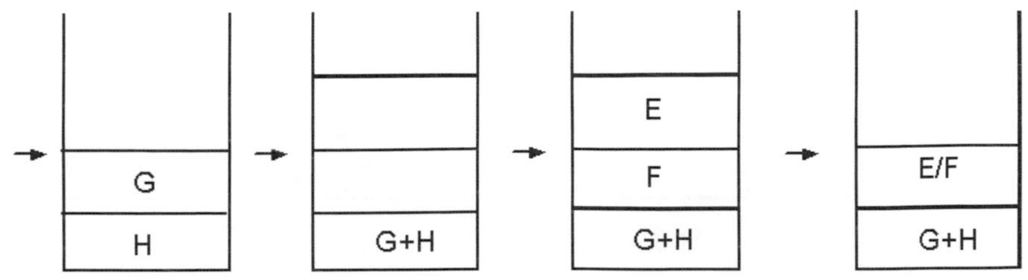

運算元則放入堆疊中 <OP2>運算子<OP1>

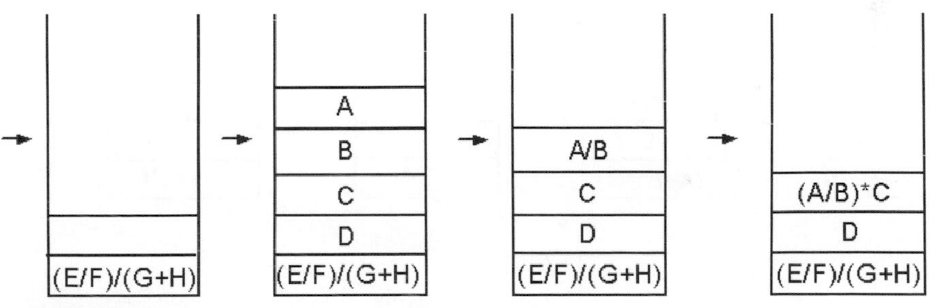

<OP2>運算子<OP1>

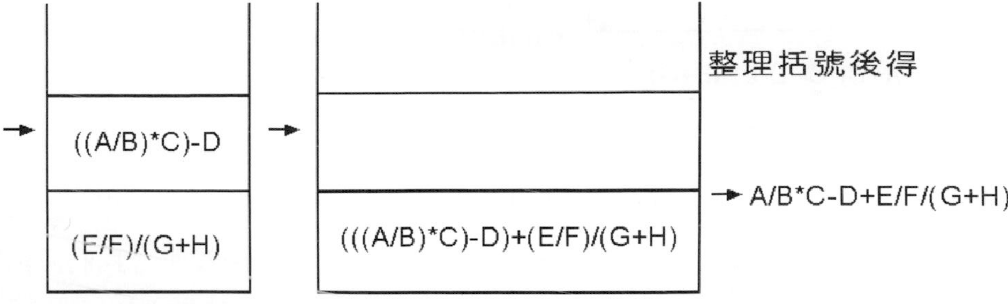

整理括號後得

→ A/B*C-D+E/F/(G+H)

2. AB+C*DE-FG+*-

由左至右讀取運算式，若為運算元則放入堆疊。

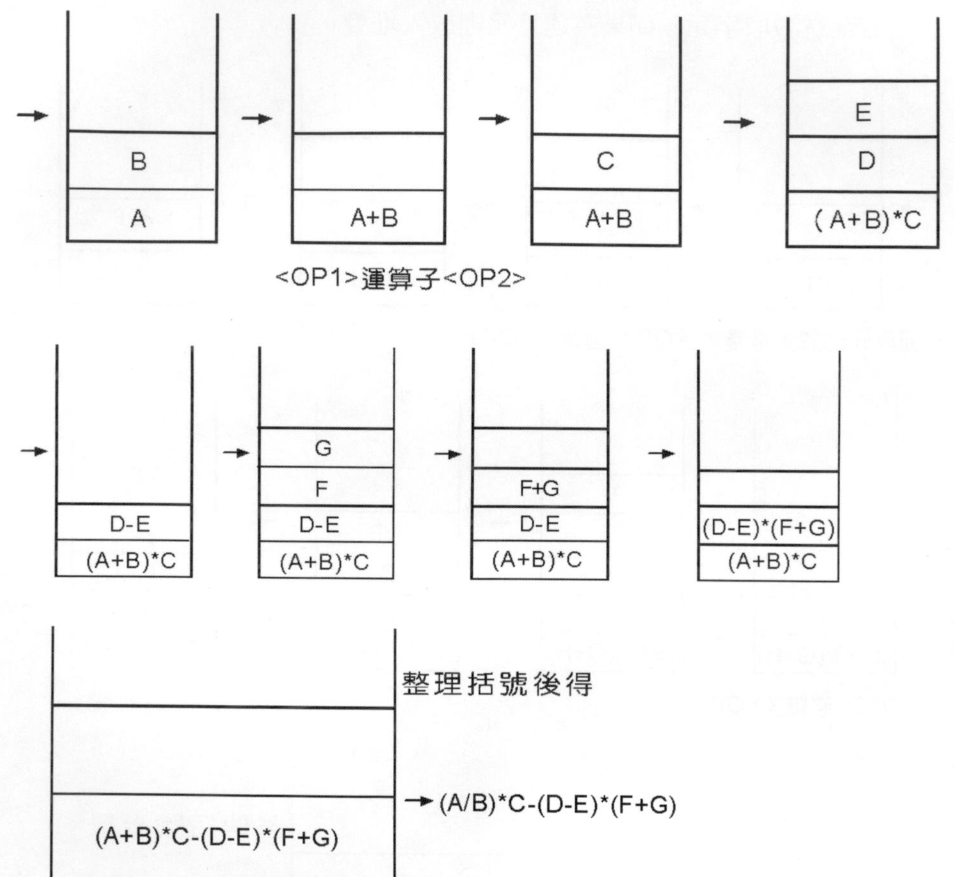

行文至此，相信各位可以非常清楚的知道前序、中序、後序運算式的特色及相互之間的轉換關係。而轉換的方法也各有巧妙不同。一般而言我們只需牢記一種轉換的方式即可，至於要如何選擇就看您認為那種方法最方便簡單。

課後評量

1. 常見堆疊的基本運算有哪幾種？

2. 請比較以陣列結構來製作堆疊及以鏈結串列來製作堆疊兩者間的優缺點。

3. 請舉出至少三種常見的堆疊應用。

4. 下式為一般的數學式子，其中 "*" 表示乘法，"/" 表示除法。

   A*B+(C/D)

   請回答下列問題：

   (1) 寫出上式的前置式（Prefix Form）。

   (2) 若改變各運算符號的計算優先次序為：

      a. 優先次序完全一樣，且為左結合律運算。

      b. 括號 "()" 內的符號最先計算。

      則上式的前置式為何？

   (3) 欲寫一程式完成 (2) 的轉換，下列資料結構何者較合適？

      1. 佇列（Queue）　　2. 堆疊（Stack）

      3. 串列（List）　　4. 環（Ring）

5. 試寫出利用兩個堆疊（Stack）執行下列算術式的每一個步驟。

   a+b*(c-1)+5

6. 將下列中序式改為後序法。

   (a) A**-B+C

   (b) ¬ (A& ¬ (B<C or C>D)) or C<E

7. 解釋下列名詞：

   (1) 堆疊（Stack）

   (2) TOP(PUSH(i,s)) 之結果為何？

   (3) POP(PUSH(i,s)) 之結果為何？

8. 試將中序（Infix）算術式 X=((A+B)CD+E-F)/G 轉換為前序（Prefix）及後序（Postfix）算術式。('$' 代表乘號）

9. 若 A=1,B=2,C=3，求出下面後序式之值。

   ABC+*CBA-+*

   AB+C-AB+*

10. 求 A-B*(C+D)/E 的前序式和後序式。

11. 將下列中序算術式轉換為前序與後序算術式。

    (1) A/B↑C+D*E-A*C

    (2) (A+B)*D+E/(F+A*D)+C

    (3) A↑B↑C

    (4) A↑-B+C

12. 將下列中序算術式轉換為前序與後序算術式

    (1) (A/B*C-D)+E/F/(G+H)

    (2) (A+B)*C-(D-E)*(F+G)

13. 求下列中序式 (A+B)*D-E/(F+C)+G 的後序式。

14. 將下面的中序法轉成前序與後序算術式：（以下皆用堆疊法）

    A/B↑C+D*E-A*C

15. 請以堆疊法將下列兩種表示法轉為中序法。

    (1) -+/A**BC*DE*AC

    (2) AB*CD+-A/

16. 請計算下列後序式 abc-d+/ea-*c* 的值？（a=2,b=3,c=4,d=5,e=6）

CHAPTER

5

佇列

佇列（Queue）和堆疊都是一種有序串列，也屬於抽象型資料型態（ADT），它所有加入與刪除的動作都發生在不同的兩端，並且符合「First In, First Out」（先進先出）的特性。佇列的觀念就好比搭捷運時買票的隊伍，先到的人當然可以優先買票，買完後就從前端離去準備搭捷運，而隊伍的後端又陸續有新的乘客加入排隊。

捷運買票的隊伍就是佇列原理的應用

5-1 認識佇列

各位也同樣可以使用陣列或串列來建立一個佇列。不過堆疊只需一個 top，指標指向堆疊頂，而佇列則必須使用 front 和 rear 兩個指標分別指向前端和尾端，如下圖所示：

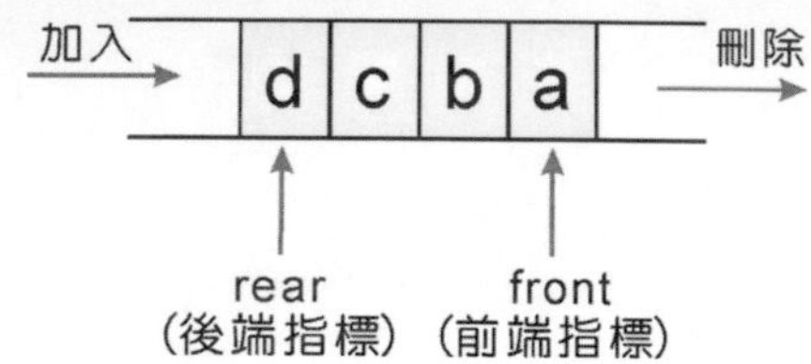

佇列在電腦領域的應用也相當廣泛，例如計算機的模擬（simulation）、CPU 的工作排程（Job Scheduling）、線上同時週邊作業系統的應用與圖形走訪的先廣後深搜尋法（BFS）。

5-1-1 佇列的工作運算

由於佇列是一種抽象型資料結構（Abstract Data Type, ADT），它有下列特性：

1. 具有先進先出（FIFO）的特性。
2. 擁有兩種基本動作加入與刪除，而且使用 front 與 rear 兩個指標來分別指向佇列的前端與尾端。

至於佇列的基本運算可以具備以下五種工作定義：

Create	建立空佇列。
Add	將新資料加入佇列的尾端，傳回新佇列。
Delete	刪除佇列前端的資料，傳回新佇列。
Front	傳回佇列前端的值。
Empty	若佇列為空集合，傳回真，否則傳回偽。

5-1-2 佇列的陣列實作

底下我們就簡單地來實作佇列的工作運算，其中佇列宣告為 queue[20]，且一開始 front 和 rear 均預設為 -1（因為 C# 語言陣列的索引從 0 開始），表示空佇列。加入資料時請輸入「1」，要取出資料時可輸入「2」，將會直接印出佇列前端的值，要結束請按「3」。

範例程式：QueueArray.sln

```
using static System.Console;//滙入靜態類別

namespace QueueArray
{
    class Program
    {
        public static int front = -1, rear = -1, max = 20;
        public static int val;
        public static char ch;
        public static int[] queue = new int[max];

        static void Main(string[] args)
        {
            String? strM;
            int M = 0;
            while (rear < max - 1 && M != 3)
            {
                Write("[1]存入一個數值[2]取出一個數值[3]結束: ");
                strM = ReadLine();
                M = int.Parse(strM);
                switch (M)
                {
```

```
                    case 1:
                        Write("\n[請輸入數值]: ");
                        strM = ReadLine();
                        val = int.Parse(strM);
                        rear++;
                        queue[rear] = val;
                        break;
                    case 2:
                        if (rear > front)
                        {
                            front++;
                            Write("\n[取出數值為]: [" + queue[front] + "]" + "\n");
                            queue[front] = 0;
                        }
                        else
                        {
                            Write("\n[佇列已經空了]\n");
                            break;
                        }
                        break;
                    default:
                        WriteLine();
                        break;
                }
            }
            if (rear == max - 1) Write("[佇列已經滿了]\n");
            Write("\n[目前佇列中的資料]:");
            if (front >= rear)
            {
                Write("沒有\n");
                Write("[佇列已經空了]\n");
            }
            else
            {
                while (rear > front)
                {
                    front++;
                    Write("[" + queue[front] + "]");
                }
                Write("\n");
            }
            ReadKey();
        }
    }
}
```

【執行結果】

```
[1]存入一個數值[2]取出一個數值[3]結束: 1

[請輸入數值]: 5
[1]存入一個數值[2]取出一個數值[3]結束: 1

[請輸入數值]: 6
[1]存入一個數值[2]取出一個數值[3]結束: 2

[取出數值為]: [5]
[1]存入一個數值[2]取出一個數值[3]結束: 3


[目前佇列中的資料]:[6]
```

經過了以上有關佇列陣列的實作與說明過程，我們將會發現在佇列加入與刪除時，因為佇列需要兩個指標 front、rear 來指向它的底部和頂端。當 rear=n（0 佇列容量）時，會產生一個小問題。例如：

事件說明	front	rear	Q(1)	Q(2)	Q(3)	Q(4)
空佇列 Q	0	0				
data1 進入	0	1	data1			
data2 進入	0	2	data1	data2		
data3 進入	0	3	data1	data2	data3	
data1 離開	1	3		data2	data3	
data4 進入	1	4		data2	data3	data4
data2 離開	2	4			data3	data4
data5 進入					data3	data4

data5 無法進入

從上圖中可以發現明明在佇列中還 Q(1) 與 Q(2) 兩個空間，但新的資料 data5，因為 rear=n（n=4），所以會認為佇列已滿（Queue-Full），不能再加入。這時候，您可以將佇列中資料往前挪移，移出空間讓新資料加入。

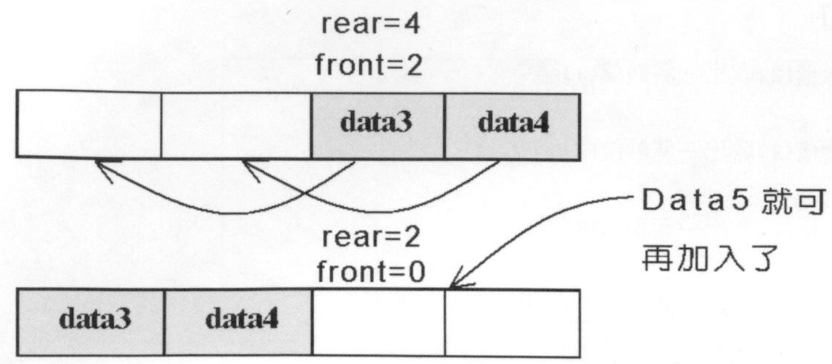

這種佇列中資料搬移的作法雖可以解決佇列空間浪費的問題，但如果佇列中的資料過多，搬移時將會造成時間的浪費。

範例 5.1.1

1. 下列何者不是佇列（Queue）觀念的應用？

   (a) 作業系統的工作排程 (b) 輸出入的工作緩衝

   (c) 河內塔的解決方法 (d) 中山高速公路的收費站收費

解答 (c)

2. 下列哪一種資料結構是線性串列？

   (a) 堆疊 (b) 佇列 (c) 雙向佇列 (d) 陣列 (e) 樹

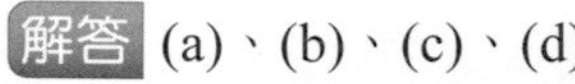

解答 (a)、(b)、(c)、(d)

5-1-3 串列實作佇列

佇列除了能以陣列的方式來實作外，我們也可以鏈結串列來實作佇列。在宣告佇列類別中，除了和佇列類別中相關的方法外，還必須有指向佇列前端及佇列尾端的指標，即 front 及 rear。

範例程式：QueueList.sln

```
using static System.Console;//滙入靜態類別

namespace QueueList
{
    class QueueNode    // 佇列節點類別
    {
        public int data;  // 節點資料
        public QueueNode next; // 指向下一個節點
        //建構子
        public QueueNode(int data)
        {
            this.data = data;
            next = null;
        }
    };
    class Linked_List_Queue
    { //佇列類別
        public QueueNode front; //佇列的前端指標
```

```
        public QueueNode rear;  //佇列的尾端指標

        //建構子
        public Linked_List_Queue() { front = null; rear = null; }

        //方法enqueue:佇列資料的存入
        public bool Enqueue(int value)
        {
            QueueNode node = new QueueNode(value); //建立節點
                                                   //檢查是否為空佇列
            if (rear == null)
                front = node; //新建立的節點成為第1個節點
            else
                rear.next = node; //將節點加入到佇列的尾端
            rear = node; //將佇列的尾端指標指向新加入的節點
            return true;
        }

        //方法dequeue:佇列資料的取出
        public int Dequeue()
        {
            int value;
            //檢查佇列是否為空佇列
            if (!(front == null))
            {
                if (front == rear) rear = null;
                value = front.data; //將佇列資料取出
                front = front.next; //將佇列的前端指標指向下一個
                return value;
            }
            else return -1;
        }
    } //佇列類別宣告結束

    class Program
    {
        static void Main(string[] args)
        {
            Linked_List_Queue queue = new Linked_List_Queue();
                                                          //建立佇列物件
            int temp;
            WriteLine("以鏈結串列來實作佇列");
            WriteLine("====================================");
```

```
            WriteLine("在佇列前端加入第1筆資料，此資料值為1");
            queue.Enqueue(1);
            WriteLine("在佇列前端加入第2筆資料，此資料值為3");
            queue.Enqueue(3);
            WriteLine("在佇列前端加入第3筆資料，此資料值為5");
            queue.Enqueue(5);
            WriteLine("在佇列前端加入第4筆資料，此資料值為7");
            queue.Enqueue(7);
            WriteLine("在佇列前端加入第5筆資料，此資料值為9");
            queue.Enqueue(9);
            WriteLine("====================================");
            while (true)
            {
                if (!(queue.front == null))
                {
                    temp = queue.Dequeue();
                    WriteLine("從佇列前端依序取出的元素資料值為：" + temp);
                }
                else
                    break;
            }
            WriteLine();
            ReadKey();
        }
    }
}
```

【執行結果】

```
以鏈結串列來實作佇列
====================================
在佇列前端加入第1筆資料，此資料值為1
在佇列前端加入第2筆資料，此資料值為3
在佇列前端加入第3筆資料，此資料值為5
在佇列前端加入第4筆資料，此資料值為7
在佇列前端加入第5筆資料，此資料值為9
====================================
從佇列前端依序取出的元素資料值為：1
從佇列前端依序取出的元素資料值為：3
從佇列前端依序取出的元素資料值為：5
從佇列前端依序取出的元素資料值為：7
從佇列前端依序取出的元素資料值為：9
```

5-2 佇列的應用

佇列在電腦領域的應用也相當廣泛，例如：

1. 如在圖形的走訪的先廣後深搜尋法（BFS），就是利用佇列。
2. 可用於計算機的模擬（simulation）；在模擬過程中，由於各種事件（event）的輸入時間不一定，可以利用佇列來反應真實狀況。
3. 可作為 CPU 的工作排程（Job Scheduling）。利用佇列來處理，可達到先到先做的要求。
4. 例如「線上同時週邊作業系統」的應用，也就是讓輸出入的資料先在高速磁碟機中完成，也就是把磁碟當成一個大型的工作緩衝區（buffer），如此可讓輸出入動作快速完成，也縮短了反應的時間，接下來將磁碟資料輸出到列表機是由系統軟體主動負責，這也是應用了佇列的工作原理。

5-2-1 環狀佇列

以上節中所提到的線性佇列中空間浪費的問題，當執行到步驟 6 之後，此佇列狀態如下圖所示：

取出 dataB	1	3			dataC	dataD

不過這裏出現一個問題就，是這個佇列事實上根本還有空間，即是 Q(0) 與 Q(1) 兩個空間，不過因為 rear=MAX_SIZE-1=3，這樣會使的新資料無法加入。怎麼辦？解決之道有二，請看以下說明：

1. 當佇列已滿時，便將所有的元素向前（左）移到 Q(0) 為止，不過如果佇列中的資料過多，搬移時將會造成時間的浪費。如下圖：

移動 dataB、C	-1	1	dataB	dataC		

2. 利用環狀佇列（Circular Queue），讓 rear 與 front 兩種指標能夠永遠介於 0 與 n-1 之間，也就是當 rear=MAXSIZE-1，無法存入資料時，如果仍要存入資料，就可將 rear 重新指向索引值為 0 處。

所謂環狀佇列（Circular Queue），其實就是一種環形結構的佇列，它仍是以一種 Q(0:n-1) 的線性一維陣列，同時 Q(0) 為 Q(n-1) 的下一個元素，可以用來解決無法判斷佇列是否滿溢的問題。指標 front 永遠以逆時鐘方向指向佇列中第一個元素的前一個位置，rear 則指向佇列目前的最後位置。一開始 front 和 rear 均預設為 -1，表示為空佇列，也就是說如果 front=rear 則為空佇列。另外有：

```
rear ← (rear+1)mod n
front ← (front+1)mod n
```

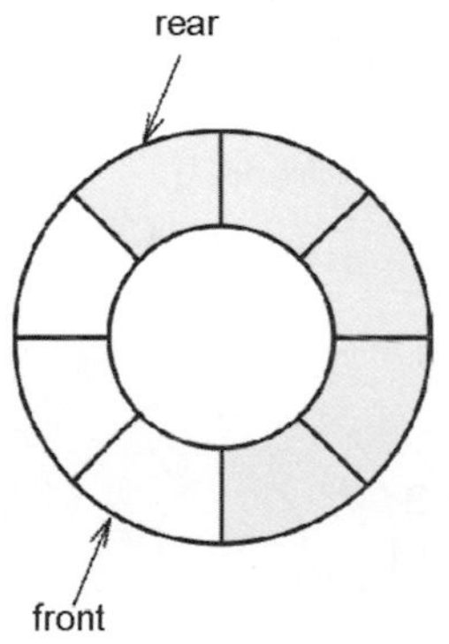

上述之所以將 front 指向佇列中第一個元素前一個位置，原因是環狀佇列為空佇列和滿佇列時，front 和 rear 都會指向同一個地方，如此一來我們便無法利用 front 是否等於 rear 這個判斷式來決定到底目前是空佇列或滿佇列。

為了解決此問題，除了上述方式僅允許佇列最多只能存放 n-1 個資料（亦即犧牲最後一個空間），當 rear 指標的下一個是 front 的位置時，就認定佇列已滿，無法再將資料加入，如下圖便是填滿的環狀佇列外觀：

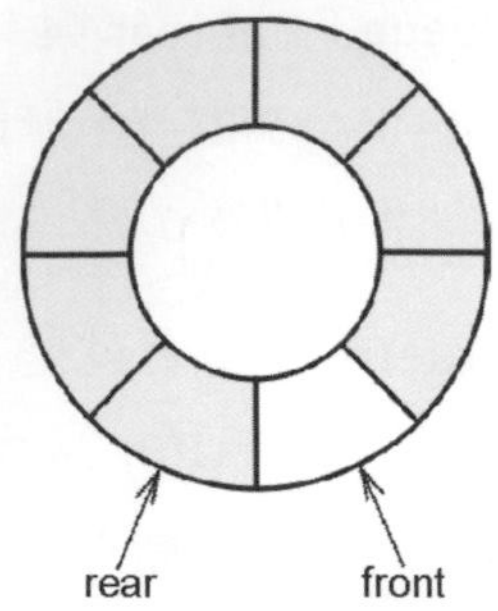

以下我們將整個過程以下圖來為各位說明：

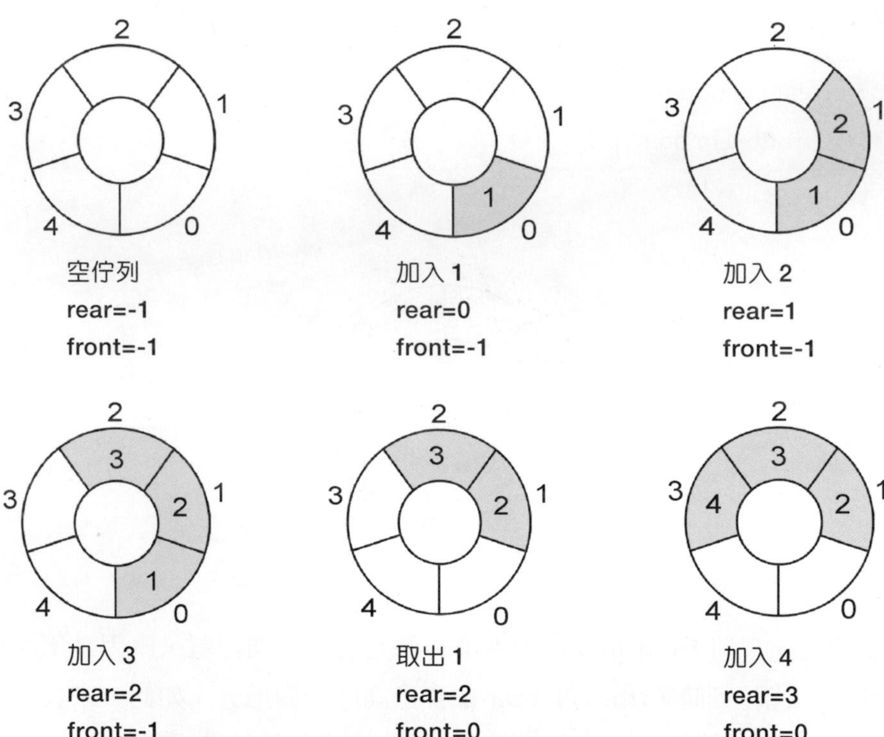

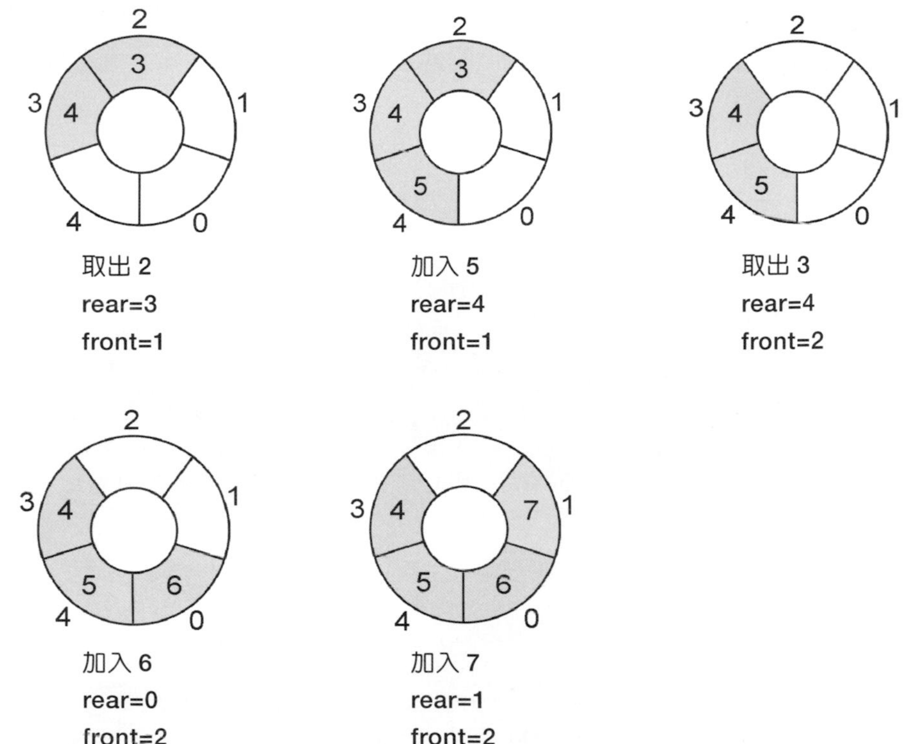

以下來實作一個環狀佇列的工作運算。當要取出資料時可輸入 "0"，要結束時可輸入 "-1"。

範例程式：CircularQueue.sln

```
using static System.Console;//滙入靜態類別

namespace CircularQueue
{
    class Program
    {
        public static int front = -1, rear = -1, val;
        public static int[] queue = new int[5];
        static void Main(string[] args)
        {
            String strM;
            while (rear < 5 && val != -1)
```

```
            {
                Write("請輸入一個值以存入佇列，欲取出值請輸入0。(結束輸入-1)：");
                strM = ReadLine();
                val = int.Parse(strM);
                if (val == 0)
                {
                    if (front == rear)
                    {
                        Write("[佇列已經空了]\n");
                        break;
                    }
                    front++;
                    if (front == 5)
                        front = 0;
                    Write("取出佇列值 [" + queue[front] + "]\n");
                    queue[front] = 0;
                }
                else if (val != -1 && rear < 5)
                {
                    if (rear + 1 == front || rear == 4 && front <= 0)
                    {
                        Write("[佇列已經滿了]\n");
                        break;
                    }
                    rear++;
                    if (rear == 5)
                        rear = 0;
                    queue[rear] = val;
                }
            }
            Write("\n佇列剩餘資料：\n");
            if (front == rear)
                Write("佇列已空!!\n");
            else
            {
                while (front != rear)
                {
                    front++;
                    if (front == 5)
                        front = 0;
                    Write("[" + queue[front] + "]");
                    queue[front] = 0;
                }
```

```
            }
            WriteLine();
            ReadKey();
        }
    }
}
```

【執行結果】

```
請輸入一個值以存入佇列，欲取出值請輸入0。(結束輸入-1)：1
請輸入一個值以存入佇列，欲取出值請輸入0。(結束輸入-1)：2
請輸入一個值以存入佇列，欲取出值請輸入0。(結束輸入-1)：3
請輸入一個值以存入佇列，欲取出值請輸入0。(結束輸入-1)：0
取出佇列值 [1]
請輸入一個值以存入佇列，欲取出值請輸入0。(結束輸入-1)：4
請輸入一個值以存入佇列，欲取出值請輸入0。(結束輸入-1)：0
取出佇列值 [2]
請輸入一個值以存入佇列，欲取出值請輸入0。(結束輸入-1)：5
請輸入一個值以存入佇列，欲取出值請輸入0。(結束輸入-1)：0
取出佇列值 [3]
請輸入一個值以存入佇列，欲取出值請輸入0。(結束輸入-1)：6
請輸入一個值以存入佇列，欲取出值請輸入0。(結束輸入-1)：7
請輸入一個值以存入佇列，欲取出值請輸入0。(結束輸入-1)：-1

佇列剩餘資料：
[4][5][6][7]
```

5-2-2　雙向佇列

雙向佇列（Deques）是英文名稱（Double-ends Queues）的縮寫，雙向佇列（Deque）就是一種前後兩端都可輸入或取出資料的有序串列。如下圖所示：

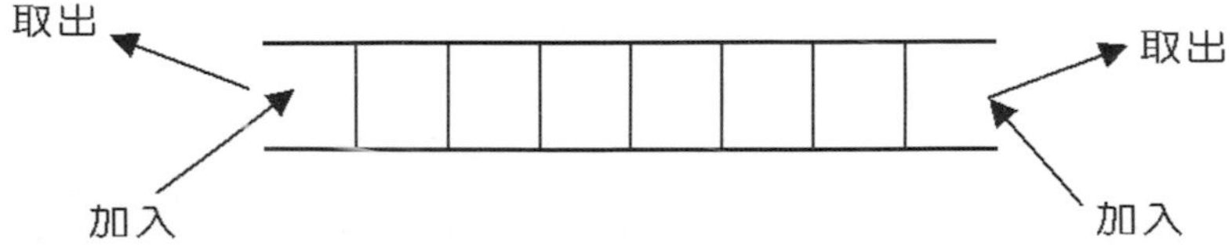

在雙向佇列中，我們仍然使用 2 個指標，分別指向加入及取回端，只是加入及取回時，各指標所扮演的角色不再是固定的加入或取回，而且兩邊的指標都是往佇列中央移動。其他部份則和一般佇列無異。

假設我們嘗試利用雙向佇列循序輸入 1,2,3,4,5,6,7 七組數字，試問是否能夠得到 5174236 的輸出排列？因為循序輸入 1,2,3,4,5,6,7 且要輸出 5174236，因此可得如下 deque：

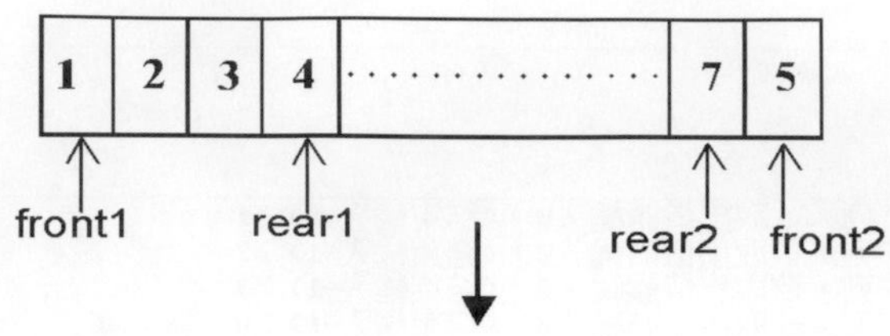

因為要輸出 5174236 的話，6 為最後一位，所以可得如下 deque：

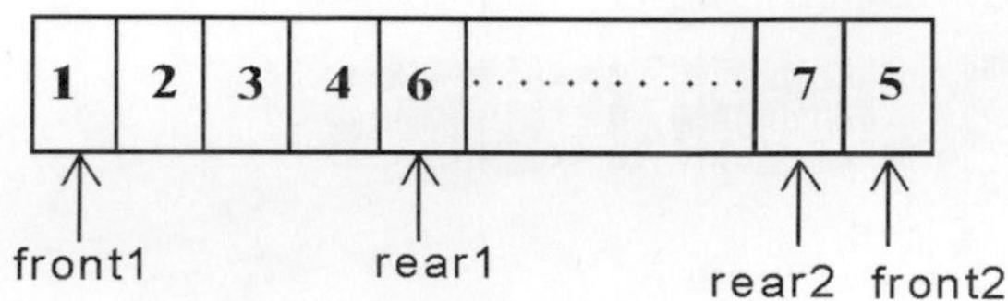

由上圖明顯得知，無法輸出 5174236 的排列。

範例程式：ch05_04.sln Deques.sln

```
using System;
using System.Collections.Generic;
using System.Linq;
using System.Text;
using System.Threading.Tasks;
using System.IO;
using static System.Console;//滙入靜態類別

namespace ch05_04
{
    class QueueNode     // 佇列節點類別
    {
        public int data;          // 節點資料
        public QueueNode next;   // 指向下一個節點
                                  //建構子
        public QueueNode(int data)
```

```
        {
            this.data = data;
            next = null;
        }
    };
    class Linked_List_Queue
    { //佇列類別
        public QueueNode front; //佇列的前端指標
        public QueueNode rear;  //佇列的尾端指標

        //建構子
        public Linked_List_Queue() { front = null; rear = null; }

        //方法enqueue:佇列資料的存入
        public bool Enqueue(int value)
        {
            QueueNode node = new QueueNode(value); //建立節點
                                                   //檢查是否為空佇列
            if (rear == null)
                front = node; //新建立的節點成為第1個節點
            else
                rear.next = node; //將節點加入到佇列的尾端
            rear = node; //將佇列的尾端指標指向新加入的節點
            return true;
        }

        //方法dequeue:佇列資料的取出
        public int Dequeue(int action)
        {
            int value;
            QueueNode tempNode, startNode;
            //從前端取出資料
            if (!(front == null) && action == 1)
            {
                if (front == rear) rear = null;
                value = front.data; //將佇列資料從前端取出
                front = front.next; //將佇列的前端指標指向下一個
                return value;
            }
            //從尾端取出資料
            else if (!(rear == null) && action == 2)
            {
                startNode = front;  //先記下前端的指標值
```

```
                value = rear.data;  //取出目前尾端的資料
                                    //找尋最尾端節點的前一個節點
                tempNode = front;
                while (front.next != rear && front.next != null) {
front = front.next; tempNode = front; }
                front = startNode;  //記錄從尾端取出資料後的佇列前端指標
                rear = tempNode;    //記錄從尾端取出資料後的佇列尾端指標
                                    //下一行程式是指當佇列中僅剩下最節點時,
                                     取出資料後便將front及rear指向null
                if ((front.next == null) || (rear.next == null)) {
front = null; rear = null; }
                return value;
            }
            else return -1;
        }
    } //佇列類別宣告結束
    class Program
    {
        static void Main(string[] args)
        {
            Linked_List_Queue queue = new Linked_List_Queue();
                                    //建立佇列物件
            int temp;
            WriteLine("以鏈結串列來實作雙向佇列");
            WriteLine("====================================");
            WriteLine("在雙向佇列前端加入第1筆資料，此資料值為1");
            queue.Enqueue(1);
            WriteLine("在雙向佇列前端加入第2筆資料，此資料值為3");
            queue.Enqueue(3);
            WriteLine("在雙向佇列前端加入第3筆資料，此資料值為5");
            queue.Enqueue(5);
            WriteLine("在雙向佇列前端加入第4筆資料，此資料值為7");
            queue.Enqueue(7);
            WriteLine("在雙向佇列前端加入第5筆資料，此資料值為9");
            queue.Enqueue(9);
            WriteLine("====================================");
            temp = queue.Dequeue(1);
            WriteLine("從雙向佇列前端依序取出的元素資料值為：" + temp);
            temp = queue.Dequeue(2);
            WriteLine("從雙向佇列尾端依序取出的元素資料值為：" + temp);
            temp = queue.Dequeue(1);
            WriteLine("從雙向佇列前端依序取出的元素資料值為：" + temp);
            temp = queue.Dequeue(2);
```

```
                WriteLine("從雙向佇列尾端依序取出的元素資料值為：" + temp);
                temp = queue.Dequeue(1);
                WriteLine("從雙向佇列前端依序取出的元素資料值為：" + temp);
                WriteLine();
                ReadKey();
            }
        }
}
```

【執行結果】

```
以鏈結串列來實作雙向佇列
====================================
在雙向佇列前端加入第1筆資料，此資料值為1
在雙向佇列前端加入第2筆資料，此資料值為3
在雙向佇列前端加入第3筆資料，此資料值為5
在雙向佇列前端加入第4筆資料，此資料值為7
在雙向佇列前端加入第5筆資料，此資料值為9
====================================
從雙向佇列前端依序取出的元素資料值為：1
從雙向佇列尾端依序取出的元素資料值為：9
從雙向佇列前端依序取出的元素資料值為：3
從雙向佇列尾端依序取出的元素資料值為：7
從雙向佇列前端依序取出的元素資料值為：5
```

5-2-3 優先佇列

優先佇列（Priority Queue）為一種不必遵守佇列特性－ FIFO（先進先出）的有序串列，其中的每一個元素都賦予一個優先權（Priority），加入元素時可任意加入，但有最高優先權者（Highest Priority Out First, HPOF）則最先輸出。

醫院中的急診室是以優先佇列概念來醫治病人

我們知道一般醫院中的急診室，當然以最嚴重的病患（如得 Covid-19 的病人）優先診治，跟進入醫院掛號的順序無關。或者在電腦中 CPU 的工作排程，優先權排程（Priority Scheduling, PS）就是一種來挑選行程的「排程演算法」（Scheduling Algorithm），也會使用到優先佇列，好比層級高的使用者，就比一般使用者擁有較高的權利。

例如假設有 4 個行程 P1,P2,P3,P4，其在很短的時間內先後到達等待佇列，每個行程所執行時間如下表所示：

行程名稱	各行程所需的執行時間
P1	30
P2	40
P3	20
P4	10

在此設定每個 P1、P2、P3、P4 的優先次序值分別為 2,8,6,4（此處假設數值越小其優先權越低；數值越大其優先權越高），以下就是以甘特圖（Gantt Chart）繪出優先權排程（Priority Scheduling, PS）的排班情況：

以 PS 方法排班所繪出的甘特圖如下：

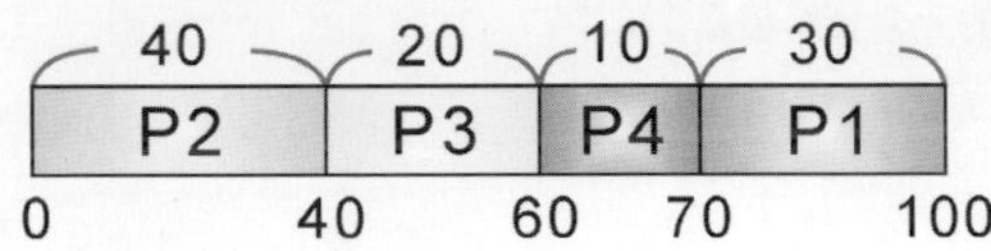

在此特別提醒各位，當各元素以輸入先後次序為優先權時，就是一般的佇列，假如是以輸入先後次序作為最不優先權時，此優先佇列即為一堆疊。

課後評量

1. 假設一佇列（Queue）存於全長為 N 之密集串列（Dense List）Q 內，HEAD、TAIL 分別為其開始及結尾指標，均以 nil 表其為空。現欲加入一新資料（New Entry），其處理可為以下步驟，請依序回答空格部分。

   (1) 依序按條件做下列選擇：

      ① 若 (1)______ ，則表 Q 已存滿，無法做插入動作。

      ② 若 HEAD 為 nil，則表 Q 內為空，可取 HEAD=1，TAIL=(2)______ 。

      ③ 若 TAIL=N，則表 (3)______ 須將 Q 內由 HEAD 到 TAIL 位置之資料，移至由 1 到 (4)______ 之位置，並取 TAIL=(5)______ ，HEAD=1。

   (2) TAIL=TAIL+1。

   (3) new entry 移入 Q 內之 TAIL 處。

   (4) 結束插入動作。

2. 何謂多重佇列（multiqueue）？請說明定義與目的。

3. 請列出佇列常見的基本運算？

4. 請說明佇列應具備的基本特性。

5. 如果以鏈結串列建立佇列，其 C# 程式語言的類別宣告為何？

6. 請舉出至少三種佇列常見的應用。

7. 請說明環狀佇列的基本概念。

8. 何謂優先佇列？請說明之。

NOTE

CHAPTER

6

樹狀結構

6-1 樹的基本觀念

6-2 二元樹簡介

6-3 二元樹儲存方式

6-4 二元樹走訪

6-5 二元樹的進階研究

6-6 樹的二元樹表示法

6-7 最佳化二元搜尋樹

6-8 平衡樹

6-9 進階樹狀結構的應用

樹狀結構是一種日常生活中應用相當廣泛的非線性結構，舉凡從企業內的組織架構、家族族譜、籃球賽程、公司組織圖等，再到電腦領域中的作業系統與資料庫管理系統都是樹狀結構的衍生運用模式，例如 Windows、Unix 作業系統和檔案系統，均是一種樹狀結構的應用。

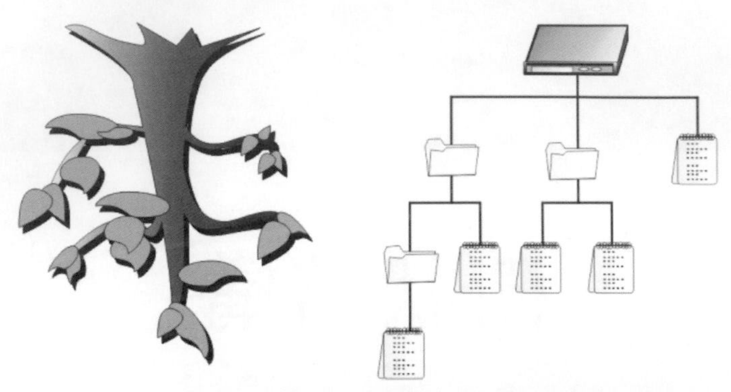

Windows 的檔案總管是以樹狀結構儲存各種資料檔案

現在年輕人喜愛的大型線上遊戲中，需要取得某些物體所在的地形資訊，如果程式是依次從構成地形的模型三角面尋找，往往會耗費許多執行時間，非常沒有效率。因此一般程式設計師也會使用樹狀結構中的二元空間分割樹（BSP tree）、四元樹（Quadtree）、八元樹（Octree）等來分割場景資料。

遊戲中場景可藉由樹狀相關理論來分割

6-1 樹的基本觀念

「樹」(Tree) 是由一個或一個以上的節點 (Node) 組成，存在一個特殊的節點，稱為樹根 (Root)，每個節點可代表一些資料和指標組合而成的記錄。其餘節點則可分為 n≧0 個互斥的集合，即是 $T_1,T_2,T_3\cdots T_n$，則每一個子集合本身也是一種樹狀結構及此根節點的子樹。例如下圖：

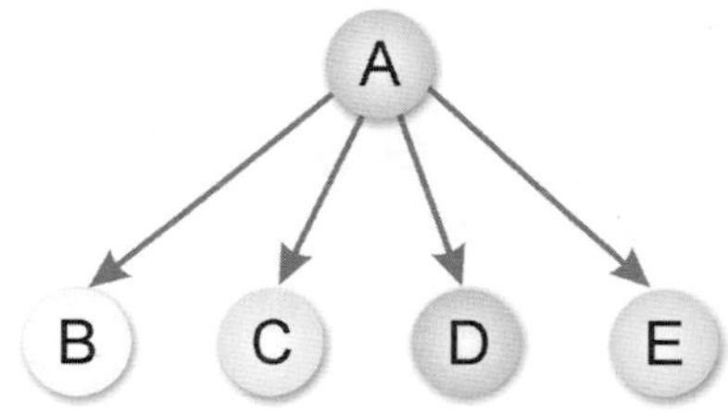

A 為根節點，B、C、D、E 均為 A 的子節點

一棵合法的樹，節點間可以互相連結，但不能形成無出口的迴圈。下圖就是一棵不合法的樹：

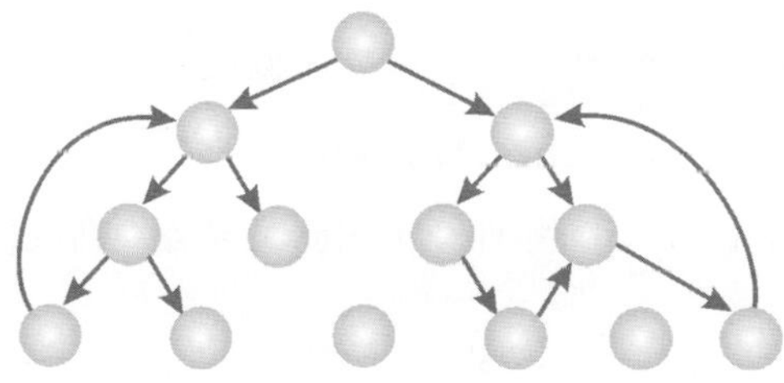

樹還可組成樹林 (forest)，也就是說樹林是由 n 個互斥樹的集合 (n ≥ 0)，移去樹根即為樹林。例如下圖就為包含三棵樹的樹林。

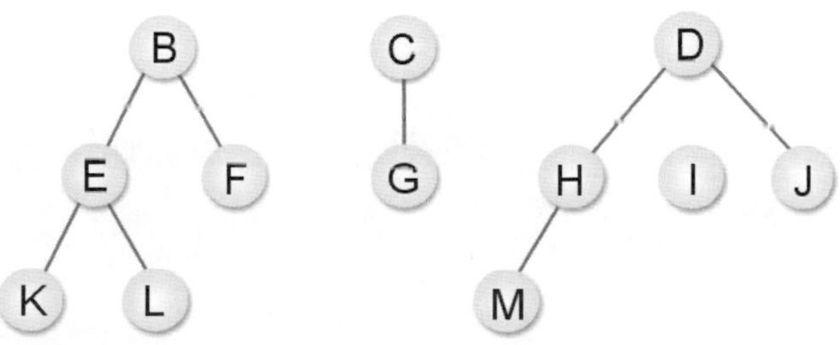

6-1-1 樹專有名詞簡介

在樹狀結構中，有許多常用的專有名詞，在本小節中將以下圖中這棵合法的樹，來為各位詳加介紹：

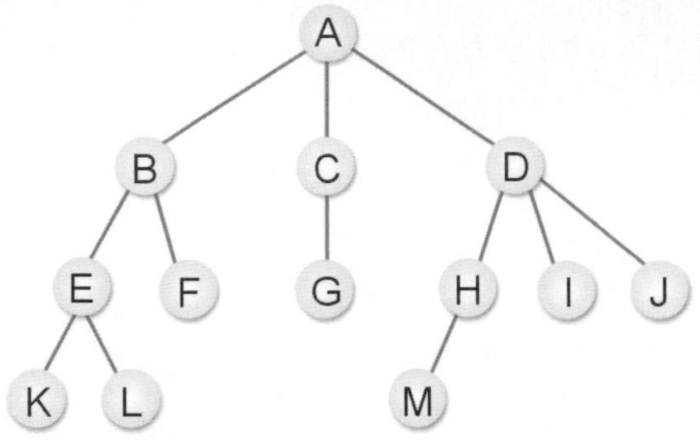

- **分支度（Degree）**：每個節點所有的子樹個數。例如像上圖中節點 B 的分支度為 2，D 的分支度為 3，F、K、I、J 等為 0。
- **階層或階度（level）**：樹的層級，假設樹根 A 為第一階層，BCD 節點即為階層 2，E、F、G、H、I、J 為階層 3。
- **高度（Height）**：樹的最大階度。例如上圖的樹高度為 4。
- **樹葉或稱終端節點（Terminal Nodes）**：分支度為零的節點，如上圖中的 K、L、F、G、M、I、J，下圖則有 4 個樹葉節點，如 ECHJ：

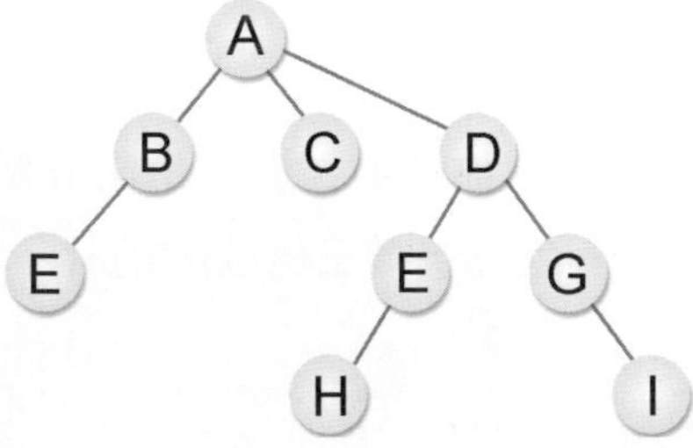

- **父節點（Parent）**：每一個節點有連結的上一層節點為父節點，例如 F 的父點為 B，M 的父點為 H，通常在繪製樹狀圖時，我們會將父節點畫在子節點的上方。

- **子節點（children）**：每一個節點有連結的下一層節點為子節點，例如 A 的子點為 B、C、D，B 的子點為 E、F。
- **祖先（ancestor）和子孫（descendant）**：所謂祖先，是指從樹根到該節點路徑上所包含的節點，而子孫則是在該節點往上追溯子樹中的任一節點。例如 K 的祖先為 A、B、E 節點，H 的祖先為 A、D 節點，節點 B 的子孫為 E、F、K、L。
- **兄弟節點（siblings）**：有共同父節點的節點為兄弟節點，例如 B、C、D 為兄弟，H、I、J 也為兄弟。
- **非終端節點（Nonterminal Nodes）**：樹葉以外的節點，如 A、B、C、D、E、H 等。
- **高度（Height）**：樹的最大階度，例如此樹形圖的高度為 4。
- **同代（Generation）**：具有相同階層數的節點，例如 E、F、G、H、I、J，或是 B、C、D。
- **樹林（forest）**：樹林是由 n 個互斥樹的集合 (n ≥ 0)，移去樹根即為樹林。例如下圖為包含三樹的樹林。

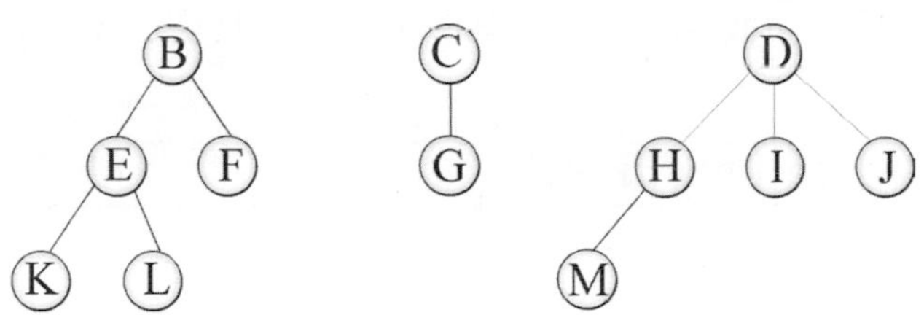

範例 **6.1.1** 下列哪一種不是樹（Tree）？ (a) 一個節點 (b) 環狀串列 (c) 一個沒有迴路的連通圖（Connected Graph）(d) 一個邊數比點數少 1 的連通圖。

解答 (b) 因為環狀串列會造成循環現象，不符合樹的定義。

範例 **6.1.2** 下圖中樹（tree）有幾個樹葉節點（leaf node）？

(a) 4 (b) 5 (c) 9 (d) 11

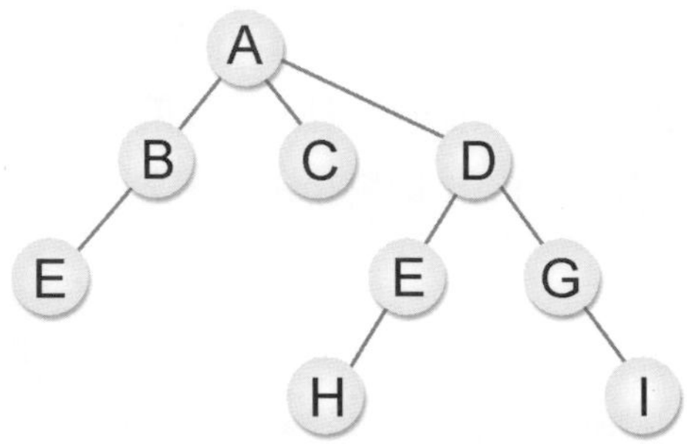

解答 分支度為空的節點稱為樹葉節點，由上圖中可看出答案為 (a)，共有 E、C、H、j 四個。

6-2 二元樹簡介

一般樹狀結構在電腦記憶體中的儲存方式是以鏈結串列（Linked List）為主。對於 n 元樹（n-way 樹）來說，因為每個節點的分支度都不相同，所以為了方便起見，我們必須取 n 為鏈結個數的最大固定長度，而每個節點的資料結構如下：

data	$link_1$	$link_2$		$link_n$

在此請各位特別注意，那就是這種 n 元樹十分浪費鏈結空間。假設此 n 元樹有 m 個節點，那麼此樹共用了 n*m 個鏈結欄位。另外因為除了樹根外，每一個非空鏈結都指向一個節點，所以得知空鏈結個數為 n*m-(m-1)=m*（n-1）+1，而 n 元樹的鏈結浪費率為 $\frac{m*(n-1)+1}{m*n}$。因此我們可以得到以下結論：

n=2 時，2 元樹的鏈結浪費率約為 1/2

n=3 時，3 元樹的鏈結浪費率約為 2/3

n=4 時，4 元樹的鏈結浪費率約為 3/4

……………

當 n=2 時，它的鏈結浪費率最低，所以為了改進記空間浪費的缺點，我們最常使用二元樹（Binary Tree）結構來取代樹狀結構。

6-2-1 二元樹的定義

二元樹（又稱 knuth 樹）是一個由有限節點所組成的集合，此集合可以為空集合，或由一個樹根及左右兩個子樹所組成。簡單的說，二元樹最多只能有兩個子節點，就是分支度小於或等於 2。其電腦中的資料結構如下：

LLINK	Data	RLINK

至於二元樹和一般樹的不同之處，我們整理如下：

1. 樹不可為空集合，但是二元樹可以。
2. 樹的分支度為 d≧0，但二元樹的節點分支度為 0 ≦ d ≦ 2。
3. 樹的子樹間沒有次序關係，二元樹則有。

底下就讓我們看一棵實際的二元樹，如下圖所示：

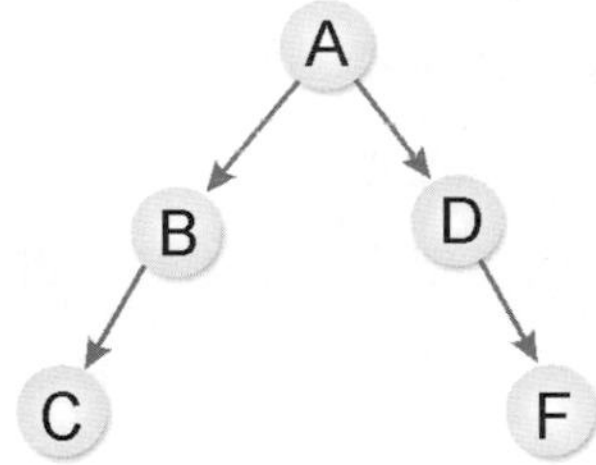

上圖是以 A 為根節點的二元樹，且包含了以 B、D 為根節點的兩棵互斥的左子樹與右子樹。

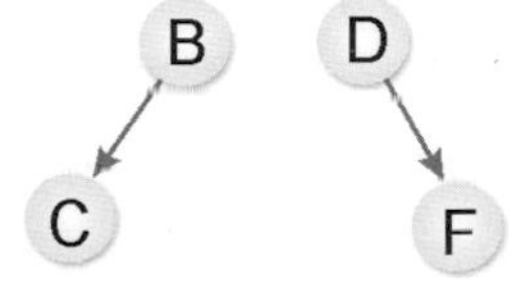

以上這兩個左右子樹都是屬於同一種樹狀結構，不過卻是二棵不同的二元樹結構，原因就是二元樹必須考慮到前後次序關係。這點請各位讀者特別留意。

範例 **6.2.1** 試證明深度為 k 的二元樹的總節點數是 2^k-1。

解答 其節點總數為 level 1 到 level k 中各層 level 中最大節點的總和：

$$\sum_{i=1}^{k} 2^{i-1} = 2^0+2^1+\cdots\cdots+2^{k-1} = \frac{2^k-1}{2-1} = 2^k-1$$

範例 **6.2.2** 對於任何非空二元樹 T，如果 n_0 為樹葉節點數，且分支度為 2 的節點數是 n_2，試証明 $n_0= n_2+1$。

解答 提示：各位可先行假設 n 是節點總數，n_1 是分支度等於 1 的節點數，可得 $n= n_0+n_1+n_2$，再行證明。

範例 **6.2.3** 在二元樹中，階度（Level）為 i 的節點數最多是 2^{i-1}（$i \geq 0$），試證明之。

解答 我們可利用數學歸納法證明：

① 當 i=1 時，只有樹根一個節點，所以 $2^{i-1}=2^0=1$ 成立。

② 假設對於 j，且 $1 \leq j \leq i$，階度為 j 的最多點數 2^{j-1} 個成立，則在 j=i 階度上的節點最多為 2^{i-1} 個。則當 j=i+1 時，因為二元樹中每一個節點的分支度都不大於 2，因此在階度 j=i+1 時的最多節點數 $\leq 2*2^{i-1}=2^i$，由此得證。

6-2-2 特殊二元樹簡介

由於二元樹的應用相當廣泛，所以衍生了許多特殊的二元樹結構。我們分別為您介紹如下：

完滿二元樹（Fully Binary Tree）

如果二元樹的高度為 h，樹的節點數為 2^h-1，h>=0，則我們稱此樹為「完滿二元樹」（Full Binary Tree），如下圖所示：

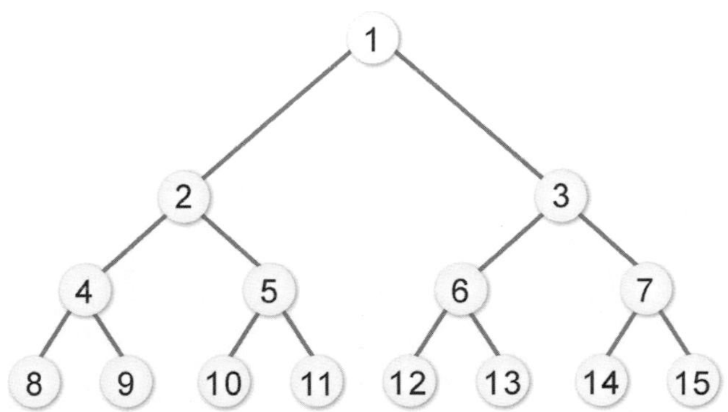

完整二元樹（Complete Binary Tree）

如果二元樹的深度為 h，所含的節點數小於 2^h-1，但其節點的編號方式如同深度為 h 的完滿二元樹一般，從左到右，由上到下的順序一一對應結合。如下圖：

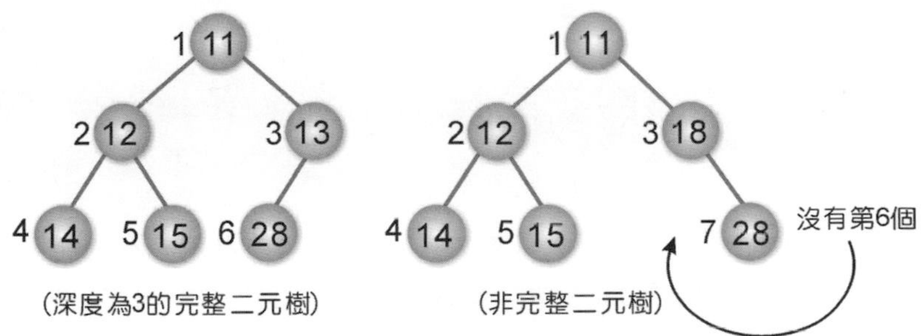

對於完整二元樹而言，假設有 N 個節點，那麼此二元樹的階層 (Level)h 為 $\lfloor \log_2(N+1) \rfloor$。

歪斜樹（Skewed Binary Tree）

當一個二元樹完全沒有右節點或左節點時，我們就把它稱為左歪斜樹或右歪斜樹。

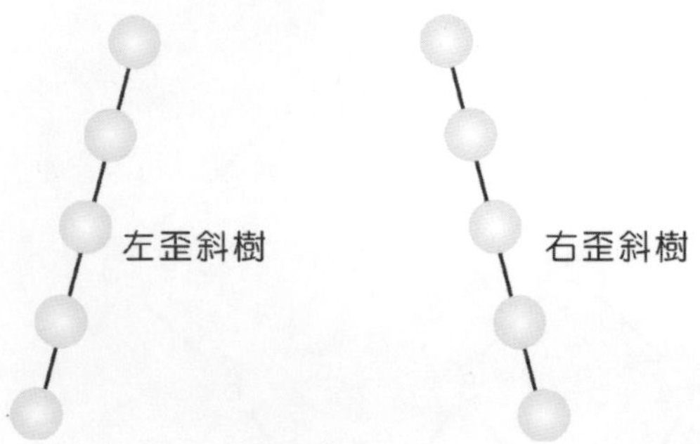

嚴格二元樹（strictly binary tree）

如果二元樹的每個非終端節點均有非空的左右子樹，如下圖所示：

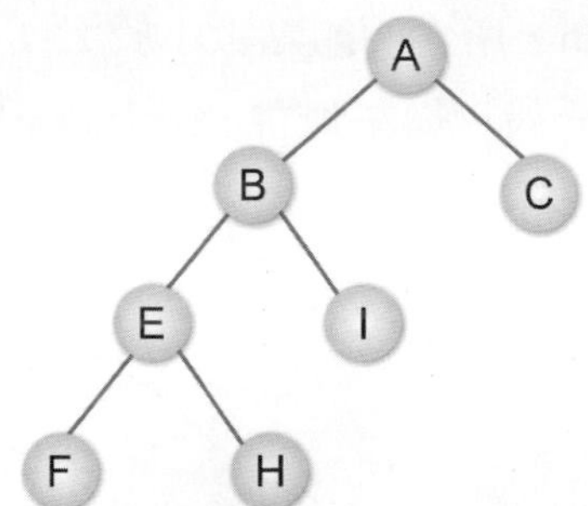

範例 **6.2.4** 假如有一個非空樹，其分支度為 5，已知分支度為 i 的節點數有 i 個，其中 $1 \leq i \leq 5$，請問終端節點數總數是多少？

解答 41 個

6-3 二元樹儲存方式

二元樹的儲存方式有許多方式，一般在資料結構的領域中，我們習慣用鏈結串列來表示二元樹組織，在刪除或增加節點時，這將會來來許多方便與彈性。當然也可以使用一維陣列這樣的連續記憶體來表示二元樹，不過在對樹中的中間節點做插入與刪除時，可能要大量移動來反應節點的變動。以下我們將分別來介紹陣列及串列這兩種儲存方法。

6-3-1 一維陣列表示法

使用循序的一維陣列來表示二元樹，首先可將此二元樹假想成一個完滿二元樹（Full Binary Tree），而且第 k 個階度具有 2^{k-1} 個節點，並且依序存放在此一維陣列中。首先來看看使用一維陣列建立二元樹的表示方法及索引值的配置：

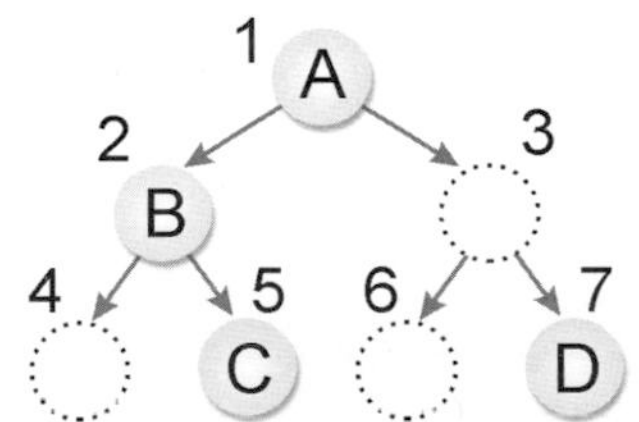

索引值	1	2	3	4	5	6	7
內容值	A	B			C		D

從上圖中，我們可以看到此一維陣列中的索引值有以下關係：

1. 左子樹索引值是父節點索引值 *2。
2. 右子樹索引值是父節點索引值 *2+1。

接著就來看如何以一維陣列建立二元樹的實例，事實上就是建立一個二元搜尋樹，這是一種很好的排序應用模式，因為在建立二元樹的同時，資料已經經過初步的比較判斷，並依照二元樹的建立規則來存放資料。所謂二元搜尋樹具有以下特點：

1. 可以是空集合，但若不是空集合則節點上一定要有一個鍵值。
2. 每一個樹根的值需大於左子樹的值。
3. 每一個樹根的值需小於右子樹的值。
4. 左右子樹也是二元搜尋樹。
5. 樹的每個節點值都不相同。

現在我們示範將一組資料 32、25、16、35、27，建立一棵二元搜尋樹：

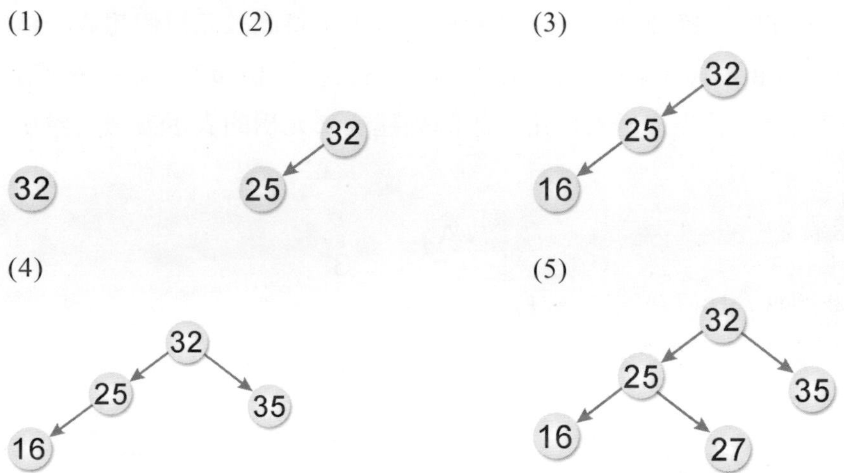

以下程式我們先建立一個一維陣列，並將陣列中的值依照上述規則建立一個完滿二元樹。

範例程式：TreeArray.sln

```
using static System.Console;//滙入靜態類別

int i, level;
int[] data = { 6, 3, 5, 9, 7, 8, 4, 2 }; /*原始陣列*/
int[] btree = new int[16];
for (i = 0; i < 16; i++) btree[i] = 0;
Write("原始陣列內容: \n");
for (i = 0; i < 8; i++)
```

```
    Write("[" + data[i] + "] ");
WriteLine();
for (i = 0; i < 8; i++)      /*把原始陣列中的值逐一比對*/
{
    for (level = 1; btree[level] != 0;) /*比較樹根及陣列內的值*/
    {
        if (data[i] > btree[level]) /*如果陣列內的值大於樹根，則往右子樹比較*/
            level = level * 2 + 1;
        else       /*如果陣列內的值小於或等於樹根，則往左子樹比較*/
            level = level * 2;
    }          /*如果子樹節點的值不為0，則再與陣列內的值比較一次*/
    btree[level] = data[i];   /*把陣列值放入二元樹*/
}
Write("二元樹內容：\n");
for (i = 1; i < 16; i++)
    Write("[" + btree[i] + "] ");
WriteLine();
ReadKey();
```

【執行結果】

```
原始陣列內容:
[6] [3] [5] [9] [7] [8] [4] [2]
二元樹內容：
[6] [3] [9] [2] [5] [7] [0] [0] [0] [4] [0] [0] [8] [0] [0]
```

通常以陣列表示法來儲存二元樹，如果愈接近完滿二元樹，則愈節省空間，如果是歪斜樹則最浪費空間。另外要增刪資料較麻煩，必須重新建立二元樹。

下圖是此陣列值在二元樹中的存放情形：

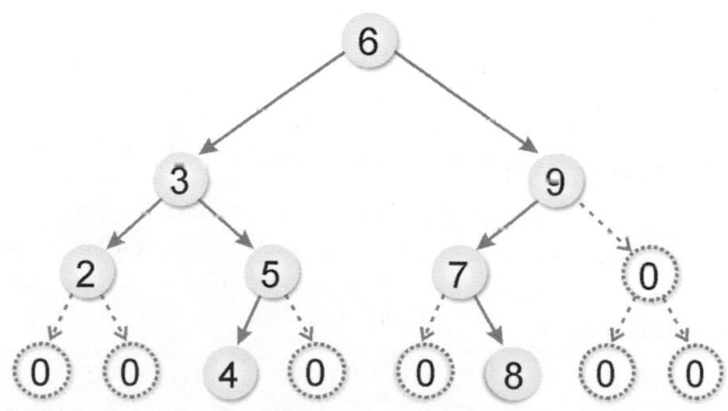

6-3-2 串列表示法

由於二元樹最多只能有兩個子節點，就是分支度小於或等於 2，而所謂串列表示法，就是利用鏈結串列來儲存二元樹。例如在 C# 語言中，我們可定義 TreeNode 類別及 BinaryTree 類別，其中 TreeNode 的代表二元樹中的一個節點，定義如下：

```
class TreeNode
{
    public int value;
    public TreeNode left_Node;
    public TreeNode right_Node;
    // TreeNode建構子
    public TreeNode(int value)
    {
        this.value = value;
        this.left_Node = null;
        this.right_Node = null;
    }
}
```

範例程式：TreeList.sln

```
using static System.Console;//滙入靜態類別

namespace TreeList
{
    class TreeNode
    {
        public int value;
        public TreeNode left_Node;
        public TreeNode right_Node;
        // TreeNode建構子
        public TreeNode(int value)
        {
            this.value = value;
            this.left_Node = null;
            this.right_Node = null;
        }
    }
    //二元樹類別宣告
```

```
    class BinaryTree
    {
        public TreeNode rootNode; //二元樹的根節點
                                  //建構子:利用傳入一個陣列的參數來建立二元樹
        public BinaryTree(int[] data)
        {
            for (int i = 0; i < data.Length; i++)
                Add_Node_To_Tree(data[i]);
        }
        //將指定的值加入到二元樹中適當的節點
        void Add_Node_To_Tree(int value)
        {
            TreeNode currentNode = rootNode;
            if (rootNode == null)
            { //建立樹根
                rootNode = new TreeNode(value);
                return;
            }
            //建立二元樹
            while (true)
            {
                if (value < currentNode.value)
                { //在左子樹
                    if (currentNode.left_Node == null)
                    {
                        currentNode.left_Node = new TreeNode(value);
                        return;
                    }
                    else currentNode = currentNode.left_Node;
                }
                else
                { //在右子樹
                    if (currentNode.right_Node == null)
                    {
                        currentNode.right_Node = new TreeNode(value);
                        return;
                    }
                    else currentNode = currentNode.right_Node;
                }
            }
        }
    }
    class Program
```

```
    {
        static void Main(string[] args)
        {
            int ArraySize = 10;
            int tempdata;
            int[] content = new int[ArraySize];
            WriteLine("請連續輸入" + ArraySize + "筆資料");
            for (int i = 0; i < ArraySize; i++)
            {
                Write("請輸入第" + (i + 1) + "筆資料: ");
                tempdata = int.Parse(ReadLine());
                content[i] = tempdata;
            }
            new BinaryTree(content);
            WriteLine("===以鏈結串列方式建立二元樹,成功!!!===");
            ReadKey();
        }
    }
}
```

【執行結果】

```
請連續輸入10筆資料
請輸入第1筆資料: 52
請輸入第2筆資料: 26
請輸入第3筆資料: 24
請輸入第4筆資料: 28
請輸入第5筆資料: 31
請輸入第6筆資料: 36
請輸入第7筆資料: 47
請輸入第8筆資料: 89
請輸入第9筆資料: 57
請輸入第10筆資料: 62
===以鏈結串列方式建立二元樹,成功!!!===
```

我們使用鏈結串列來表示二元樹的好處是對於節點的增加與刪除相當容易，缺點是很難找到父節點，除非在每一節點多增加一個父欄位。

6-4 二元樹走訪

我們知道線性陣列或串列，都只能單向從頭至尾或反向走訪。所謂二元樹的走訪（Binary Tree Traversal），最簡單的說法就是「拜訪樹中所有的節點各一次」，並且在走訪後，將樹中的資料轉化為線性關係。就以下圖一個簡單的二元樹節點而言，每個節點都可區分為左右兩個分支。

所以共可以有 ABC、ACB、BAC、BCA、CAB、CBA 等 6 種走訪方法。如果是依照二元樹特性，一律由左向右，那會只剩下三種走訪方式，分別是 BAC、ABC、BCA 三種。我們通常把這三種方式的命名與規則如下：

1. 中序走訪（BAC, Preorder）：左子樹→樹根→右子樹
2. 前序走訪（ABC, Inorder）：樹根→左子樹→右子樹
3. 後序走訪（BCA, Postorder）：左子樹→右子樹→樹根

對於這三種走訪方式，各位讀者只需要記得樹根的位置就不會前中後序給搞混。例如中序法即樹根在中間，前序法是樹根在前面，後序法則是樹根在後面。而走訪方式也一定是先左子樹後右子樹。底下針對這三種方式，為各位做更詳盡的介紹。

6-4-1 中序走訪

中序走訪（Inorder Traversal）是 LDR 的組合，也就是從樹的左側逐步向下方移動，直到無法移動，再追蹤此節點，並向右移動一節點。如果無法再向右移動時，可以返回上層的父節點，並重複左、中、右的步驟進行。如下所示：

1. 走訪左子樹。
2. 拜訪樹根。
3. 走訪右子樹。

如下圖的中序走訪為：FDHGIBEAC

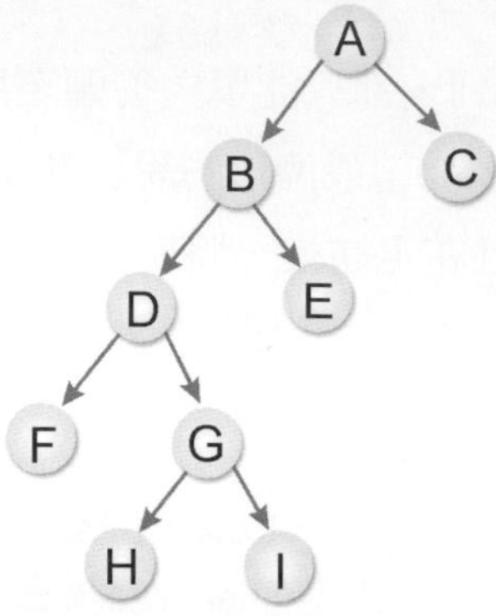

中序走訪的 C# 演算法如下：

```
public void InOrder(TreeNode node)
{
    if (node != null)
    {
        InOrder(node.left_Node);
        Write("[" + node.value + "] ");
        InOrder(node.right_Node);
    }
}
```

6-4-2 後序走訪

後序走訪（Postorder Traversal）是 LRD 的組合，走訪的順序是先追蹤左子樹，再追蹤右子樹，最後處理根節點，反覆執行此步驟。如下所示：

1. 走訪左子樹。
2. 走訪右子樹。
3. 拜訪樹根。

如下圖的後序走訪為：FHIGDEBCA

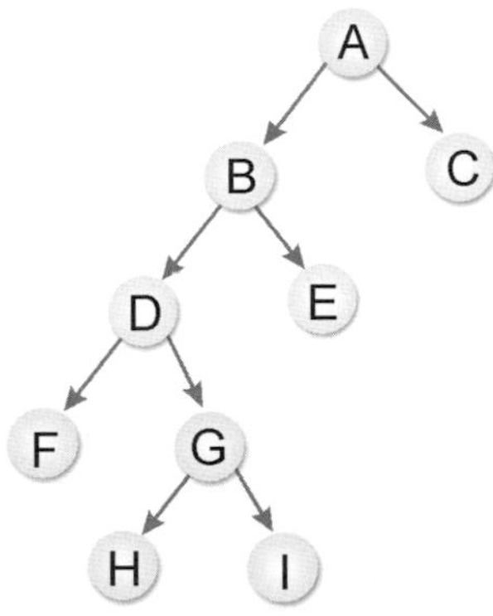

後序走訪的 C# 演算法如下：

```
public void PostOrder(TreeNode node)
{
    if (node != null)
    {
        PostOrder(node.left_Node);
        PostOrder(node.right_Node);
        Write("[" + node.value + "] ");
    }
}
```

6-4-3 前序走訪

前序走訪（Preorder Traversal）是 DLR 的組合，也就是從根節點走訪，再往左方移動，當無法繼續時，繼續向右方移動，接著再重覆執行此步驟。如下所示：

1. 拜訪樹根。
2. 走訪左子樹。
3. 走訪右子樹。

如下圖的前序走訪為：ABDFGHIEC

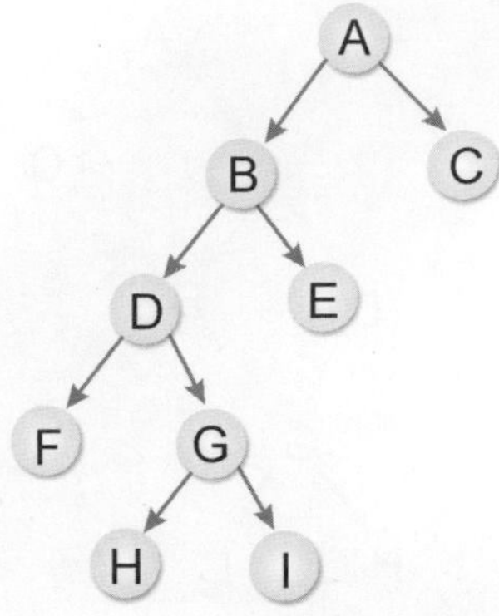

前序走訪的 C# 演算法如下：

```
public void PreOrder(TreeNode node)
{
    if (node != null)
    {
        Write("[" + node.value + "] ");
        PreOrder(node.left_Node);
        PreOrder(node.right_Node);
    }
}
```

範例 6.4.1 請問以下二元樹的中序、前序及後序表示法為何？

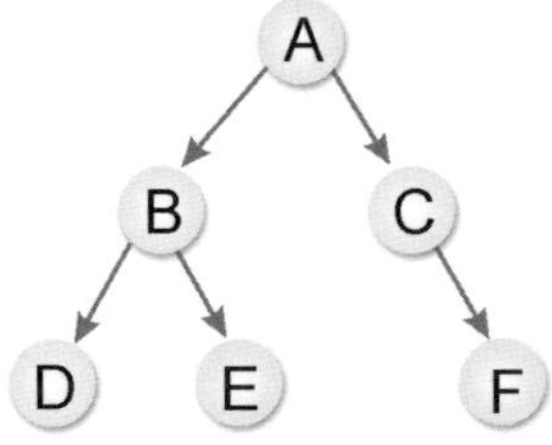

解答 ① 中序走訪為：DBEACF

② 前序走訪為：ABDECF

③ 後序走訪為：DEBFCA

範例 6.4.2 請問下列二元樹的中序、前序及後序走訪的結果為何？

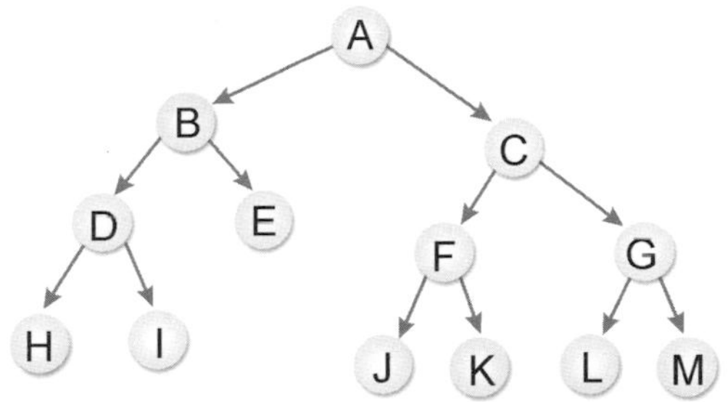

解答 ① 前序：ABDHIECFJKGLM

② 中序：HDIBEAJFKCLGM

③ 後序：HIDEBJKFLMGCA

6-4-4 二元樹的走訪實作

接著我們來開始建立二元樹，並進中序、前序與後序走訪的實作。在程式中會預先指定二元樹的內容，並在列印二元樹後把樹的前、中、後序列印出來，讓讀者比較三種走訪方式的不同處。

範例程式：Traversal.sln

```
using static System.Console;//滙入靜態類別

namespace Traversal
{
    class TreeNode
    {
        public int value;
        public TreeNode left_Node;
        public TreeNode right_Node;

        public TreeNode(int value)
        {
            this.value = value;
            this.left_Node = null;
            this.right_Node = null;
        }
    }
```

```
    class BinaryTree
    {
        public TreeNode rootNode;

        public void Add_Node_To_Tree(int value)
        {
            if (rootNode == null)
            {
                rootNode = new TreeNode(value);
                return;
            }
            TreeNode currentNode = rootNode;
            while (true)
            {
                if (value < currentNode.value)
                {
                    if (currentNode.left_Node == null)
                    {
                        currentNode.left_Node = new TreeNode(value);
                        return;
                    }
                    else
                        currentNode = currentNode.left_Node;
                }
                else
                {
                    if (currentNode.right_Node == null)
                    {
                        currentNode.right_Node = new TreeNode(value);
                        return;
                    }
                    else
                        currentNode = currentNode.right_Node;
                }
            }
        }
        public void InOrder(TreeNode node)
        {
            if (node != null)
            {
                InOrder(node.left_Node);
                Write("[" + node.value + "] ");
                InOrder(node.right_Node);
            }
        }

```

```
        public void PreOrder(TreeNode node)
        {
            if (node != null)
            {
                Write("[" + node.value + "] ");
                PreOrder(node.left_Node);
                PreOrder(node.right_Node);
            }
        }

        public void PostOrder(TreeNode node)
        {
            if (node != null)
            {
                PostOrder(node.left_Node);
                PostOrder(node.right_Node);
                Write("[" + node.value + "] ");
            }
        }
    }
    class Program
    {
        static void Main(string[] args)
        {
            int i;
            int[] arr = { 7, 4, 1, 5, 16, 8, 11, 12, 15, 9, 2 };
                                                                /*原始陣列*/
            BinaryTree tree = new BinaryTree();
            Write("原始陣列內容: \n");
            for (i = 0; i < 11; i++)
                Write("[" + arr[i] + "] ");
            WriteLine();
            for (i = 0; i < arr.Length; i++) tree.Add_Node_To_Tree(arr[i]);
            Write("[二元樹的內容]\n");
            Write("前序走訪結果：\n");   /*列印前、中、後序走訪結果*/
            tree.PreOrder(tree.rootNode);
            WriteLine();
            Write("中序走訪結果：\n");
            tree.InOrder(tree.rootNode);
            WriteLine();
            Write("後序走訪結果：\n");
            tree.PostOrder(tree.rootNode);
            ReadKey();
        }
    }
}
```

【執行結果】

```
原始陣列內容:
[7] [4] [1] [5] [16] [8] [11] [12] [15] [9] [2]
[二元樹的內容]
前序走訪結果：
[7] [4] [1] [2] [5] [16] [8] [11] [9] [12] [15]
中序走訪結果：
[1] [2] [4] [5] [7] [8] [9] [11] [12] [15] [16]
後序走訪結果：
[2] [1] [5] [4] [9] [15] [12] [11] [8] [16] [7]
```

此程式所建立的二元樹結構如下：

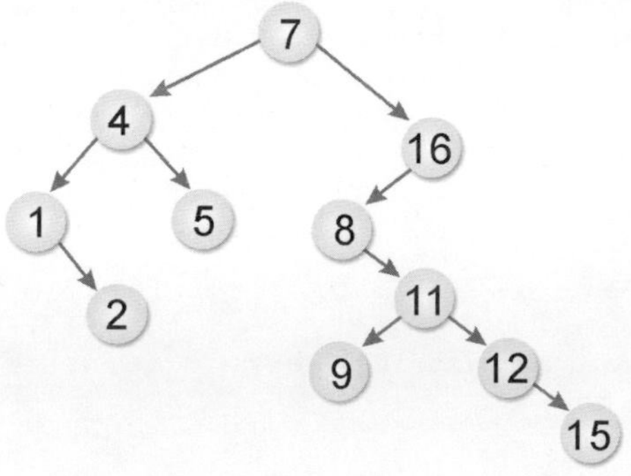

範例 6.4.3 請利用後序遊歷法將下圖二元樹的遊歷結果按節點中的文字列印出來。

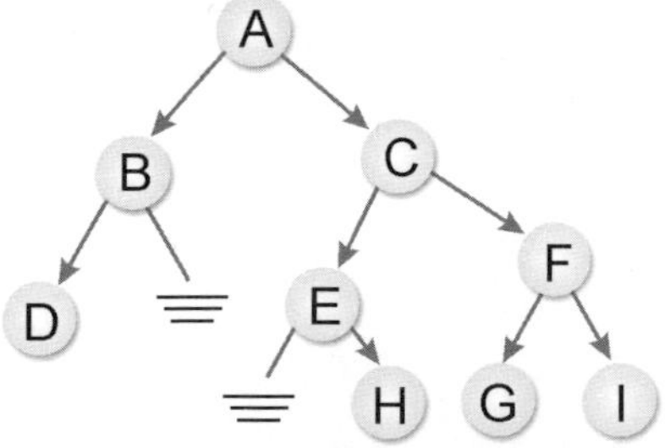

解答 把握左子樹 → 右子樹 → 樹根的原則，可得 DBHEGIFCA

範例 6.4.4 請問以下二元樹的中序、前序及後序表示法為何？

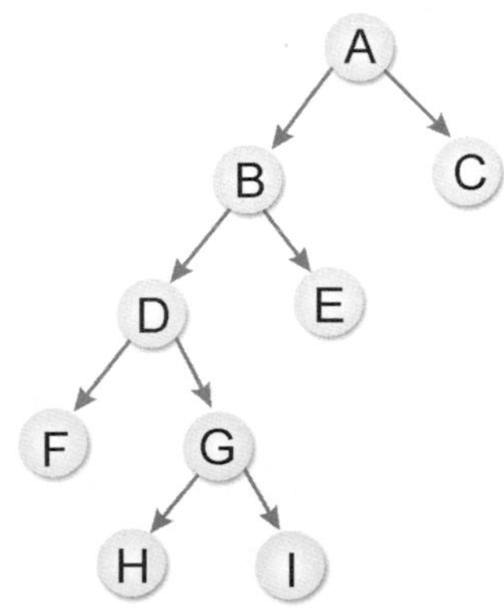

解答 ① 中序：FDHGIBEAC

② 後序：FHIGDEBCA

③ 前序：ABDFGHIEC

範例 6.4.5 一樹被表示成 A(B(CD)E(F(G)H(I(JK)L(MNO))))，請畫出結構與後序與前序走訪的結果。

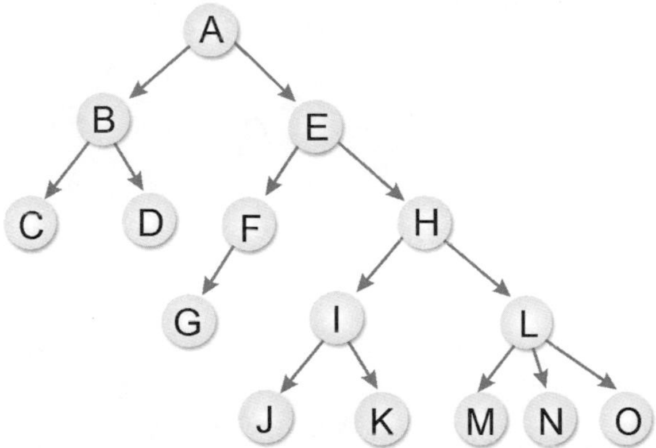

解答 ① 後序走訪：CDBGFJKIMNOLHEA

② 前序走訪：ABCDEFGHIJKLMNO

6-4-5 二元運算樹

一般的算術式也可以轉換成二元運算樹（Binary Expression Tree）的方式，建立的方法可根據以下二種規則：

1. 考慮算術式中運算子的結合性與優先權，再適當加上括號。
2. 再由最內層的括號逐步向外，利用運算子當樹根，左邊運算元當左子樹，右邊運算元當右子樹，其中優先權最低的運算子做為此二元運算樹的樹根。

現在我們嘗試將 A-B*(-C+-3.5) 運算式，轉為二元運算樹，並求出此算術式的前序（prefix）與後序（postfix）表示法。

→A-B*(-C+-3.5)

→(A-(B*((-C)+(-3.5))))

→

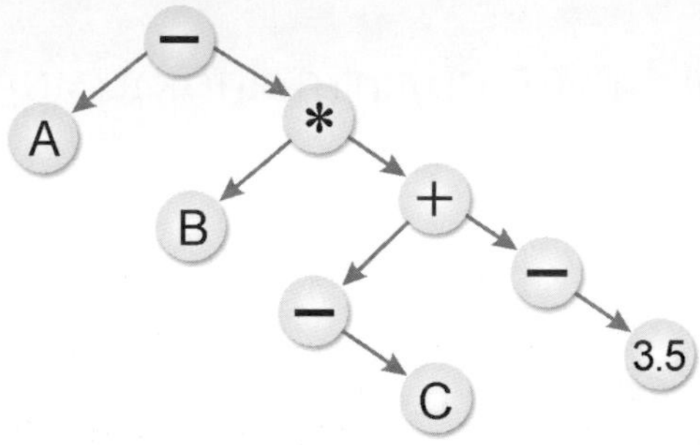

接著將二元運算樹進行前序與後序走訪，即可得此算術式的前序法與後序法，如下所示：

前序表示法：-A*B+-C-3.5

後序表示法：ABC-3.5-+*-

範例 **6.4.6** 請將 A/B**C+D*E-A*C 化為二元運算樹。

解答 加括號成為 →(((A/B**C))+(D*E))-(A*C))，如下圖：

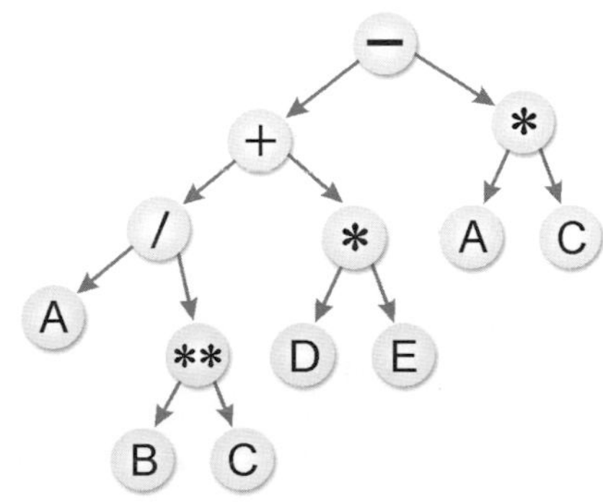

範例 **6.4.7** 請問以下二元運算樹的中序、後序與前序的表示法為何？

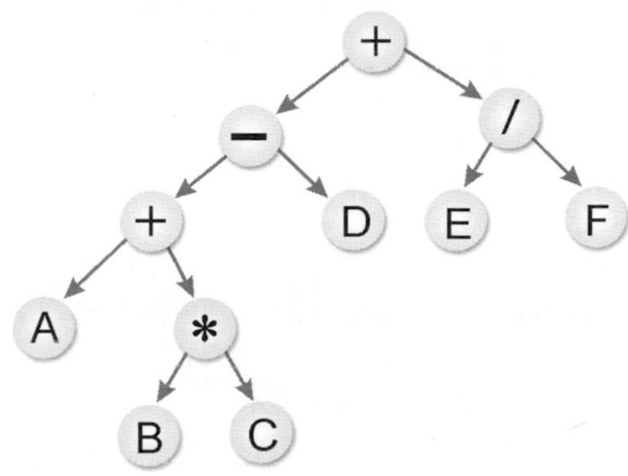

解答 ① 中序：A+B*C-D+E/F

② 前序：+-+A*BCD/EF

③ 後序：ABC*+D-EF/+

範例程式：BExpression.sln

```
using static System.Console;//滙入靜態類別

namespace BExpression
{
      // 以鏈結串列實作二元運算樹
```

```

    //節點類別的宣告
    class TreeNode
    {
        public int value;
        public TreeNode left_Node;
        public TreeNode right_Node;
        // TreeNode建構子
        public TreeNode(int value)
        {
            this.value = value;
            this.left_Node = null;
            this.right_Node = null;
        }
    }
    //二元搜尋樹類別宣告
    class Binary_Search_Tree
    {
        public TreeNode rootNode; //二元樹的根節點
                                  //建構子:建立空的二元搜尋樹
        public Binary_Search_Tree() { rootNode = null; }
        //建構子:利用傳入一個陣列的參數來建立二元樹
        public Binary_Search_Tree(int[] data)
        {
            for (int i = 0; i < data.Length; i++)
                Add_Node_To_Tree(data[i]);
        }
        //將指定的值加入到二元樹中適當的節點
        void Add_Node_To_Tree(int value)
        {
            TreeNode currentNode = rootNode;
            if (rootNode == null)
            { //建立樹根
                rootNode = new TreeNode(value);
                return;
            }
            //建立二元樹
            while (true)
            {
                if (value < currentNode.value)
                { //符合這個判斷表示此節點在左子樹
                    if (currentNode.left_Node == null)
                    {
```

```
                        currentNode.left_Node = new TreeNode(value);
                        return;
                    }
                    else currentNode = currentNode.left_Node;
                }
                else
                { //符合這個判斷表示此節點在右子樹
                    if (currentNode.right_Node == null)
                    {
                        currentNode.right_Node = new TreeNode(value);
                        return;
                    }
                    else currentNode = currentNode.right_Node;
                }
            }
        }
    }

    class Expression_Tree : Binary_Search_Tree
    {
        // 建構子
        public Expression_Tree(char[] information, int index)
        {
            // Create方法可以將二元樹的陣列表示法轉換成鏈結表示法
            rootNode = Create(information, index);
        }
        // Create方法的程式內容
        public TreeNode Create(char[] sequence, int index)
        {
            TreeNode tempNode;
            if (index >= sequence.Length)   // 作為遞迴呼叫的出口條件
                return null;
            else
            {
                tempNode = new TreeNode((int)sequence[index]);
                // 建立左子樹
                tempNode.left_Node = Create(sequence, 2 * index);
                // 建立右子樹
                tempNode.right_Node = Create(sequence, 2 * index + 1);
                return tempNode;
            }
        }
        // PreOrder(前序走訪)方法的程式內容
```

```
        public void PreOrder(TreeNode node)
        {
            if (node != null)
            {
                Write((char)node.value);
                PreOrder(node.left_Node);
                PreOrder(node.right_Node);
            }
        }
        // InOrder(中序走訪)方法的程式內容
        public void InOrder(TreeNode node)
        {
            if (node != null)
            {
                InOrder(node.left_Node);
                Write((char)node.value);
                InOrder(node.right_Node);
            }
        }
        // PostOrder(後序走訪)方法的程式內容
        public void PostOrder(TreeNode node)
        {
            if (node != null)
            {
                PostOrder(node.left_Node);
                PostOrder(node.right_Node);
                Write((char)node.value);
            }
        }
        // 判斷運算式如何運算的方法宣告內容
        public int Condition(char oprator, int num1, int num2)
        {
            switch (oprator)
            {
                case '*': return (num1 * num2); // 乘法請回傳num1 * num2
                case '/': return (num1 / num2); // 除法請回傳num1 / num2
                case '+': return (num1 + num2); // 加法請回傳num1 + num2
                case '-': return (num1 - num2); // 減法請回傳num1 - num2
                case '%': return (num1 % num2); // 取餘數法請回傳num1 % num2
            }
            return -1;
        }
        // 傳入根節點,用來計算此二元運算樹的值
```

```
        public int Answer(TreeNode node)
        {
            int firstnumber = 0;
            int secondnumber = 0;
            // 遞迴呼叫的出口條件
            if (node.left_Node == null && node.right_Node == null)
                // 將節點的值轉換成數值後傳回
                return Convert.ToInt32((char)node.value) - 48;
            else
            {
                firstnumber = Answer(node.left_Node);
                                                    // 計算左子樹運算式的值
                secondnumber = Answer(node.right_Node);
                                                    // 計算右子樹運算式的值
                return Condition((char)node.value, firstnumber,
secondnumber);
            }
        }
    }
    class Program
    {
        static void Main(string[] args)
        {
            // 將二元運算樹以陣列的方式來宣告
            // 第一筆運算式
            char[] information1 = { ' ', '+', '*', '%', '6', '3', '9', '5' };
            // 第二筆運算式
            char[] information2 = {' ','+','+','+','*','%','/','*',
                                '1','2','3','2','6','3','2','2' };
            Expression_Tree exp1 = new Expression_Tree(information1, 1);
            WriteLine("====二元運算樹數值運算範例 1: ====");
            WriteLine("=================================");
            Write("===轉換成中序運算式===:  ");
            exp1.InOrder(exp1.rootNode);
            Write("\n===轉換成前序運算式===:  ");
            exp1.PreOrder(exp1.rootNode);
            Write("\n===轉換成後序運算式===:  ");
            exp1.PostOrder(exp1.rootNode);
            // 計算二元樹運算式的運算結果
            Write("\n此二元運算樹,經過計算後所得到的結果值: ");
            WriteLine(exp1.Answer(exp1.rootNode));
            // 建立第二棵二元搜尋樹物件
            Expression_Tree exp2 = new Expression_Tree(information2, 1);
```

```
            WriteLine();
            WriteLine("====二元運算樹數值運算範例 2: ====");
            WriteLine("===================================");
            Write("===轉換成中序運算式===:  ");
            exp2.InOrder(exp2.rootNode);
            Write("\n===轉換成前序運算式===:  ");
            exp2.PreOrder(exp2.rootNode);
            Write("\n===轉換成後序運算式===:  ");
            exp2.PostOrder(exp2.rootNode);
            // 計算二元樹運算式的運算結果
            Write("\n此二元運算樹,經過計算後所得到的結果值: ");
            WriteLine(exp2.Answer(exp2.rootNode));
            ReadKey();
        }
    }
}
```

【執行結果】

```
====二元運算樹數值運算範例 1: ====
=================================
===轉換成中序運算式===:  6*3+9%5
===轉換成前序運算式===:  +*63%95
===轉換成後序運算式===:  63*95%+
此二元運算樹,經過計算後所得到的結果值: 22

====二元運算樹數值運算範例 2: ====
=================================
===轉換成中序運算式===:  1*2+3%2+6/3+2*2
===轉換成前序運算式===:  ++*12%32+/63*22
===轉換成後序運算式===:  12*32%+63/22*++
此二元運算樹,經過計算後所得到的結果值: 9
```

6-5 二元樹的進階研究

除了之前所介紹的二元樹走訪方式外，二元樹還具備許多常見的應用，例如二元排序樹、二元搜尋樹、引線二元樹等功能。在本節中，都會詳細為各位說明。

6-5-1　二元排序樹

事實上，二元樹是一種很好的排序應用模式，因為在建立二元樹的同時，資料已經經過初步的比較判斷，並依照二元樹的建立規則來存放資料。規則如下：

1. 第一個輸入資料當做此二元樹的樹根。
2. 之後的資料以遞迴的方式與樹根進行比較，小於樹根置於左子樹，大於樹根置於右子樹。

從上面的規則我們可以知道，左子樹內的值一定小於樹根，而右子樹的值一定大於樹根。因此只要利用「中序走訪」方式就可以得到由小到大排序好的資料，如果是想求由大到小排列，可將最後結果置於堆疊內再 POP 出來。

現在我們示範將一組資料 32、25、16、35、27，建立一棵二元排序樹：

(1)

(2)

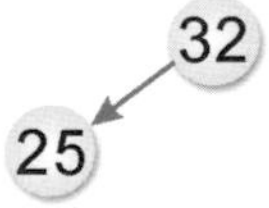

(3)

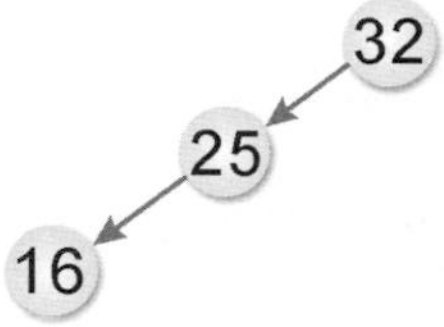

(4)

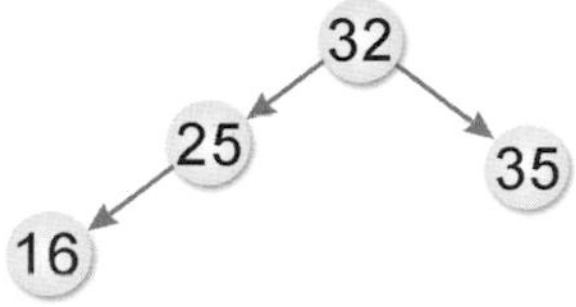

(5)

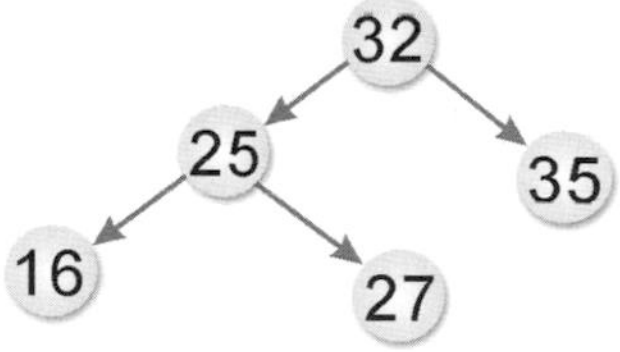

建立完成後，經由中序走訪後，可得 16、25、27、32、35 由小到大的排列。因為在輸入資料的同時就開始建立二元樹，所以在完成資料輸入，並建立二元排序樹後，經由中序走訪，就可以輕鬆完成排序了，請看下面程式範例。

範例程式：BSortTree.sln

```
using static System.Console;//滙入靜態類別

namespace BSortTree
{
    class TreeNode
    {
        public int value;
        public TreeNode left_Node;
        public TreeNode right_Node;

        public TreeNode(int value)
        {
            this.value = value;
            this.left_Node = null;
            this.right_Node = null;
        }
    }
    class BinaryTree
    {
        public TreeNode rootNode;

        public void Add_Node_To_Tree(int value)
        {
            if (rootNode == null)
            {
                rootNode = new TreeNode(value);
                return;
            }
            TreeNode currentNode = rootNode;
            while (true)
            {
                if (value < currentNode.value)
                {
                    if (currentNode.left_Node == null)
                    {
                        currentNode.left_Node = new TreeNode(value);
                        return;
                    }
                    else
                        currentNode = currentNode.left_Node;
                }
                else
```

```
                    {
                        if (currentNode.right_Node == null)
                        {
                            currentNode.right_Node = new TreeNode(value);
                            return;
                        }
                        else
                            currentNode = currentNode.right_Node;
                    }
                }
            }
            public void InOrder(TreeNode node)
            {
                if (node != null)
                {
                    InOrder(node.left_Node);
                    Write("[" + node.value + "] ");
                    InOrder(node.right_Node);
                }
            }

            public void PreOrder(TreeNode node)
            {
                if (node != null)
                {
                    Write("[" + node.value + "] ");
                    PreOrder(node.left_Node);
                    PreOrder(node.right_Node);
                }
            }

            public void PostOrder(TreeNode node)
            {
                if (node != null)
                {
                    PostOrder(node.left_Node);
                    PostOrder(node.right_Node);
                    Write("[" + node.value + "] ");
                }
            }
        }
        class Program
        {
```

```
        static void Main(string[] args)
        {
            int value;
            BinaryTree tree = new BinaryTree();
            Write("請輸入資料，結束請輸入-1： \n");
            while (true)
            {
                value = int.Parse(ReadLine());
                if (value == -1)
                    break;
                tree.Add_Node_To_Tree(value);
            }
            Write("====================: \n");
            Write("排序完成結果: \n");
            tree.InOrder(tree.rootNode);
            WriteLine();
            ReadKey();
        }
    }
}
```

【執行結果】

```
請輸入資料，結束請輸入-1：
52
26
41
85
97
10
-1
====================:
排序完成結果:
[10] [26] [41] [52] [85] [97]
```

範例 6.5.1 我們可利用二元樹依照中序方式做排序處理，請各位依序回答空格部分。

1. 一個二元樹之每一節點（node）至少應含三個欄位，其中一個存資料，另二個分別為______及______，分做______及______之用，設其使用密集串列（Dense list）存放，則須另有一根指標（root），指其開始使用。

2. 試將 32、24、57、28、10、43、72、62，依中序方式存入可放 10 個節點（node）之 list 內，試畫出其結果，畫出方式為何？
3. 若插入資料為 30，試寫出其相關動作與位置變化。
4. 若刪除資料為 32，試寫出其相關動作與位置變化。（高考、研究所試題）

解答 1. 左鏈結、右鏈結、指向左節點、指向右節點

2.

root=1	left	data	right
1	2	32	3
2	4	24	5
3	6	57	7
4	0	10	0
5	0	28	0
6	0	43	0
7	8	72	0
8	0	62	0
9			
10			

3.

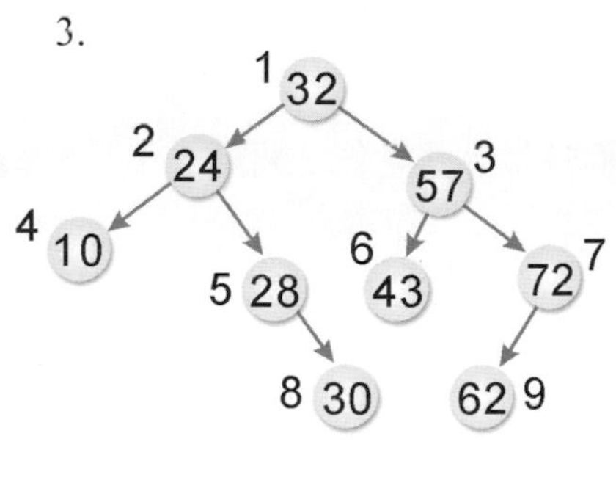

root=1	left	data	right
1	2	32	3
2	4	24	5
3	6	57	7
4	0	10	0
5	0	28	8
6	0	43	0
7	9	72	0
8	0	30	0
9	0	62	0
10			

4.

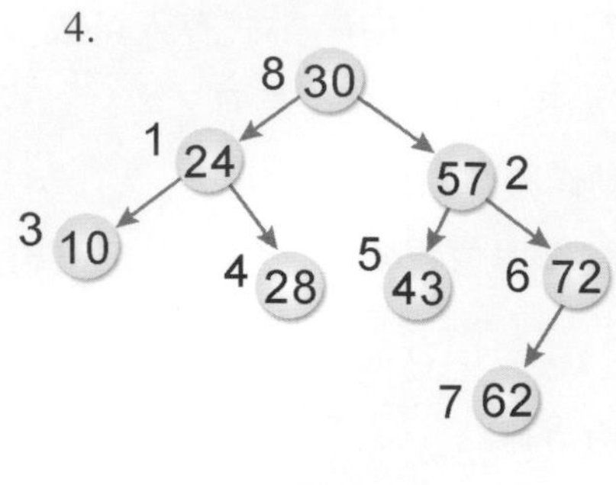

root=8	left	data	right
1	3	24	4
2	5	57	6
3	0	10	0
4	0	28	0
5	0	43	0
6	7	72	0
7	0	62	0
8	1	30	2
9			
10			

6-5-2 二元搜尋樹

如果一個二元樹符合「每一個節點的資料大於左子節點且小於右子節點」，這棵樹便稱為二分樹。因為二分樹方便用來排序及搜尋，包括二元排序樹或二元搜尋樹都是二分樹的一種。當建立一棵二元排序樹之後，接著也要清楚如何在一排序樹中搜尋一筆資料。事實上，二元搜尋樹或二元排序樹可以說是一體兩面，沒有分別。

二元搜尋樹 T 具有以下特點：

1. 可以是空集合，但若不是空集合，則節點上一定要有一個鍵值。
2. 每一個樹根的值需大於左子樹的值。
3. 每一個樹根的值需小於右子樹的值。
4. 左右子樹也是二元搜尋樹。
5. 樹的每個節點值都不相同。

基本上，只要懂二元樹的排序就可以理解二元樹的搜尋。只需在二元樹中比較樹根及欲搜尋的值，再依左子樹 < 樹根 < 右子樹的原則走訪二元樹，就可找到打算搜尋的值。

接著我們來實作一個二元搜尋樹的搜尋程式，首先建立一個二元搜尋樹，並輸入要尋找的值。如果節點中有相等的值，會顯示出搜尋的次數。如果找不到這個值，也會顯示訊息。

範例程式：BS01.sln

```
using static System.Console;//滙入靜態類別

namespace BS01
{
    class TreeNode
    {
        public int value;
        public TreeNode left_Node;
        public TreeNode right_Node;

        public TreeNode(int value)
        {
            this.value = value;
            this.left_Node = null;
            this.right_Node = null;
        }
    }
    class BinarySearch
    {
        public TreeNode rootNode;
        public static int count = 1;
        public void Add_Node_To_Tree(int value)
        {
            if (rootNode == null)
            {
                rootNode = new TreeNode(value);
                return;
            }
            TreeNode currentNode = rootNode;
            while (true)
            {
                if (value < currentNode.value)
                {
                    if (currentNode.left_Node == null)
                    {
                        currentNode.left_Node = new TreeNode(value);
```

```
                        return;
                    }
                    else
                        currentNode = currentNode.left_Node;
                }
                else
                {
                    if (currentNode.right_Node == null)
                    {
                        currentNode.right_Node = new TreeNode(value);
                        return;
                    }
                    else
                        currentNode = currentNode.right_Node;
                }
            }
        }

        public bool FindTree(TreeNode node, int value)
        {
            if (node == null)
            {
                return false;
            }
            else if (node.value == value)
            {
                Write("共搜尋" + count + "次\n");
                return true;
            }
            else if (value < node.value)
            {
                count += 1;
                return FindTree(node.left_Node, value);
            }
            else
            {
                count += 1;
                return FindTree(node.right_Node, value);
            }
        }

    }
    class Program
    {
```

```
        static void Main(string[] args)
        {
            int i, value;
            int[] arr = { 7, 4, 1, 5, 13, 8, 11, 12, 15, 9, 2 };
            Write("原始陣列內容: \n");
            for (i = 0; i < 11; i++)
                Write("[" + arr[i] + "] ");
            WriteLine();
            BinarySearch tree = new BinarySearch();
            for (i = 0; i < 11; i++) tree.Add_Node_To_Tree(arr[i]);
            Write("請輸入搜尋值： ");
            value = int.Parse(ReadLine());
            if (tree.FindTree(tree.rootNode, value))
                Write("您要找的值 [" + value + "] 有找到!!\n");
            else
                Write("抱歉，沒有找到 \n");

            ReadKey();
        }
    }
}
```

【執行結果】

```
原始陣列內容:
[7] [4] [1] [5] [13] [8] [11] [12] [15] [9] [2]
請輸入搜尋值： 12
共搜尋5次
您要找的值 [12] 有找到!!
```

以上程式的二元搜尋樹有如下的結構：

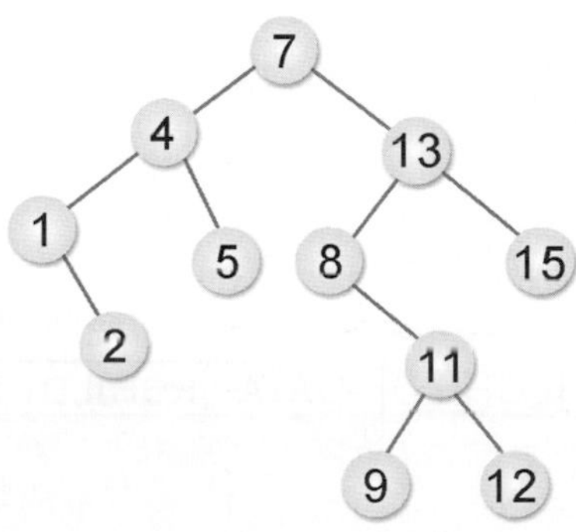

範例 **6.5.2** 關於二元搜尋樹（binary search tree）的敘述，何者為非？

(a) 二元搜尋樹是一棵完整二元樹（complete binary tree）

(b) 可以是歪斜樹（skewed binary tree）

(c) 一節點最多只有兩個子節點（child node）

(d) 一節點的左子節點的鍵值不會大於右節點的鍵值。

解答 (a)

6-5-3 引線二元樹

雖然我們把樹化為二元樹可減少空間的浪費由 2/3 降低到 1/2，但是如果各位讀者仔細觀察之前我們使用鏈結串列建立的 n 節點二元樹，實際上用來指向左右兩節點的指標只有 n-1 個鏈結，另外的 n+1 個指標都是空鏈結。

所謂「引線二元樹」（Threaded Binary Tree）就是把這些空的鏈結加以利用，再指到樹的其他節點，而這些鏈結就稱為「引線」（thread），而這棵樹就稱為引線二元樹（Threaded Binary Tree）。至於將二元樹轉換為引線二元樹的步驟如下：

1. 先將二元樹經由中序走訪方式依序排出，並將所有空鏈結改成引線。
2. 如果引線鏈結是指向該節點的左鏈結，則將該引線指到中序走訪順序下前一個節點。
3. 如果引線鏈結是指向該節點的右鏈結，則將該引線指到中序走訪順序下的後一個節點。
4. 指向一個空節點，並將此空節點的右鏈結指向自己，而空節點的左子樹是此引線二元樹。

引線二元樹的基本結構如下：

LBIT	LCHILD	DATA	RCHILD	RBIT

LBIT：左控制位元

LCHILD：左子樹鏈結

DATA：節點資料

RCHILD：右子樹鏈結

RBIT：右控制位元

和鏈結串列所建立的二元樹不同是在於，為了區別正常指標或引線而加入的兩個欄位：LBIT 及 RBIT。

如果 LCHILD 為正常指標，則 LBIT=1

如果 LCHILD 為引線，則 LBIT=0

如果 RCHILD 為正常指標，則 RBIT=1

如果 RCHILD 為引線，則 RBIT=0

至於節點的宣告方式如下：

```
class ThreadedNode
{
    int data,lbit,rbit;
    ThreadedNOde lchild;
    ThreadedNode rchild;
    //建構子
    public ThreadedNode(int data,int lbit,int rbit)
    {
        初始化程式碼
    }
}
```

接著我們來練習如何將下圖二元樹轉為引線二元樹：

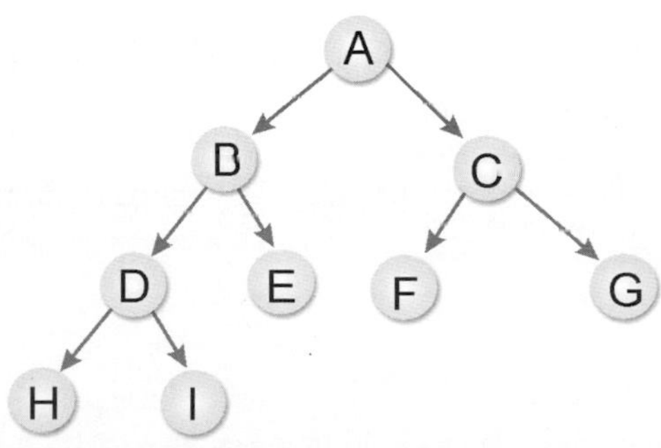

步驟 1　以中序追蹤二元樹：HDIBEAFCG

步驟 2　找出相對應的引線二元樹，並按照 HDIBEAFCG 順序求得下圖：

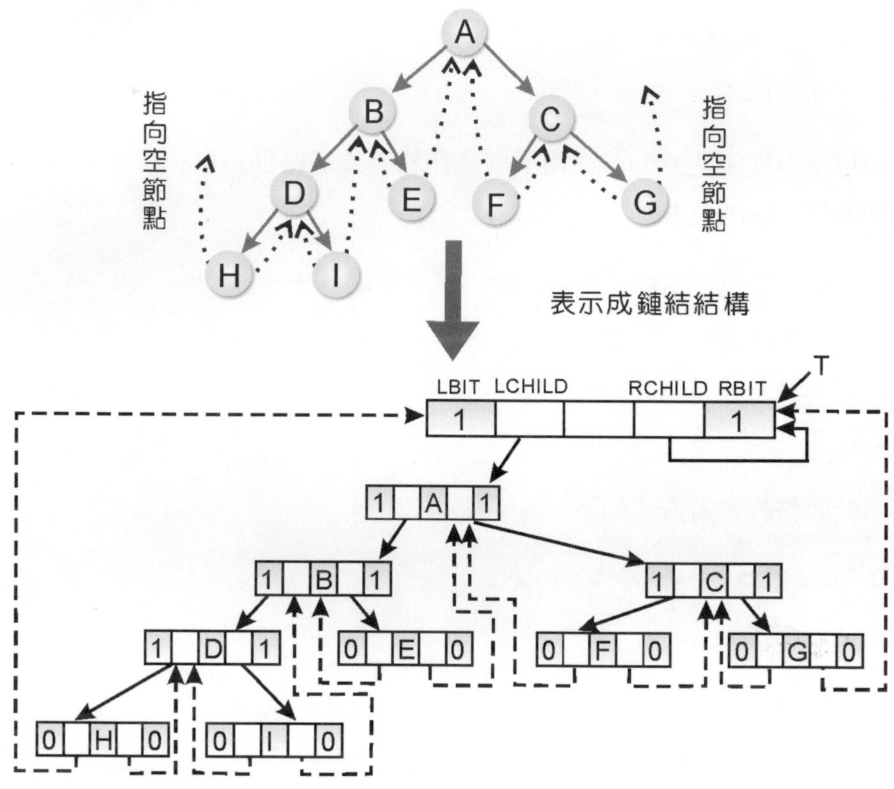

以下整理出使用引線二元樹的優缺點：

優點：

1. 在二元樹做中序走訪時，不需要使用堆疊處理，但一般二元樹卻需要。
2. 由於充份使用空鏈結，所以避免了鏈結閒置浪費的情形。另外中序走訪時的速度也較快，節省不少時間。
3. 任一個節點都容易找出它的中序後繼者與中序前行者，在中序走訪時可以不需使用堆疊或遞迴。

缺點：

1. 在加入或刪除節點時的速度較一般二元樹慢。
2. 引線子樹間不能共享。

以下程式是利用引線二元樹來追蹤某一節點 X 的中序前行者與中序後續者。

範例程式：**Thread.sln**

```
using static System.Console;//匯入靜態類別

namespace Thread
{
    //引線二元樹中的節點宣告
    class ThreadNode
    {
        public int value;
        public int left_Thread;
        public int right_Thread;
        public ThreadNode left_Node;
        public ThreadNode right_Node;
        // TreeNode建構子
        public ThreadNode(int value)
        {
            this.value = value;
            this.left_Thread = 0;
            this.right_Thread = 0;
            this.left_Node = null;
            this.right_Node = null;
        }
    }
    //引線二元樹的類別宣告
    class Threaded_Binary_Tree
    {
        public ThreadNode rootNode; //引線二元樹的根節點

        //無傳入參數的建構子
        public Threaded_Binary_Tree()
        {
            rootNode = null;
```

```
        }

        //建構子:建立引線二元樹,傳入參數為一陣列
        //陣列中的第一筆資料是用來建立引線二元樹的樹根節點
        public Threaded_Binary_Tree(int[] data)
        {
            for (int i = 0; i < data.Length; i++)
                Add_Node_To_Tree(data[i]);
        }
        //將指定的值加入到二元引線樹
        void Add_Node_To_Tree(int value)
        {
            ThreadNode newnode = new ThreadNode(value);
            ThreadNode current;
            ThreadNode parent;
            ThreadNode previous = new ThreadNode(value);
            int pos;
            //設定引線二元樹的開頭節點
            if (rootNode == null)
            {
                rootNode = newnode;
                rootNode.left_Node = rootNode;
                rootNode.right_Node = null;
                rootNode.left_Thread = 0;
                rootNode.right_Thread = 1;
                return;
            }
            //設定開頭節點所指的節點
            current = rootNode.right_Node;
            if (current == null)
            {
                rootNode.right_Node = newnode;
                newnode.left_Node = rootNode;
                newnode.right_Node = rootNode;
                return;
            }
            parent = rootNode; //父節點是開頭節點
            pos = 0; //設定二元樹中的行進方向
            while (current != null)
            {
                if (current.value > value)
                {
                    if (pos != -1)
```

```
                    {
                        pos = -1;
                        previous = parent;
                    }
                    parent = current;
                    if (current.left_Thread == 1)
                        current = current.left_Node;
                    else
                        current = null;
                }
                else
                {
                    if (pos != 1)
                    {
                        pos = 1;
                        previous = parent;
                    }
                    parent = current;
                    if (current.right_Thread == 1)
                        current = current.right_Node;
                    else
                        current = null;
                }
            }
            if (parent.value > value)
            {
                parent.left_Thread = 1;
                parent.left_Node = newnode;
                newnode.left_Node = previous;
                newnode.right_Node = parent;
            }
            else
            {
                parent.right_Thread = 1;
                parent.right_Node = newnode;
                newnode.left_Node = parent;
                newnode.right_Node = previous;
            }
            return;
        }
        //引線二元樹中序走訪
        public void Print()
        {
```

```
            ThreadNode tempNode;
            tempNode = rootNode;
            do
            {
                if (tempNode.right_Thread == 0)
                    tempNode = tempNode.right_Node;
                else
                {
                    tempNode = tempNode.right_Node;
                    while (tempNode.left_Thread != 0)
                        tempNode = tempNode.left_Node;
                }
                if (tempNode != rootNode)
                    WriteLine("[" + tempNode.value + "]");
            } while (tempNode != rootNode);
        }
    }
    class Program
    {
        static void Main(string[] args)
        {
            WriteLine("引線二元樹經建立後,以中序追蹤能有排序的效果");
            WriteLine("除了第一個數字作為引線二元樹的開頭節點外");
            int[] data1 = { 0, 10, 20, 30, 100, 399, 453, 43, 237, 373, 655 };
            Threaded_Binary_Tree tree1 = new Threaded_Binary_Tree(data1);
            WriteLine("====================================");
            WriteLine("範例 1 ");
            WriteLine("數字由小到大的排序順序結果為: ");
            tree1.Print();
            int[] data2 = { 0, 101, 118, 87, 12, 765, 65 };
            Threaded_Binary_Tree tree2 = new Threaded_Binary_Tree(data2);
            WriteLine("====================================");
            WriteLine("範例 2 ");
            WriteLine("數字由小到大的排序順序結果為: ");
            tree2.Print();
            ReadKey();
        }
    }
}
```

【執行結果】

```
引線二元樹經建立後,以中序追蹤能有排序的效果
除了第一個數字作為引線二元樹的開頭節點外
=====================================
範例 1
數字由小到大的排序順序結果為:
[10]
[20]
[30]
[43]
[100]
[237]
[373]
[399]
[453]
[655]
=====================================
範例 2
數字由小到大的排序順序結果為:
[12]
[65]
[87]
[101]
[118]
[765]
```

6-6 樹的二元樹表示法

在前面小節介紹了許多關於二元樹的操作，然而二元樹只是樹狀結構的特例，廣義的樹狀結構其父節點可擁有多個子節點，我們姑且將這樣的樹稱為多元樹。由於二元樹的鏈結浪費率最低，因此如果把樹轉換為二元樹來操作，就會增加許多操作上的便利。步驟相當簡單，請看以下的說明。

6-6-1 樹化為二元樹

對於將一般樹狀結構轉化為二元樹，使用的方法稱為「CHILD-SIBLING」（leftmost-child-next-right-sibling）法則。以下是其執行步驟：

1. 將節點的所有兄弟節點，用平行線連接起來。
2. 刪掉所有與子點間的鏈結，只保留與最左子點的鏈結。
3. 順時針轉 45°。

請各位讀者依照底下的範例實作一次，就可以有更清楚的認識。

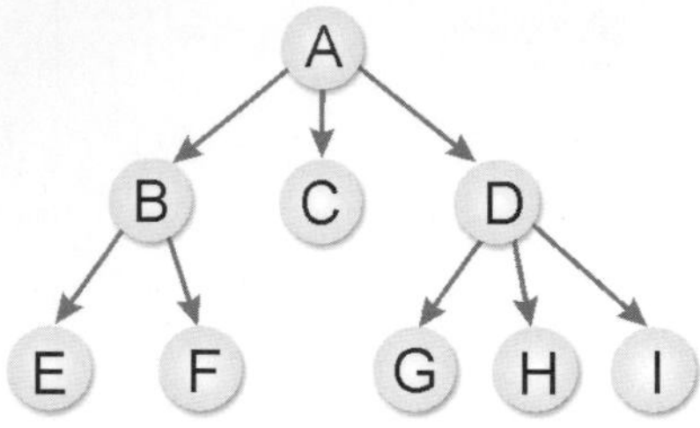

步驟 1 將樹的各階層兄弟用平行線連接起來。

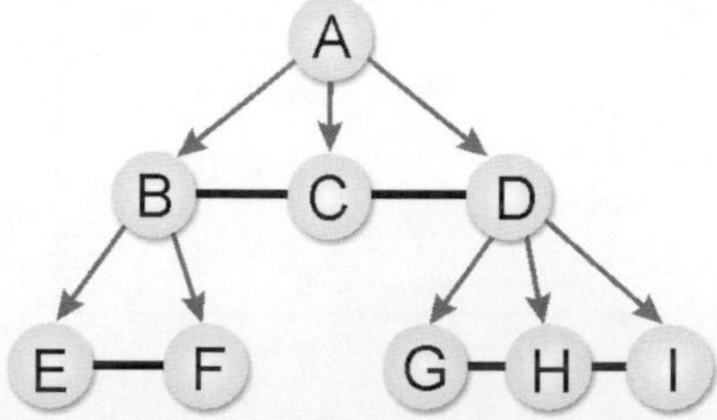

步驟 2 刪掉所有子節點間的連結，只留最左邊的父子節點。

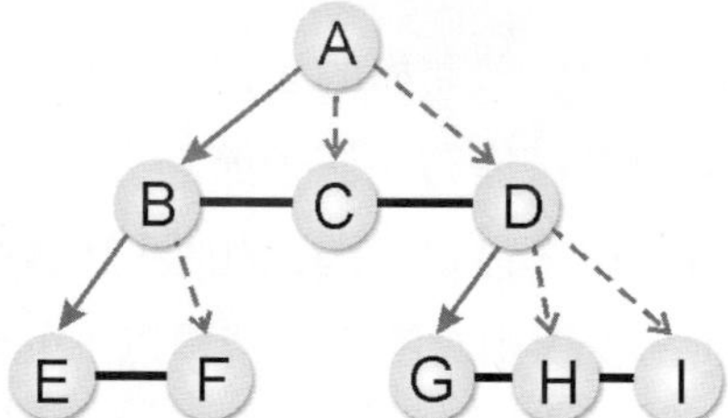

步驟 3 順時鐘轉 45 度。

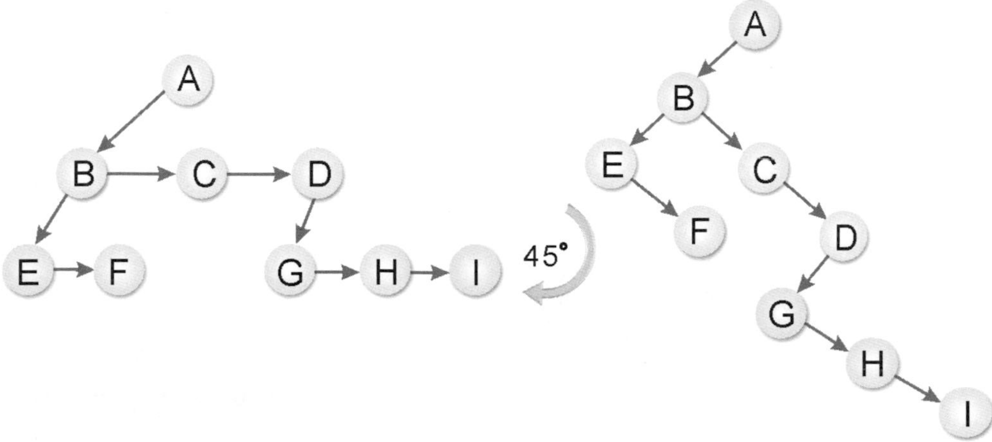

二元樹轉換成樹

既然樹可化為二元樹，當然也可以將二元樹轉換成樹。如下圖所示：

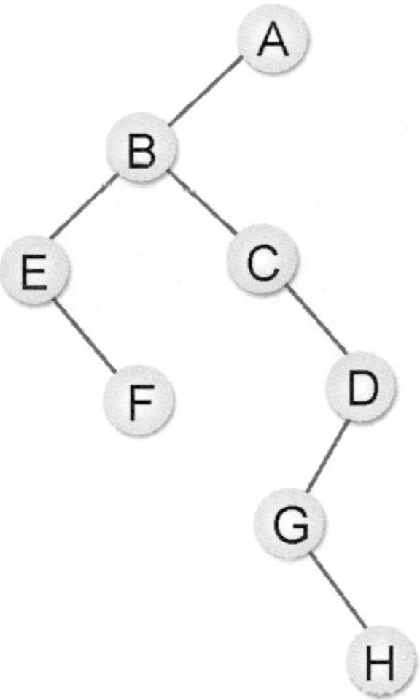

這就是樹化為二元樹的反向步驟，方法也很簡單。首先是逆時針旋轉 45 度，如下圖所示：

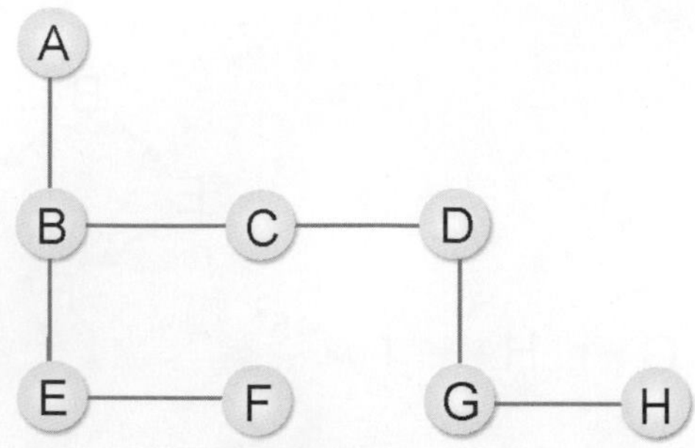

另外由於 (ABE)(DG) 左子樹代表父子關係，而 (BCD)(EF)(GH) 右子樹代表兄弟關係：

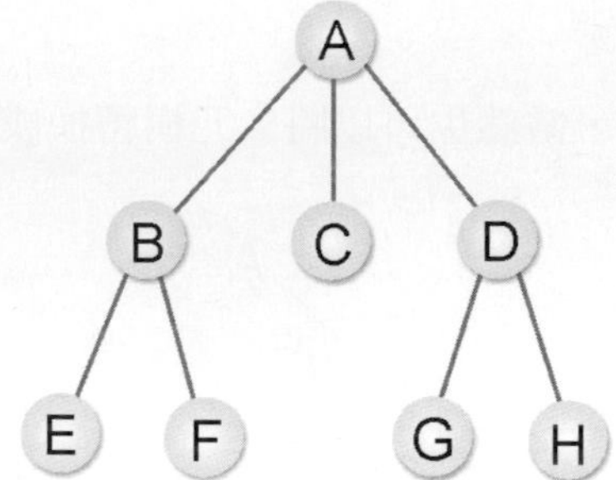

範例 6.6.1 將下圖樹化為二元樹

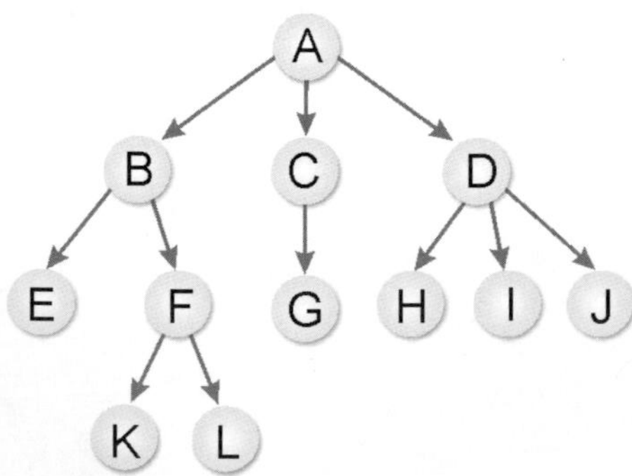

解答 1. 將樹的各階層兄弟用平行線連接起來。

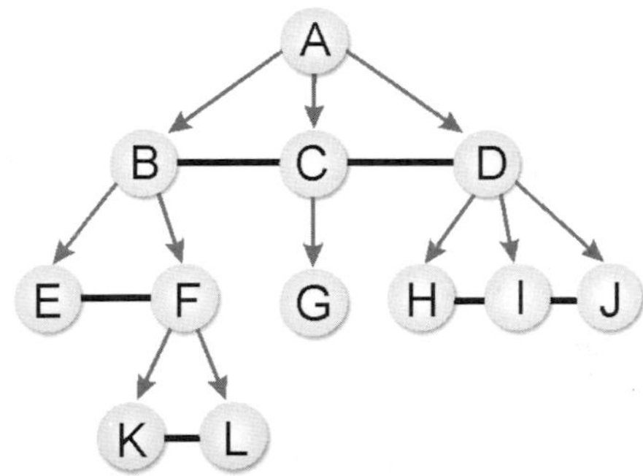

2. 刪除掉所有子節點間的連結，只保留最左邊的子節點。

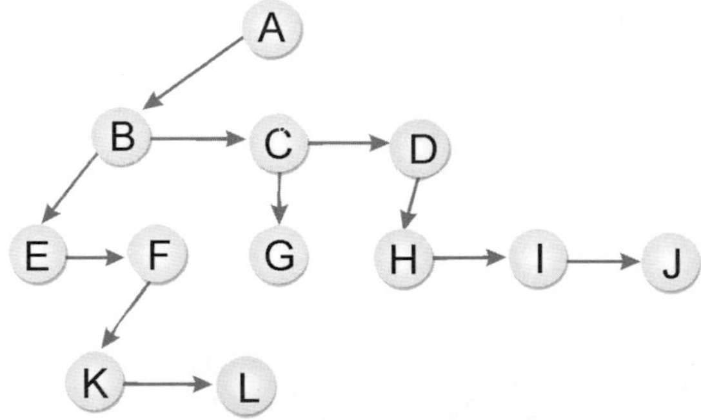

3. 順時針旋轉 45 度。

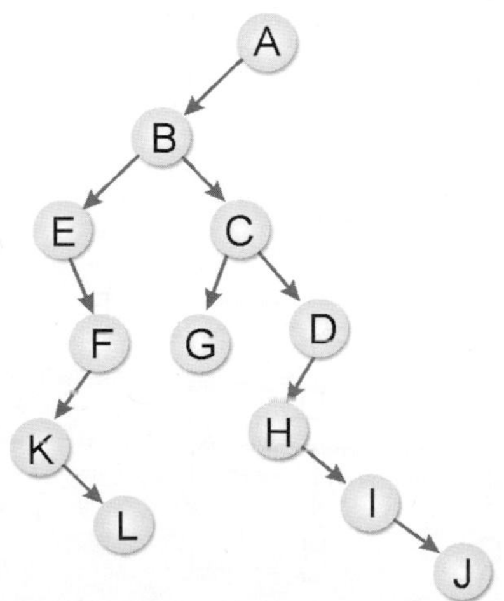

6-6-2 樹林化為二元樹

除了一棵樹可以轉化為二元樹外，其實好幾棵樹所形成的樹林也可以轉化成二元樹，步驟也很類似，如下所示：

1. 由左至右將每棵樹的樹根（root）連接起來。
2. 仍然利用樹化為二元樹的方法操作。

接著我們以下圖樹林為範例為各位解說：

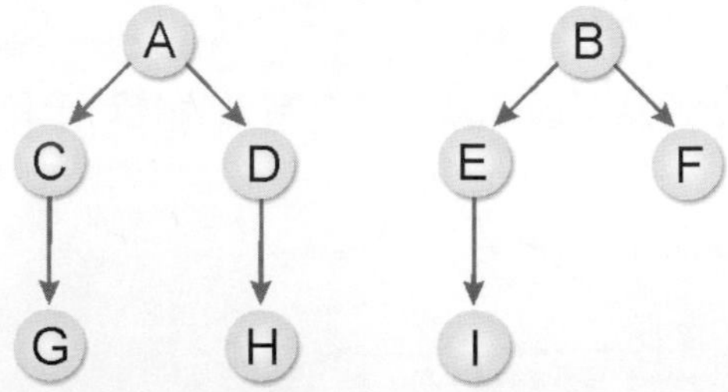

步驟 1 將各樹的樹根由左至右連接。

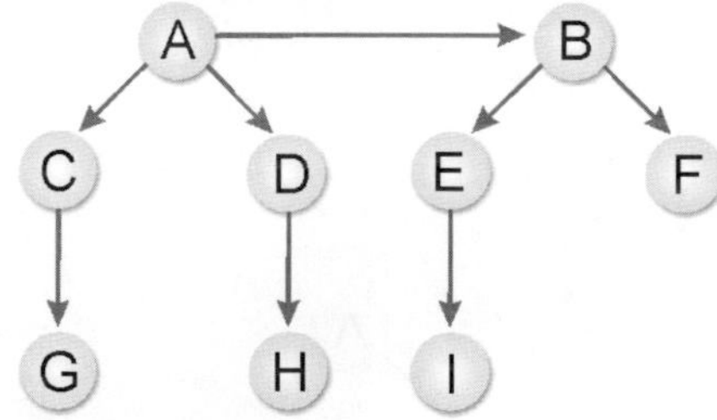

步驟 2 利用樹化為二元樹的原則。

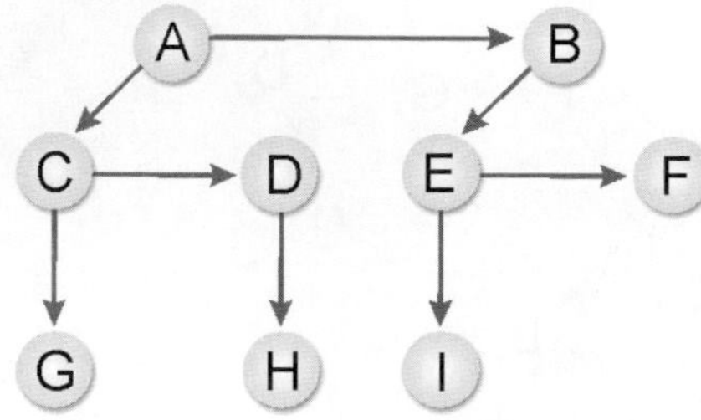

步驟 3 順時針旋轉 45 度。

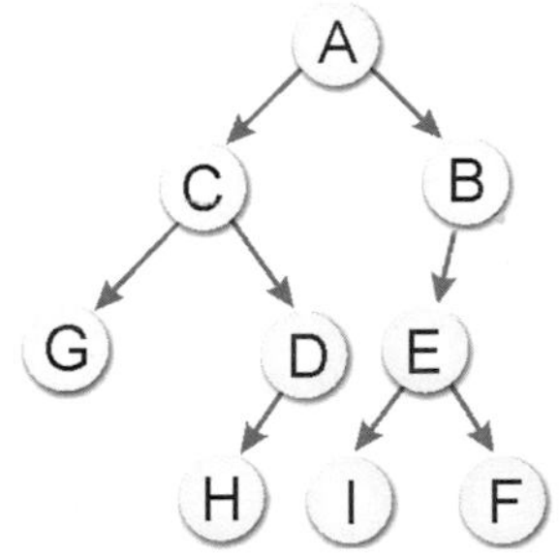

二元樹轉換成樹林

二元樹轉換成樹林的方法則是依照樹林轉化為二元樹的方法倒推回去，例如下圖二元樹：

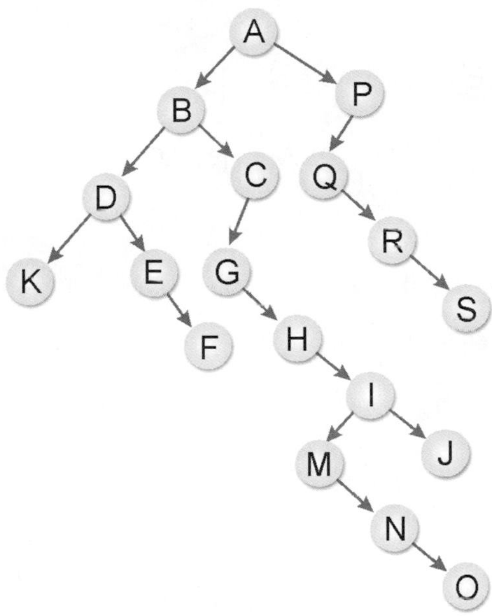

首先請各位把原圖逆時旋轉 45 度。

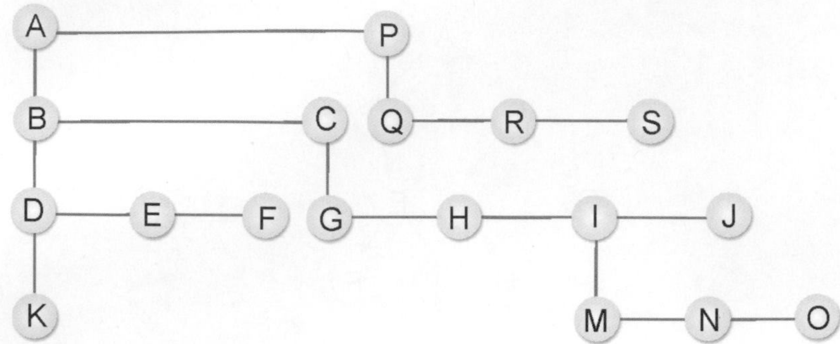

再依照左子樹為父子關係，右子樹為兄弟關係的原則。逐步劃分：

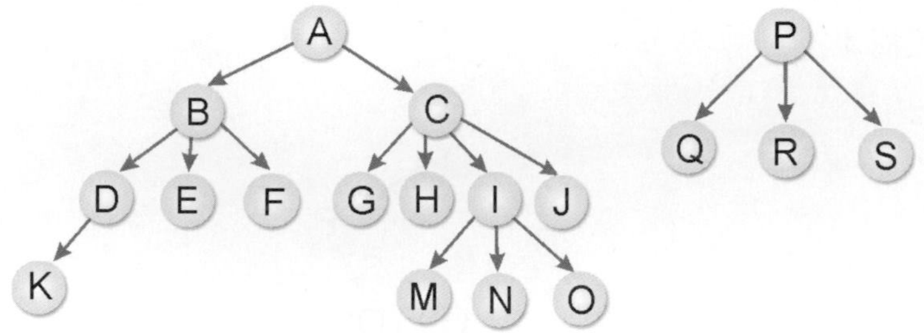

6-6-3 樹與樹林的走訪

除了二元樹的走訪可以有中序走訪、前序走訪與後序走訪三種方式外，樹與樹林的走訪也是這三種。但方法略有差異，底下我們將提出範例為您說明：

假設樹根為 R，且此樹有 n 個節點，並可分成如下圖的 m 個子樹：分別是 $T_1,T_2,T_2 \cdots T_m$：

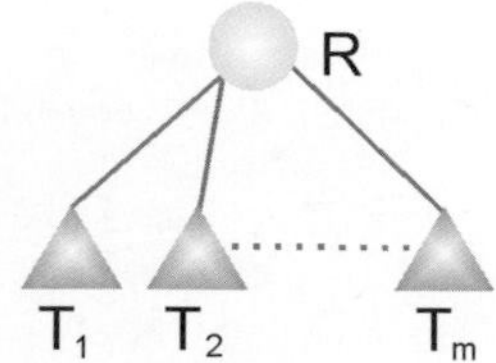

而三種走訪方式的步驟如下：

中序走訪（Inorder traversal）

① 以中序法走訪 T_1。

② 拜訪樹根 R。

③ 再以中序法追蹤 $T_2,T_3,\cdots T_m$。

前序走訪（Preorder traversal）

① 拜訪樹根 R。

② 再以前序法依次拜訪 $T_1,T_2,T_3,\cdots T_m$。

後序走訪（Postorder traversal）

① 以後序法依次拜訪 $T_1,T_2,T_3,\cdots T_m$。

② 拜訪樹根 R。

至於樹林的走訪方式則由樹的走訪衍生過來，步驟如下：

中序走訪（Inorder traversal）

① 如果樹林為空，則直接返回。

② 以中序走訪第一棵樹的子樹群。

③ 中序走訪樹林中第一棵樹的樹根。

④ 依中序法走訪樹林中其它的樹。

前序走訪（Preorder traversal）

① 如果樹林為空，則直接返回。

② 走訪樹林中第一棵樹的樹根。

③ 以前序走訪第一棵樹的子樹群。

④ 以前序法走訪樹林中其它的樹。

後序走訪（Postorder traversal）

① 如果樹林為空，則直接返回。

② 以後序走訪第一棵樹的子樹。

③ 以後序法走訪樹林中其它的樹。

④ 走訪樹林中第一棵樹的樹根。

範例 6.6.2 將下列樹林轉換成二元樹，並分別求出轉換前樹林與轉換後二元樹的中序、前序與後序走訪結果。

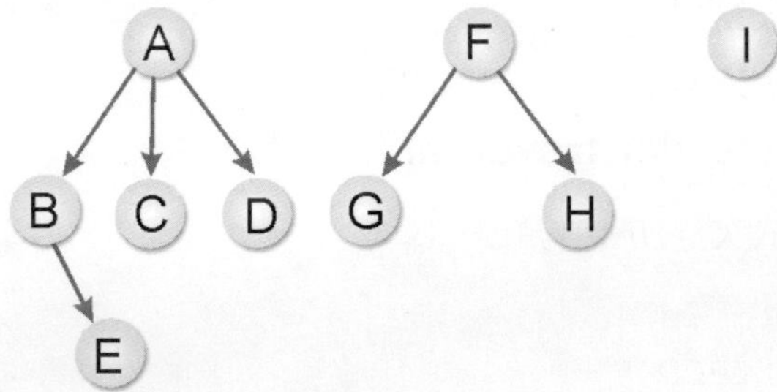

解答

步驟 1

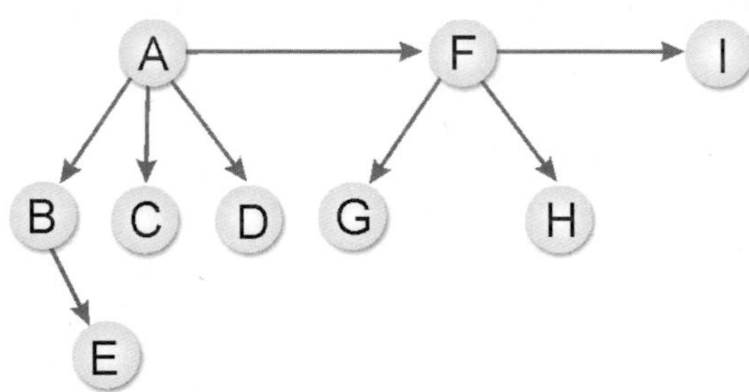

步驟 2

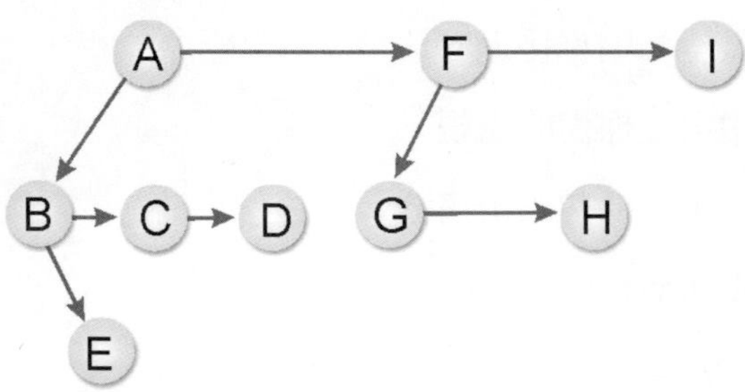

步驟 3

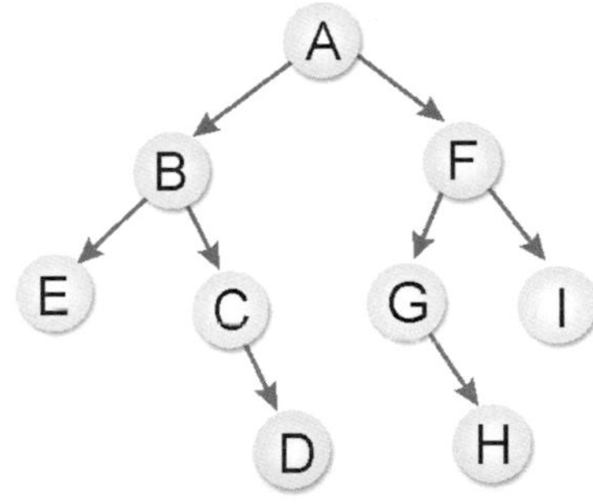

樹林走訪

① 中序走訪：EBCDAGHFI

② 前序走訪：ABECDFGHI

③ 後序走訪：EBCDGHIFA

二元樹走訪

① 中序走訪：EBCDAGHFI

② 前序走訪：ABECDFGHI

③ 後序走訪：EDCBHGIFA

（請注意！轉換前後的後序走訪結果不同）

範例 **6.6.3** 求下圖樹根轉換成二元樹前後的中序、前序與後序走訪結果。

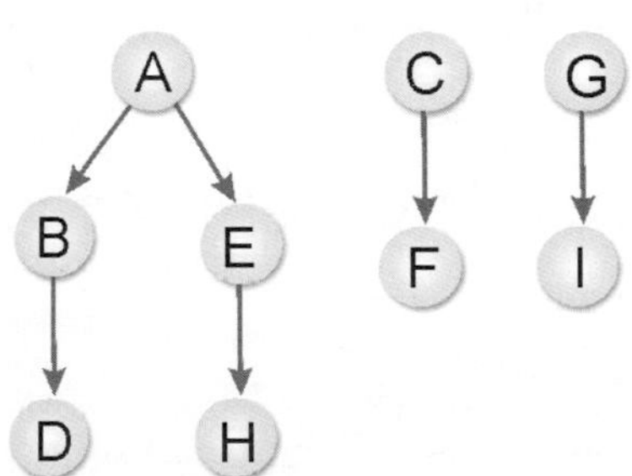

解答 樹林走訪：

① 中序走訪：DBHEAFCIG

② 前序走訪：ABDEHCFGI

③ 後序走訪：DHEBFIGCA

轉換為二元樹如下圖：

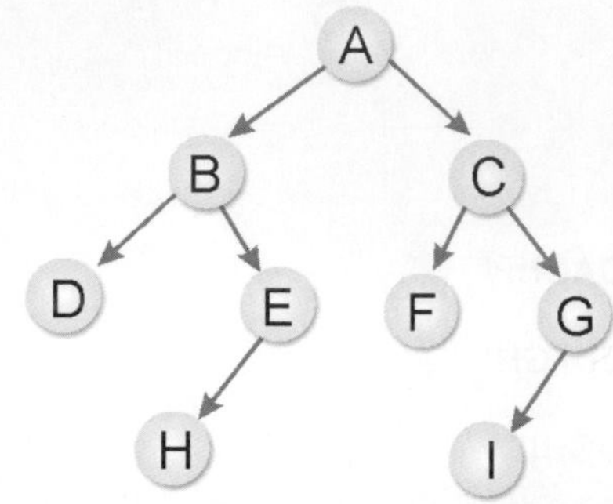

二元樹走訪：

① 中序走訪：DBHEAFCIG

② 前序走訪：ABDEHCFGI

③ 後序走訪：DHEBFIGCA

6-6-4 決定唯一二元樹

在二元樹的三種走訪方法中，如果有中序與前序的走訪結果或者中序與後序的走訪結果，可由這些結果求得唯一的二元樹。不過如果只具備前序與後序的走訪結果就無法決定唯一二元樹。

我們馬上來示範一個範例。例如二元樹的中序走訪為 BAEDGF，前序走訪為 ABDEFG。請畫出此唯一的二元樹。

中序走訪：左子樹 樹根 右子樹

前序走訪：樹根 左子樹 右子樹

1.

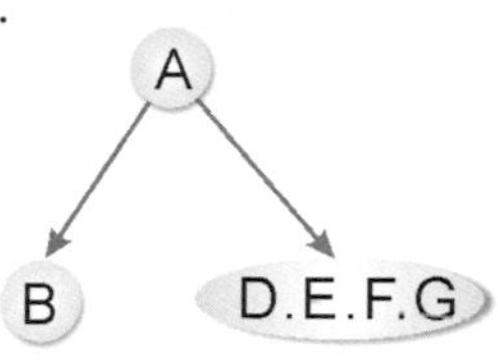

D 為右子樹的節點

2.

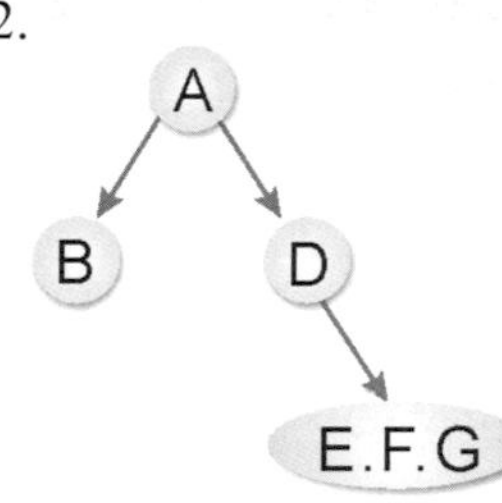

3.

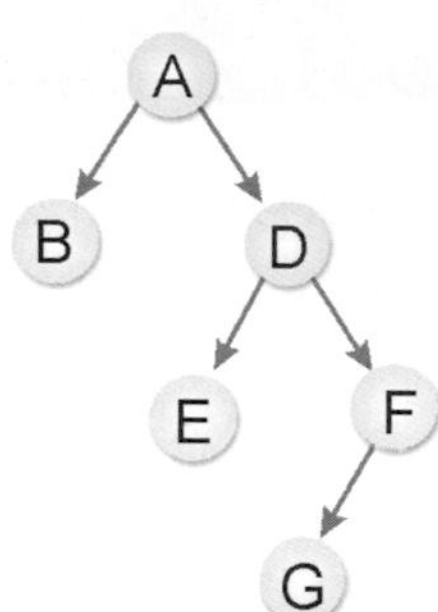

範例 **6.6.4** 某二元樹的中序走訪為 HBJAFDGCE，後序走訪為 HJBFGDECA，請繪出此二元樹。

解答 中序走訪：左子樹 樹根 右子樹

後序走訪：左子樹 右子樹 樹根

1.

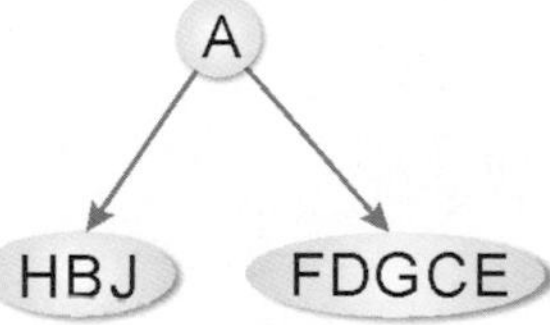

2.

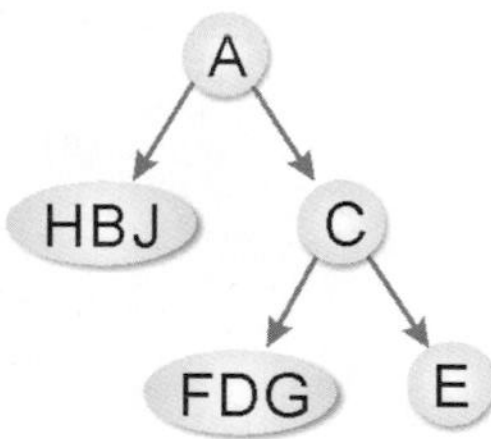

3.

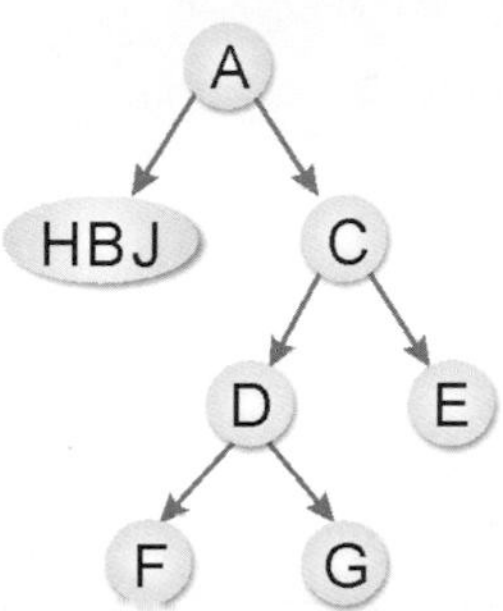

4.

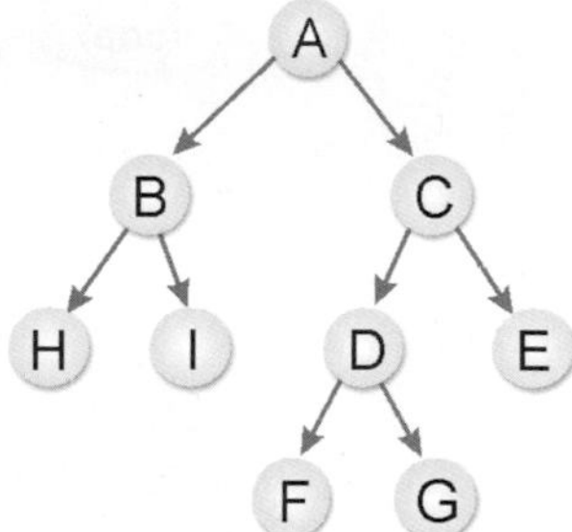

6-7 最佳化二元搜尋樹

之前我們說明過，如果一個二元樹符合「每一個節點的資料大於左子節點且小於右子節點」，這棵樹便具有二元搜尋樹的特質。而所謂的最佳化二元搜尋樹，簡單的說，就是在所有可能的二元搜尋樹中，有最小搜尋成本的二元樹。

6-7-1 延伸二元樹

至於什麼叫做最小搜尋成本呢？就讓我們先從延伸二元樹（Extension Binary Tree）談起。任何一個二元樹中，若具有 n 個節點，則有 n-1 個非空鏈結及 n+1 個空鏈結。如果在每一個空鏈結加上一個特定節點，則稱為外節點，其餘的節點稱為內節點，且定義此種樹為「延伸二元樹」，另外定義外徑長＝所有外節點到樹根距離的總和，內徑長＝所有內節點到樹根距離的總和。我們將以下例來說明 (a)(b) 兩圖，它們的延伸二元樹繪製：

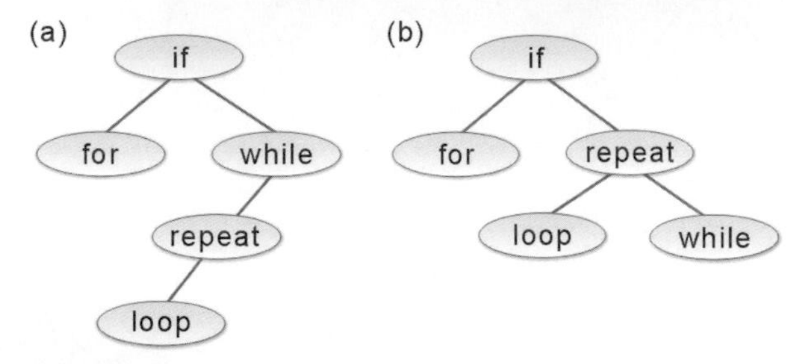

：代表外部節點

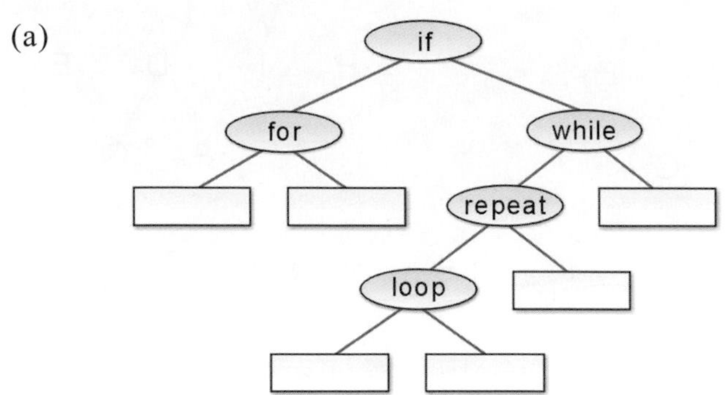

外徑長：(2+2+4+4+3+2)=17

內徑長：(1+1+2+3)=7

(b)

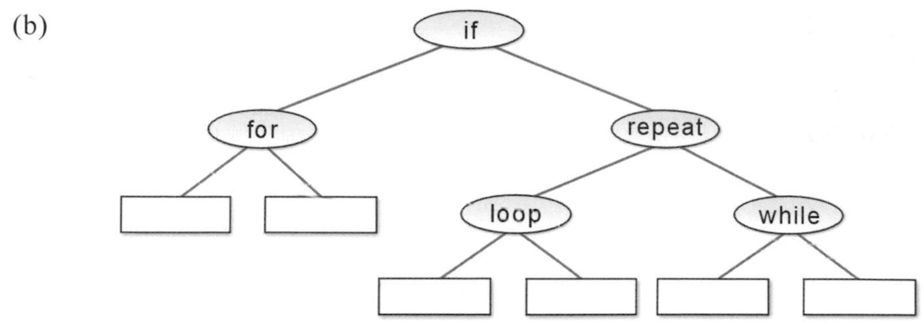

外徑長：(2+2+3+3+3+3)=16

內徑長：(1+1+2+2)=6

以上 (a)、(b) 二圖為例，如果每個外部節點有加權值（例如搜尋機率等），則外徑長必須考慮相關加權值，或稱為加權外徑長，以下將討論 (a)、(b) 的加權外徑長：

- **對 (a) 來說**：2×3+4×3+5×2+15×1=43

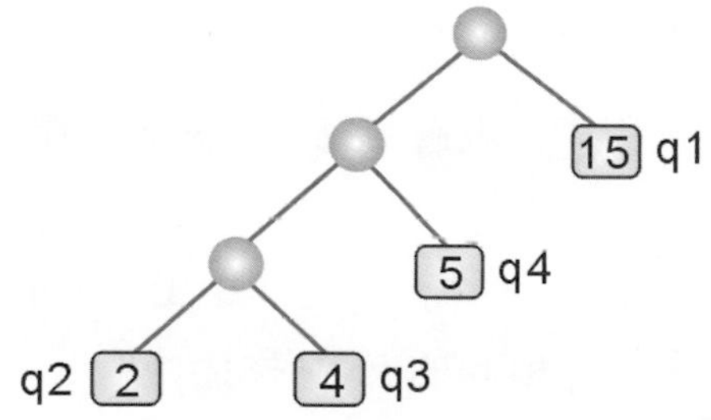

- **對 (b) 來說**：2×2+4×2+5×2+15×2=52

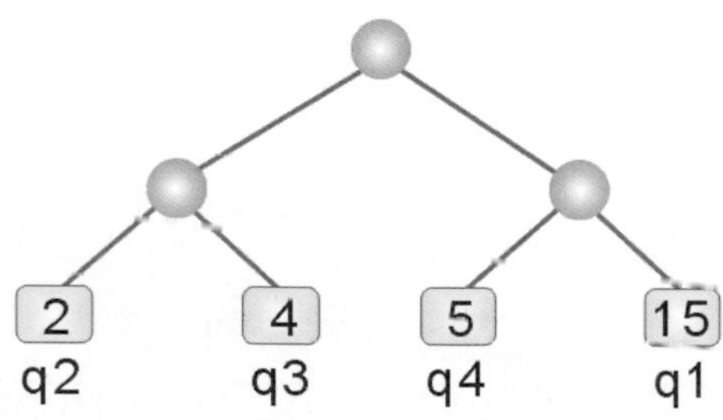

6-7-2 霍夫曼樹

霍夫曼樹（Huffman Tree）經常用於處理資料壓縮與編碼的問題，由美國麻省理工學院的電腦科學家大衛 · 霍夫曼在 1952 年提出，可以根據資料出現的頻率來建構的二元樹。例如，資料的儲存和傳輸是資料處理的二個重要領域，兩者皆和資料量的大小息息相關，霍夫曼編碼首先會使用字元出現的頻率建立一棵樹，通常用於壓縮重複率比較高的字元資料，而霍夫曼樹是很適合用來進行資料壓縮的演算法。

我們知道兩個節點的路徑長度是從一個節點到另一個節點所經過的「邊」數量，樹的每一個節點，都可以擁有自己的「權重」（Weight），權重在不同的演算法當中可以起到不同的作用，如果現在有 n 個權值（$q_1,q_2\cdots q_n$），且構成一個有 n 個節點的二元樹，每個節點外部節點權值為 q_i，則加權徑長度最小的就稱為「最佳化二元樹」或「霍夫曼樹」（Huffman Tree）。對上一小節中，(a)、(b) 二元樹而言，(a) 就是二者的最佳化二元樹。接下來我們將說明，對一含權值的串列，該如何求其最佳化二元樹，步驟如下：

1. 產生兩個節點，對資料中出現過的每一元素各自產生一樹葉節點，並賦予樹葉節點該元素之出現頻率。
2. 令 N 為 T_1 和 T_2 的父親節點，T_1 和 T_2 是 T 中出現頻率最低的兩個節點，令 N 節點的出現頻率等於 T_1 和 T_2 的出頻率總和。
3. 消去步驟的兩個節點，插入 N，再重複步驟 1。

我們將利用以上的步驟來實作求取霍夫曼樹的過程，假設現在有五個字母 BDACE 的頻率分別為 0.09、0.12、0.19、0.21 和 0.39，請說明霍夫曼樹建構之過程：

步驟 1 取出最小的 0.09 和 0.12，合併成另一棵新的二元樹，其根節點的頻率為 0.21：

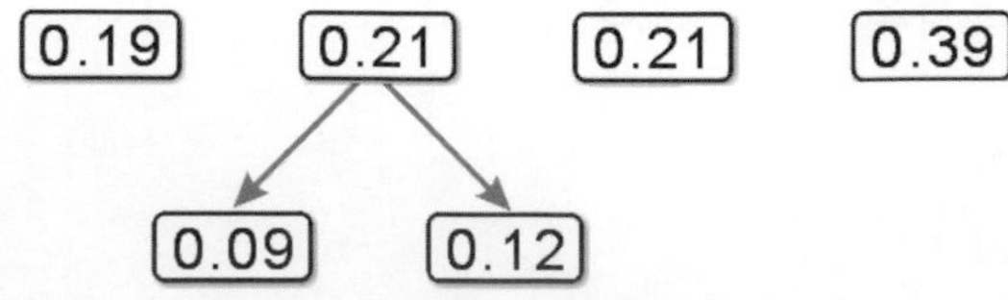

步驟 2 再取出 0.19 和 0.21 合併後，得到 0.40 的新二元樹；

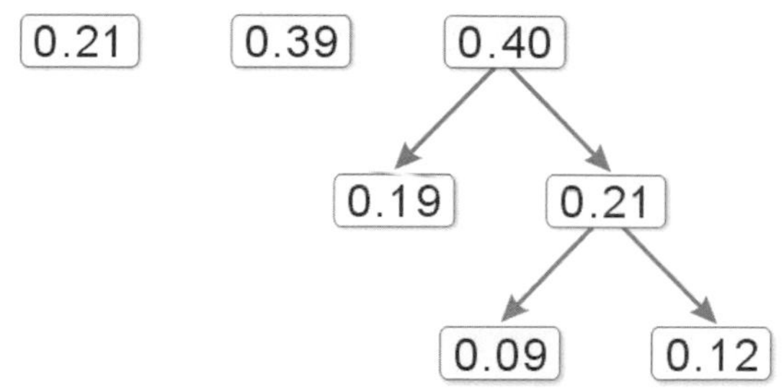

步驟 3 再出 0.21 和 0.39 的節點，產生頻率為 0.6 的新節點；

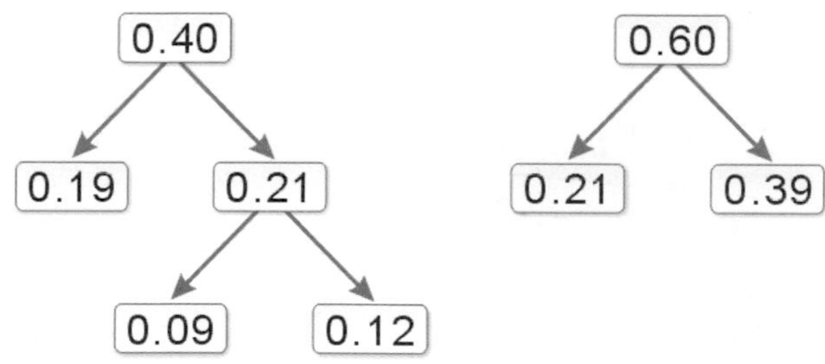

最後取出 0.40 和 0.60 的節點，合併成頻率為 1.0 的節點，至此二元樹即完成。

6-8 平衡樹

基本上，為了能夠儘量降低搜尋所需要的時間，讓我們在搜尋的時候能夠很快找到我們所要的鍵值，或者很快知道目前的樹中沒有我們要的鍵值，我們必須讓樹的高度越小越好。

由於二元搜尋樹的缺點是無法永遠保持在最佳狀態。當加入之資料部分已排序的情況下，極有可能產生歪斜樹，因而使樹的高度增加，導致搜尋效率降低。所以二元搜尋樹較不利於資料的經常變動（加入或刪除），相對地比較適合不會變動的資料，像是程式語言中的「保留字」等。

6-8-1 平衡樹的定義

所謂平衡樹（Balanced Binary Tree），又稱之為 AVL 樹（是由 Adelson-Velskii 和 Landis 兩人所發明的），本身也是一棵二元搜尋樹，在 AVL 樹中，每次在插入資料和刪除資料後，必要的時候會對二元樹作一些高度的調整動作，而這些調整動作就是要讓二元搜尋樹的高度隨時維持平衡。通常適用於經常異動的動態資料，像編譯器（Compiler）裡的符號表（Symbol Table）等等。

以下我們為您說明平衡樹的正式定義：

T 是一個非空的二元樹，T_l 及 T_r 分別是它的左右子樹，若符合下列兩條件，則稱 T 是個高度平衡樹：

1. T_1 及 T_r 也是高度平衡樹。
2. $|h_1-h_r| \leqq 1$，h_1 及 h_r 分別為 T_1 與 T_r 的高度。

如下圖所示：

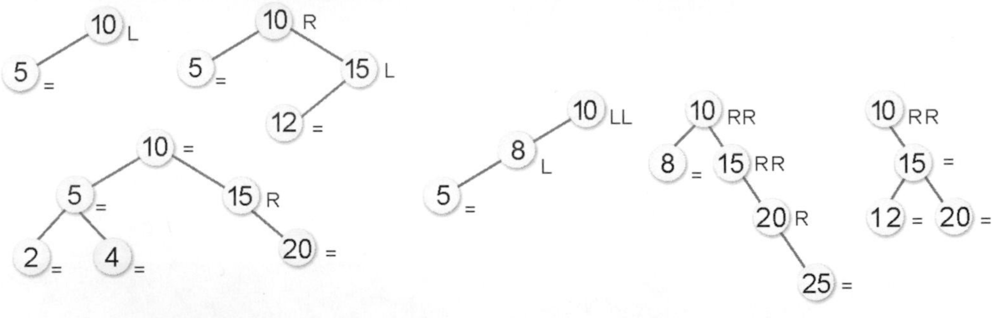

(a) AVL 樹

(b) 非 AVL 樹

至於如何調整一二元搜尋樹成為一平衡樹，最重要是找出「不平衡點」，再依照以下四種不同型式，重新調整其左右子樹的長度。首先，令新插入的節點為 C，且其最近的一個具有 ±2 的平衡因子節點為 A，下一層為 B，再下一層 C，分述如下：

LL 型

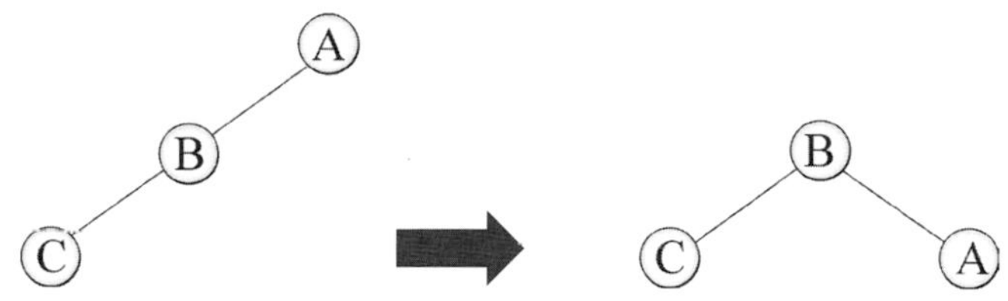

LR 型

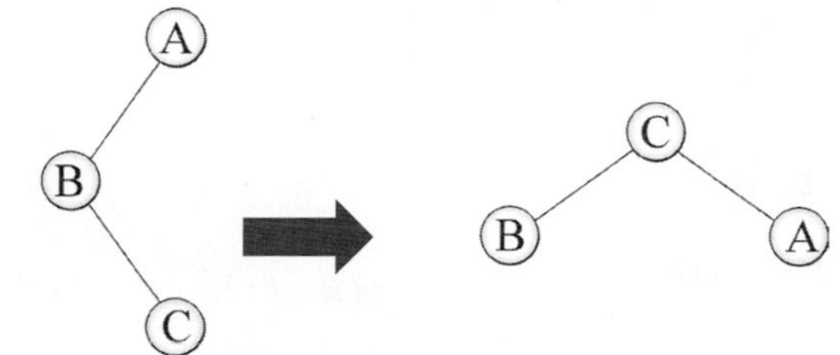

RR 型

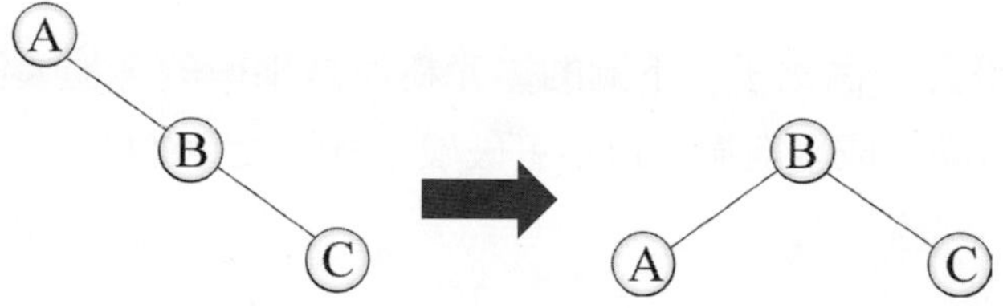

RL 型

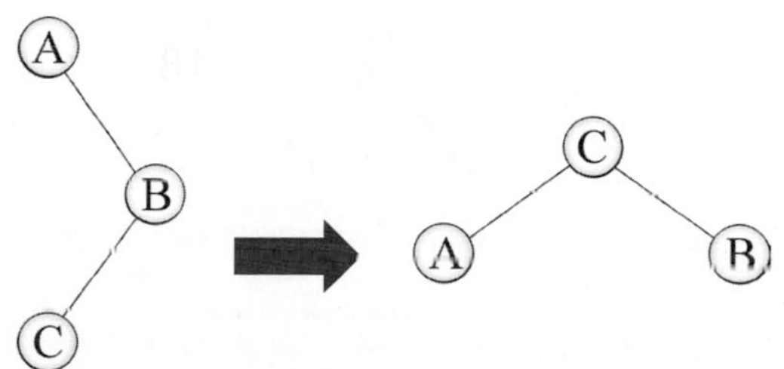

現在我們來實作一個範例，例如下圖為二元搜尋樹（Binary Search Tree），試繪出當加入（Insert）鍵值（Key）為 "42" 後之圖形。注意！加入後之圖形仍需保持高度為 3 之二元搜尋樹。

1.

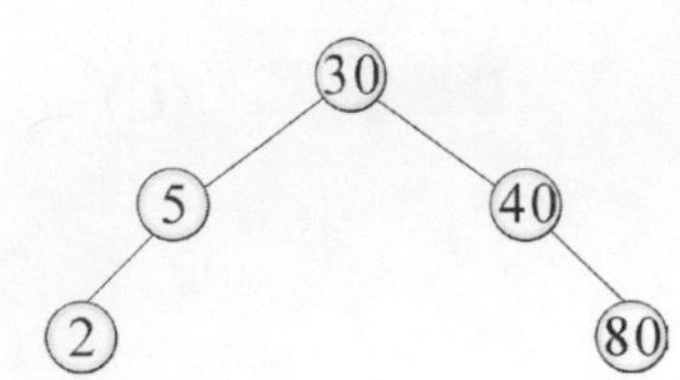

2. 加入節點 42

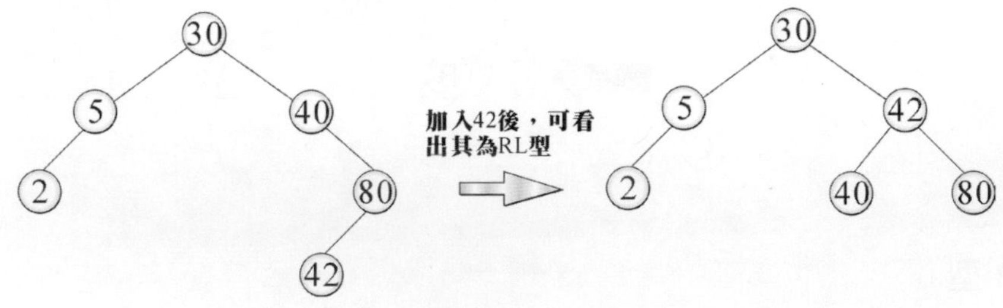

接著再來研究一個例子。下圖的二元樹原是平衡的，加入節點 12 後變為不平衡，請重新調整成平衡樹，但不可破壞原有的次序結構：

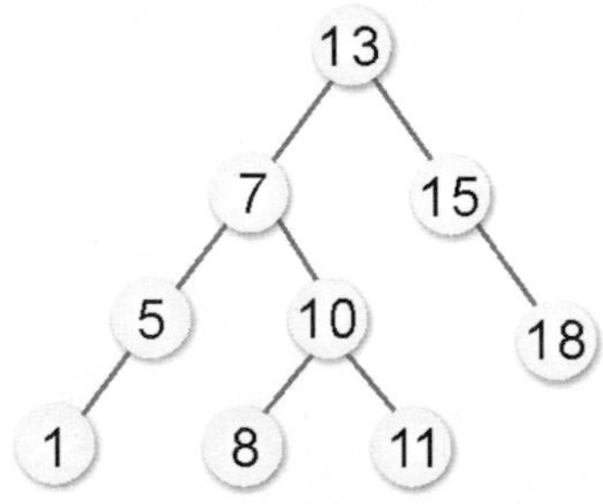

調整結果如下：

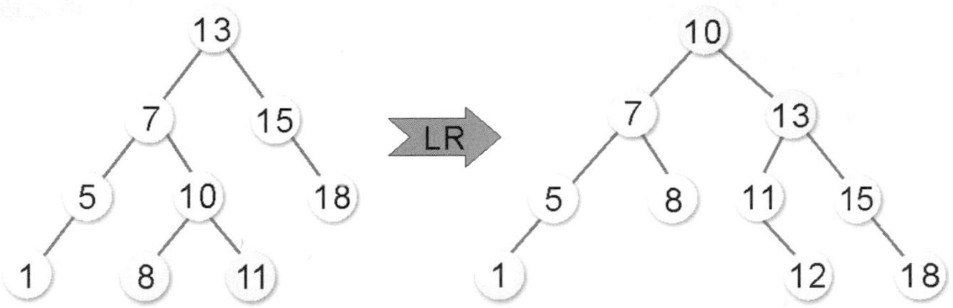

範例 5.9.1 在下圖平衡二元樹中，加入節點 11 後，重新調整後的平衡樹為何？

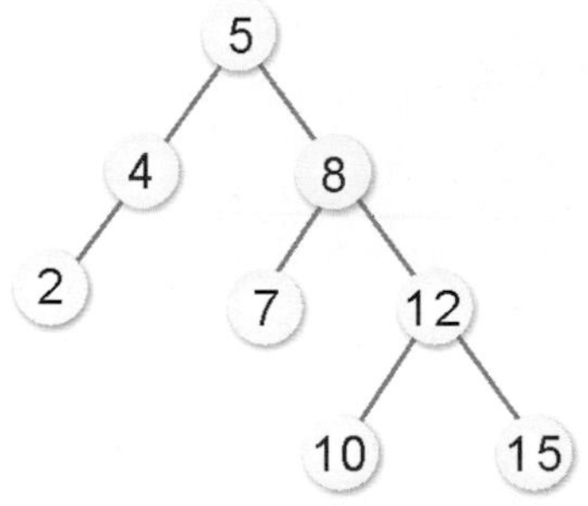

解答

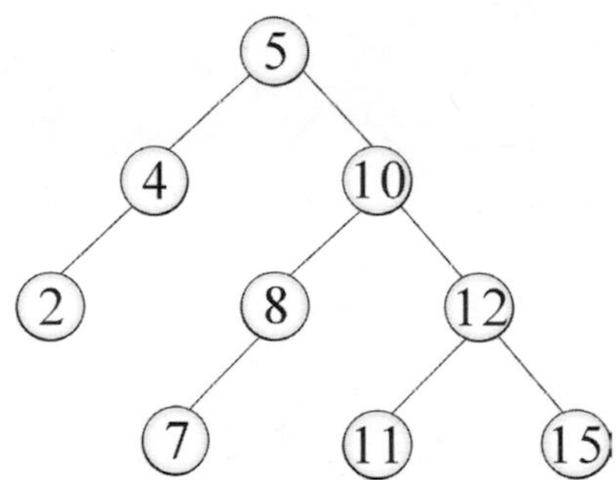

範例 5.9.2 形成 8 層的平衡樹最少需要幾個節點？

解答 因為條件是形成最少節點的平衡樹，不但要最少，而且要符合平衡樹的定義。在此我們逐一討論：

1. 一層的最少節點平衡樹：

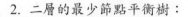

2. 二層的最少節點平衡樹：

3. 三層的最少節點平衡樹：

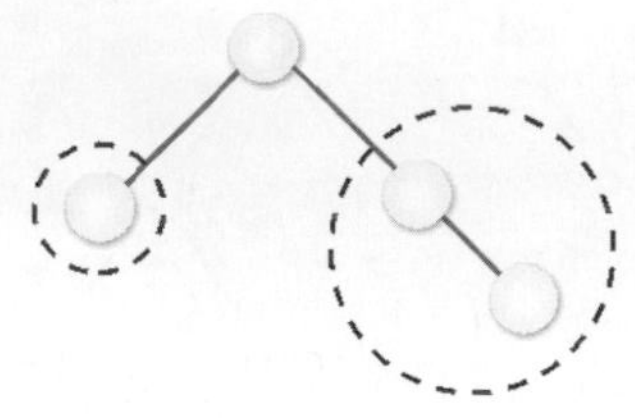

4. 四層的最少節點平衡樹：

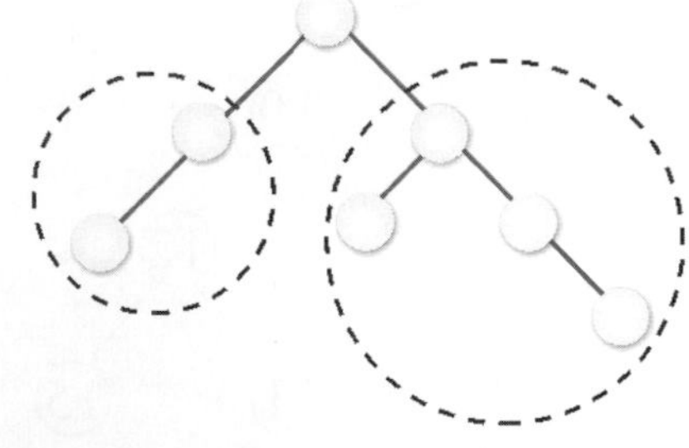

5. 五層的最少節點平衡樹：

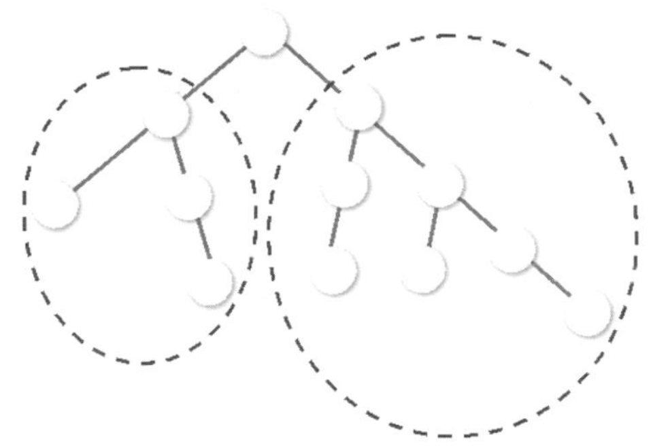

由以上的討論得知：

$N_n=N_{n-1}+N_{n-2}+1$

且 $N_0=0$，$N_1=1$ ←——— 樹根

→ 0,1,2,4,7,12,20,33,54,88……

所以第 8 層最少節點平衡樹為 54 個節點。

6-9 進階樹狀結構的應用

除了以上我們跟大家所介紹的樹狀結構相關內容之外，還有許多樹狀結構的變形與衍生模式，不過這部分內容有些過於深奧，任課老師可以自行斟酌是否教授學生，以下我們將簡單為各位介紹決策樹、B 樹、二元空間分割樹（BSP）、四元樹與八元樹等四種進階樹狀結構的相關內容。

6-9-1 決策樹

我們也常把決策樹（Decision Tree）稱為「遊戲樹」，這是因為遊戲中的 AI 經常以決策樹資料結構來實作的緣故。對資料結構而言，決策樹本身是人工智慧（AI）中一個重要理念，建立的目的是用來輔助決策，是一種特殊的樹結構，例如解決分類和迴歸問題。簡單來說，決策樹是一種利用樹狀結構的方法，來討論一個問題的各種情況分佈的可能性。例如最典型的「8 枚金幣」問題來闡釋決策樹的觀念，內容是假設有 8 枚金幣 a、b、c、d、e、f、g、h 且其中有一枚是偽造的，偽造金幣的特徵為重量稍輕或偏重。請如何使用決策樹方法，找出這枚偽造的錢幣；如果是以 L 表示輕於真品，H 表示重於真品。第一次比較從 8 枚中任挑 6 枚 a、b、c、d、e、f 分 2 組來比較重量，則會有下列三種情形產生：

```
(a+b+c)>(d+e+f)
(a+b+c)=(d+e+f)
(a+b+c)<(d+e+f)
```

我們可以依照以上的步驟，畫出以下決策樹的圖形：

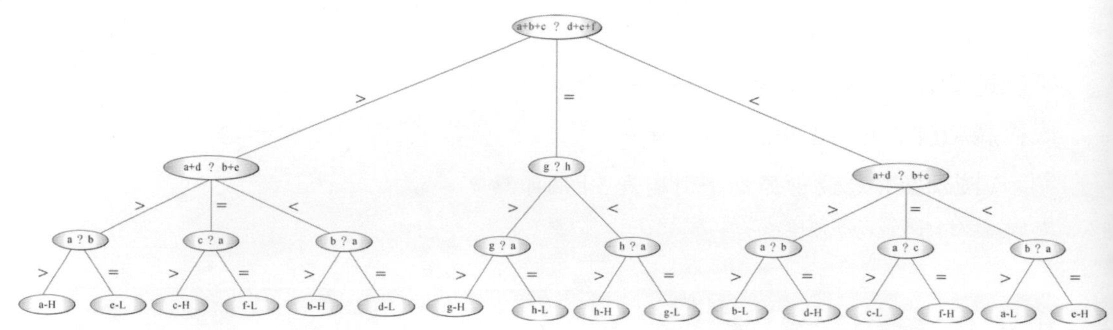

例如各位想要設計「棋類」或是「紙牌類」遊戲的話，所採用的概念在於實現遊戲作決策的能力，簡單的說，該下哪一步棋或者該出哪一張牌，因為通常可能的狀況有很多，例如象棋遊戲的人工智慧就必須在所有可能的情況中選擇一步對自己最有利的棋，想想看如果開發此類的遊戲，您會怎麼作？這時決策樹就可派上用場。

通常此類遊戲的 AI 實現技巧為先找出所有可走的棋（或可出的牌），然後逐一判斷如果走這步棋（或出這張牌）的優劣程度如何，或者說是替這步棋打個分數，然後選擇走得分最高的那步棋。

一個最常被用來討論決策型 AI 的簡單例子是「井字遊戲」，因為它的可能狀況不多，也許您只要花個十分鐘便能分析完所有可能的狀況，並且找出最佳的玩法，例如下圖可表示某個狀況下的 O 方的可能決策樹：

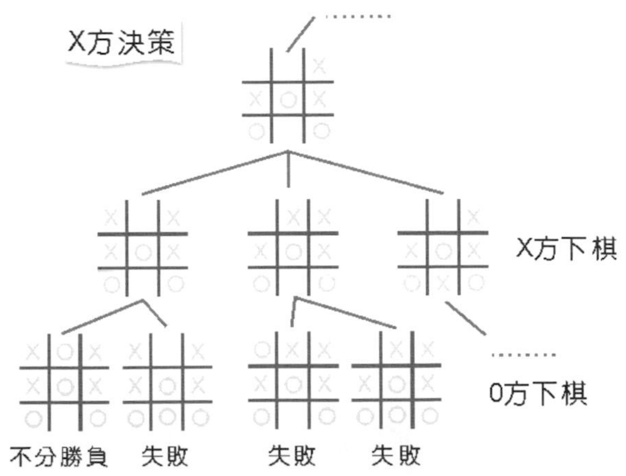

上圖是井字遊戲的某個決策區域，下一步是 X 方下棋，很明顯的 X 方絕對不能選擇第二層的第二個下法，因為 X 方必敗無疑，而您也看出來這個決策形成樹狀結構，所以也稱之為「決策樹」，而樹狀結構正是資料結構所討論的範圍，這也說明了資料結構正是人工智慧的基礎，而決策樹人工智慧的基礎則是搜尋，在所有可能的狀況下，搜尋可能獲勝的方法。

6-9-2 B 樹

B 樹（B Tree）是一種高度大於等於 1 的 m 階搜尋樹，也是一種平衡樹（AVL 樹）概念的延伸，不過 B 樹與 AVL 樹不同，可以擁有 2 個以上的子節點，並且每個節點可以有多個鍵值，B 樹是由 Bayer 和 Mc Creight 兩位專家所提出，通常適用於讀寫相對較大的資料庫和檔案儲存系統。在還沒開始談 B 樹的主要特徵之前，我們先來複習之前所介紹二元搜尋樹概念。

一般說來，二元搜尋樹是一棵二元樹，在這棵二元樹上的節點均包含一個鍵值資料及分別指向左子樹及右子樹的鏈結欄，同時，樹根的鍵值恒大於左子樹的所有鍵值。並小於或等於右子樹的所有鍵值。另外，其左右子樹也是一棵二元搜尋樹。而這種包含鍵值並指向兩棵子樹的節點，稱為 2 階節點。也就是說，2 階節點的節點分支度皆 ≦2。以這樣的概念，我們延伸至所謂的 3 階節點，它包括了底下幾個特點：

1. 每一個 3 階節點存放的鍵值最多為 2 個，假設其鍵值分別為 k_1 及 k_2，則 $k_1<k_2$。
2. 每一個 3 階節點分支度均小於等於 3。
3. 每一個 3 階節點的鏈結欄有 3 個 $P_{0,1}$、$P_{1,2}$、$P_{2,3}$，這三個鏈結欄分別指向 T_1、T_2、T_3 三棵子樹。
4. T_1 子樹的所有節點鍵值均小於 k_1。
5. T_2 子樹的所有節點鍵值均大於等於 k_1 且小於 k_2。
6. T_3 子樹的所有節點鍵值均大於等於 k_2。

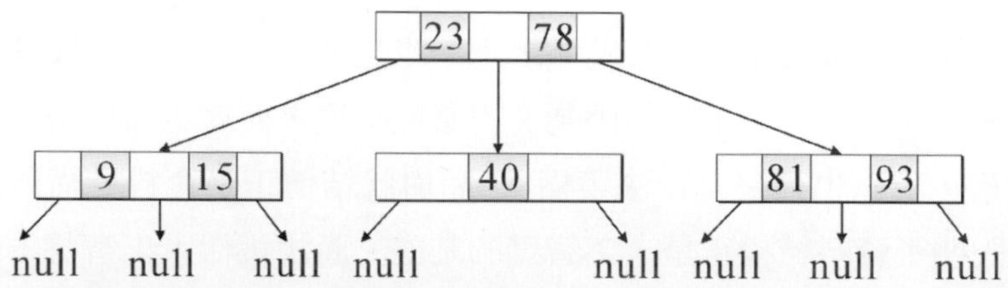

上圖就是一棵 3 階節點所建立形成的 3 階搜尋樹，當鏈結指標欄指向 null，表示該鏈結欄並沒有指向任何子樹，3 階搜尋樹也就是 3 階的 B 樹，或稱 2-3 樹，表示每個節點可以有 2 或 3 個子節點，而且左右子樹高度一定相同，所有葉節點皆在同一層（level），並且可以放 1 或 2 個元素，但不是二元樹，因為最多可以擁有三個子節點。

以上面所列的 3 階 B 樹特點，我們將其擴大到 m 階搜尋樹，就可以知道 m 階搜尋樹包含底下的主要特徵：

1. 每一個 m 階節點存放的鍵值最多為 m-1 個，假設其鍵值分別為 k_1、k_2、k_3、k_4...k_{m-1}，則 $k_1<k_2<k_3<k_4...<k_{m-1}$。
2. 每一個 m 階節點分支度均小於等於 m。
3. 每一個 m 階節點的鏈結欄的 m 個 $P_{0,1}$、$P_{1,2}$、$P_{2,3}$、$P_{3,4}$...$P_{m-1,m}$，這些 m 個鏈結欄分別指向 T_1、T_2、T_3...T_m 等 m 棵子樹。
4. T_1 子樹的所有節點鍵值均小於 k_1。

5. T_2 子樹的所有節點鍵值均大於等於 k_1 且小於 k_2。

6. T_3 子樹的所有節點鍵值均大於等於 k_2 且小於 k_3。

7. 以此類推，T_m 子樹的所有節點鍵值均大於等於 k_{m-1}。

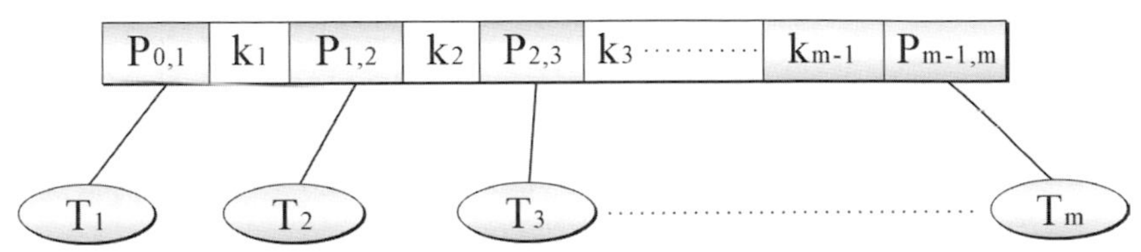

其中 T_1、T_2、T_3...T_m 都是 m 階搜尋樹，在這些子樹中的每一個節點都是 m 階節點，且其每一個節點的分支度都小於等於 m。

有了以上的了解，接著就來談談 B 樹的幾個重要的概念。其實 B 樹是一棵平衡的 m 階搜尋樹，描述一顆 B 樹時需要指定階數，階數表示了一個節點最多有多少個子節點，例如 B 樹中一個節點的子節點數目的最大值，用 m 表示，假如最大值為 5，則為 5 階，根節點數量範圍：1 <= k <= 4，非根節點數量範圍：2 <= k <= 4，每個節點至少有 2 個鍵 (3-1=2)，最多有 4 個鍵，且高度大於等於 1，主要的特點包括有：

1. B 樹上每一個節點都是 m 階節點。
2. 每一個 m 階節點存放的鍵值最多為 m-1 個。
3. 每一個 m 階節點分支度均小於等於 m。
4. 除非是空樹，否則樹根節點至少必須有兩個以上的子節點。
5. 除了樹根及樹葉節點外，每一個節點最多不超過 m 個子節點，而且至少包含 ┌ m/2 ┐ 個子節點。
6. 每個樹葉節點到樹根節點所經過的路徑長度皆一致，也就是說，所有的樹葉節點都必須在同一層（level）。
7. 當要增加樹的高度時，處理的作法就是將該樹根節點一分為二。

8. B 樹中每一個內部節點會包含一定數量的鍵，鍵將節點的子樹分開，B 樹的階為最大子節點數量，且比鍵的數量大 1，其鍵值分別為 k_1、k_2、k_3、k_4...k_{m-1}，則 $k_1<k_2<k_3<k_4...<k_{m-1}$。
9. B 樹的節點表示法為 $P_{0,1}$，k_1，$P_{1,2}$，k_2...$P_{m-2,m-1}$，k_{m-1}，$P_{m-1,m}$。

其節點結構圖如下所示：

$P_{0,1}$	k_1	$P_{1,2}$	k_2	$P_{2,3}$	k_3 …………	k_{m-1}	$P_{m-1,m}$

其中 $k_1<k_2<k_3...<k_{m-1}$

1. $P_{0,1}$ 指標所指向的子樹 T_1 中的所有鍵值均小於 k_1。
2. $P_{1,2}$ 指標所指向的子樹 T_2 中的所有鍵值均大於等於 k_1 且小於 k_2。
3. 以此類推，$P_{m-1,m}$ 指標所指向的子樹 T_m 中所有鍵值均大於等於 k_{m-1}。

例如根據 m 階搜尋樹的定義，我們知道 4 階搜尋樹的每一個節點分支度≦4，又由於 B 樹的特點中提到：除非是空樹，否則樹根節點至少必須有兩個以上的子節點。由此可以推論，4 階的 B 樹結構的每一個節點分支度可能為 2、3 或 4，因此，4 階 B 樹又稱 2-3-4 樹，其中當一個節點有 1 個元素，則會有 2 個子節點，當一個節點有 2 個元素，則會有 3 個子節點，依此類推，最多可以擁有 4 棵子樹。如下圖所示：

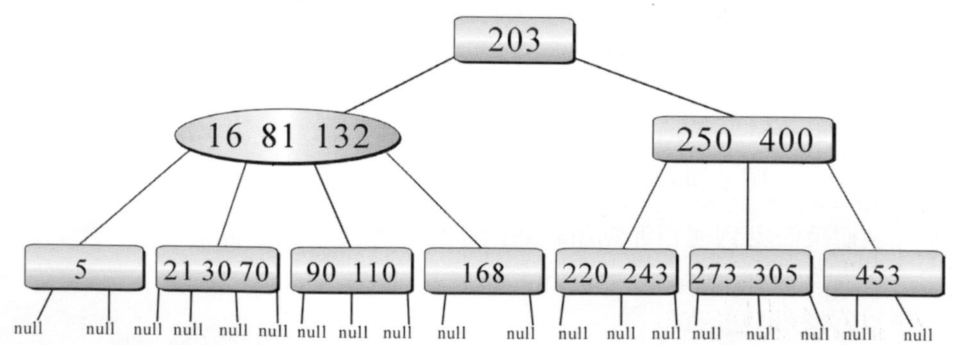

6-9-3 二元空間分割樹（BSP）

二元空間分割樹（Binary Space Partitioning Tree, BSP Tree）也是一種二元樹，每個節點有兩個子節點，是一種應用在遊戲空間分割的方法，以建立一種模型分佈的關聯，來作為搜尋模型的依據，通常被使用在平面的繪圖應用，試圖將所有的平面組織成一棵二元樹。因為在遊戲中進行畫面繪製時，會將輸入的資料顯示在螢幕上，即便我們輸入的模型資料不會出現在螢幕上，但是這些資料經過運算仍會耗費部分資源，這時 BSP 就能大量減少 3D 加速卡的運算資源。

由於物件與物件之間有位置上的相聯性，所以每一次當平面要重繪的時候，就必須要考慮到平面上的各個物件位置之關係，然後再加以重繪。BSP Tree 採取的方法就是在一開始將資料檔讀進來的時候，就將整個資料檔中的數據先建成一個二元樹的資料結構，因為 BSP 通常對圖素排序是預先計算好的而不是在運行時進行計算。如右圖所示：

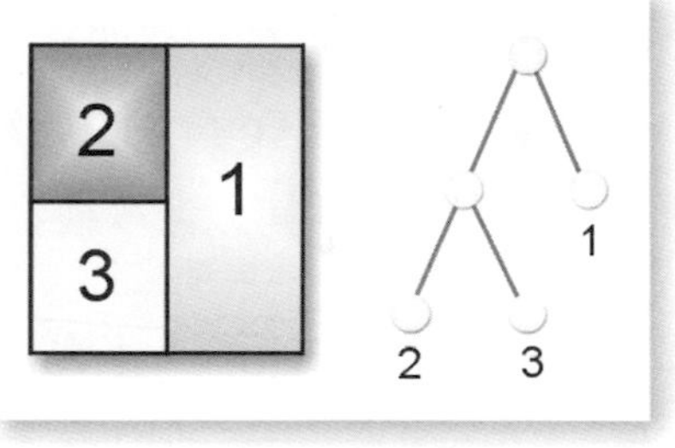

二元樹示意圖

二元樹節點裡面的資料結構是以平面來分割場景，多半應用在開放式空間。場景中會有許多物體，並以每個物體的每個多邊形當成一個平面，其代表的平面將當前空間劃分為前向和背向兩個子空間，也就是每個平面會有正反兩個面，就可把場景分兩部分先從第一個平面開始分，再從這分出的兩部分各別再以同樣方式細分，這兩個部分又分別被另外的平面分割成更小的空間，分別對應左右子節點，如果空間有許多物件，可以遞迴繼續將空間一分為二，最後所有平面形狀都被用於構造節點，組成了一棵 BSP 樹。

所以當遊戲地形資料被讀進來的時候，這個樹的葉節點保存了分割室內空間所得到的像素集合，BSP Tree 也會同時被建立了，無論是由遠到近或由近到遠的順序，不過只會建立一次而已。當視點開始移動時，平面景象就必須重新繪製，而重繪的方法就是以視點為中心，對此 BSP Tree 加以分析，只要在 BSP

Tree 中，且位於此視點前方的話，它就會被存放在一個串列當中，最後只要依照串列的順序一個一個將它們繪製在平面上就可以了，BSP 樹構造的平均時間複雜度為 $O(N^2)$。

在遊戲設計中，空間劃分往往是非常重要的技術，BSP 通常是用來處理遊戲中室內場景模型的分割。例如，第一人稱射擊遊戲（FPS）的迷宮地圖中最先大量使用這種空間分割技巧。可以將物體對象針對觀察者位置快速的從前至後進行排序，不只可用來加速位於視錐（Viewing Frustum）中物體的搜尋與裁剪（view frustum culling），也可以加速場景中各種碰撞偵測的處理。自 90 年代初 BSP 樹就已經被用於遊戲行業來改善執行效能，例如雷神之鎚引擎或毀滅戰士系列就是用這種方式開發，也使 BSP 技術成為室內渲染技術的工業標準。不過要提醒各位 BSP 最好還要經過轉換成平衡樹（左右兩邊的深度相差小於等於 1）的過程，才可以減少搜尋所花的時間。

TIPS

視錐可看成是場景中的一個三維空間，這個空間決定了模型將如何投影到螢幕上。如下圖所示：

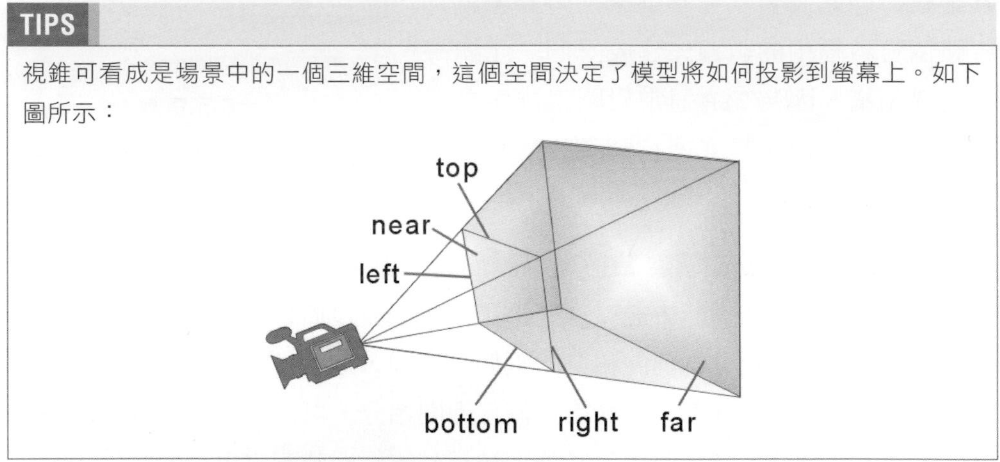

6-9-4 四元樹 / 八元樹

二元樹的作法主要是可以幫助資料分類，當然更多的分枝自然有更好的分類能力，如四元樹與八元樹，當然這也是屬於 BSP 觀念的延伸。可以用來加速計算遊戲世界畫面中的可見區域與圖像處理技術有關的數據壓縮，具有比較高的空間資料插入和查詢效率。當各位要製作遊戲中起伏不定、一望無際的地形時，如果依次從構成地形的模型三角面尋找，往往會耗費許多執行時間，通常會有更精簡有效的方式來儲存地形。例如四元樹（Quadtree）類似一般的二元樹，經常應用於二維空間資料的分析與分類，就是樹的每個節點擁有四個子節點，而不是 2 個，目的是將地理空間遞迴劃分為不同層次的樹結構。再將已知範圍的空間等分成四個相等的子空間，在檢查的時候就可以鎖定部分區域的物體，從而增加效率。多遊戲場景的地面（terrain）就是以四元樹來做地劃分，以遞迴的方式，將地圖分裂成很多塊，每個大區塊可能又被分裂成若干的小區塊，軸心一致的將地形依四個象限分成四個子區域，每個區塊都有節點容量，越分越細，資料放在樹葉，如此遞迴下去，直到樹的層次達到某種要求後停止分割。當節點達到最大容量時，節點就進行分裂也就是四元樹來源於將正方形區域分成較小正方形的原理。當沿着四元樹向下移動時，每個正方形被分成四個較小的正方形。如下所示：

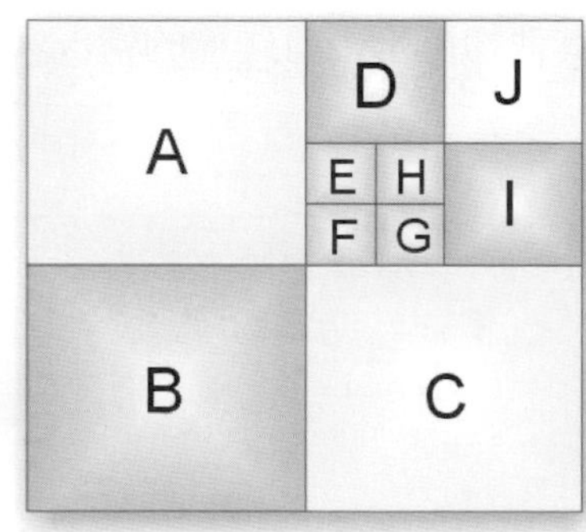

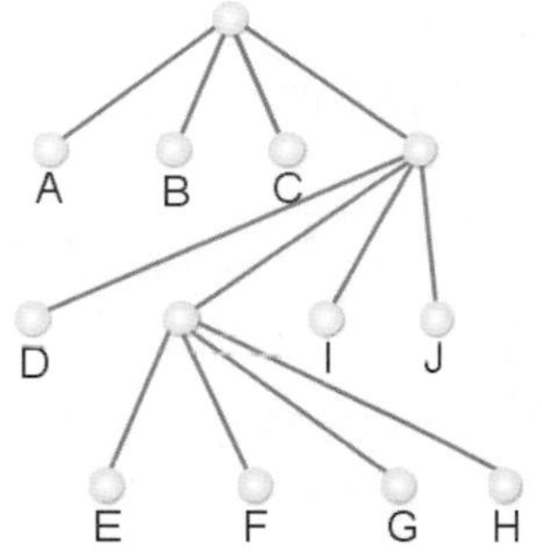

四元樹示意圖

許多遊戲都會需要碰撞檢測來判斷兩物體的碰撞，演算法如果無法有效率的選擇檢測目標，很可能會大幅降低執行的速度，這時四元樹在 2D 平面與碰撞偵測相當有用，特別是在單一層的廣大地面場景。底下的圖形是可能對應的 3D 地形，分割的方式是以地形面的斜率（利用平面法向量來比較）來做依據：

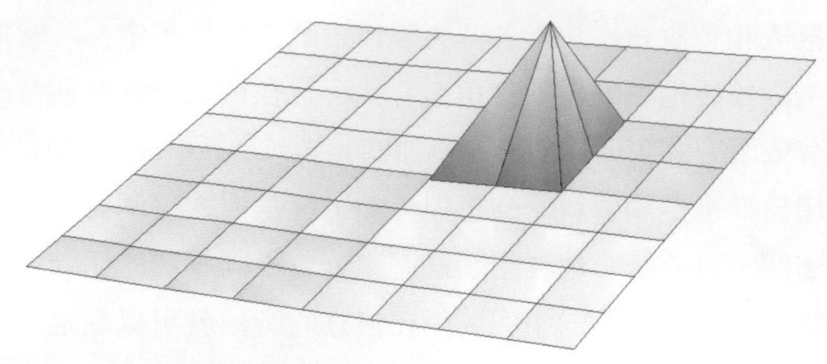

地形與四元樹的對應關係

至於八元樹（Octree）的定義就是如果不為空樹的話，樹中任一節點都正好有八個子節點，也就是子節點不會有 0 與 8 以外的數目，八個子節點則將這個空間將其遞迴細分為八個象限或區域。讀者可把它的應用看做是雙層的四元樹（Quadtree），也就是四元樹在 3D 空間中的對應，通常用在 3D 空間中的場景管理與分割，用於加速空間查詢，多半適用在密閉或有限的空間，可以很快計算出物體在 3D 場景中的位置、光線追蹤（Ray Tracing）過濾、感知檢測、加速射線投射（ray casting），或偵測與其他物體是否有碰撞的情況，並將空間作階層式的分割形成一棵八元樹。

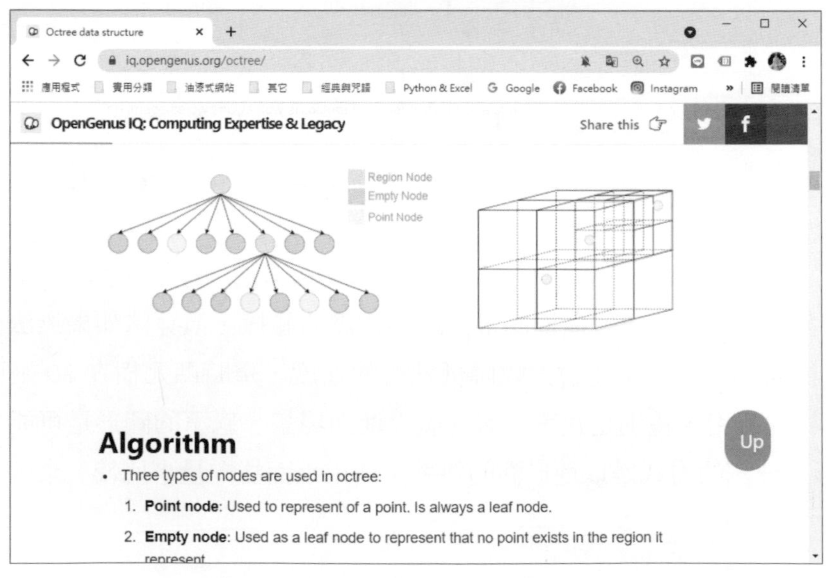

八元樹（Octree）示意圖

圖片來源：https://iq.opengenus.org/octree/

這種以線性八元樹表示三度空間的物體，在 3D 圖形、3D 遊戲引擎等領域有很多應用。例如使用 BSP 來切割的話，會有太多細小的碎片。當在分割的過程中，假如有一子空間中的物體數小於某個值，則不再分割下去。也就是說，八元樹的處理規則也是利用遞迴結構的方式來進行，在每個細分的層次上有著同樣規則的屬性，可以把一個立方體分割為八個小立法體，然後遞迴地分割小立方體。因此在每個層次上我們可以利用同樣的編列順序，以獲得整個結構元素由後到前的順序依據，能有效避免太過細碎的空間分割。

1. 一般樹狀結構在電腦記憶體中的儲存方式是以鏈結串列為主，對於 n 元樹（n-way 樹）來說，我們必須取 n 為鏈結個數的最大固定長度，請說明為了改進記空間浪費的缺點，我們最常使用二元樹（Binary Tree）結構來取代樹狀結構。

2. 下列哪一種不是樹（Tree）？
   (a) 一個節點
   (b) 環狀串列
   (c) 一個沒有迴路的連通圖（Connected Graph）
   (d) 一個邊數比點數少 1 的連通圖。

3. 關於二元搜尋樹（binary search tree）的敘述，何者為非？
   (a) 二元搜尋樹是一棵完整二元樹（complete binary tree）
   (b) 可以是歪斜樹（skewed binary tree）
   (c) 一節點最多只有兩個子節點（child node）
   (d) 一節點的左子節點的鍵值不會大於右節點的鍵值。

4. 請問以下二元樹的中序、後序以及前序表示法為何？

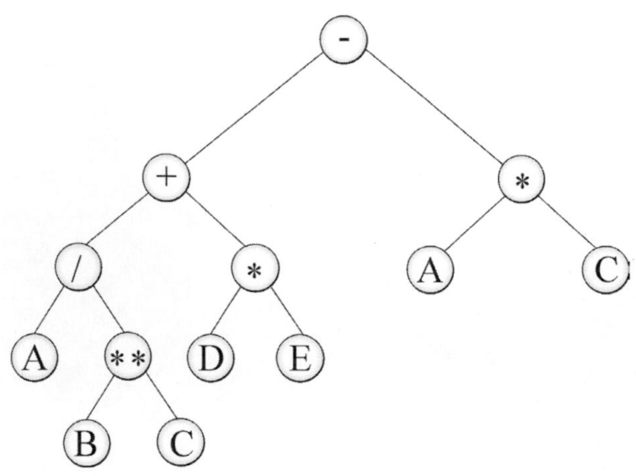

5. 請問以下二元樹的中序、前序以及後序表示法為何？

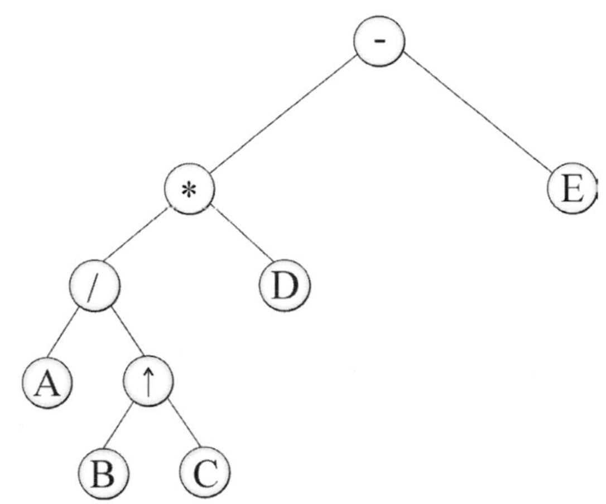

6. 試以鏈結串列描述代表以下樹狀結構的資料結構。

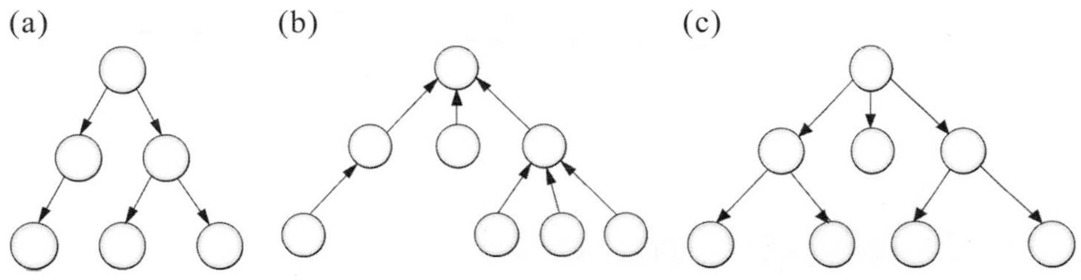

7. 假如有一個非空樹，其分支度為 5，已知分支度為 i 的節點數有 i 個，其中 $1 \leq i \leq 5$，請問終端節點數總數是多少？

8. 請利用後序走訪將下圖二元樹的走訪結果按節點中的文字列印出來。

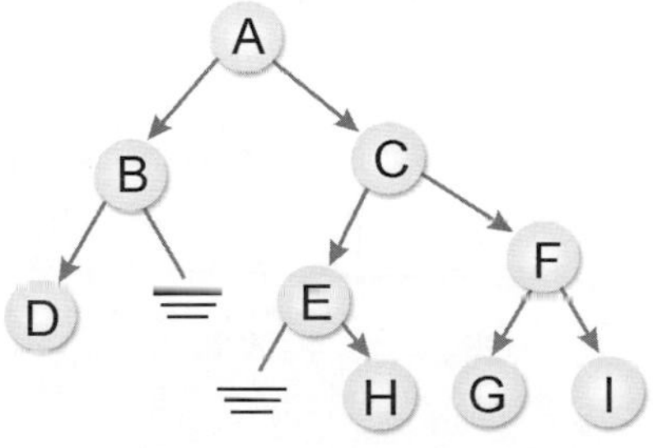

9. 請問以下二元樹的中序、前序以及後序表示法為何？

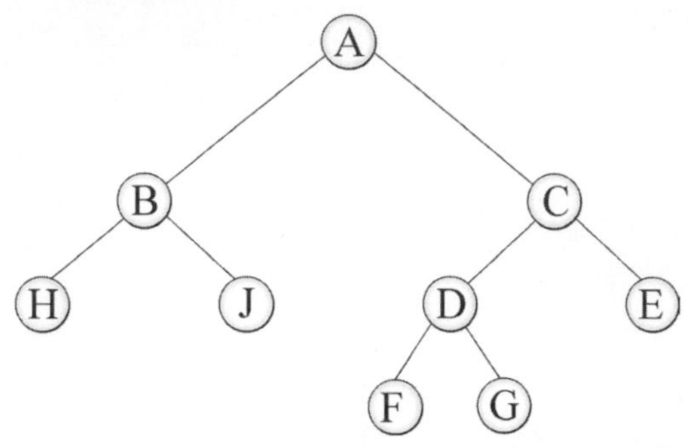

10. 用二元搜尋樹去表示 n 個元素時，最小高度及最大高度的二元搜尋樹（Height of Binary Search Tree）其值分別為何？

11. 一二元樹被表示成 A(B(CD)E(F(G)H(I(JK)L(MNO))))，請畫出結構與後序與前序走訪的結果。

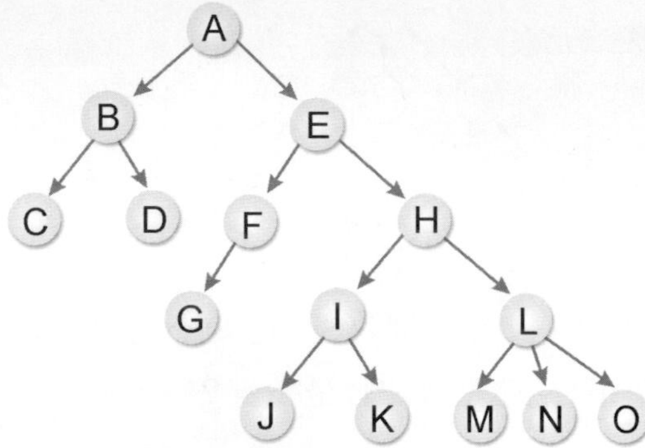

12. 請問以下運算二元樹的中序、後序與前序表示法為何？

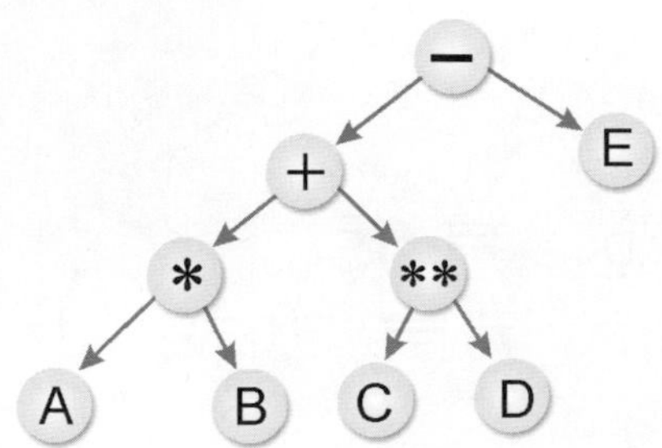

13. 請嘗試將 A-B*(-C+-3.5) 運算式，轉為二元運算樹，並求出此算術式的前序（prefix）與後序（postfix）表示法。

14. 下圖為一個二元樹：

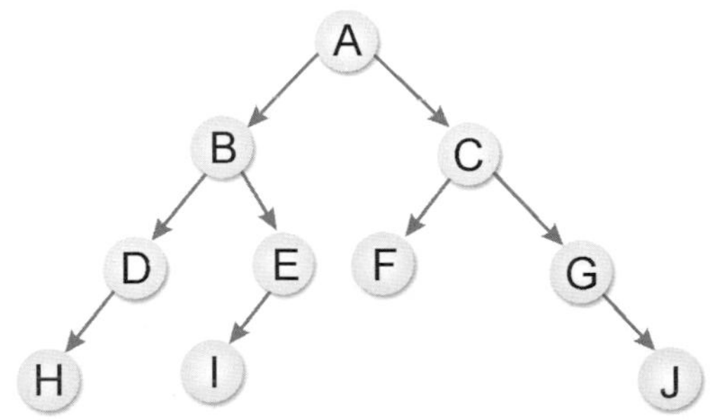

(1) 請問此二元樹的前序走訪、中序走訪與後序走訪結果。

(2) 空的引線二元樹為何？

(3) 以引線二元樹表示其儲存狀況。

15. 求下圖樹轉換成二元樹前後的中序、前序與後序走訪結果。

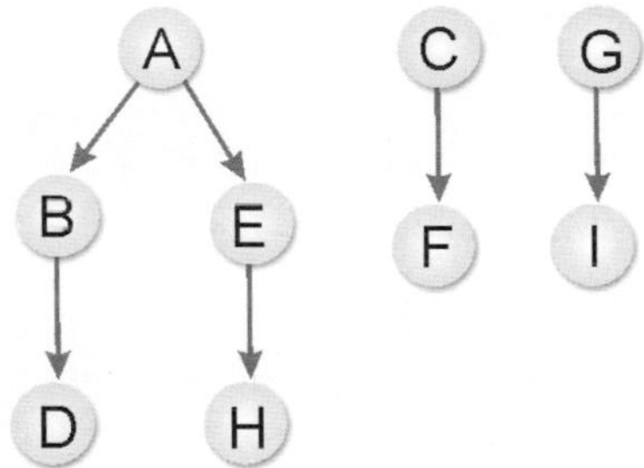

16. 形成 8 層的平衡樹最少需要幾個節點？

17. 請將下圖樹轉換為二元樹。

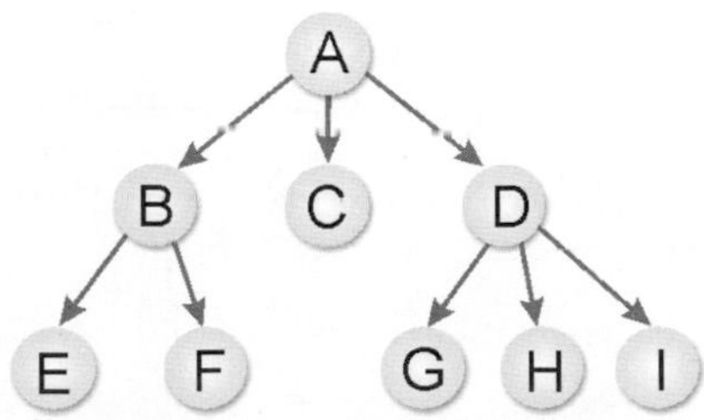

18. 請說明二元搜尋樹的特點。

19. 試寫出一虛擬碼 SWAPTREE(T) 將二元樹 T 之所有節點的左右子節點對換。並說明之。

20. 請將 A/B**C+D*E-A*C 化為二元運算樹。

21. 試述如何對一二元樹作中序走訪不用到堆疊或遞迴？

22. 將下圖樹化為二元樹。

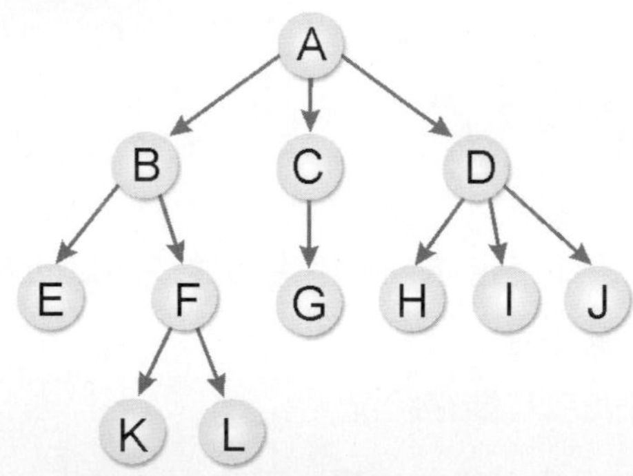

23. 請敘述四元樹與八元樹的基本原理。

CHAPTER

7

圖形結構

我們可以這樣形容，樹狀結構是描述節點與節點之間「層次」的關係，但是圖形結構卻是討論兩個頂點之間「相連與否」的關係，在圖形中連接兩頂點的邊若填上加權值（也可以稱為花費值），這類圖形就稱為「網路」。圖形除了被活用在資料結構中最短路徑搜尋、拓樸排序外，還能應用在系統分析中以時間為評核標準的計劃評核術（Performance Evaluation and Review Technique, PERT），又或者像一般生活中的「IC 板設計」、「交通網路規劃」等都可以看作是圖形的應用。

捷運路線的規劃也是圖形的應用

7-1 圖形簡介

圖形理論起源於 1736 年，一位瑞士數學家尤拉（Euler）為了解決「肯尼茲堡橋樑」問題，所想出來的一種資料結構理論，這就是著名的七橋理論。簡單來說，就是有七座橫跨四個城市的大橋。尤拉所思考的問題是這樣的，是否有人在只經過每一座橋樑一次的情況下，把所有地方走過一次而且回到原點。

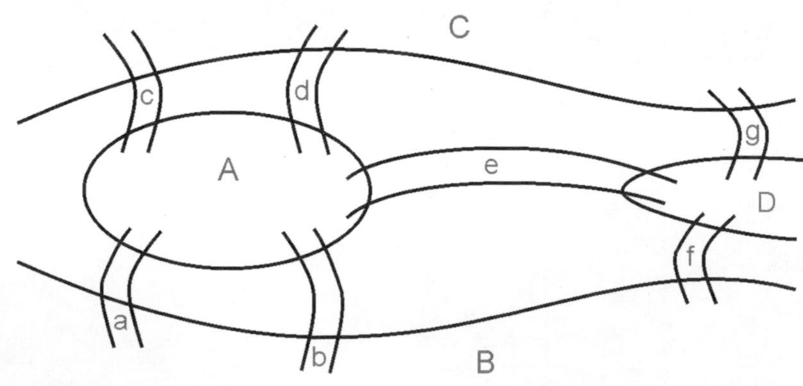

7-1-1 尤拉環與尤拉鏈

尤拉當時使用的方法就是以圖形結構進行分析。他先以頂點表示土地，以邊表示橋樑，並定義連接每個頂點的邊數稱為該頂點的分支度。我們將以下面簡圖來表示「肯尼茲堡橋樑」問題：

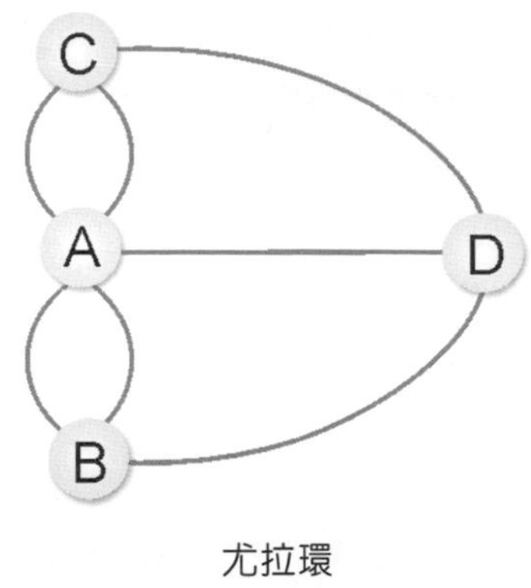

尤拉環

最後尤拉找到一個結論：「當所有頂點的分支度皆為偶數時，才能從某頂點出發，經過每一邊一次，再回到起點。」也就是說，在上圖中每個頂點的分支度都是奇數，所以尤拉所思考的問題是不可能發生的，這個理論就是有名的「尤拉環」（Eulerian cycle）理論。

但如果條件改成從某頂點出發，經過每邊一次，不一定要回到起點，亦即只允許其中兩個頂點的分支度是奇數，其餘則必須全部為偶數，符合這樣的結果就稱為尤拉鏈（Eulerian chain）。

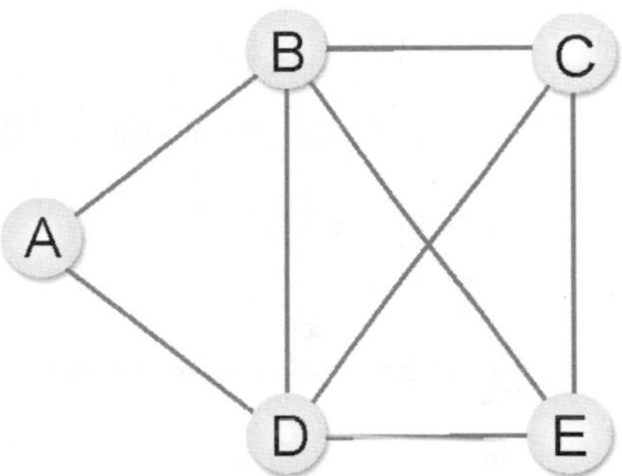

7-1-2 圖形的定義

圖形是由「頂點」和「邊」所組成的集合，通常用 G=(V,E) 來表示，其中 V 是所有頂點所成的集合，而 E 代表所有邊所成的集合。圖形的種類有兩種：一是無向圖形，一是有向圖形，無向圖形以 (V_1,V_2) 表示，有向圖形則以 $<V_1,V_2>$ 表示其邊線。

7-1-3 無向圖形

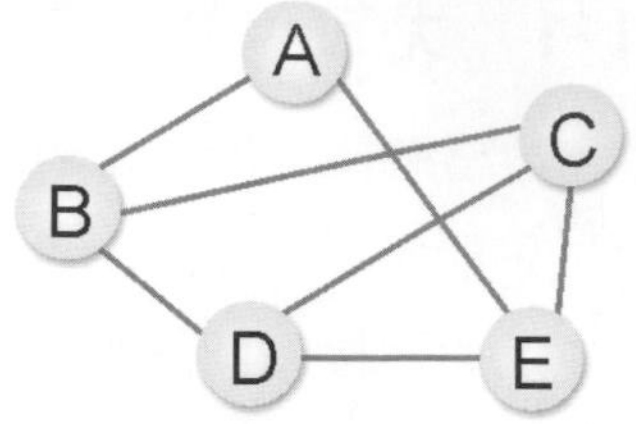

無向圖形（Graph）是一種具備同邊的兩個頂點沒有次序關係，例如 (V_1,V_2) 與 (V_2,V_1) 是代表相同的邊。如右圖所示：

```
V={A,B,C,D,E}
E={(A,B),(A,E),(B,C),(B,D),(C,D),(C,E),(D,E)}
```

接下來是無向圖形的重要術語介紹：

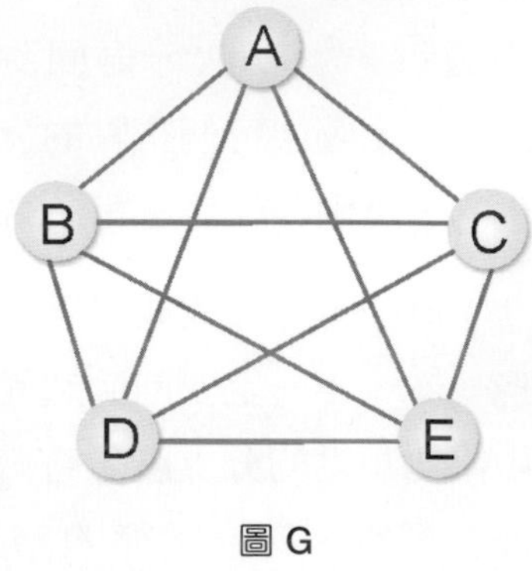

圖 G

- 完整圖形：在「無向圖形」中，N 個頂點正好有 N(N-1)/2 條邊，則稱為「完整圖形」。如右圖所示：
- 路徑（Path）：對於從頂點 V_i 到頂點 V_j 的一條路徑，是指由所經過頂點所成的連續數列，如圖 G 中，V_1 到 V_5 的路徑有 $\{(V_1,V_2)$、$(V_2, V_5)\}$ 及 $\{((V_1,V_2)$、(V_2,V_3)、(V_3,V_4)、$(V_4,V_5))$ 等等。
- 簡單路徑（Simple Path）：除了起點和終點可能相同外，其他經過的頂點都不同，在圖 G 中，(V_1,V_2)、(V_2,V_3)、(V_3,V_1)、(V_1,V_5) 不是一條簡單路徑。
- 路徑長度（Path Length）：是指路徑上所包含邊的數目，在圖 G 中，(V_1,V_2)，(V_2,V_3)，(V_3,V_4)，(V_4,V_5)，是一條路徑，其長度為 4，且為一簡單路徑
- 循環（Cycle）：起始頂點及終止頂點為同一個點的簡單路徑稱為循環。如上圖 G，$\{(V_1,V_2)$，(V_2,V_4)，(V_4,V_5)，(V_5,V_3)，$(V_3,V_1)\}$ 起點及終點都是 A，所以是一個循環。
- 依附（Incident）：如果 V_i 與 V_j 相鄰，我們則稱 (V_i,V_j) 這個邊依附於頂點 V_i 及頂點 V_j，或者依附於頂點 V_2 的邊有 (V_1,V_2)、(V_2,V_4)、(V_2,V_5)、(V_2,V_3)。

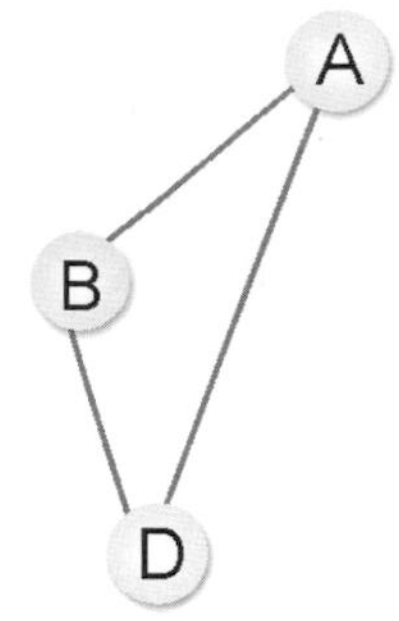

- **子圖（Subgraph）**：當我們稱 G' 為 G 的子圖時，必定存在 V(G')⊆V(G) 與 E(G')⊆E(G)，如右圖是上圖 G 的子圖。
- **相鄰（Adjacent）**：如果 (V_i,V_j) 是 E(G) 中的一邊，則稱 V_i 與 V_j 相鄰。
- **相連單元（Connected Component）**：在無向圖形中，相連在一起的最大子圖（Subgraph），如圖 G 有 2 個相連單元。
- **分支度**：在無向圖形中，一個頂點所擁有邊的總數為分支度。如上頁圖 G，頂點 1 的分支度為 4。

7-1-4 有向圖形

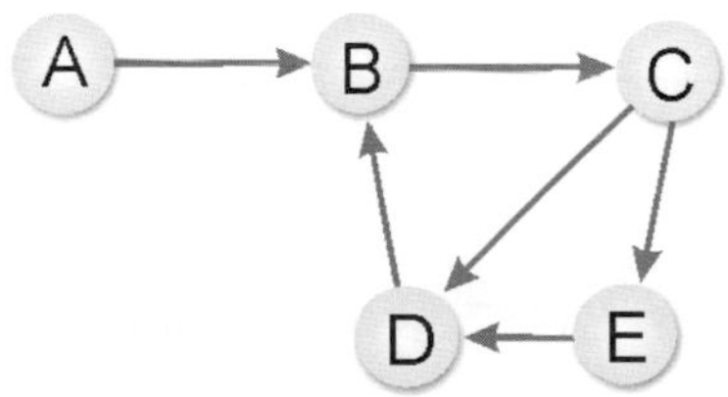

有向圖形（Digraph）是一種每一個邊都可使用有序對 $<V_1,V_2>$ 來表示，並且 $<V_1,V_2>$ 與 $<V_2,V_1>$ 是表示兩個方向不同的邊，而所謂 $<V_1,V_2>$，是指 V_1 為尾端指向為頭部的 V_2。如右圖所示：

```
V={A,B,C,D,E}
E={<A,B>,<B,C>,<C,D>,<C,E>,<E,D>,<D,B>}
```

接下來則是有向圖形的相關定義介紹：

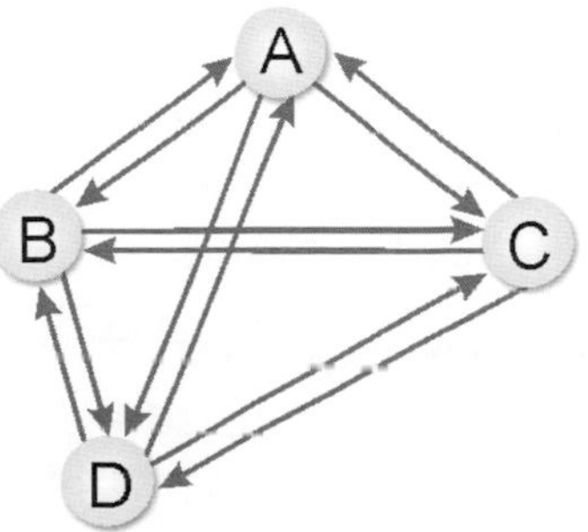

- **完整圖形（Complete Graph）**：具有 n 個頂點且恰好有 n*(n-1) 個邊的有向圖形，如右圖所示：
- **路徑（Path）**：有向圖形中從頂點 V_p 到頂點 V_q 的路徑是指一串由頂點所組成的連續有向序列。

- **強連接（Strongly Connected）**：有向圖形中，如果每個相異的成對頂點 V_i,V_j 有直接路徑，同時，有另一條路徑從 V_j 到 V_i，則稱此圖為強連接。如右圖：

- **強連接單元（Strongly Connected Component）**：有向圖形中構成強連接的最大子圖，在下圖 (a) 中是強連接，但 (b) 就不是。

(a)

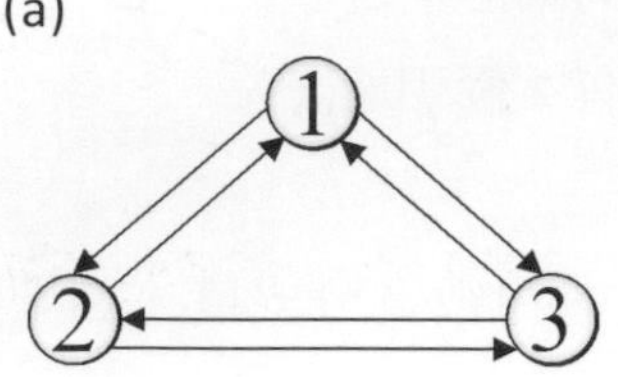

(b)

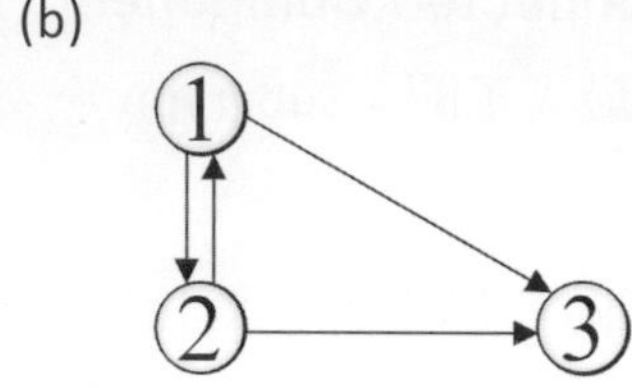

而圖 (b) 中的強連接單元如下：

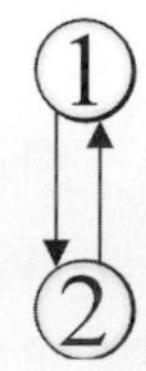

- **出分支度（Out-degree）**：是指有向圖形中，以頂點 V 為箭尾的邊數目。

- **入分支度（In-degree）**：是指有向圖形中，以頂點 V 為箭頭的邊數目，如右圖中 V_4 的入分支度為 1，出分支度為 0，V_2 的入分支度為 4，出分支度為 1。

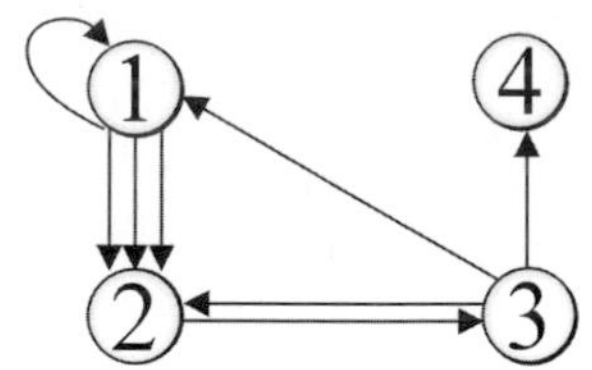

TIPS

所謂複線圖（multigraph），圖形中任意兩頂點只能有一條邊，如果兩頂點間相同的邊有 2 條以上（含 2 條），則稱它為複線圖，以圖形嚴格的定義來說，複線圖應該不能稱為一種圖形。請看右圖：

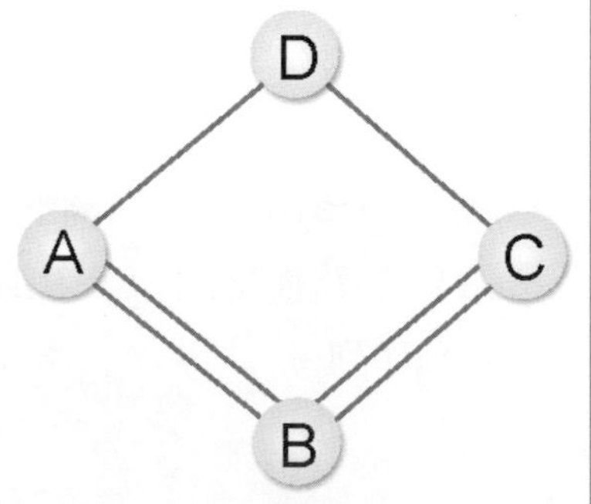

7-2 圖形的資料表示法

知道圖形的各種定義與觀念後，有關圖形的資料表示法就益顯重要了。常用來表達圖形資料結構的方法很多，本節中將介紹四種表示法。

7-2-1 相鄰矩陣法

圖形 A 有 n 個頂點，以 n*n 的二維矩陣列表示。此矩陣的定義如下：

對於一個圖形 G=(V,E)，假設有 n 個頂點，n≧1，則可以將 n 個頂點的圖形，利用一個 n×n 二維矩陣來表示，其中假如 A(i,j)=1，則表示圖形中有一條邊 (V_i,V_j) 存在。反之，A(i,j)=0，則沒有一條邊 (V_i,V_j) 存在。

相關特性說明如下：

1. 對無向圖形而言，相鄰矩陣一定是對稱的，而且對角線一定為 0。有向圖形則不一定是如此。
2. 在無向圖形中，任一節點 i 的分支度為 $\sum_{j=1}^{n} A(i,j)$，就是第 i 列所有元素的和。在有向圖中，節點 i 的出分支度為 $\sum_{j=1}^{n} A(i,j)$，就是第 i 列所有元素的和，而入分支度為 $\sum_{i=1}^{n} A(i,j)$，就是第 j 行所有元素的和。
3. 用相鄰矩陣法表示圖形共需要 n^2 空間，由於無向圖形的相鄰矩陣一定是具有對稱關係，所以扣除對角線全部為零外，僅需儲存上三角形或下三角形的資料即可，因此僅需 n(n-1)/2 空間。

接著就實際來看一個範例，請以相鄰矩陣表示下列無向圖：

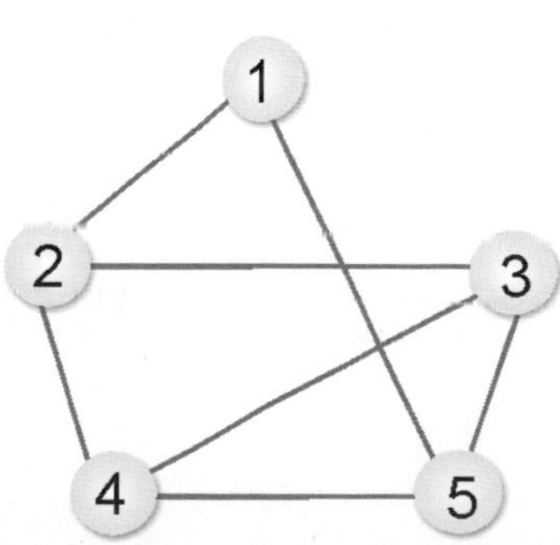

由於上圖共有 5 個頂點，故使用 5*5 的二維陣列存放圖形。在上圖中，先找和①相鄰的頂點有那些，把和①相鄰的頂點座標填入 1。

跟頂點 1 相鄰的有頂點 2 及頂點 5，所以完成右表：

	1	2	3	4	5
1	0	1	0	0	1
2	1	0			
3	0		0		
4	0			0	
5	1				0

其他頂點依此類推可以得到相鄰矩陣：

	1	2	3	4	5
1	0	1	0	0	1
2	1	0	1	1	0
3	0	1	0	1	1
4	0	1	1	0	1
5	1	0	1	1	0

而對於有向圖形，則不一定是對稱矩陣。其中節點 i 的出分支度為$\sum_{j=1}^{n} A(i,j)$，就是第 i 列所有元素 1 的和，而入分支度為$\sum_{i=1}^{n} A(i, j)$，就是第 j 行所有元素 1 的和。例如下列有向圖的相鄰矩陣法：

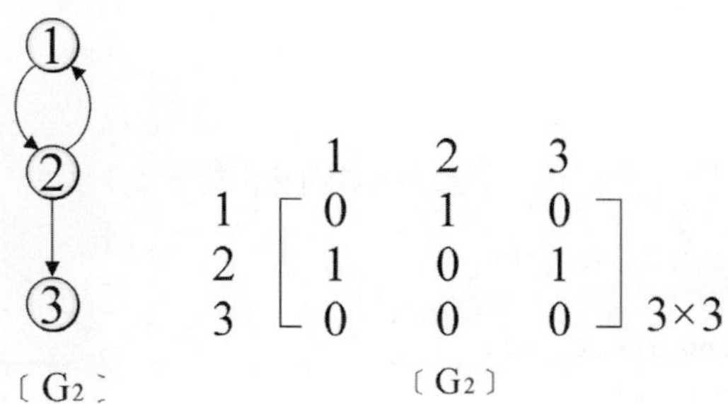

無向 / 有向圖形的 6*6 相鄰矩陣 C# 演算法如下：

```
for (i=0;i<6;i++)  //把矩陣清為0
    for (j=0;j<6;j++)
        arr[i,j]=0;
for (i=0;i<14;i++) //讀取圖形資料
    for (j=0;j<6;j++) //填入arr矩陣
        for (k=0;k<6;k++)
        {
            tmpi=data[i,0]; //tmpi為起始頂點
            tmpj=data[i,1]; //tmpj為終止頂點
            arr[tmpi,tmpj]=1;//有邊的點填入1
        }
Write("無向圖形矩陣：\n")
for (i=1;i<6;i++)
{
    for (j=1;j<6;j++)
        Write("["+arr[i,j]+"] ");//列印矩陣內容
    WriteLine();
}
```

範例 7.2.1 假設有一無向圖形各邊的起點值及終點值如下陣列：

```
int[,] data ={{1,2},{2,1},{1,5},{5,1},//圖形各邊的起點值及終點值
              {2,3},{3,2},{2,4},{4,2},
              {3,4},{4,3},{3,5},{5,3},
              {4,5},{5,4}};
```

範例程式：Graph.sln

```
using static System.Console;//滙入靜態類別

int[,] data ={{1,2},{2,1},{1,5},{5,1},//圖形各邊的起點值及終點值
              {2,3},{3,2},{2,4},{4,2},
              {3,4},{4,3},{3,5},{5,3},
              {4,5},{5,4}};
//宣告矩陣arr
int[,] arr = new int[6, 6];
int i, j, k, tmpi, tmpj;

for (i = 0; i < 6; i++)  //把矩陣清為0
```

```
        for (j = 0; j < 6; j++)
            arr[i, j] = 0;
    for (i = 0; i < 14; i++) //讀取圖形資料
        for (j = 0; j < 6; j++) //填入arr矩陣
            for (k = 0; k < 6; k++)
            {
                tmpi = data[i, 0]; //tmpi為起始頂點
                tmpj = data[i, 1]; //tmpj為終止頂點
                arr[tmpi, tmpj] = 1;//有邊的點填入1
            }
    Write("無向圖形矩陣：\n");
    for (i = 1; i < 6; i++)
    {
        for (j = 1; j < 6; j++)
            Write("[" + arr[i, j] + "] ");//列印矩陣內容
        WriteLine();
    }
    ReadKey();
```

【執行結果】

```
無向圖形矩陣：
[0] [1] [0] [0] [1]
[1] [0] [1] [1] [0]
[0] [1] [0] [1] [1]
[0] [1] [1] [0] [1]
[1] [0] [1] [1] [0]
```

範例 7.2.2 請以相鄰矩陣表示下列有向圖。

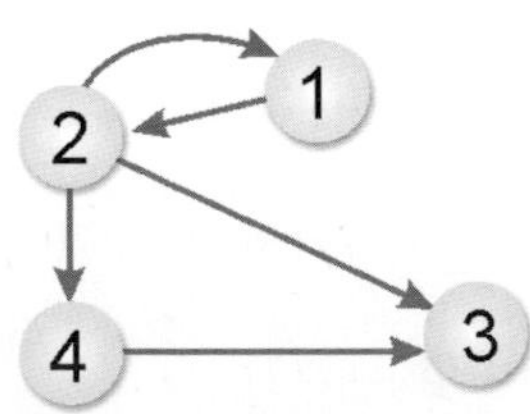

解答 和無向圖形的作法一樣，找出相鄰的點並把邊連接的兩個頂點矩陣值填入 1。不同的是橫列座標為出發點，直行座標為終點。如下表所示：

	1	2	3	4
1	0	1	0	0
2	1	0	1	1
3	0	0	0	0
4	0	0	1	0

範例 7.2.3 假設有一有向圖形各邊的起點值及終點值如下陣列：

```
int [,] data={{1,2},{2,1},{2,3},{2,4},{4,3}};
```

試輸出此圖形的相鄰矩陣。

範例程式：Adjacent.sln

```
using static System.Console;//滙入靜態類別

int[,] arr = new int[5, 5];//宣告矩陣arr
int i, j, tmpi, tmpj;
int[,] data = { { 1, 2 }, { 2, 1 }, { 2, 3 },
                { 2, 4 }, { 4, 3 } }; //圖形各邊的起點值及終點值
for (i = 0; i < 5; i++) //把矩陣清為0
    for (j = 0; j < 5; j++)
        arr[i, j] = 0;
for (i = 0; i < 5; i++)  //讀取圖形資料
    for (j = 0; j < 5; j++) //填入arr矩陣
    {
        tmpi = data[i, 0]; //tmpi為起始頂點
        tmpj = data[i, 1]; //tmpj為終止頂點
        arr[tmpi, tmpj] = 1; //有邊的點填入1
    }
Write("有向圖形矩陣：\n");
for (i = 1; i < 5; i++)
{
    for (j = 1; j < 5; j++)
        Write("[" + arr[i, j] + "] "); //列印矩陣內容
    WriteLine();
}
ReadKey();
```

【執行結果】

```
有向圖形矩陣：
[0] [1] [0] [0]
[1] [0] [1] [1]
[0] [0] [0] [0]
[0] [0] [1] [0]
```

7-2-2 相鄰串列法

前面所介紹的相鄰矩陣法，優點是藉著矩陣的運算，可以求取許多特別的應用，如要在圖形中加入新邊時，這個表示法的插入與刪除相當簡易。不過考慮到稀疏矩陣空間浪費的問題，如要計算所有頂點的分支度時，其時間複雜度為 $O(n^2)$。

因此可以考慮更有效的方法，就是相鄰串列法（adjacency list）。這種表示法就是將一個 n 列的相鄰矩陣，表示成 n 個鏈結串列，這種作法和相鄰矩陣相比較節省空間，如計算所有頂點的分支度時，其時間複雜度為 O(n+e)，缺點是圖形新邊的加入或刪除會更動到相關的串列鏈結，較為麻煩費時。

首先將圖形的 n 個頂點形 n 個串列首，每個串列中的節點表示它們和首節點之間有邊相連。

C# 的節點宣告如下：

```
class Node
{
    int x;
    Node next;
    public Node(int x)
    {
        this.x=x;
        this.next=null;
    }
}
```

在無向圖形中，因為對稱的關係，若有 n 個頂點、m 個邊，則形成 n 個串列首，2m 個節點。若為有向圖形中，則有 n 個串列首，以及 m 個頂點，因此相鄰串列中，求所有頂點分支度所需的時間複雜度為 O(n+m)。

現在分別來討論下圖的兩個範例，該如何使用相鄰串列表示：

(a)

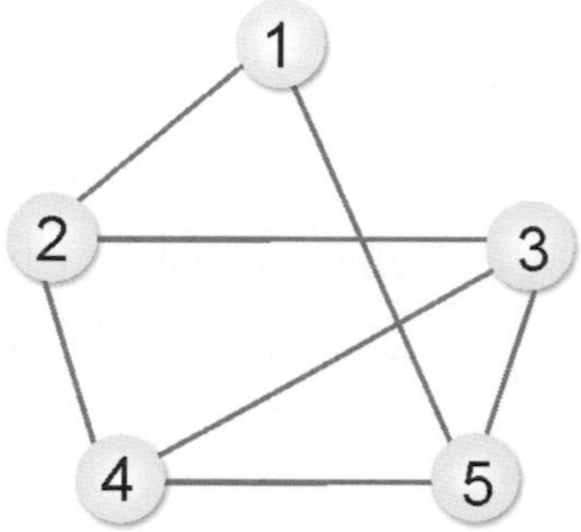

(b)

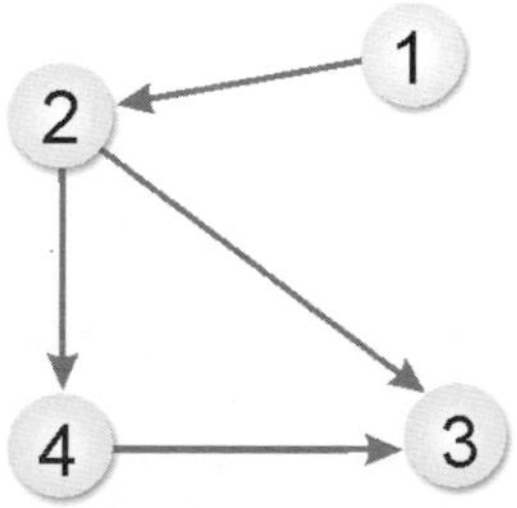

首先來看 (a) 圖，因為 5 個頂點使用 5 個串列首，V_1 串列代表頂點 1，與頂點 1 相鄰的頂點有 2 及 5，依此類推。

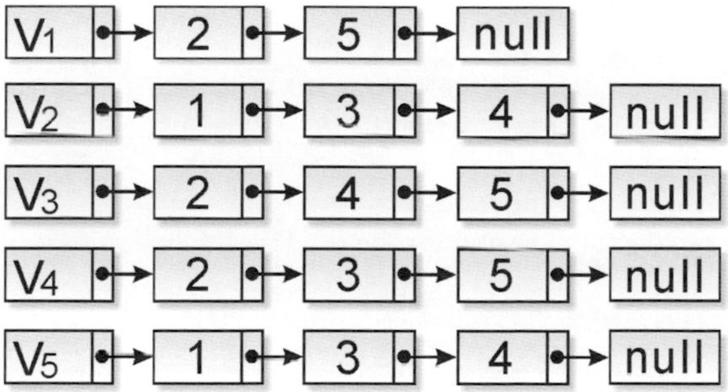

範例程式：AdjacencyList.sln

```
using static System.Console;//滙入靜態類別

namespace AdjacencyList
{
    class Node
    {
        public int x;
        public Node next;
```

```
        public Node(int x)
        {
            this.x = x;
            this.next = null;
        }
    }
    class GraphLink
    {
        public Node first;
        public Node last;
        public bool isEmpty()
        {
            return first == null;
        }
        public void Print()
        {
            Node current = first;
            while (current != null)
            {
                Write("[" + current.x + "]");
                current = current.next;

            }
            WriteLine();
        }
        public void Insert(int x)
        {
            Node newNode = new Node(x);
            if (this.isEmpty())
            {
                first = newNode;
                last = newNode;
            }
            else
            {
                last.next = newNode;
                last = newNode;
            }
        }
    }
    class Program
    {
        static void Main(string[] args)
        {
            int[,] Data = //圖形陣列宣告
            { {1,2},{2,1},{1,5},{5,1},{2,3},{3,2},{2,4},
```

```
                  {4,2},{3,4},{4,3},{3,5},{5,3},{4,5},{5,4} };
            int DataNum;
            int i, j;
            WriteLine("圖形(a)的鄰接串列內容：");
            GraphLink[] Head = new GraphLink[6];
            for (i = 1; i < 6; i++)
            {
                Head[i] = new GraphLink();
                Write("頂點" + i + "=>");
                for (j = 0; j < 14; j++)
                {
                    if (Data[j, 0] == i)
                    {
                        DataNum = Data[j, 1];
                        Head[i].Insert(DataNum);
                    }
                }
                Head[i].Print();
            }
            ReadKey();
        }
    }
}
```

【執行結果】

```
圖形<a>的鄰接串列內容：
頂點1=>[2][5]
頂點2=>[1][3][4]
頂點3=>[2][4][5]
頂點4=>[2][3][5]
頂點5=>[1][3][4]
```

因為 4 個頂點使用 4 個串列首，V_1 串列代表頂點 1，與頂點 1 相鄰的頂點有 2，依此類推。

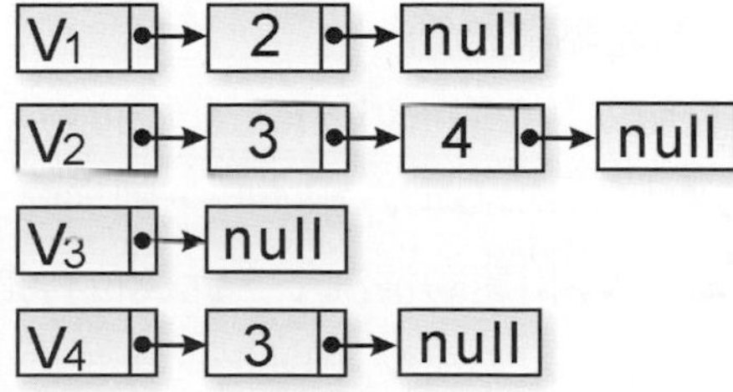

上例為相鄰串列有向圖及無向圖的作法，讀者可以清楚的知道相鄰矩陣及相鄰串列的不同。

以下是有關相鄰矩陣法及相鄰串列法來表示圖形的優缺點整理表：

優缺點 / 表示法	優點	缺點
相鄰矩陣法	① 實作簡單 ② 計算分支度相當方便 ③ 要在圖形中加入新邊時，這個表示法的插入與刪除相當簡易	① 如果頂點與頂點間的路徑不多時，易造成稀疏矩陣，而浪費空間 ② 計算所有頂點的分支度時，其時間複雜度為 $O(n^2)$
相鄰串列法	① 和相鄰矩陣相比較節省空間 ② 計算所有頂點的分支度時，其時間複雜度為 O(n+e)，較相鄰矩陣法來得快	① 欲求入分支度時，必須先求其反轉串列 ② 圖形新邊的加入或刪除會更動到相關的串列鏈結，較為麻煩費時

7-2-3 相鄰複合串列法

上面介紹了兩個圖形表示法都是從頂點的觀點出發，但如果要處理的是「邊」則必須使用相鄰多元串列，相鄰多元串列是處理無向圖形的另一種方法。相鄰多元串列的節點是存放邊線的資料，其結構如下：

M	V_1	V_2	LINK1	LINK2
記錄單元	邊線起點	邊線終點	起點指標	終點指標

其中相關特性說明如下：

M：是記錄該邊是否被找過的一個位元之欄位。

V_1 及 V_2：是所記錄的邊的起點與終點。

LINK1：在尚有其它頂點與 V_1 相連的情況下，此欄位會指向下一個與 V_1 相連的邊節點，如果已經沒有任何頂點與 V_1 相連時，則指向 null。

LINK2：在尚有其它頂點與 V_2 相連的情況下，此欄位會指向下一個與 V_2 相連的邊節點，如果已經沒有任何頂點與 V_2 相連時，則指向 null。

例如有三條邊線 (1,2)(1,3)(2,4)，則邊線 (1,2) 表示法如下：

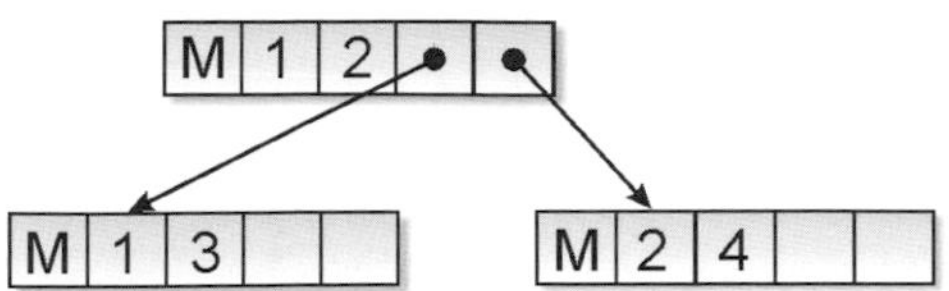

我們現在以多相鄰串列表示下圖所示：

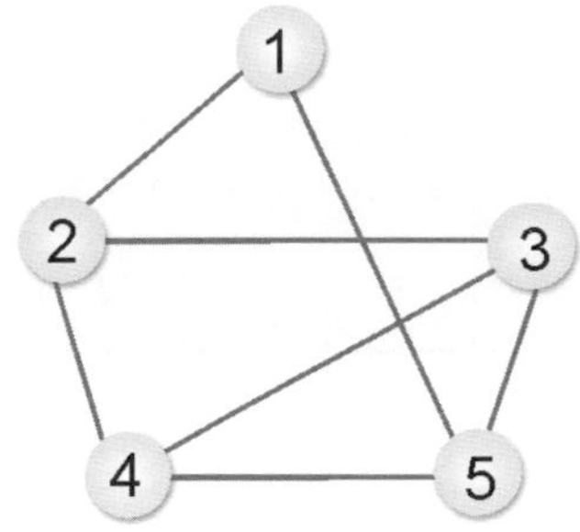

首先分別把頂點及邊的節點找出。

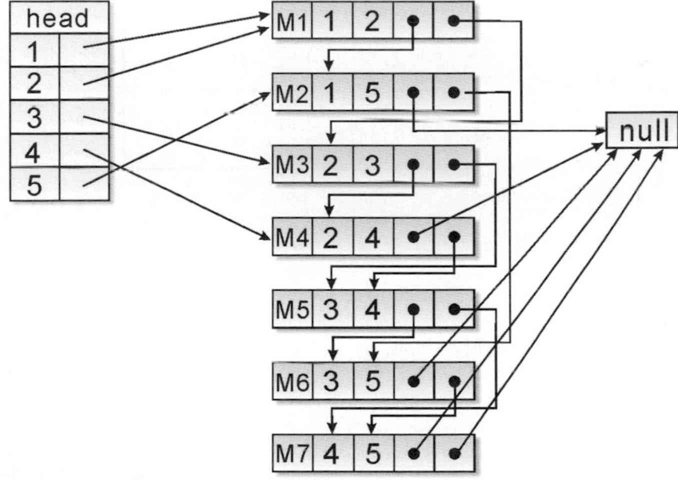

範例 7.2.4 試求出下圖的相鄰複合串列表示法。

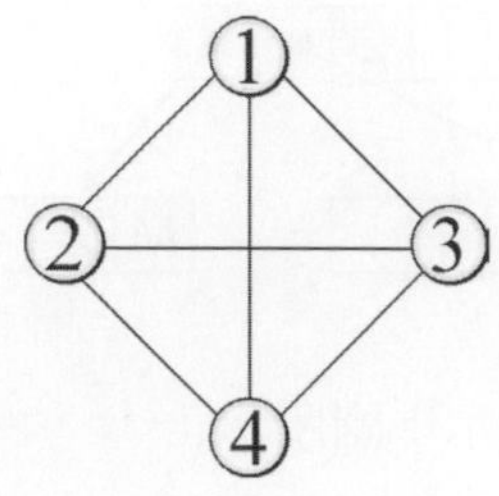

解答 其表示法為：

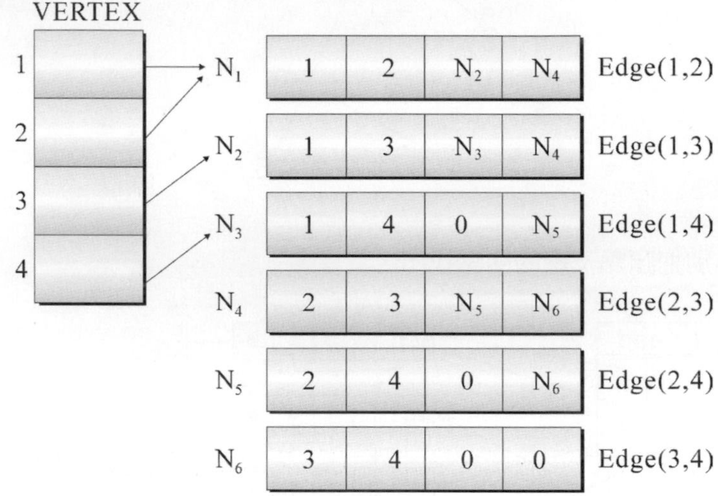

由上圖，我們可以得知：

頂點 $1(V_1)$：$N_1 \rightarrow N_2 \rightarrow N_3$

頂點 $2(V_2)$：$N_1 \rightarrow N_4 \rightarrow N_5$

頂點 $3(V_3)$：$N_2 \rightarrow N_4 \rightarrow N_6$

頂點 $4(V_4)$：$N_3 \rightarrow N_5 \rightarrow N_6$

7-2-4 索引表格法

索引表格表示法，是一種用一維陣列來依序儲存與各頂點相鄰的所有頂點，並建立索引表格，來記錄各頂點在此一維陣列中第一個與該頂點相鄰的位置。我們將以下圖來說明索引表格法的實例。

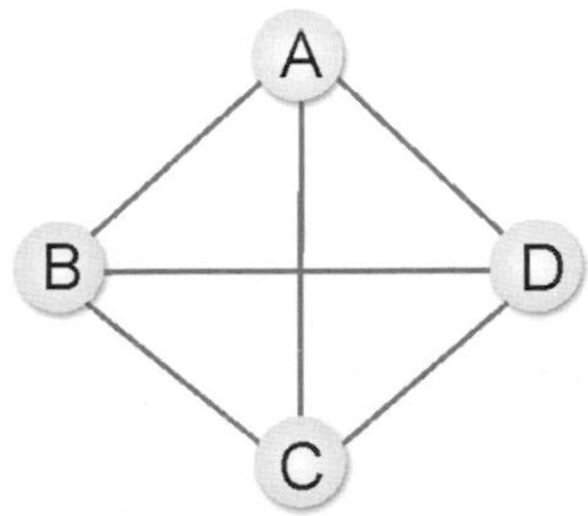

則索引表格法的表示外觀為：

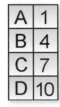

A	1
B	4
C	7
D	10

B	C	D	A	C	D	A	B	D	A	B	C

範例 7.2.5 下圖為尤拉七橋問題的圖示法，A,B,C,D 為四島，1,2,3,4,5,6,7 為七橋，今欲以不同之資料結構描述此圖，試說明三種不同的表示法。

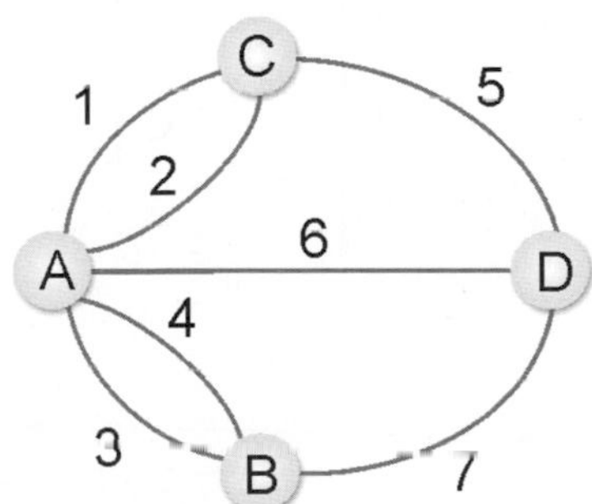

解答 根據複線圖的定義，Euler 七橋問題是一種複線圖，它並不是圖。如果要以不同表示法來實作圖形的資料結構，必須先將上述的複線圖分解成如下的兩個圖形：

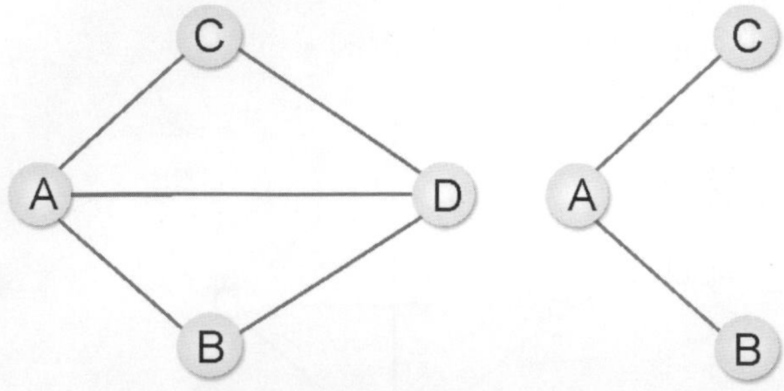

下面我們以相鄰矩陣、相鄰串列及索引表格法說明如下：

相鄰矩陣（Adjacency Matrix）

令圖形 G=(V,E) 共有 n 個頂點，我們以 n*n 的二維矩陣來表示點與點之間是否相鄰。其中

a_{ij}=0 表示頂點 i 及 j 頂點沒有相鄰的邊

a_{ij}=1 表示頂點 i 及 j 頂點有相鄰的邊

	A	B	C	D
A	0	1	1	1
B	1	0	0	1
C	1	0	0	1
D	1	1	1	0

	A	B	C
A	0	1	1
B	1	0	0
C	1	0	0

相鄰串列法（Adjacency Lists）

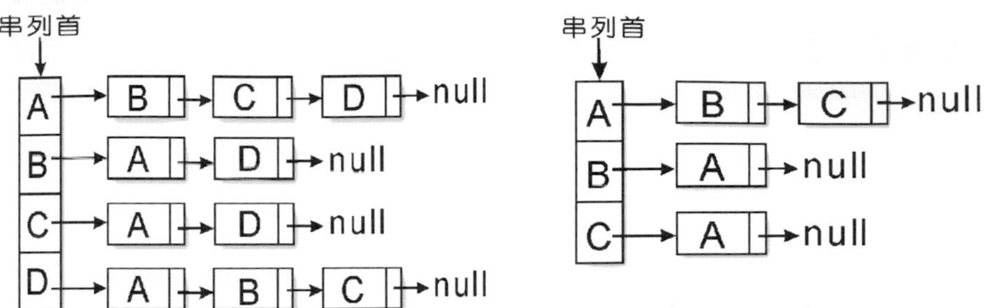

索引表格法（Indexed Table）

是一種用一個一維陣列，來依序儲存與各頂點相鄰的所有頂點，並建立索引表格，來記錄各頂點在此一維陣列中第一個與該頂點相鄰的位置。

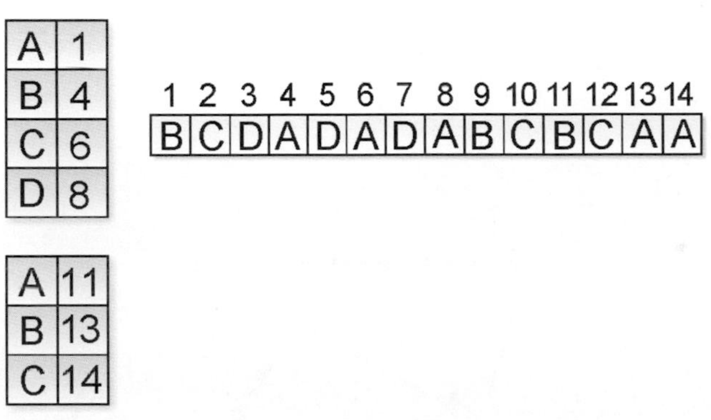

7-3 圖形的走訪

樹的追蹤目的是欲拜訪樹的每一個節點一次，可用的方法有中序法、前序法和後序法等三種。而圖形走訪的定義如下：

一個圖形 G=(V,E)，存在某一頂點 v∈V，我們希望從 v 開始，經由此節點相鄰的節點而去拜訪 G 中其它節點，這稱之為「圖形走訪」。

也就是從某一個頂點 V_1 開始，走訪可以經由 V_1 到達的頂點，接著再走訪下一個頂點直到全部的頂點走訪完畢為止。在走訪的過程中可能會重複經過某些頂點及邊線。經由圖形的走訪可以判斷該圖形是否連通，並找出連通單元及路徑。圖形走訪的方法有兩種：「先深後廣走訪」及「先廣後深走訪」。

7-3-1 先深後廣法

先深後廣走訪的方式有點類似前序走訪。是從圖形的某一頂點開始走訪，被拜訪過的頂點就做上已拜訪的記號，接著走訪此頂點的所有相鄰且未拜訪過的頂點中的任意一個頂點，並做上已拜訪的記號，再以該點為新的起點繼續進行先深後廣的搜尋。

這種圖形追蹤方法結合了遞迴及堆疊兩種資料結構的技巧，由於此方法會造成無窮迴路，所以必須加入一個變數，判斷該點是否已經走訪完畢。底下我們以下圖來看看這個方法的走訪過程：

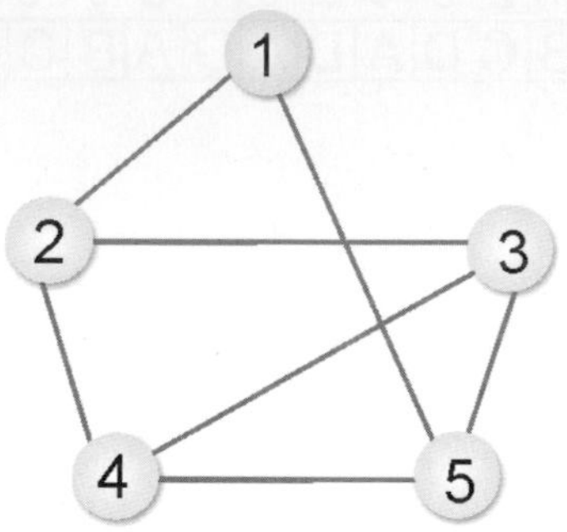

步驟 1 以頂點 1 為起點，將相鄰的頂點 2 及頂點 5 放入堆疊。

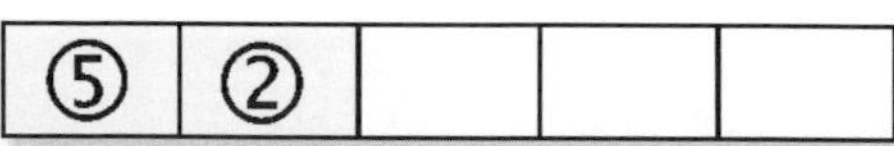

步驟 2 取出頂點 2，將與頂點 2 相鄰且未拜訪過的頂點 3 及頂點 4 放入堆疊。

步驟 3 取出頂點 3，將與頂點 3 相鄰且未拜訪過的頂點 4 及頂點 5 放入堆疊。

⑤	④	⑤	④	

步驟 4 取出頂點 4，將與頂點 4 相鄰且未拜訪過的頂點 5 放入堆疊。

⑤	④	⑤	⑤	

步驟 5 取出頂點 5，將與頂點 5 相鄰且未拜訪過的頂點放入堆疊，各位可以發現與⑤相鄰的頂點全部被拜訪過，所以無需再放入堆疊。

⑤	④	⑤		

步驟 6 將堆疊內的值取出並判斷是否已經走訪過了，直到堆疊內無節點可走訪為止。

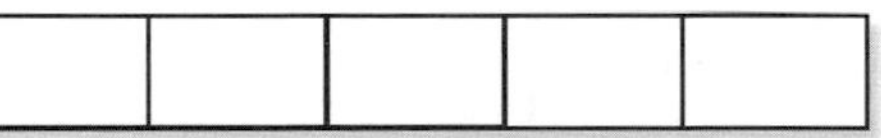

故先深後廣的走訪順序為：**頂點 1**、**頂點 2**、**頂點 3**、**頂點 4**、**頂點 5**。

範例程式：DFS.sln

```
using static System.Console;//滙入靜態類別

namespace DFS
{
    class Node
    {
        public int x;
        public Node next;
        public Node(int x)
        {
            this.x = x;
            this.next = null;
        }
```

```
    }
    class GraphLink
    {
        public Node first;
        public Node last;
        public bool IsEmpty()
        {
            return first == null;
        }
        public void Print()
        {
            Node current = first;
            while (current != null)
            {
                Write("[" + current.x + "]");
                current = current.next;

            }
            WriteLine();
        }
        public void Insert(int x)
        {
            Node newNode = new Node(x);
            if (this.IsEmpty())
            {
                first = newNode;
                last = newNode;
            }
            else
            {
                last.next = newNode;
                last = newNode;
            }
        }
    }
    class Program
    {
        public static int[] run = new int[9];
        public static GraphLink[] Head = new GraphLink[9];
        public static void Dfs(int current)   //深度優先走訪副程式
        {
            run[current] = 1;
            Write("[" + current + "]");
```

```

            while ((Head[current].first) != null)
            {
                if (run[Head[current].first.x] == 0) //如果頂點尚未走訪，就進行dfs的遞迴呼叫
                    Dfs(Head[current].first.x);
                Head[current].first = Head[current].first.next;
            }
        }
        static void Main(string[] args)
        {
            int[,] Data =       //圖形邊線陣列宣告
            { {1,2},{2,1},{1,3},{3,1},{2,4},{4,2},{2,5},{5,2},{3,6},{6,3},
              {3,7},{7,3},{4,5},{5,4},{6,7},{7,6},{5,8},{8,5},{6,8},{8,6} };
            int DataNum;
            int i, j;
            WriteLine("圖形的鄰接串列內容："); //列印圖形的鄰接串列內容
            for (i = 1; i < 9; i++) //共有八個頂點
            {
                run[i] = 0; //設定所有頂點成尚未走訪過
                Head[i] = new GraphLink();
                Write("頂點" + i + "=>");
                for (j = 0; j < 20; j++)  //二十條邊線
                {
                    if (Data[j, 0] == i)  //如果起點和串列首相等，則把頂點加入串列
                    {
                        DataNum = Data[j, 1];
                        Head[i].Insert(DataNum);
                    }
                }
                Head[i].Print();  //列印圖形的鄰接串列內容
            }
            WriteLine("深度優先走訪頂點：");  //列印深度優先走訪的頂點
            Dfs(1);
            WriteLine();
            ReadKey();
        }
    }
}
```

【執行結果】

```
圖形的鄰接串列內容：
頂點1=>[2][3]
頂點2=>[1][4][5]
頂點3=>[1][6][7]
頂點4=>[2][5]
頂點5=>[2][4][8]
頂點6=>[3][7][8]
頂點7=>[3][6]
頂點8=>[5][6]
深度優先走訪頂點：
[1][2][4][5][8][6][3][7]
```

7-3-2 先廣後深搜尋法

之前所談到先深後廣是利用堆疊及遞迴的技巧來走訪圖形，而先廣後深（Breadth-First Search, BFS）走訪方式則是以佇列及遞迴技巧來走訪，也是從圖形的某一頂點開始走訪，被拜訪過的頂點就做上已拜訪的記號。

接著走訪此頂點的所有相鄰且未拜訪過的頂點中的任意一個頂點，並做上已拜訪的記號，再以該點為新的起點繼續進行先廣後深的搜尋。底下我們以下圖來看看 BFS 的走訪過程：

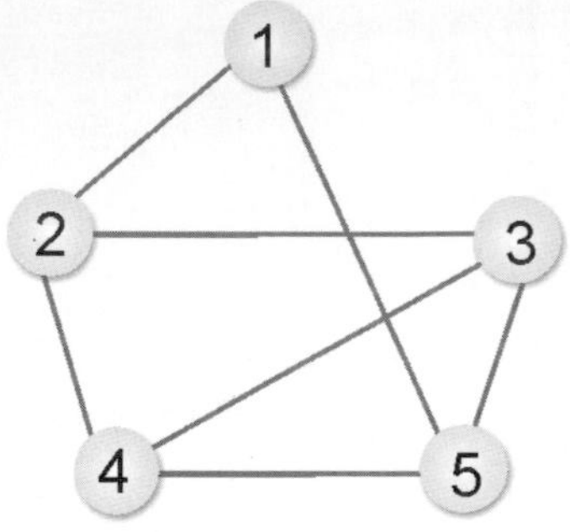

步驟 1　以頂點 1 為起點，與頂點 1 相鄰且未拜訪過的頂點 2 及頂點 5 放入佇列。

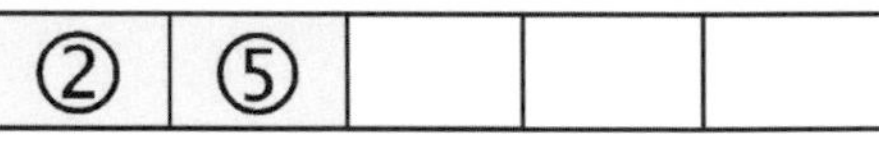

步驟 2　取出頂點 2，將與頂點 2 相鄰且未拜訪過的頂點 3 及頂點 4 放入佇列。

步驟 3 取出頂點 5，將與頂點 5 相鄰且未拜訪過的頂點 3 及頂點 4 放入佇列。

③	④	③	④	

步驟 4 取出頂點 3，將與頂點 3 相鄰且未拜訪過的頂點 4 放入佇列。

④	③	④	④	

步驟 5 取出頂點 4，將與頂點 4 相鄰且未拜訪過的頂點放入佇列中，各位可以發現與頂點 4 相鄰的頂點全部被拜訪過，所以無需再放入佇列中。

③	④	④		

步驟 6 將佇列內的值取出並判斷是否已經走訪過了，直到佇列內無節點可走訪為止。

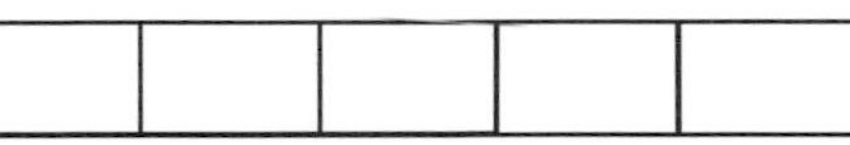

所以，先廣後深的走訪順序為：**頂點 1、頂點 2、頂點 5、頂點 3、頂點 4**。

先廣後深的程式寫法與先深後廣的寫法類似，需注意的使用技巧不同，先廣後深必須使用佇列的技巧。請各位讀者自行參考佇列的寫法，順便複習一下吧！

範例程式：BFS.sln

```
using static System.Console;//滙入靜態類別

namespace BFS
{
    class Node
    {
        public int x;
        public Node next;
```

```
        public Node(int x)
        {
            this.x = x;
            this.next = null;
        }
    }
    class GraphLink
    {
        public Node first;
        public Node last;
        public bool IsEmpty()
        {
            return first == null;
        }
        public void Print()
        {
            Node current = first;
            while (current != null)
            {
                Write("[" + current.x + "]");
                current = current.next;
            }
            WriteLine();
        }
        public void Insert(int x)
        {
            Node newNode = new Node(x);
            if (this.IsEmpty())
            {
                first = newNode;
                last = newNode;
            }
            else
            {
                last.next = newNode;
                last = newNode;
            }
        }
    }
    class Program
    {
        public static int[] run = new int[9];//用來記錄各頂點是否走訪過
        public static GraphLink[] Head = new GraphLink[9];
```

```
        public const int MAXSIZE = 10; //定義佇列的最大容量
        static int[] queue = new int[MAXSIZE];//佇列陣列的宣告
        static int front = -1; //指向佇列的前端
        static int rear = -1; //指向佇列的後端
                                      //佇列資料的存入
        public static void Enqueue(int value)
        {
            if (rear >= MAXSIZE) return;
            rear++;
            queue[rear] = value;
        }
        //佇列資料的取出
        public static int Dequeue()
        {
            if (front == rear) return -1;
            front++;
            return queue[front];
        }
        //廣度優先搜尋法
        public static void Bfs(int current)
        {
            Node tempnode; //臨時的節點指標
            Enqueue(current); //將第一個頂點存入佇列
            run[current] = 1; //將走訪過的頂點設定為1
            Write("[" + current + "]"); //印出該走訪過的頂點
            while (front != rear)
            { //判斷目前是否為空佇列
                current = Dequeue(); //將頂點從佇列中取出
                tempnode = Head[current].first; //先記錄目前頂點的位置
                while (tempnode != null)
                {
                    if (run[tempnode.x] == 0)
                    {
                        Enqueue(tempnode.x);
                        run[tempnode.x] = 1; //記錄已走訪過
                        Write("[" + tempnode.x + "]");
                    }
                    tempnode = tempnode.next;
                }
            }
        }
        static void Main(string[] args)
        {
```

```
            int[,] Data =  //圖形邊線陣列宣告
                { {1,2},{2,1},{1,3},{3,1},{2,4},{4,2},{2,5},{5,2},{3,6},{6,3},
                {3,7},{7,3},{4,5},{5,4},{6,7},{7,6},{5,8},{8,5},{6,8},{8,6} };
            int DataNum;
            int i, j;
            WriteLine("圖形的鄰接串列內容："); //列印圖形的鄰接串列內容
            for (i = 1; i < 9; i++)
            { //共有八個頂點
                run[i] = 0; //設定所有頂點成尚未走訪過
                Head[i] = new GraphLink();
                Write("頂點" + i + "=>");
                for (j = 0; j < 20; j++)
                {
                    if (Data[j, 0] == i)
                    { //如果起點和串列首相等，則把頂點加入串列
                        DataNum = Data[j, 1];
                        Head[i].Insert(DataNum);
                    }
                }
                Head[i].Print();  //列印圖形的鄰接串列內容
            }
            WriteLine("廣度優先走訪頂點：");   //列印廣度優先走訪的頂點
            Bfs(1);
            WriteLine();
            ReadKey();
        }
    }
}
```

【執行結果】

```
圖形的鄰接串列內容：
頂點1=>[2][3]
頂點2=>[1][4][5]
頂點3=>[1][6][7]
頂點4=>[2][5]
頂點5=>[2][4][8]
頂點6=>[3][7][8]
頂點7=>[3][6]
頂點8=>[5][6]
廣度優先走訪頂點：
[1][2][3][4][5][6][7][8]
```

7-4 擴張樹簡介

擴張樹又稱「花費樹」或「值樹」，一個圖形的擴張樹（Spanning Tree）就是以最少的邊來連結圖形中所有的頂點，且不造成循環（Cycle）的樹狀結構。更清楚的說，當一個圖形連通時，則使用 DFS 或 BFS 必能拜訪圖形中所有的頂點，且 G=(V,E) 的所有邊可分成兩個集合：T 和 B（T 為搜尋時所經過的所有邊，而 B 為其餘未被經過的邊）。if S=(V,T) 為 G 中的擴張樹（Spanning Tree），具有以下三項性質：

1. E=T+B
2. 加入 B 中的任一邊到 S 中，則會產生循環（Cycle）。
3. V 中的任何 2 頂點 V_i、V_j 在 S 中存在唯一的一條簡單路徑。

例如以下則是圖 G 與它的三棵擴張樹，如下圖所示：

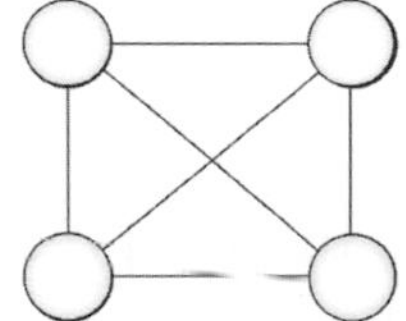
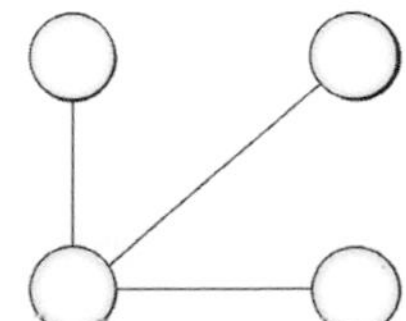
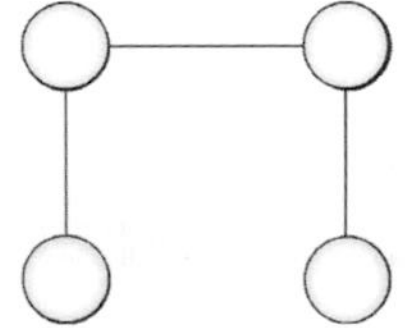
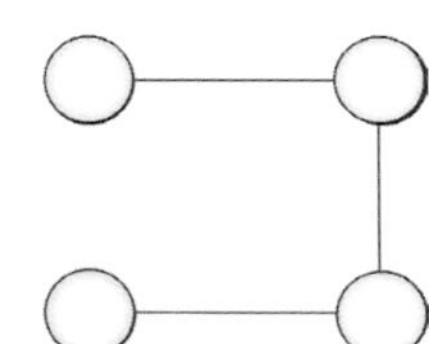

7-4-1 DFS 擴張樹及 BFS 擴張樹

基本上，一棵擴張樹也可以利用先深後廣搜尋法（DFS）與先廣後深搜尋法（BFS）來產生，所得到的擴張樹則稱為縱向擴張樹（DFS 擴張樹）或橫向擴張樹（BFS 擴張樹）。我們立刻來練習求出右圖的 DFS 擴張樹及 BFS 擴張樹：

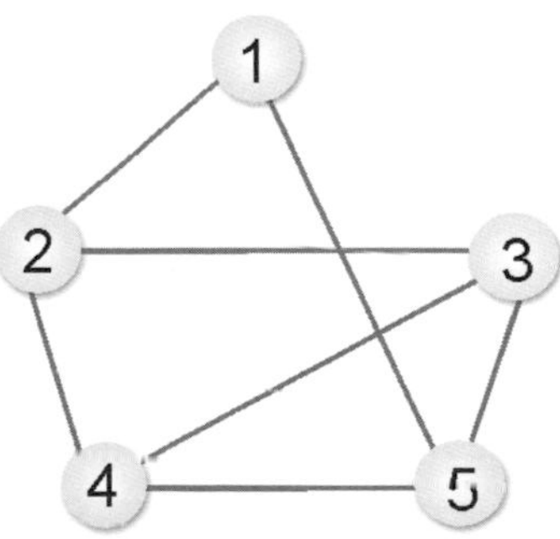

依擴張樹的定義，我們可以得到下列幾顆擴張樹：

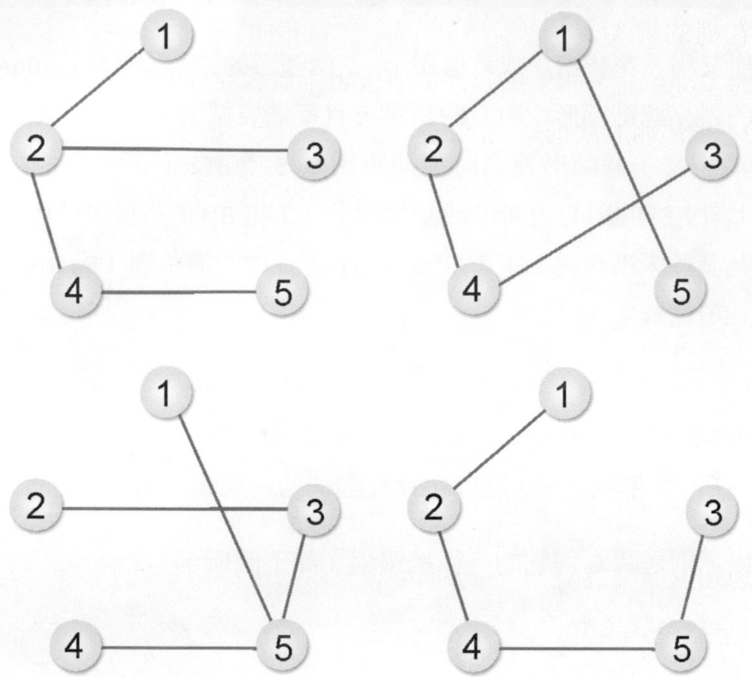

由上圖我們可以得知，一個圖形通常具有不只一顆擴張樹。上圖的先深後廣擴張樹為①②③④⑤，如下圖 (a)，先廣後深擴張樹則為①②⑤③④，如下圖 (b)：

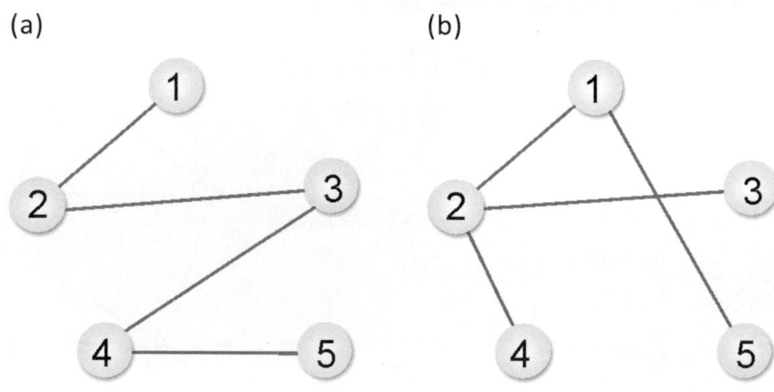

7-4-2 最小花費擴張樹

假設在樹的邊加上一個權重（weight）值，這種圖形就成為「加權圖形（Weighted Graph）」。如果這個權重值代表兩個頂點間的距離（distance）或成本（Cost），這類圖形就稱為網路（Network）。如下圖所示：

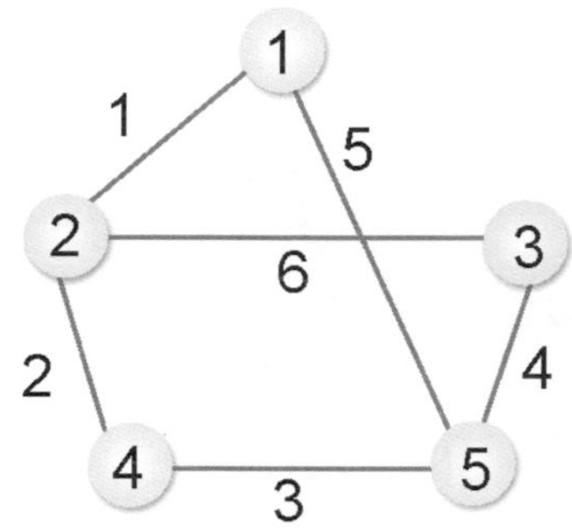

假如想知道從某個點到另一個點間的路徑成本，例如由頂點 1 到頂點 5 有 (1+2+3)、(1+6+4) 及 5 這三個路徑成本，而「最小成本擴張樹（Minimum Cost Spanning Tree）」則是路徑成本為 5 的擴張樹。請看下圖說明：

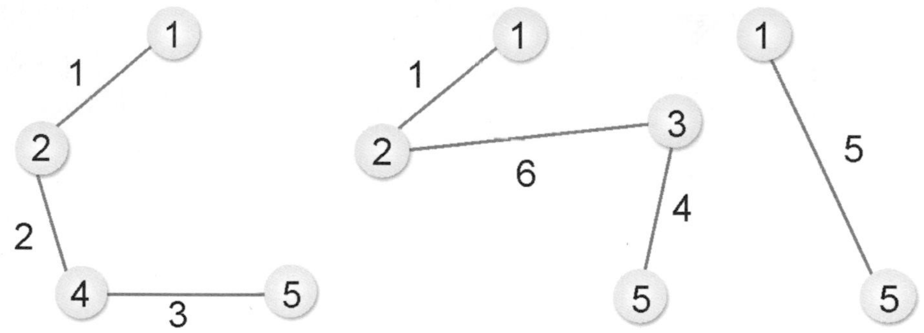

一個加權圖形中如何找到最小成本擴張樹是相當重要，因為許多工作都可以由圖形來表示，例如從高雄到花蓮的距離或花費等。接著將介紹以所謂「貪婪法則」（Greedy Rule）為基礎，來求得一個無向連通圖形的最小花費樹的常見建立方法，分別是 Kruskal's 演算法與 Prim's 演算法。

7-4-3 Kruskal 演算法

Kruskal 演算法是將各邊線依權值大小由小到大排列，接著從權值最低的邊線開始架構最小成本擴張樹，如果加入的邊線會造成迴路則捨棄不用，直到加入了 n-1 個邊線為止。這方法看起來似乎不難，我們直接來看如何以 K 氏法得到範例下圖中最小成本擴張樹：

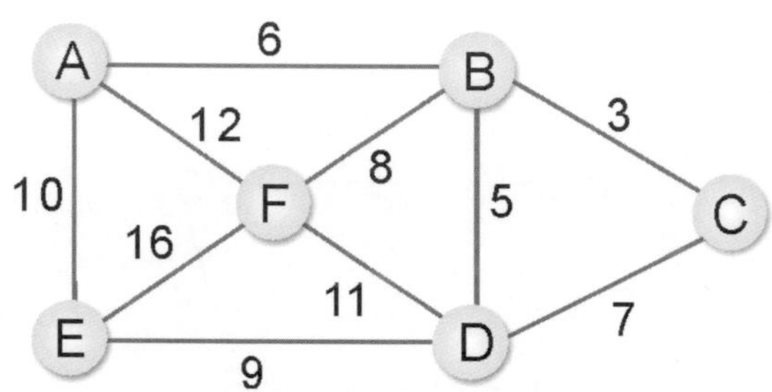

步驟 1 把所有邊線的成本列出並由小到大排序：

起始頂點	終止頂點	成本
B	C	3
B	D	5
A	B	6
C	D	7
B	F	8
D	E	9
A	E	10
D	F	11
A	F	12
E	F	16

步驟 2 選擇成本最低的一條邊線作為架構最小成本擴張樹的起點。

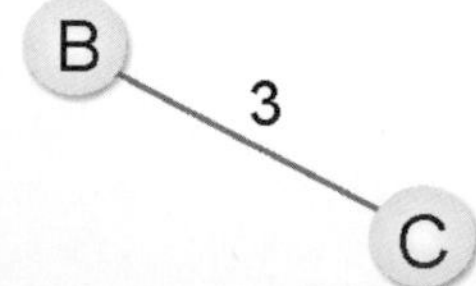

步驟 3 依步驟 1 所建立的表格，依序加入邊線。

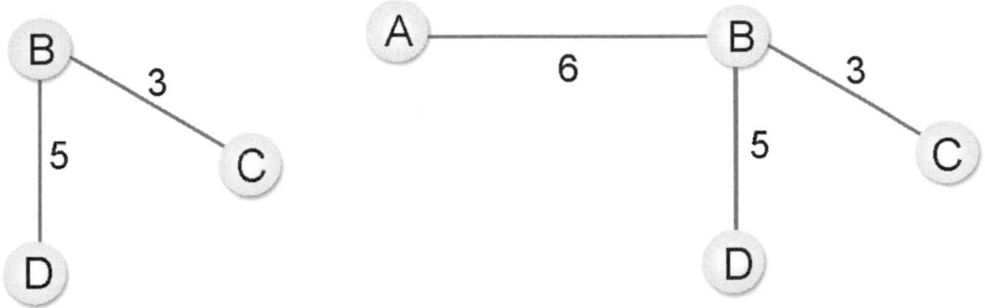

步驟 4 C–D 加入會形成迴路，所以直接跳過。

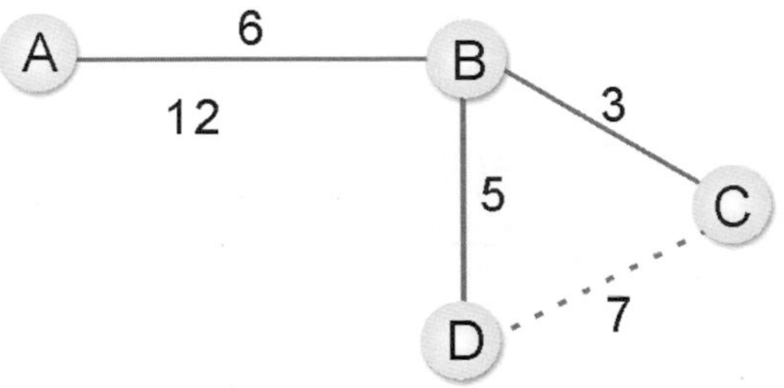

完成圖

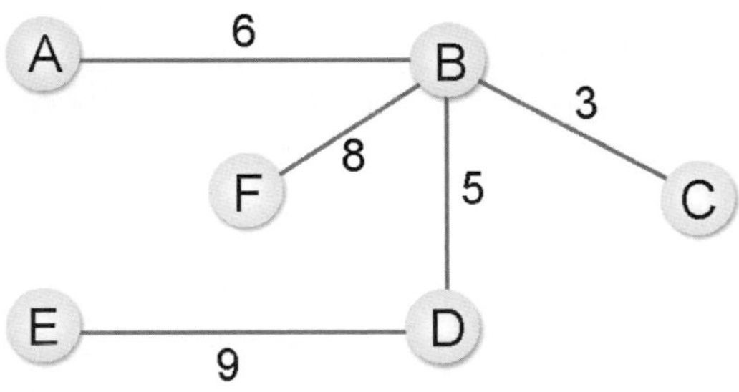

這個範例的程式我們可以用最簡單的陣列結構來表示，先以一個二維陣列儲存並排序 K 氏法的成本表，接著依序把成本表加入另一個二維陣列並判斷是否會造成迴路。

範例程式：Kruskal.sln

```
using static System.Console;//滙入靜態類別

namespace Kruskal
{
    class Node
    {
        const int MaxLength = 20; // 定義鏈結串列最大長度
        public int[] from = new int[MaxLength];
        public int[] to = new int[MaxLength];
        public int[] find = new int[MaxLength];
        public int[] val = new int[MaxLength];
        public int[] Next = new int[MaxLength];// 鏈結串列的下一個節點位置

        public Node()      // Node建構子
        {
            for (int i = 0; i < MaxLength; i++)
                Next[i] = -2;    // -2表示未用節點
        }

        // ---------------------------------------------------
        // 搜尋可用節點位置
        // ---------------------------------------------------
        public int FindFree()
        {
            int i;

            for (i = 0; i < MaxLength; i++)
                if (Next[i] == -2)
                    break;
            return i;
        }

        // ---------------------------------------------------
        // 建立鏈結串列
        // ---------------------------------------------------
        public void Create(int Header, int FreeNode, int DataNum, int
        fromNum, int toNum, int findNum)
        {
            int Pointer;          // 現在的節點位置

            if (Header == FreeNode) // 新的鏈結串列
```

```
            {
                val[Header] = DataNum;  // 設定資料編號
                from[Header] = fromNum;
                find[Header] = findNum;
                to[Header] = toNum;
                Next[Header] = -1;  // 將下個節點的位置，-1表示空節點
            }
            else
            {
                Pointer = Header;   // 現在的節點為首節點
                val[FreeNode] = DataNum;// 設定資料編號
                from[FreeNode] = fromNum;
                find[FreeNode] = findNum;
                to[FreeNode] = toNum;
                // 設定資料名稱
                Next[FreeNode] = -1;    // 將下個節點的位置，-1表示空節點
                                        // 找尋鏈結串列尾端
                while (Next[Pointer] != -1)
                    Pointer = Next[Pointer];

                // 將新節點串連在原串列尾端
                Next[Pointer] = FreeNode;
            }
        }

        // --------------------------------------------------
        // 印出鏈結串列資料
        // --------------------------------------------------
        public void PrintList(int Header)
        {
            int Pointer;
            Pointer = Header;
            while (Pointer != -1)
            {
                Write("起始頂點[" + from[Pointer] + "]  終止頂點[");
                Write(to[Pointer] + "]  路徑長度[" + val[Pointer] + "]");
                WriteLine();
                Pointer = Next[Pointer];
            }
        }
    }
    class Program
```

```
    {
        public static int VERTS = 6;
        public static int[] v = new int[VERTS + 1];
        public static Node NewList = new Node();
        public static int Findmincost()
        {
            int minval = 100;
            int retptr = 0;
            int a = 0;
            while (NewList.Next[a] != -1)
            {
                if (NewList.val[a] < minval && NewList.find[a] == 0)
                {
                    minval = NewList.val[a];
                    retptr = a;
                }
                a++;
            }
            NewList.find[retptr] = 1;
            return retptr;
        }
        public static void Mintree()
        {
            int i, result = 0;
            int mceptr;
            int a = 0;
            for (i = 0; i <= VERTS; i++)
                v[i] = 0;
            while (NewList.Next[a] != -1)
            {
                mceptr = Findmincost();
                v[NewList.from[mceptr]]++;
                v[NewList.to[mceptr]]++;
                if (v[NewList.from[mceptr]] > 1 && v[NewList.to[mceptr]] > 1)
                {
                    v[NewList.from[mceptr]]--;
                    v[NewList.to[mceptr]]--;
                    result = 1;
                }
                else
                    result = 0;
                if (result == 0)
```

```
                {
                    Write("起始頂點[" + NewList.from[mceptr] + "]
                                                            終止頂點[");
                    Write(NewList.to[mceptr] + "]  路徑長度[" + 
    NewList.val[mceptr] + "]");
                    WriteLine();
                }
                a++;
            }
        }
        static void Main(string[] args)
        {
            int[,] Data =           /*圖形陣列宣告*/

            { {1,2,6},{1,6,12},{1,5,10},{2,3,3},{2,4,5},
              {2,6,8},{3,4,7},{4,6,11},{4,5,9},{5,6,16} };
            int DataNum;
            int fromNum;
            int toNum;
            int findNum;
            int Header = 0;
            int FreeNode;
            int i, j;
            WriteLine("建立圖形串列：");
            /*列印圖形的鄰接串列內容*/
            for (i = 0; i < 10; i++)
            {
                for (j = 1; j <= VERTS; j++)
                {
                    if (Data[i, 0] == j)
                    {
                        fromNum = Data[i, 0];
                        toNum = Data[i, 1];
                        DataNum = Data[i, 2];
                        findNum = 0;
                        FreeNode = NewList.FindFree();
                        NewList.Create(Header, FreeNode, DataNum,
    fromNum, toNum, findNum);
                    }
                }
            }
            NewList.PrintList(Header);
```

```
                WriteLine("建立最小成本擴張樹");
                Mintree();
                ReadKey();
            }
        }
}
```

【執行結果】

```
建立圖形串列：
起始頂點[1]   終止頂點[2]   路徑長度[6]
起始頂點[1]   終止頂點[6]   路徑長度[12]
起始頂點[1]   終止頂點[5]   路徑長度[10]
起始頂點[2]   終止頂點[3]   路徑長度[3]
起始頂點[2]   終止頂點[4]   路徑長度[5]
起始頂點[2]   終止頂點[6]   路徑長度[8]
起始頂點[3]   終止頂點[4]   路徑長度[7]
起始頂點[4]   終止頂點[6]   路徑長度[11]
起始頂點[4]   終止頂點[5]   路徑長度[9]
起始頂點[5]   終止頂點[6]   路徑長度[16]
建立最小成本擴張樹
起始頂點[2]   終止頂點[3]   路徑長度[3]
起始頂點[2]   終止頂點[4]   路徑長度[5]
起始頂點[1]   終止頂點[2]   路徑長度[6]
起始頂點[2]   終止頂點[6]   路徑長度[8]
起始頂點[4]   終止頂點[5]   路徑長度[9]
```

7-4-4 Prim 演算法

Prim 演算法又稱 P 氏法，對一個加權圖形 G=(V,E)，設 V={1,2,......n}，假設 U={1}，也就是說，U 及 V 是兩個頂點的集合。然後從 U–V 差集所產生的集合中找出一個頂點 x，該頂點 x 能與 U 集合中的某點形成最小成本的邊，且不會造成迴圈。然後將頂點 x 加入 U 集合中，反覆執行同樣的步驟，一直到 U 集合等於 V 集合（即 U=V）為止。接下來，我們將實際利用 P 氏法求出下圖的 MST。

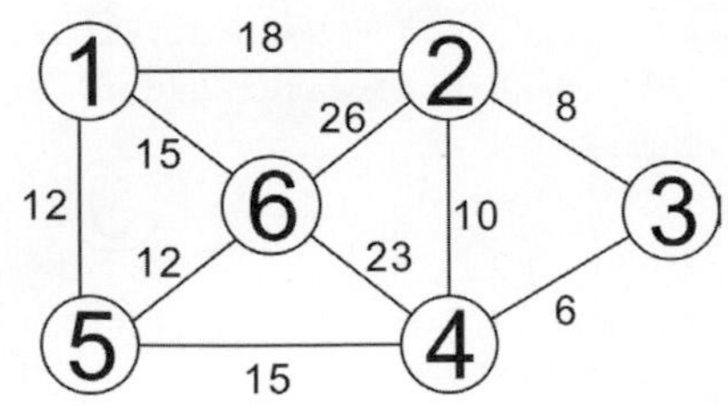

從此圖形中可得 V={1,2,3,4,5,6},U=1

從 V−U={2,3,4,5,6} 中找一頂點與 U 頂點能形成最小成本邊，得

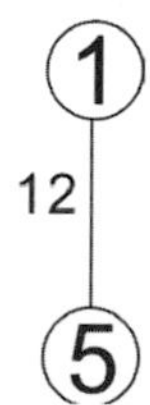

V−U={2,3,4,6} U={1,5}

從 V−U 中頂點找出與 U 頂點能形成最小成本的邊，得

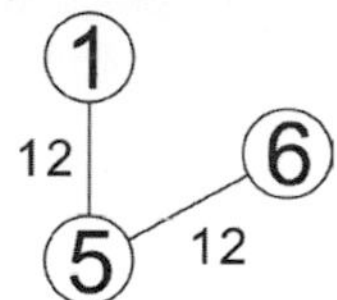

且 U={1,5,6}，V−U={2,3,4}

同理，找到頂點 4

U={1,5,6,4} V−U={2,3}

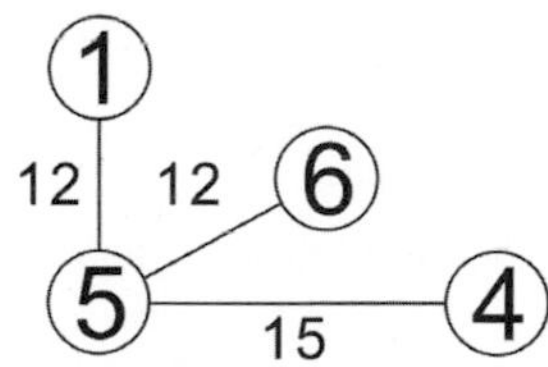

同理，找到頂點 3

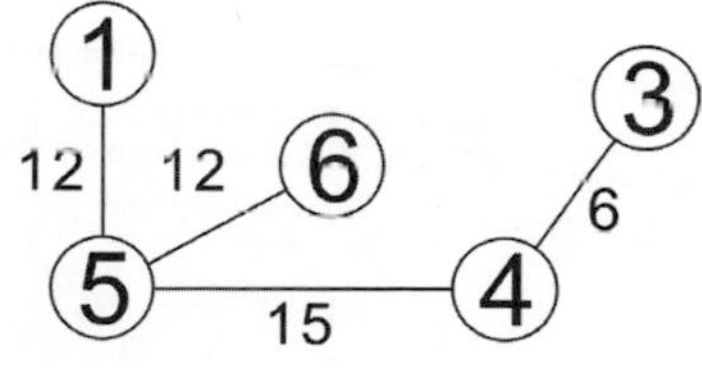

同理，找到頂點 2

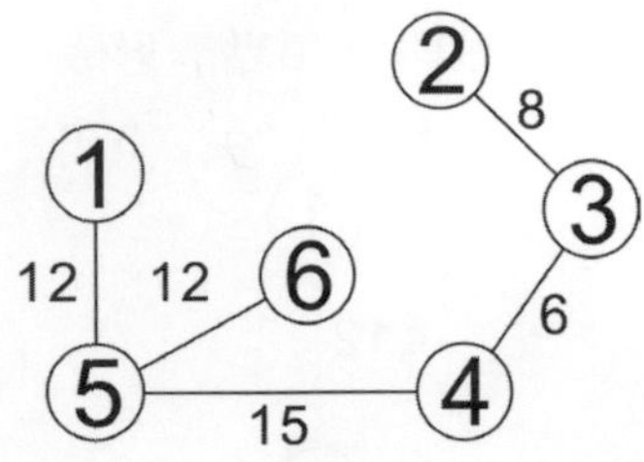

Prim 演算法函數的 C# 語言演算法如下：

```
void MinSpanTree(int start, int node, int edge)   //最小生成樹的副程式
{
    int smallest;         //用來記錄成本最小的變數
    int end_point = 0;         //成本最小的邊的對應頂點
    marked[start] = 1;    //標記該頂點為已找到

    //此迴圈是進行初始化工作
    for (int i = 0; i < node; i++)
    {
        value[i] = data[start, i];    //初始化開始頂點的各鄰接邊的成本
        road[i] = start; //初始化從開始頂點到 i 頂點的路徑
    }

    for (int i = 1; i < node; i++)
    {
        smallest = BIG_NO;
        //以迴圈逐一尋找出找出成本最小
        for (int j = 0; j < node; j++)
        {
            if ((marked[j] == 0) && (smallest > value[j]))
            {
                smallest = value[j]; //記錄成本最小邊的數值
                end_point = j;       //記錄最小邊的對應邊的頂點 j
            }
        }
        total = total + value[end_point];    //累加最小成本的值
        marked[end_point] = 1;  //標記找出的頂點
        for (int j = 0; j < node; j++)
        {  //更新記錄邊的大小的權值 value 陣列
            if ((marked[j] == 0) && (data[end_point, j] < value[j]))
```

```
            {
                value[j] = data[end_point, j];
                road[j] = end_point;
            }
        }
    }
}
```

範例 請利用 Prim's 演算法，並以 C # 語言實作下圖的最小成本擴張樹的路徑及總成本。

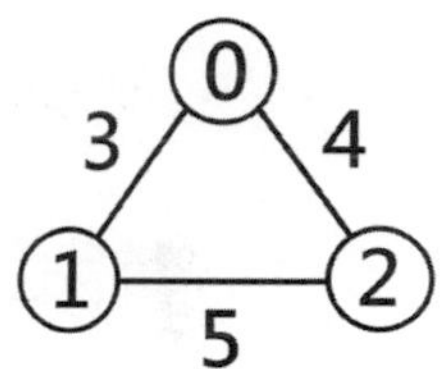

【執行結果】

```
圖形頂點個數= 3
圖形頂點個數= 3
請輸入第 1 個邊的起點, 終點及邊長, 數值之間以空白隔開
0 1 3
第 1 個邊是從頂點 0 到頂點 1, 其邊界長= 3
請輸入第 2 個邊的起點, 終點及邊長, 數值之間以空白隔開
0 2 4
第 2 個邊是從頂點 0 到頂點 2, 其邊界長= 4
請輸入第 3 個邊的起點, 終點及邊長, 數值之間以空白隔開
1 2 5
第 3 個邊是從頂點 1 到頂點 2, 其邊界長= 5
請輸入最小成本擴張樹起始頂點: 0
最小成本擴張樹的路徑為:
連結頂點 0------到頂點 1 的邊
連結頂點 0------到頂點 2 的邊
最小成本擴張樹的總成本= 7

C:\Users\User\Desktop\圖說演算法使用C#(第二版)\範例檔\ex10\Prim\bin\Debug\net6.0\Prim.exe (處理序 20948) 已結束
，出現代碼 0。
若要在偵錯停止時自動關閉主控台，請啟用 [工具] -> [選項] -> [偵錯] -> [偵錯停止時，自動關閉主控台]。
按任意鍵關閉此視窗…
```

解答 請參考程式範例 Prim.sln

7-5 圖形最短路徑

在一個有向圖形 G=(V,E)，G 中每一個邊都有一個比例常數 W(Weight) 與之對應，如果想求 G 圖形中某一個頂點 V_0 到其它頂點的最少 W 總和之值，這類問題就稱為最短路徑問題（The Shortest Path Problem）。由於交通運輸工具的便利與普及，所以兩地之間有發生運送或者資訊的傳遞下，最短路徑（Shortest Path）的問題隨時都可能因應需求而產生，簡單來說，就是找出兩個端點間可通行的捷徑。

我們在上節中所說明的花費最少擴張樹（MST），是計算連繫網路中每一個頂點所須的最少花費，但連繫樹中任兩頂點的路徑倒不一定是一條花費最少的路徑，這也是本節將研究最短路徑問題的主要理由。一般討論的方向有兩種：

1. 單點對全部頂點（Single Source All Destination）。
2. 所有頂點對兩兩之間的最短距離（All Pairs Shortest Paths）。

7-5-1 單點對全部頂點 - Dijkstra 演算法

一個頂點到多個頂點通常使用 Dijkstra 演算法求得，Dijkstra 的演算法如下：

假設 $S=\{V_i|V_i\in V\}$，且 V_i 在已發現的最短路徑，其中 $V_0\in S$ 是起點。

假設 $w\notin S$，定義 Dist(w) 是從 V_0 到 w 的最短路徑，這條路徑除了 w 外必屬於 S。且有下列幾點特性：

1. 如果 u 是目前所找到最短路徑之下一個節點，則 u 必屬於 V–S 集合中最小花費成本的邊。
2. 若 u 被選中，將 u 加入 S 集合中，則會產生目前的由 V_0 到 u 最短路徑，對於 $w\notin S$，DIST(w) 被改變成 DIST(w) ← Min{DIST(w),DIST(u)+COST(u,w)}。

從上述的演算法我們可以推演出如下的步驟：

步驟 1

G=(V,E)

D[k]=A[F,k] 其中 k 從 1 到 N

S={F}

V={1,2,......N}

D 為一個 N 維陣列用來存放某一頂點到其他頂點最短距離。

F 表示起始頂點。

A[F,I] 為頂點 F 到 I 的距離。

V 是網路中所有頂點的集合。

E 是網路中所有邊的組合。

S 也是頂點的集合，其初始值是 S={F}。

步驟 2 從 V–S 集合中找到一個頂點 x，使 D(x) 的值為最小值，並把 x 放入 S 集合中。

步驟 3 依下列公式

D[I]=min(D[I],D[x]+A[x,I]) 其中 (x,I)∈E 來調整 D 陣列的值，其中 I 是指 x 的相鄰各頂點。

步驟 4 重複執行 步驟 2，一直到 V–S 是空集合為止。

我們直接來看一個例子，請找出下圖中，頂點 5 到各頂點間的最短路徑。

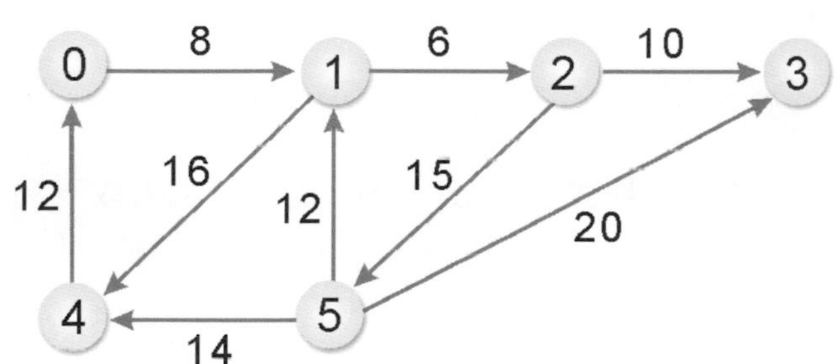

做法相當簡單，首先由頂點 5 開始，找出頂點 5 到各頂點間最小的距離，到達不了以 ∞ 表示。步驟如下：

步驟 1 D[0]= ∞,D[1]=12,D[2]= ∞,D[3]=20,D[4]=14。在其中找出值最小的頂點，加入 S 集合中：D[1]。

步驟 2 D[0]= ∞,D[1]=12,D[2]=18,D[3]=20,D[4]=14。D[4] 最小，加入 S 集合中。

步驟 3 D[0]=26,D[1]=12,D[2]=18,D[3]=20,D[4]=14。D[2] 最小，加入 S 集合中。

步驟 4 D[0]=26,D[1]=12,D[2]=18,D[3]=20,D[4]=14。D[3] 最小，加入 S 集合中。

步驟 5 加入最後一個頂點即可到下表：

步驟	S	0	1	2	3	4	5	選擇
1	5	∞	12	∞	20	14	0	1
2	5,1	∞	12	18	20	14	0	4
3	5,1,4	26	12	18	20	14	0	2
4	5,1,4,2	26	12	18	20	14	0	3
5	5,1,4,2,3	26	12	18	20	14	0	0

由頂點 5 到其他各頂點的最短距離為：

頂點 5 - 頂點 0：26

頂點 5 - 頂點 1：12

頂點 5 - 頂點 2：18

頂點 5 - 頂點 3：20

頂點 5 - 頂點 4：14

範例 7.5.1 請設計一 C# 程式，以 Dijkstra 演算法來求取下列圖形成本陣列中，頂點 1 對全部圖形頂點間的最短路徑：

```
int[,] Weight_Path = { {1, 2, 10},{2, 3, 20},
                       {2, 4, 25},{3, 5, 18},
                       {4, 5, 22},{4, 6, 95},{5, 6, 77} };
```

範例程式：Dijkstra.sln

```
using static System.Console;//滙入靜態類別

namespace Dijkstra
{
    // 圖形的相鄰矩陣類別宣告
    class Adjacency
```

```
    {
        public static int INFINITE = 99999;
        public int[,] Graph_Matrix;
        // 建構子
        public Adjacency(int[,] Weight_Path, int number)
        {
            int i, j;
            int Start_Point, End_Point;
            Graph_Matrix = new int[number, number];
            for (i = 1; i < number; i++)
                for (j = 1; j < number; j++)
                    if (i != j)
                        Graph_Matrix[i, j] = INFINITE;
                    else
                        Graph_Matrix[i, j] = 0;
            for (i = 0; i < Weight_Path.GetLength(0); i++)
            {
                Start_Point = Weight_Path[i, 0];
                End_Point = Weight_Path[i, 1];
                Graph_Matrix[Start_Point, End_Point] = Weight_Path[i, 2];
            }
        }
        // 顯示圖形的方法
        public void PrintGraph_Matrix()
        {
            for (int i = 1; i < Graph_Matrix.GetLength(0); i++)
            {
                for (int j = 1; j < Graph_Matrix.GetLength(1); j++)
                    if (Graph_Matrix[i, j] == INFINITE)
                        Write(" x ");
                    else
                    {
                        if (Graph_Matrix[i, j] == 0) Write(" ");
                        Write(Graph_Matrix[i, j] + " ");
                    }
                WriteLine();
            }
        }
    }
    // Dijkstra演算法類別
    class Dijkstra : Adjacency
    {
```

```
        private int[] cost;
        private int[] selected;
        // 建構子
        public Dijkstra(int[,] Weight_Path, int number) : base(Weight_Path, number)
        {
            cost = new int[number];
            selected = new int[number];
            for (int i = 1; i < number; i++) selected[i] = 0;
        }
        // 單點對全部頂點最短距離
        public void ShortestPath(int source)
        {
            int shortest_distance;
            int shortest_vertex = 1;
            int i, j;
            for (i = 1; i < Graph_Matrix.GetLength(0); i++)
                cost[i] = Graph_Matrix[source, i];
            selected[source] = 1;
            cost[source] = 0;
            for (i = 1; i < Graph_Matrix.GetLength(0) - 1; i++)
            {
                shortest_distance = INFINITE;
                for (j = 1; j < Graph_Matrix.GetLength(0); j++)
                    if (shortest_distance > cost[j] && selected[j] == 0)
                    {
                        shortest_vertex = j;
                        shortest_distance = cost[j];
                    }
                selected[shortest_vertex] = 1;
                for (j = 1; j < Graph_Matrix.GetLength(0); j++)
                {
                    if (selected[j] == 0 &&
                        cost[shortest_vertex] + Graph_Matrix[shortest_vertex, j] < cost[j])
                    {
                        cost[j] = cost[shortest_vertex] + Graph_Matrix[shortest_vertex, j];
                    }
                }
            }
            WriteLine("====================================");
            WriteLine("頂點1到各頂點最短距離的最終結果");
```

```
            WriteLine("===================================");
            for (j = 1; j < Graph_Matrix.GetLength(0); j++)
                WriteLine("頂點1到頂點" + j + "的最短距離= " + cost[j]);
        }

    }
    class Program
    {
        static void Main(string[] args)
        {
            int[,] Weight_Path = { {1, 2, 10},{2, 3, 20},
                       {2, 4, 25},{3, 5, 18},
                       {4, 5, 22},{4, 6, 95},{5, 6, 77} };
            Dijkstra obj = new Dijkstra(Weight_Path, 7);
            WriteLine("==========================");
            WriteLine("此範例圖形的相鄰矩陣如下: ");
            WriteLine("==========================");
            obj.PrintGraph_Matrix();
            obj.ShortestPath(1);
            ReadKey();
        }
    }
}
```

【執行結果】

```
==========================
此範例圖形的相鄰矩陣如下:
==========================
 0 10  x  x  x  x
 x  0 20 25  x  x
 x  x  0  x 18  x
 x  x  x  0 22 95
 x  x  x  x  0 77
 x  x  x  x  x  0
===================================
頂點1到各頂點最短距離的最終結果
===================================
頂點1到頂點1的最短距離= 0
頂點1到頂點2的最短距離= 10
頂點1到頂點3的最短距離= 30
頂點1到頂點4的最短距離= 35
頂點1到頂點5的最短距離= 48
頂點1到頂點6的最短距離= 125
```

7-5-2 兩兩頂點間的最短路徑 - Floyd 演算法

由於 Dijkstra 的方法只能求出某一點到其他頂點的最短距離，如果要求出圖形中任兩點甚至所有頂點間最短的距離，就必須使用 Floyd 演算法。

Floyd 演算法定義：

1. $A^k[i][j]=min\{A^{k-1}[i][j],A^{k-1}[i][k]+A^{k-1}[k][j]\}$，k≧1
   k 表示經過的頂點，$A^k[i][j]$ 為從頂點 i 到 j 的經由 k 頂點的最短路徑。
2. $A^0[i][j]$=COST[i][j]（即 A^0 便等於 COST）。
3. A^0 為頂點 i 到 j 間的直通距離。
4. $A^n[i,j]$ 代表 i 到 j 的最短距離，即 A^n 便是我們所要求的最短路徑成本矩陣。

這樣看起來似乎覺得 Floyd 演算法相當複雜難懂，我們將直接以實例說明它的演算法則。例如試以 Floyd 演算法求得下圖各頂點間的最短路徑：

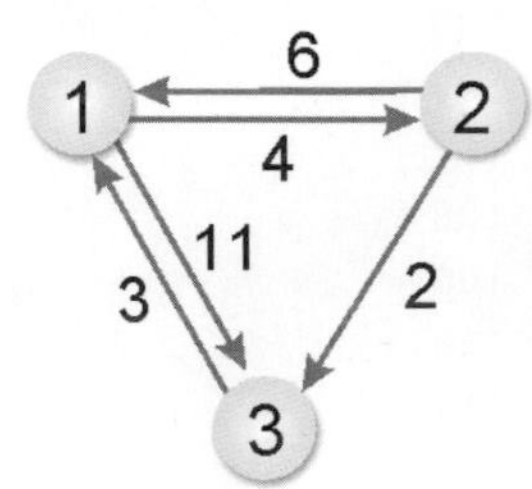

步驟 1 找到 $A^0[i][j]$=COST[i][j]，A^0 為不經任何頂點的成本矩陣。若沒有路徑則以 ∞（無窮大）表示。

A^0	1	2	3
1	0	4	11
2	6	0	2
3	3	∞	0

步驟 2 找出 $A^1[i][j]$ 由 i 到 j，經由頂點①的最短距離，並填入矩陣。

$A^1[1][2]=min\{A^0[1][2],A^0[1][1]+A^0[1][2]\}$

$=min\{4,0+4\}=4$

$A^1[1][3]=min\{A^0[1][3],A^0[1][1]+A^0[1][3]\}$

$=min\{11,0+11\}=11$

$A^1[2][1] = \min\{A^0[2][1], A^0[2][1]+A^0[1][1]\}$
$= \min\{6, 6+0\} = 6$

$A^1[2][3] = \min\{A^0[2][3], A^0[2][1]+A^0[1][3]\}$
$= \min\{2, 6+11\} = 2$

$A^1[3][1] = \min\{A^0[3][1], A^0[3][1]+A^0[1][1]\}$
$= \min\{3, 3+0\} = 3$

$A^1[3][2] = \min\{A^0[3][2], A^0[3][1]+A^0[1][2]\}$
$= \min\{\infty, 3+4\} = 7$

依序求出各頂點的值後可以得到 A^1 矩陣：

A^1	1	2	3
1	0	4	11
2	6	0	2
3	3	7	0

步驟 3 求出 $A^2[i][j]$ 經由頂點②的最短距離。

$A^2[1][2] = \min\{A^1[1][2], A^1[1][2]+A^1[2][2]\}$
$= \min\{4, 4+0\} = 4$

$A^2[1][3] = \min\{A^1[1][3], A^1[1][2]+A^1[2][3]\}$
$= \min\{11, 4+2\} = 6$

依序求其他各頂點的值可得到 A^2 矩陣

A^2	1	2	3
1	0	4	6
2	6	0	2
3	3	7	0

步驟 4 出 $A^3[i][j]$ 經由頂點③的最短距離。

$A^3[1][2]$ =min{$A^2[1][2]$,$A^2[1][3]$+$A^2[3][2]$}

=min{4,6+7}=4

$A^3[1][3]$ =min{$A^2[1][3]$,$A^2[1][3]$+$A^2[3][3]$}

=min{6,6+0}=6

依序求其他各頂點的值可得到 A^3 矩陣

A^3	1	2	3
1	0	4	6
2	5	0	2
3	3	7	0

完　成 所有頂點間的最短路徑為矩陣 A^3 所示。

由上例可知，一個加權圖形若有 n 個頂點，則此方法必須執行 n 次迴圈，逐一產生 A^1,A^2,A^3,......A^k 個矩陣。但因 Floyd 演算法較為複雜，讀者也可以用上一小節所討論的 Dijkstra 演算法，依序以各頂點為起始頂點，如此一來可以得到相同的結果。

範例 7.5.2 請設計一 C# 程式，以 Floyd 演算法來求取下列圖形成本陣列中，所有頂點兩兩之間的最短路徑，原圖形的鄰接矩陣陣列如下：

```
int[,] Weight_Path = { {1, 2, 10},{2, 3, 20},
                       {2, 4, 25},{3, 5, 18},
                       {4, 5, 22},{4, 6, 95},{5, 6, 77} };
```

範例程式：Floyd.sln

```
using static System.Console;//滙入靜態類別

namespace Floyd
{
    // 圖形的相鄰矩陣類別宣告
    class Adjacency
```

```
    {
        static int INFINITE = 99999;
        public int[,] Graph_Matrix;
        // 建構子
        public Adjacency(int[,] Weight_Path, int number)
        {
            int i, j;
            int Start_Point, End_Point;
            Graph_Matrix = new int[number, number];
            for (i = 1; i < number; i++)
                for (j = 1; j < number; j++)
                    if (i != j)
                        Graph_Matrix[i, j] = INFINITE;
                    else
                        Graph_Matrix[i, j] = 0;
            for (i = 0; i < Weight_Path.GetLength(0); i++)
            {
                Start_Point = Weight_Path[i, 0];
                End_Point = Weight_Path[i, 1];
                Graph_Matrix[Start_Point, End_Point] = Weight_Path[i, 2];
            }
        }
        // 顯示圖形的方法
        public void PrintGraph_Matrix()
        {
            for (int i = 1; i < Graph_Matrix.GetLength(0); i++)
            {
                for (int j = 1; j < Graph_Matrix.GetLength(1); j++)
                    if (Graph_Matrix[i, j] == INFINITE)
                        Write(" x ");
                    else
                    {
                        if (Graph_Matrix[i, j] == 0) Write(" ");
                        Write(Graph_Matrix[i, j] + " ");
                    }
                WriteLine();
            }
        }
    }
    // Floyd演算法類別
    class Floyd : Adjacency
    {
        private int[][] cost;
        private int capcity;
        // 建構子
        public Floyd(int[,] Weight_Path, int number) : base(Weight_
Path, number)
```

```
        {
            cost = new int[number][];
            capcity = Graph_Matrix.GetLength(0);
            for (int i = 0; i < capcity; i++)
                cost[i] = new int[number];
        }
        // 所有頂點兩兩之間的最短距離
        public void ShortestPath()
        {
            for (int i = 1; i < Graph_Matrix.GetLength(0); i++)
                for (int j = i; j < Graph_Matrix.GetLength(0); j++)
                    cost[i][j] = cost[j][i] = Graph_Matrix[i, j];
            for (int k = 1; k < Graph_Matrix.GetLength(0); k++)
                for (int i = 1; i < Graph_Matrix.GetLength(0); i++)
                    for (int j = 1; j < Graph_Matrix.GetLength(0); j++)
                        if (cost[i][k] + cost[k][j] < cost[i][j])
                            cost[i][j] = cost[i][k] + cost[k][j];
            Write("頂點 vex1 vex2 vex3 vex4 vex5 vex6\n");
            for (int i = 1; i < Graph_Matrix.GetLength(0); i++)
            {
                Write("vex" + i + " ");
                for (int j = 1; j < Graph_Matrix.GetLength(0); j++)
                {
                    // 調整顯示的位置，顯示距離陣列
                    if (cost[i][j] < 10) Write(" ");
                    if (cost[i][j] < 100) Write(" ");
                    Write(" " + cost[i][j] + " ");
                }
                WriteLine();
            }
        }
    }
    class Program
    {
        static void Main(string[] args)
        {
            int[,] Weight_Path = { {1, 2, 10},{2, 3, 20},
                        {2, 4, 25},{3, 5, 18},
                        {4, 5, 22},{4, 6, 95},{5, 6, 77} };
            Floyd obj = new Floyd(Weight_Path, 7);
            WriteLine("===========================");
            WriteLine("此範例圖形的相鄰矩陣如下：");
            WriteLine("===========================");
            obj.PrintGraph_Matrix();
            WriteLine("===================================");
            WriteLine("所有頂點兩兩之間的最短距離：");
            WriteLine("===================================");
```

```
            obj.ShortestPath();
            ReadKey();
        }
    }
}
```

【執行結果】

```
==========================
此範例圖形的相鄰矩陣如下:
==========================
 0 10  x  x  x  x
 x  0 20 25  x  x
 x  x  0  x 18  x
 x  x  x  0 22 95
 x  x  x  x  0 77
 x  x  x  x  x  0
==================================
所有頂點兩兩之間的最短距離:
==================================
頂點 vex1 vex2 vex3 vex4 vex5 vex6
vex1    0   10   30   35   48  125
vex2   10    0   20   25   38  115
vex3   30   20    0   40   18   95
vex4   35   25   40    0   22   95
vex5   48   38   18   22    0   77
vex6  125  115   95   95   77    0
```

7-5-3 A* 演算法

前面所介紹的 Dijkstra's 演算法在尋找最短路徑的過程中算是一個較不具效率的作法，那是因為這個演算法在尋找起點到各頂點的距離的過程中，不論哪一個頂點，都要實際去計算起點與各頂點間的距離，來取得最後的一個判斷，到底哪一個頂點距離與起點最近。

也就是說 Dijkstra's 演算法在帶有權重值（cost value）的有向圖形間的最短路徑的尋找方式，只是簡單地做廣度優先的搜尋工作，完全忽略許多有用的資訊，這種搜尋演算法會消耗許多系統資源，包括 CPU 時間與記憶體空間。其實如果能有更好的方式幫助我們預估從各頂點到終點的距離，善加利用這些資訊，就可以預先判斷圖形上有哪些頂點離終點的距離較遠，而直接略過這些頂點的搜尋，這種更有效率的搜尋演算法，絕對有助於程式以更快的方式決定最短路徑。

在這種需求的考量下，A* 演算法可以說是一種 Dijkstra's 演算法的改良版，它結合了在路徑搜尋過程中從起點到各頂點的「實際權重」及各頂點預估到達終點的「推測權重」（或稱為試探權重 heuristic cost）兩項因素，這個演算法可以有效減少不必要的搜尋動作，以提高搜尋最短路徑的效率。

我只考慮從起點到
各頂點實際權重，
來決定下一步要
搜尋的頂點。
我不僅考慮從起點
到各頂點的實際權重，
也會加上各頂點
到達終點的推測權重。
我不僅搜尋效率高，
也不會走冤枉路。

Dijkstra's 演算法 A* 演算（Dijkstra's 演算法的改良版）

因此 A* 演算法也是一種最短路徑演算法，和 Dijkstra's 演算法不同的是 A* 演算法會預先設定一個「推測權重」，並在找尋最短路徑的過程中，將「推測權重」一併納入決定最短路徑的考慮因素。所謂「推測權重」就是根據事先知道的資訊來給定一個預估值，結合這個預估值，A* 演算法可以更有效率搜尋最短路徑。

例如：在尋找一個已知「起點位置」與「終點位置」的迷宮的最短路徑問題中，因為事先知道迷宮的終點位置，所以可以採用頂點和終點的歐氏幾何平面直線距離（Euclidean distance，即數學定義中的平面兩點間的距離：$D=\sqrt{(x1-x2)^2+(y1-y2)^2}$ 作為該頂點的推測權重。

A* 演算法在計算從起點到各頂點的權重，會同步考慮從起點到這個頂點的實際權重，再加上該頂點到終點的推測權重，以推估出該頂點從起點到終點的權重。再從其中選出一個權重最小的頂點，並將該頂點標示為已搜尋完畢。反覆進行同樣的步驟，一直到抵達終點，才結束搜尋的工作，就可以得到最短路徑的最佳解答。實作 A* 演算法的主要步驟，摘要如下：

步驟 1 首先決定各頂點到終點的「推測權重」。「推測權重」的計算方式可以採用各頂點和終點之間的直線距離採用四捨五入後的值，直線距離的計算函數，可從上述三種距離的計算方式擇一。

步驟 2 分別計算從起點可抵達的各個頂點的權重，其計算方式是由起點到該頂點的「實際權重」，加上該頂點抵達終點的「推測權重」。計算完畢後，選出權重最小的點，並標示為搜尋完畢的點。

步驟 3 接著計算從搜尋完畢的點出發到各點的權重，並再從其中選出一個權重最小的點，並再將其標示為搜尋完畢的點。以此類推…，反覆進行同樣的計算過程，一直到抵達最後的終點。

A* 演算法適用於可以事先獲得或預估各頂點到終點距離的情況，但是萬一無法取得各頂點到目的地終點的距離資訊時，就無法使用 A* 演算法。因此 A* 演算法常被應用在遊戲軟體開發中的玩家與怪物兩種角色間的追逐行為，或是引導玩家以最有效率的路徑及最便捷的方式，快速突破遊戲關卡。

A* 演算法常被應用在遊戲中角色追逐與快速突破關卡的設計

7-6 AOV 網路與拓樸排序

網路圖主要用來協助規劃大型工作計劃，首先我們將複雜的工作細分成很多工作項，而每一個工作項代表網路的一個頂點，由於每一個工作可能有完成之先後順序，有些可以同時進行，有些則不行。因此可用網路圖來表示其先後完成之順序。這種以頂點來代表工作的網路，稱頂點工作網路（Activity On Vertex Network），簡稱 AOV 網路。如下所示：

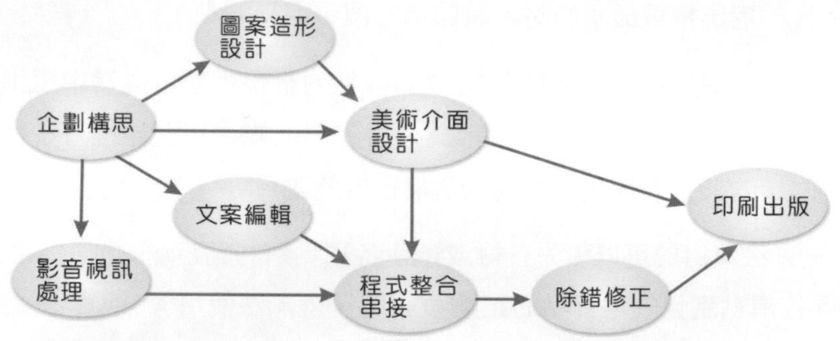

更清楚的說，AOV 網路就是在一個有向圖形 G 中，每一節點代表一項工作或行為，邊代表工作之間存在的優先關係。即 $<V_i,V_j>$ 表示 $V_i \rightarrow V_j$ 的工作，其中頂點 V_i 的工作必須先完成後，才能進行頂點 V_j 的工作，則稱 V_i 為 V_j 的「先行者」，而 V_j 為 V_i 的「後繼者」。

7-6-1 拓樸序列簡介

如果在 AOV 網路中，具有部份次序的關係（即有某幾個頂點為先行者），拓樸排序的功能就是將這些部份次序（Partial Order）的關係，轉換成線性次序（Linear Order）的關係。例如 i 是 j 的先行者，在線性次序中，i 仍排在 j 的前面，具有這種特性的線性次序就稱為拓樸序列（Topological Order）。排序的步驟如下：

1. 尋找圖形中任何一個沒有先行者的頂點。
2. 輸出此頂點，並將此頂點的所有邊全部刪除。
3. 重複以上兩個步驟處理所有頂點。

我們將試著實作求出下圖的拓撲排序，拓樸排序所輸出的結果不一定是唯一的，如果同時有兩個以上的頂點沒有先行者，那結果就不是唯一解：

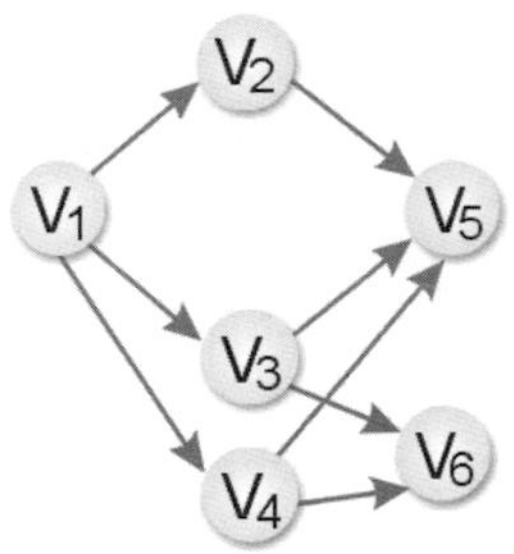

步驟 1 首先輸出 V_1，因為 V_1 沒有先行者，且刪除 <V_1,V_2>，<V_1,V_3>，<V_1,V_4>。

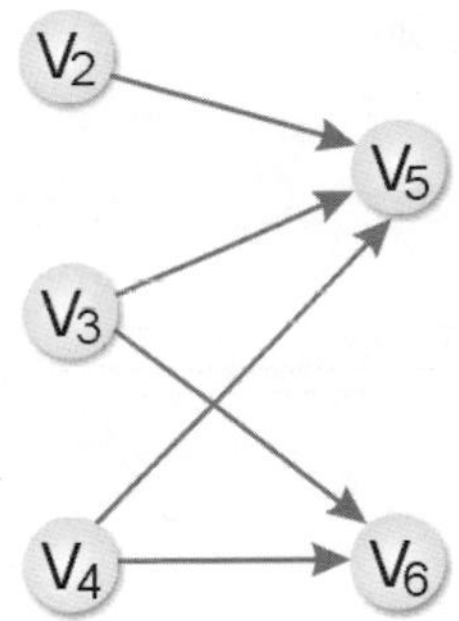

步驟 2 可輸出 V_2、V_3 或 V_4，這裡我們選擇輸出 V_4。

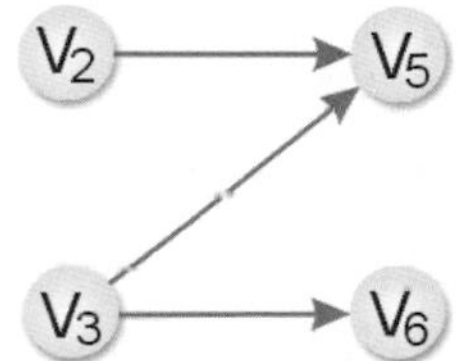

步驟 3　輸出 V_3。

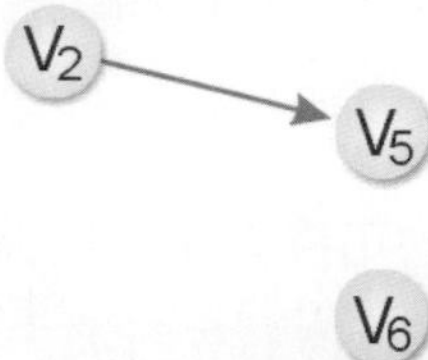

步驟 4　輸出 V_6。

步驟 5　輸出 V_2、V_5。

=> 拓撲排序則為 $V_1 \rightarrow V_4 \rightarrow V_3 \rightarrow V_6 \rightarrow V_2 \rightarrow V_5$

範例 **7.6.1**　請寫出下圖的拓樸排序。

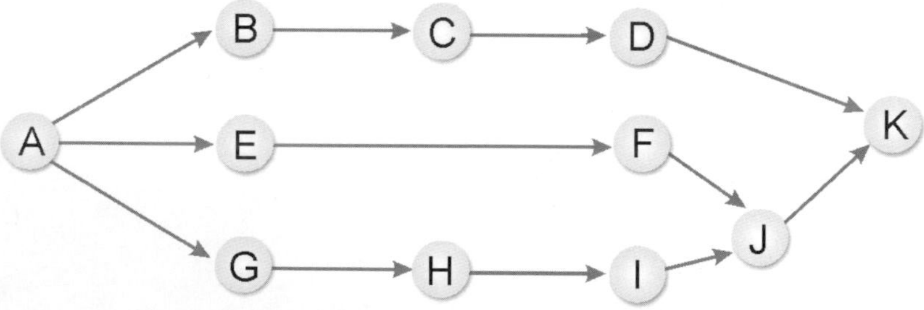

解答 拓樸排序結果：A, B, E, G, C, F, H, D, I, J, K

7-7 AOE 網路

之前所談的 AOV 網路是指在有向圖形中的頂點表示一項工作，而邊表示頂點之間的先後關係。下面還要來介紹一個新名詞 AOE（Activity On Edge）。所謂 AOE 是指事件（event）的行動（action）在邊上的有向圖形。

其中的頂點做為各「進入邊事件」（incident in edge）的匯集點，當所有「進入邊事件」的行動全部完成後，才可以開始「外出邊事件」（incident out edge）的行動。在 AOE 網路會有一個源頭頂點和目的頂點。從源頭頂點開始計時，執行各邊上事件的行動，到目的頂點完成為止，所需的時間為所有事件完成的時間總花費。

7-7-1 臨界路徑

AOE 完成所需的時間是由一條或數條的臨界路徑（critical path）所控制。所謂臨界路徑就是 AOE 有向圖形從源頭頂點到目的頂點間所需花費時間最長的一條有方向性的路徑，當有一條以上的花費時間相等，而且都是最長，則這些路徑都稱為此 AOE 有向圖形的臨界路徑（critical path）。也就是說，想縮短整個 AOE 完成的花費時間，必須設法縮短臨界路徑各邊行動所需花費的時間。

臨界路徑乃是用來決定一個計劃至少需要多少時間才可以完成。亦即在 AOE 有向圖形中從源頭頂點到目的頂點間最長的路徑長度。我們看下圖：

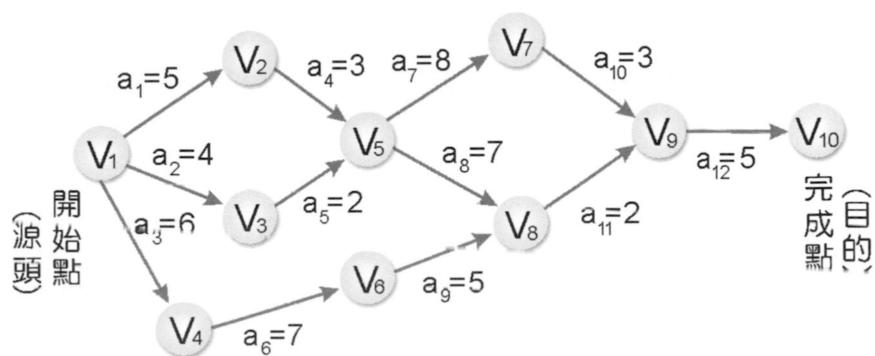

上圖代表 12 個 action($a_1,a_2,a_3,a_4...,a_{12}$) 及 10 個 event($v_1,v_2,v_3...V_{10}$)，我們先看看一些重要相關定義：

最早時間（Earliest Time）

AOE 網路中頂點的最早時間為該頂點最早可以開始其外出邊事件（incident out edge）的時間，它必須由最慢完成的進入邊事件所控制，我們用 TE 表示。

最晚時間（Latest Time）

AOE 網路中頂點的最晚時間為該頂點最慢可以開始其外出邊事件（incident out edge）而不會影響整個 AOE 網路完成的時間。它是由外出邊事件（incident out edge）中最早要求開始者所控制。我們以 TL 表示。

至於 TE 及 TL 的計算原則為

TE：由前往後（即由源頭到目的正方向），若第 i 項工作前面幾項工作有好幾個完成時段，取其中最大值。

TL：由後往前（即由目的到源頭的反方向），若第 i 項工作後面幾項工作有好幾個完成時段，取其中最小值。

臨界頂點（Critical Vertex）

AOE 網路中頂點的 TE=TL，我們就稱它為臨界頂點。從源頭頂點到目的頂點的各個臨界頂點可以構成一條或數條的有向臨界路徑。只要控制好臨界路徑所花費的時間，就不會 Delay 工作進度。如果集中火力縮短臨界路徑所需花費的時間，就可以加速整個計劃完成的速度。我們以下圖為例來簡單說明如何決定臨界路徑：

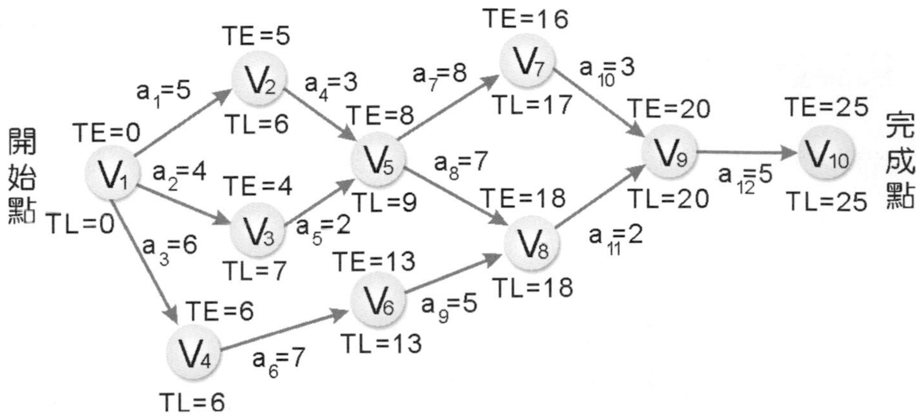

由上圖得知 $V_1,V_4,V_6,V_8,V_9,V_{10}$ 為臨界頂點（Critical Vertex），可以求得如下的臨界路徑（Critical Path）：

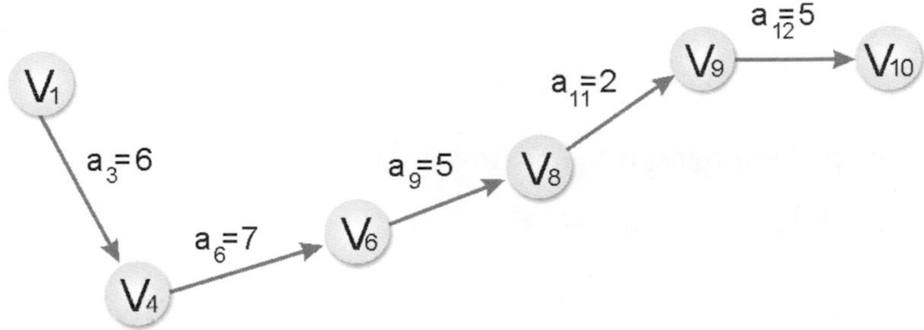

1. 請問以下哪些是圖形的應用（Application）？

   (1) 工作排程　(2) 遞迴程式　(3) 電路分析　(4) 排序

   (5) 最短路徑尋找　(6) 模擬　(7) 副程式呼叫　(8) 都市計畫

2. 何謂尤拉鏈（Eulerian chain）理論？試繪圖說明。

3. 求出下圖的 DFS 與 BFS 結果。

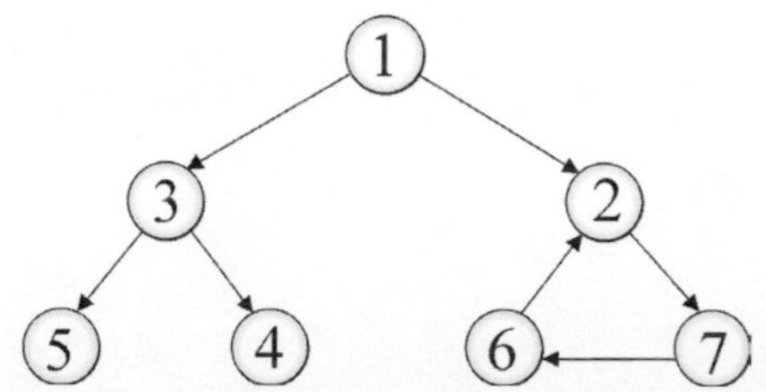

4. 何謂複線圖（multigraph）？試繪圖說明。

5. 請以 K 氏法求取下圖中最小成本擴張樹：

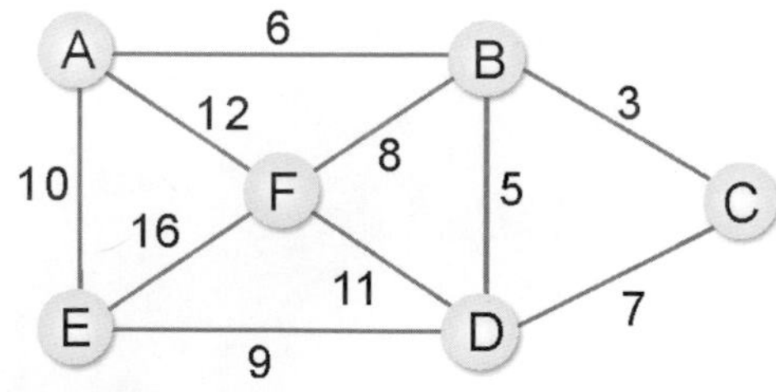

6. 請寫出下圖的相鄰矩陣表示法及兩地之間最短距離的表示矩陣。

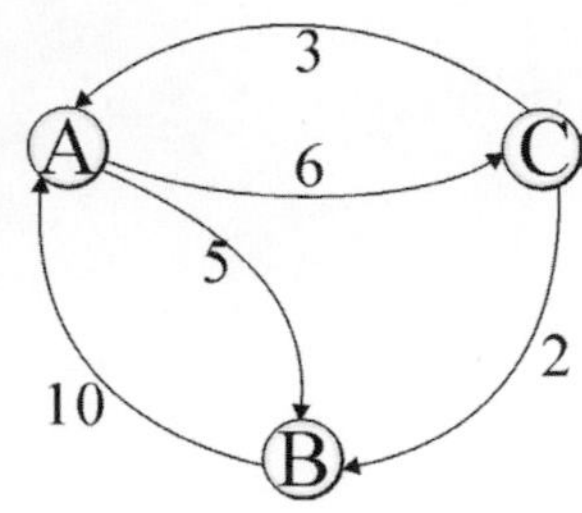

7. 求下圖之拓樸排序。

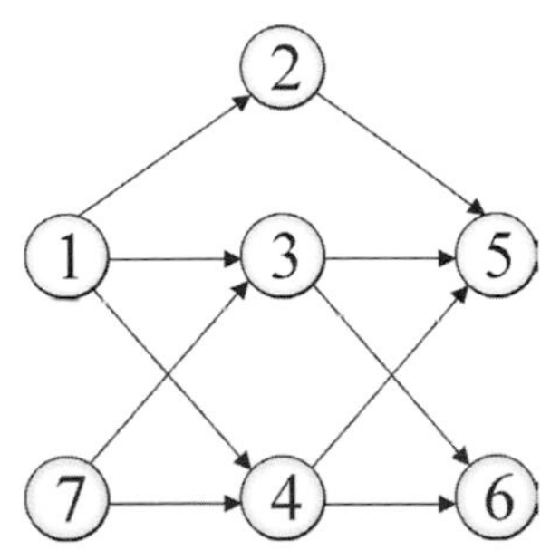

8. 求下取圖的拓撲排序。

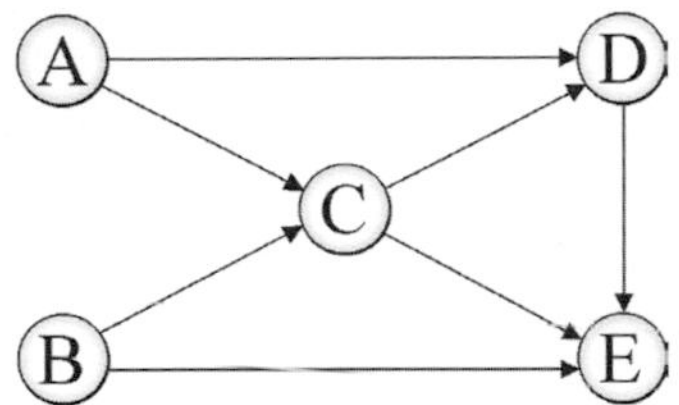

9. 下圖是否為雙連通圖形（Biconnected Graph）？有哪些連通單元（Connected Components）？試說明之。

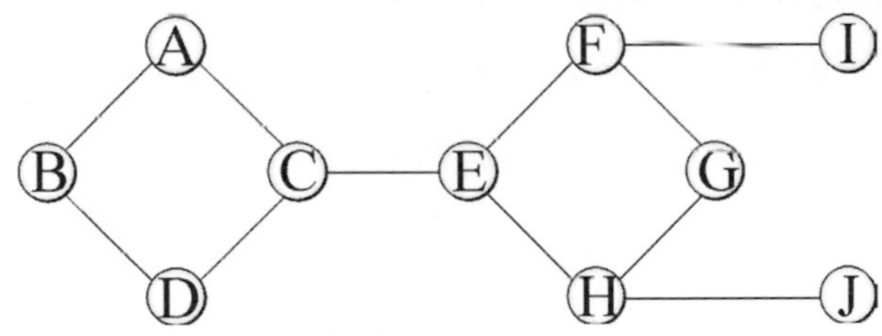

10. 請問圖形有那四種常見的表示法？

11. 請以相鄰矩陣表示下列有向圖。

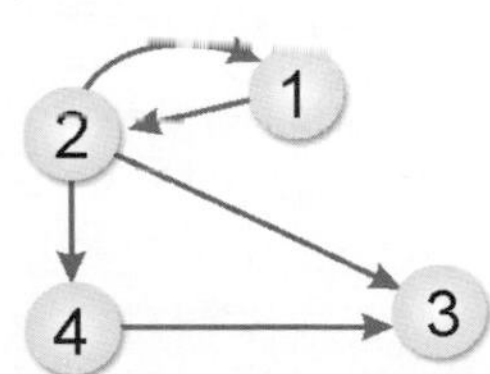

12. 試簡述圖形追蹤的定義。

13. 請簡述拓樸排序的步驟。

14. 以下為一有限狀態機（finite state machine）之狀態轉移圖（state transition diagram），試列舉兩種圖形資料結構以表示之，其中

- S 代表狀態 S
- 射線（→）表示轉移方式
- 射線上方 A/B
- A 代表輸入訊號
- B 代表輸出訊號

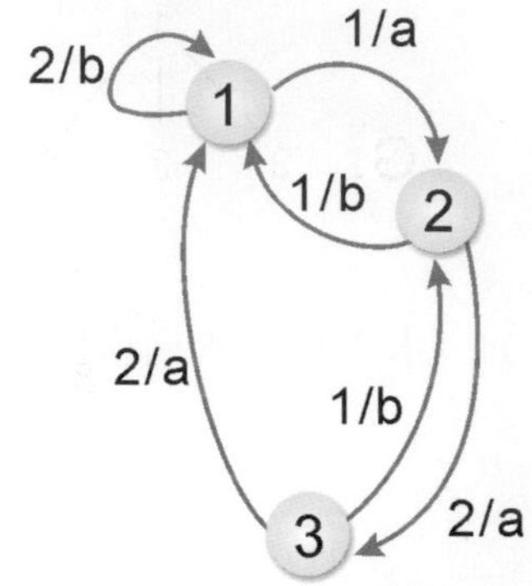

15. 何謂完整圖形，請說明之。

16. 下圖為圖形 G

(1) 請以① 相鄰串列（Adjacency List）及
② 相鄰陣列（Adjacency Matrix）表示 G

(2) 利用① 深度優先（Depth First）搜尋法
② 廣度優先（Breadth First）搜尋法求出 Spanning Tree

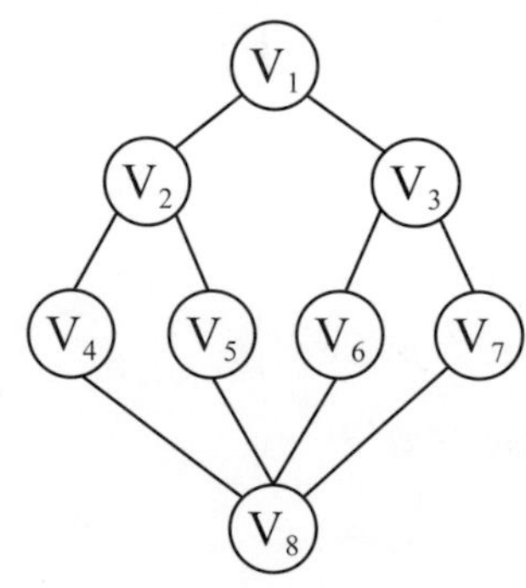

17. 以下所列之樹皆是關於圖形 G 之搜尋樹（Search Tree）。假設所有的搜尋皆始於節點（Node）1。試判定每棵樹是深度優先搜尋樹（Depth-First Search Tree），或廣度優先搜尋樹（Breadth-First Search Tree），或二者皆非。

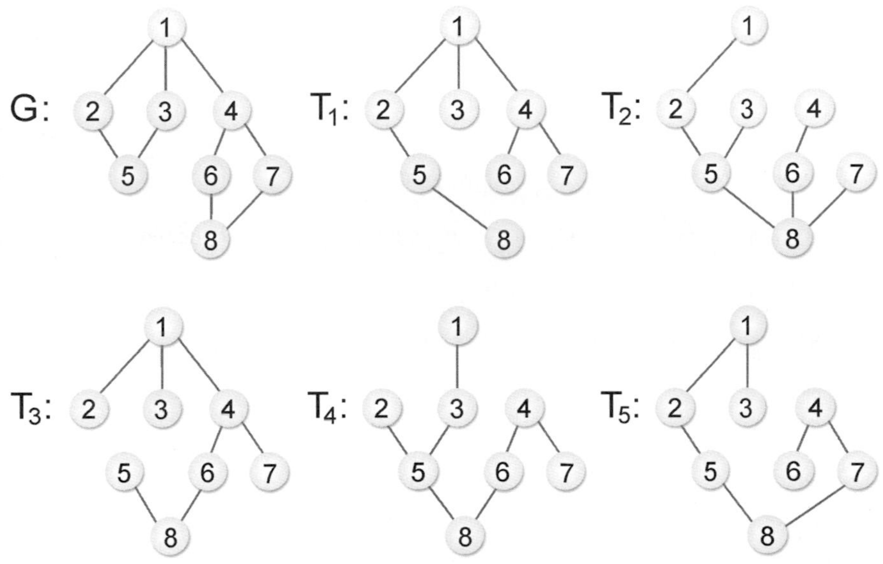

18. 求 V_1、V_2、V_3 任兩頂點之最短距離。

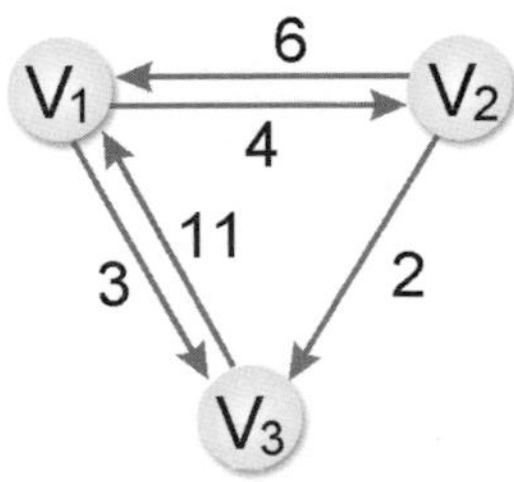

並描述其過程。

19. 求下圖之相鄰矩陣：

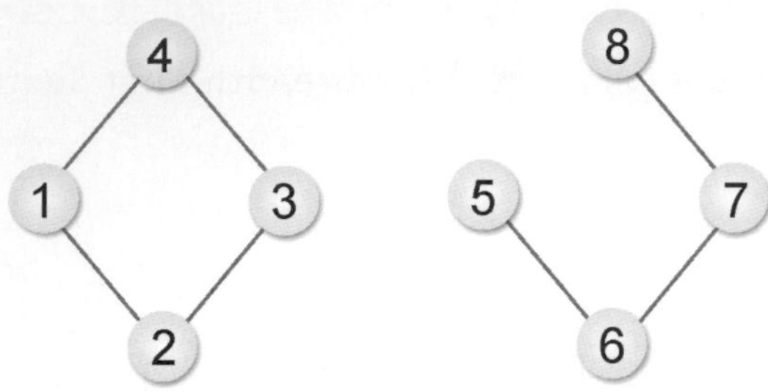

20. 何謂擴張樹？擴張樹應該包含那些特點？

21. 在求得一個無向連通圖形的最小花費樹 Prim's 演算法的主要作法為何？試簡述之。

22. 在求得一個無向連通圖形的最小花費樹 Kruskal 演算法的主要作法為何？試簡述之。

CHAPTER

8

排序演算法

參加比賽最重要是分出排名

「排序」(Sorting）功能對於電腦相關領域而言，是一種非常重要且普遍的工作。所謂「排序」，就是將一群資料按照某一個特定規則重新排列，使其具有遞增或遞減的次序關係。按照特定規則，用以排序的依據，我們稱為鍵（Key)，它所含的值就稱為「鍵值」。 通常鍵值資料型態有數值型態、中文字串型態及非中文字串型態三種。

如果鍵值為數值型態，在比較的過程中，則直接以數值的大小作為鍵值大小比較的依據；但如果鍵值為中文字串，則依該中文字串由左到右逐字比較，並以該中文內碼（例如：中文繁體 BIG5 碼、中文簡體 GB 碼）的編碼順序作為鍵值大小比較的依據。最後假設該鍵值為非中文字串，則和中文字串型態的比較方式類似，仍然以該字串由左到右逐字比較，不過卻以該字串的 ASCII 碼的編碼順序作為鍵值大小比較的依據。

8-1 認識排序

在排序的過程中，資料的移動方式可分為「直接移動」及「邏輯移動」兩種。「直接移動」是直接交換儲存資料的位置，而「邏輯移動」並不會移動資料儲存位置，僅改變指向這些資料的輔助指標的值。

鍵值

R1	4	DD
R2	2	BB
R3	1	AA
R4	5	EE
R5	3	CC

R1	1	AA
R2	2	BB
R3	3	CC
R4	4	DD
R5	5	EE

直接移動排序

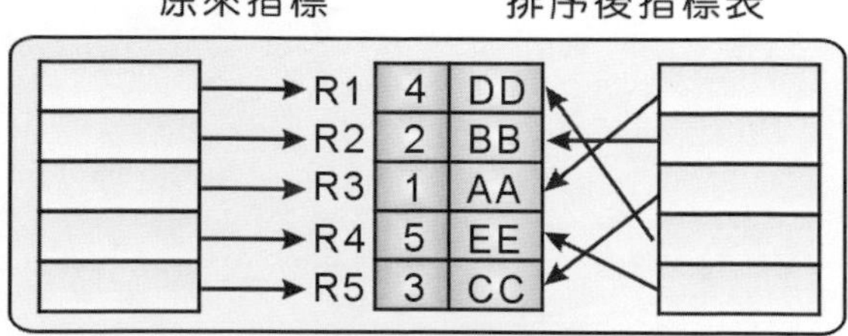

邏輯移動排序

兩者間優劣在於直接移動會浪費許多時間進行資料的更動，而邏輯移動只要改變輔助指標指向的位置就能輕易達到排序的目的，例如在資料庫中可在報表中可顯示多筆記錄，也可以針對這些欄位的特性來分組並進行排序與彙總，這就是屬於邏輯移動，而不是真正移動實際改變檔案中的位置。基本上，資料在經過排序後，會有下列三點好處：

1. 資料較容易閱讀。
2. 資料較利於統計及整理。
3. 可大幅減少資料搜尋的時間。

8-1-1 排序的分類

排序可以依照執行時所使用的記憶體種類區分為以下兩種方式：

1. 內部排序：排序的資料量小，可以完全在記憶體內進行排序。
2. 外部排序：排序的資料量無法直接在記憶體內進行排序，而必須使用到輔助記憶體（如硬碟）。

常見的內部排序法有：氣泡排序法、選擇排序法、插入排序法、合併排序法、快速排序法、堆積排序法、謝耳排序法、基數排序法等。至於比較常見的外部排序法有：直接合併排序法、k 路合併法、多相合併法等。在後面的章節中，將會針對以上方法作更進一步的說明。

8-1-2 排序演算法分析

排序演算法的選擇將影響到排序的結果與績效，通常可由以下幾點決定：

◆ 演算法穩定與否

穩定的排序是指資料在經過排序後，兩個相同鍵值的記錄仍然保持原來的次序，如下例中 $7_{左}$的原始位置在 $7_{右}$的左邊（所謂 $7_{左}$及 $7_{右}$是指相同鍵值一個在左一個在右），穩定的排序（Stable Sort）後 $7_{左}$仍應在 $7_{右}$的左邊，不穩定排序則有可能 $7_{左}$會跑到 $7_{右}$的右邊去。例如：

原始資料順序：	$7_{左}$	2	9	$7_{右}$	6
穩定的排序：	2	6	$7_{左}$	$7_{右}$	9
不穩定的排序：	2	6	$7_{右}$	$7_{左}$	9

時間複雜度（Time Complexity）

當資料量相當大時，排序演算法所花費的時間就顯得相當重要。排序演算法的時間複雜度可分為最好情況（Best Case）、最壞情況（Worst Case）及平均情況（Average Case）。最好情況就是資料已完成排序，例如原本資料已經完成遞增排序了，如果再進行一次遞增排序所使用的時間複雜度就是最好情況。最壞情況是指每一鍵值均須重新排列，簡單的例子如原本為遞增排序重新排序成為遞減，就是最壞情況，如下所示：

排序前：2	3	4	6	8	9
排序後：9	8	6	4	3	2

【這種排序的時間複雜度就是最壞情況】

空間複雜度（Space Complexity）

我們知道空間複雜度就是指演算法在執行過程所需付出的額外記憶體空間。例如所挑選的排序法必須藉助遞迴的方式來進行，那麼遞迴過程中會使用到的堆疊就是這個排序法必須付出的額外空間。另外，任何排序法都有資料對調的動作，資料對調就會暫時用到一個額外的空間，它也是排序法中空間複雜度要考慮的問題。排序法所使用到的額外空間愈少，它的空間複雜度就愈佳。例如氣泡法在排序過程中僅會用到一個額的空間，在所有的排序演算法中，這樣的空間複雜度就算是最好的。

8-2 內部排序法

排序的各種演算法稱得上是資料結構這門學科的精髓所在。每一種排序方法都有其適用的情況與資料種類。首先我們將內部排序法依照演算法的時間複雜度及鍵值整理如下表：

	排序名稱	排序特性
簡單排序法	1. 氣泡排序法（Bubble Sort）	(1) 穩定排序法 (2) 空間複雜度為最佳，只需一個額外空間 O(1)
	2. 選擇排序法（Selection Sort）	(1) 不穩定排序法 (2) 空間複雜度為最佳，只需一個額外空間 O(1)
	3. 插入排序法（Insertion Sort）	(1) 穩定排序法 (2) 空間複雜度為最佳，只需一個額外空間 O(1)
	4. 謝耳排序法（Shell Sort）	(1) 穩定排序法 (2) 空間複雜度為最佳，只需一個額外空間 O(1)
高等排序法	1. 快速排序法（Quick Sort）	(1) 不穩定排序法 (2) 空間複雜度最差 O(n) 最佳 $O(\log_2 n)$
	2. 堆積排序法（Heap Sort）	(1) 不穩定排序法 (2) 空間複雜度為最佳，只需一個額外空間 O(1)
	3. 基數排序法（Radix Sort）	(1) 穩定排序法 (2) 空間複雜度為 O(np)，n 為原始資料的個數，p 為基底

8-2-1 氣泡排序法

氣泡排序法又稱為交換排序法，是由觀察水中氣泡變化構思而成，原理是由第一個元素開始，比較相鄰元素大小，若大小順序有誤，則對調後再進行下一個元素的比較，就彷彿氣泡逐漸由水底逐漸冒升到水面上一樣。如此掃瞄過一次之後就可確保最後一個元素是位於正確的順序。接著再逐步進行第二次掃瞄，直到完成所有元素的排序關係為止。

以下排序我們利用 55、23、87、62、16 數列的排序過程，您可以清楚知道氣泡排序法的演算流程：

由小到大排序：

第一次掃瞄會先拿第一個元素 55 和第二個元素 23 作比較，如果第二個元素小於第一個元素，則作交換的動作。接著拿 55 和 87 作比較，就這樣一直比較並交換，到第 4 次比較完後即可確定最大值在陣列的最後面。

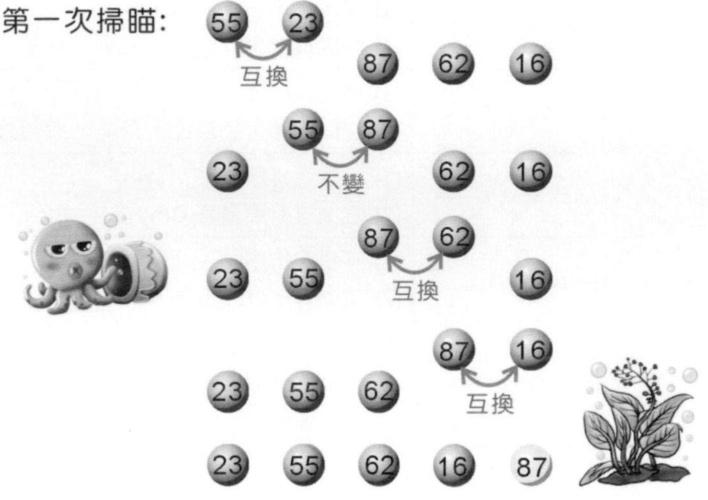

第二次掃瞄亦從頭比較起，但因最後一個元素在第一次掃瞄就已確定是陣列最大值，故只需比較 3 次即可把剩餘陣列元素的最大值排到剩餘陣列的最後面。

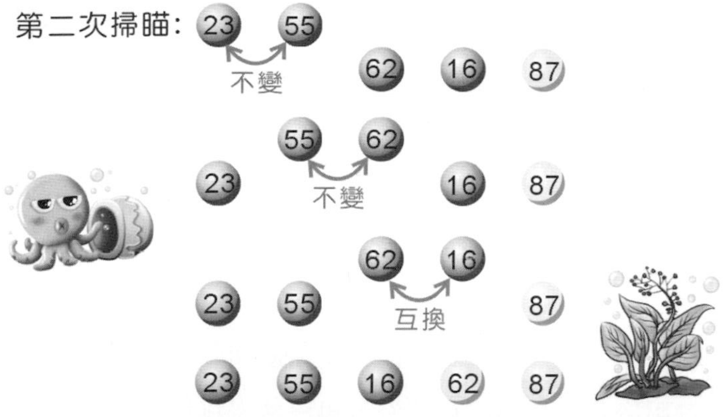

第三次掃瞄完，完成三個值的排序。

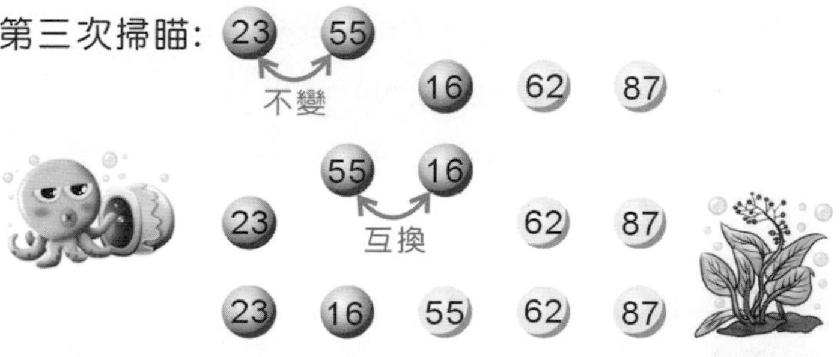

第四次掃瞄完，即可完成所有排序。

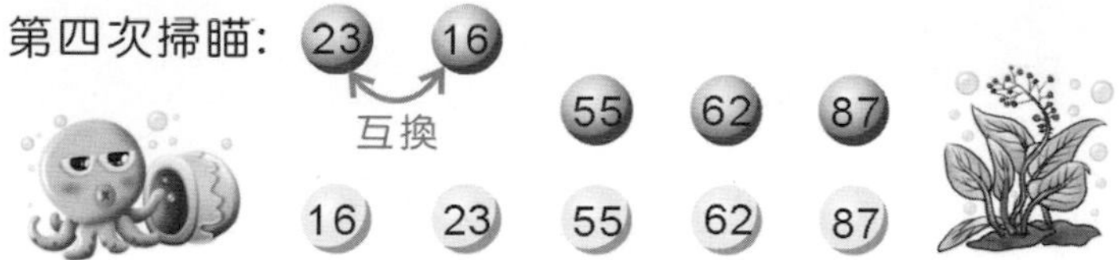

由此可知 5 個元素的氣泡排序法必須執行 5-1 次掃瞄，第一次掃瞄需比較 5-1 次，共比較 4+3+2+1=10 次。

氣泡法分析

1. 最壞清況及平均情況均需比較：$(n-1)+(n-2)+(n-3)+\cdots+3+2+1=\frac{n(n-1)}{2}$ 次；時間複雜度為 $O(n^2)$，最好情況只需完成一次掃瞄，發現沒有做交換的動作則表示已經排序完成，所以只做了 n-1 次比較，時間複雜度為 $O(n)$。
2. 由於氣泡排序為相鄰兩者相互比較對調，並不會更改其原本排列的順序，所以是穩定排序法。
3. 只需一個額外的空間，所以空間複雜度為最佳。
4. 此排序法適用於資料量小或有部份資料已經過排序。

範例 8.2.1 數列（43,35,12,9,3,99）經由氣泡排序法（Bubble Sort）由小到大排序，在執行時前三次（Swap）的結果各為何？

解答 第一次交換的結果為（35,43,12,9,3,99）

第二次交換的結果為（35,12,43,9,3,99）

第三次交換的結果為（35,12,9,43,3,99）

範例 8.2.2 請設計一 C# 程式，並使用氣泡排序法來將以下的數列排序，並輸出逐次排序的結果：

```
6,5,9,7,2,8
```

範例程式：Bubble.sln

```
using static System.Console;//滙入靜態類別
int i, j, tmp;
int[] data = { 6, 5, 9, 7, 2, 8 };  //原始資料

WriteLine("氣泡排序法：");
Write("原始資料為：");
for (i = 0; i < data.Length; i++)
{
    Write(data[i] + " ");
}
WriteLine();
```

```
for (i = data.Length - 1; i > 0; i--)      //掃瞄次數
{
    for (j = 0; j < i; j++)      //比較、交換次數
    {
        // 比較相鄰兩數，如第一數較大則交換
        if (data[j] > data[j + 1])
        {
            tmp = data[j];
            data[j] = data[j + 1];
            data[j + 1] = tmp;
        }
    }

    //把各次掃描後的結果印出
    Write("第" + (data.Length - i) + "次排序後的結果是：");
    for (j = 0; j < data.Length; j++)
    {
        Write(data[j] + " ");
    }
    WriteLine();
}

Write("排序後結果為：");
for (i = 0; i < data.Length; i++)
{
    Write(data[i] + " ");
}
WriteLine();
ReadKey();
```

【執行結果】

```
氣泡排序法：
原始資料為：6 5 9 7 2 8
第1次排序後的結果是：5 6 7 2 8 9
第2次排序後的結果是：5 6 2 7 8 9
第3次排序後的結果是：5 2 6 7 8 9
第4次排序後的結果是：2 5 6 7 8 9
第5次排序後的結果是：2 5 6 7 8 9
排序後結果為：2 5 6 7 8 9
```

我們知道統氣泡排序法有個缺點，就是不管資料是否已排序完成都固定會執行 n(n-1)/2 次，請設計一 C# 程式，利用所謂崗哨的觀念，可以提前中斷程式，又可得到正確的資料，來增加程式執行效能。

範例程式：Sentry.sln

```
using static System.Console;//滙入靜態類別

namespace Sentry
{
    class Program
    {
        public static int[] data = new int[] { 4, 6, 2, 7, 8, 9 };
                                                    //原始資料
        static void Main(string[] args)
        {
            WriteLine("改良氣泡排序法\n原始資料為：");
            Showdata();
            Bubble();
            ReadKey();
        }
        public static void Showdata()       //利用迴圈列印資料
        {
            int i;
            for (i = 0; i < data.Length; i++)
            {
                Write(data[i] + " ");
            }
            WriteLine();
        }

        public static void Bubble()
        {
            int i, j, tmp, flag;
            for (i = data.Length - 1; i >= 0; i--)
            {
                flag = 0;  //flag用來判斷是否有執行交換的動作
                for (j = 0; j < i; j++)
                {
                    if (data[j + 1] < data[j])
                    {
                        tmp = data[j];
                        data[j] = data[j + 1];
                        data[j + 1] = tmp;
                        flag++; //如果有執行過交換，則flag不為0
                    }
```

```
                    }
                    if (flag == 0)
                    {
                        break;
                    }

                    //當執行完一次掃描就判斷是否做過交換動作，如果沒有交換過資料
                    //，表示此時陣列已完成排序，故可直接跳出迴圈

                    Write("第" + (data.Length - i) + "次排序：");
                    for (j = 0; j < data.Length; j++)
                    {
                        Write(data[j] + " ");
                    }
                    WriteLine();
                }

                Write("排序後結果為：");
                Showdata();
            }
        }
    }
```

【執行結果】

```
改良氣泡排序法
原始資料為：
4 6 2 7 8 9
第1次排序：4 2 6 7 8 9
第2次排序：2 4 6 7 8 9
排序後結果為：2 4 6 7 8 9
```

8-2-2 雞尾酒排序法

雞尾酒排序法（Cocktail Sort）又叫雙向氣泡排序法（Bidirectional Bubble Sort）、搖晃排序法（Shaker Sort）、波浪排序法（Ripple Sort）、搖曳排序法（Shuffle Sort）、飛梭排序法（Shuttle Sort）、歡樂時光排序法（Happy Hour Sort）。

傳統汽泡排序法的特點是由左至右進行比較，如果排序資料的筆數為 n，則必須執行 n-1 次的迴圈，每個迴圈必須進行 n-1 次的比較，但是雞尾酒排序法為氣泡排序法的改良，第一個迴圈會先從左到右比較，每回會利用氣泡排序

法，經過第一個迴圈會找到最大值，並將此最大值放在最右邊的索引位置。接著再從次右邊的索引從右到左方向的比較，經過這一次向左方向的迴圈可以找到最小值，並將此最小值放在最左邊的索引位置。

下一步再從尚未排序的索引值進行第二次向右迴圈的比較，如此一來會找到第二大的值。找到後再從尚未排序的索引值進行第二次向左迴圈的比較，如此一來會找到第二小的值。只要在執行迴圈工作時，沒有更動到任何值的位置，就表示排序完成。這一點和氣泡排序法必須執行完迴圈內所有的指令是有所不同。

因此，如果序列資料大部份已排好，最佳的時間複雜度為 O(n)，另外最壞情況及平均情況的時間複雜度為 $O(n^2)$。接著就來實際例子為各位示範完整的排序過程。

原始資料：　52　8　40　66　37

排序過程中圓形數字代表尚未排序資料，方形數字代表已排序資料。排序過程如下：

第 1 次向右迴圈，會找到最大值，找到最大值放在最右邊索引位置。

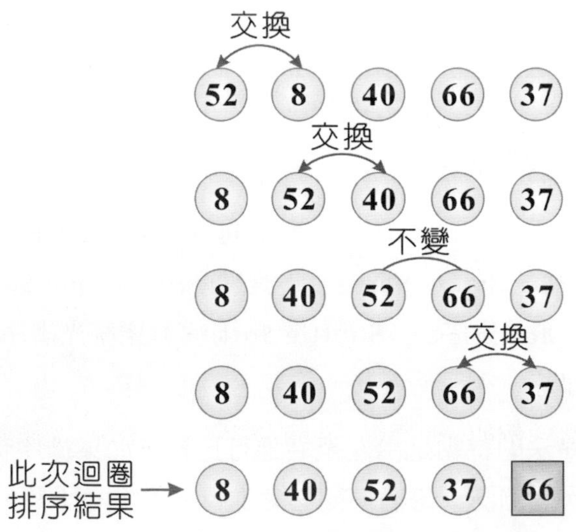

接著針對未排序的資料執行第一次向左迴圈，找到最小值，放在最左邊索引位置。

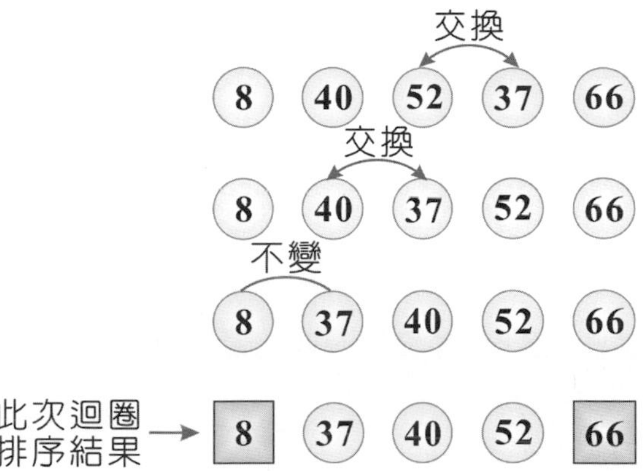

接著繼續執行第 2 次迴圈，執行過程如下：

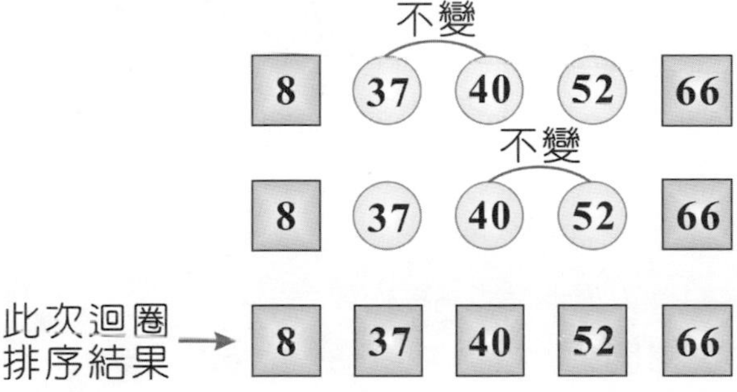

這次迴圈的比較過程中並沒有任何資料的交換動作，表示排序工作已完成。

8-2-3 選擇排序法

選擇排序法（Selection Sort）可使用兩種方式排序，一為在所有的資料中，當由大至小排序，則將最大值放入第一位置；若由小至大排序時，則將最大值放入位置末端。例如一開始在所有的資料中挑選一個最小項放在第一個位置（假設是由小到大），再從第二筆開始挑選一個最小項放在第 2 個位置，依樣重覆，直到完成排序為止。

以下我們仍然利用 55、23、87、62、16 數列的由小到大排序過程，來說明選擇排序法的演算流程：

1. 首先找到此數列中最小值後與第一個元素交換：

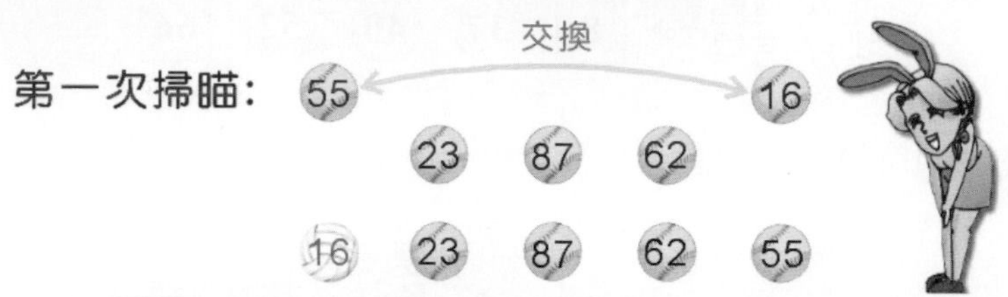

2. 從第二個值找起，找到此數列中（不包含第一個）的最小值，再和第二個值交換：

3. 從第三個值找起，找到此數列中（不包含第一、二個）的最小值，再和第三個值交換：

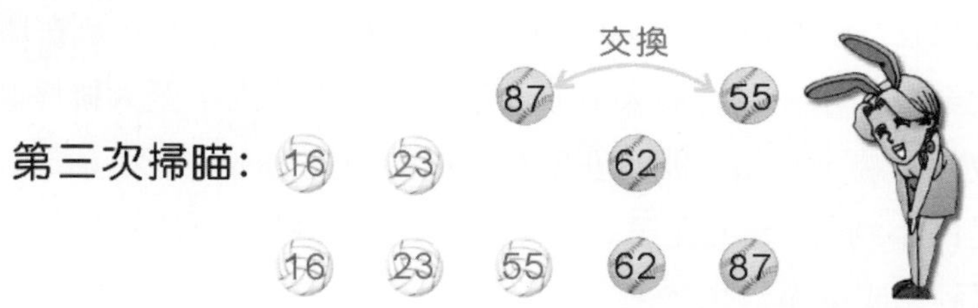

4. 從第四個值找起，找到此數列中（不包含第一、二、三個）的最小值，再和第四個值交換，則此排序完成：

選擇法分析

1. 無論是最壞清況、最佳情況及平均情況都需要找到最大值（或最小值），因此其比較次數為：(n-1)+(n-2)+(n-3)+…+3+2+1= $\frac{n(n-1)}{2}$ 次；時間複雜度為 $O(n^2)$。
2. 由於選擇排序是以最大或最小值直接與最前方未排序的鍵值交換，資料排列順序很有可能被改變，故不是穩定排序法。
3. 只需一個額外的空間，所以空間複雜度為最佳。
4. 此排序法適用於資料量小或有部份資料已經過排序。

範例 8.2.3 請設計一 C# 程式，並使用選擇排序法來將以下的數列排序：

```
9,7,5,3,4,6
```

範例程式：Select.sln

```
using static System.Console;//滙入靜態類別

namespace selection
{
    class Program
    {
        public static int[] data = new int[] { 9, 7, 5, 3, 4, 6 };
        static void Main(string[] args)
        {
            Write("原始資料為：");
```

```
            Showdata();
            Select();
            ReadKey();
        }

        static void Showdata()
        {
            int i;
            for (i = 0; i < 6; i++)
            {
                Write(data[i] + " ");
            }
            WriteLine();
        }

        static void Select()
        {
            int i, j, tmp, k;
            for (i = 0; i < 5; i++)          //掃描5次
            {
                for (j = i + 1; j < 6; j++)  //由i+1比較起，比較5次
                {
                    if (data[i] > data[j])  //比較第i及第j個元素
                    {
                        tmp = data[i];
                        data[i] = data[j];
                        data[j] = tmp;
                    }
                }
                Write("第" + (i + 1) + "次排序結果：");
                for (k = 0; k < 6; k++)
                {
                    Write(data[k] + " ");  //列印排序結果
                }
                WriteLine();
            }
        }
    }
}
```

【執行結果】

```
原始資料為：9 7 5 3 4 6
第1次排序結果：3 9 7 5 4 6
第2次排序結果：3 4 9 7 5 6
第3次排序結果：3 4 5 9 7 6
第4次排序結果：3 4 5 6 9 7
第5次排序結果：3 4 5 6 7 9
```

8-2-4 插入排序法

插入排序法（Insert Sort）是將陣列中的元素，逐一與已排序好的資料作比較，如前兩個元素先排好，再將第三個元素插入適當的位置，所以這三個元素仍然是已排序好，接著再將第四個元素加入，重覆此步驟，直到排序完成為止。可以看作是在一串有序的記錄 R_1、R_2...R_i，插入新的記錄 R，使得 i+1 個記錄排序妥當。

以下我們仍然利用 55、23、87、62、16 數列的由小到大排序過程，來說明插入排序法的演算流程。下圖中，在步驟二，以 23 為基準與其他元素比較後，放到適當位置（55 的前面），步驟三則拿 87 與其他兩個元素比較，接著 62 在比較完前三個數後插入 87 的前面…將最後一個元素比較完後即完成排序：

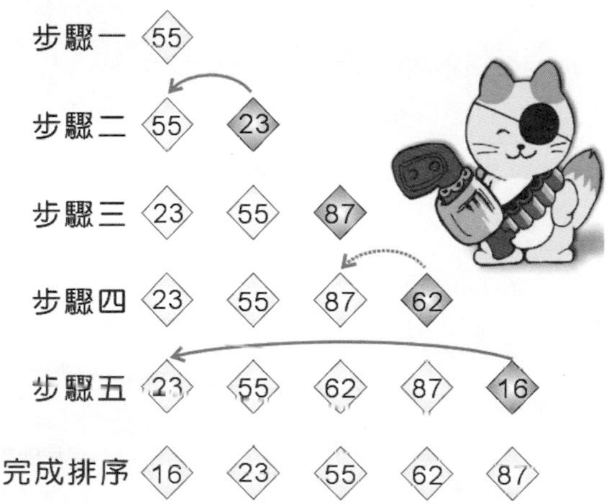

插入法分析

1. 最壞及平均清況需比較 (n-1)+(n-2)+(n-3)+…+3+2+1= $\frac{n(n-1)}{2}$ 次；時間複雜度為 O(n^2)，最好情況時間複雜度為：O(n)
2. 插入排序是穩定排序法。
3. 只需一個額外的空間，所以空間複雜度為最佳。
4. 此排序法適用於大部份資料已經過排序或已排序資料庫新增資料後進行排序。
5. 插入排序法會造成資料的大量搬移，所以建議在鏈結串列上使用。

範例 8.2.4 請設計一 C# 程式，自行輸入 6 個數值，並使用插入排序法來加以排序。

範例程式：Insert.sln

```
using static System.Console;//滙入靜態類別

namespace Insert
{
    class Program
    {
        static int[] data = new int[6];
        static int size = 6;

        static void Main(string[] args)
        {
            Inputarr();
            Write("您輸入的原始陣列是：");
            Showdata();
            Insert();
            ReadKey();
        }
        static void Inputarr()
        {
            int i;
            for (i = 0; i < size; i++)        //利用迴圈輸入陣列資料
            {
                try
```

```
                    {
                        Write("請輸入第" + (i + 1) + "個元素：");
                        data[i] = int.Parse(ReadLine());
                    }
                    catch (Exception e) { }
                }
            }

        static void Showdata()
        {
            int i;
            for (i = 0; i < size; i++)
            {
                Write(data[i] + " ");    //列印陣列資料
            }
            WriteLine();
        }

        static void Insert()
        {
            int i;      //i為掃描次數
            int j;      //以j來定位比較的元素
            int tmp;    //tmp用來暫存資料
            for (i = 1; i < size; i++)  //掃描迴圈次數為SIZE-1
            {
                tmp = data[i];
                j = i - 1;
                while (j >= 0 && tmp < data[j])  //如果第二元素小於第一元素
                {
                    data[j + 1] = data[j]; //就把所有元素往後推一個位置
                    j--;
                }
                data[j + 1] = tmp;        //最小的元素放到第一個元素
                Write("第" + i + "次掃瞄：");
                Showdata();
            }
        }
    }
}
```

【執行結果】

```
請輸入第1個元素：9
請輸入第2個元素：5
請輸入第3個元素：8
請輸入第4個元素：4
請輸入第5個元素：7
請輸入第6個元素：2
您輸入的原始陣列是：9 5 8 4 7 2
第1次掃瞄：5 9 8 4 7 2
第2次掃瞄：5 8 9 4 7 2
第3次掃瞄：4 5 8 9 7 2
第4次掃瞄：4 5 7 8 9 2
第5次掃瞄：2 4 5 7 8 9
```

8-2-5 謝耳排序法

我們知道當原始記錄之鍵值大部份已排序好的情況下，插入排序法會非常有效率，因為它無須做太多資料搬移的動作。「謝耳排序法」是 D. L. Shell 在 1959 年 7 月所發明的一種排序法，可以減少插入排序法中資料搬移的次數，以加速排序進行。排序的原則是將資料區分成特定間隔的幾個小區塊，以插入排序法排完區塊內的資料後再漸漸減少間隔的距離。

以下我們仍然利用 63、92、27、36、45、71、58、7 數列的由小到大排序過程，來說明謝耳排序法的演算流程：

首先將所有資料分成 Y：(8 div 2) 即 Y=4，稱為劃分數。請注意！劃分數不一定要是 2，質數是最好。但為演算法方便，所以我們習慣選 2。則一開始的間隔設定為 8/2 區隔成：

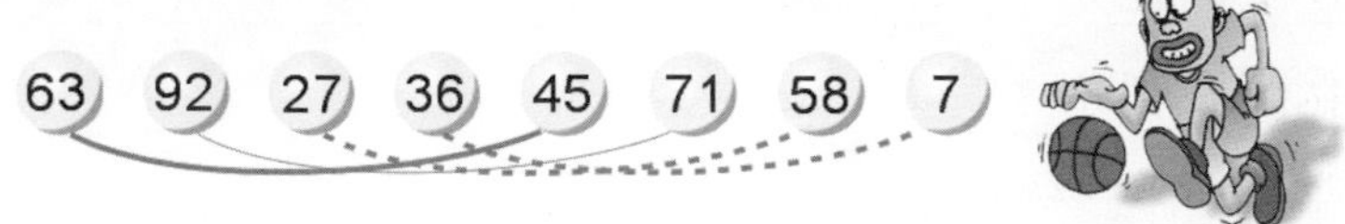

如此一來可得到四個區塊分別是：(63,45)(92,71)(27,58)(36,7) 再各別用插入排序法排序成為：(45,63)(71,92)(27,58)(7,36)

接著再縮小間隔為 (8/2)/2 成

(45,27,63,58)(71,7,92,36) 分別用插入排序法後得到：

最後再以 ((8/2)/2)/2 的間距做插入排序，也就是每一個元素進行排序得到最後的結果：

謝耳法分析

1. 任何情況的時間複雜度均為 $O(n^{3/2})$。
2. 謝耳排序法和插入排序法一樣，都是穩定排序。
3. 只需一個額外空間，所以空間複雜度是最佳。
4. 此排序法適用於資料大部份都已排序完成的情況。

範例 8.2.5 請設計一 C# 程式，自行輸入 8 個數值，並使用謝耳排序法來加以排序。

範例程式：Shell.sln

```
using static System.Console;//滙入靜態類別

namespace Shell
{
    class Program
    {
        static int[] data = new int[8];
        static int size = 8;

        static void Main(string[] args)
        {
            Inputarr();
            Write("您輸入的原始陣列是：");
            Showdata();
            Shell();
            ReadKey();
        }

        static void Inputarr()
        {
            int i = 0;
            for (i = 0; i < size; i++)
            {
                Write("請輸入第" + (i + 1) + "個元素：");
                try
                {
                    data[i] = int.Parse(ReadLine());
                }
                catch (Exception e) { }
            }
        }

        static void Showdata()
        {
            int i = 0;
            for (i = 0; i < size; i++)
            {
                Write(data[i] + " ");
            }
            WriteLine();
        }
```

```
        static void Shell()
        {
            int i;          //i為掃描次數
            int j;          //以j來定位比較的元素
            int k = 1;      //k列印計數
            int tmp;        //tmp用來暫存資料
            int jmp;        //設定間距位移量
            jmp = size / 2;
            while (jmp != 0)
            {
                for (i = jmp; i < size; i++)
                {
                    tmp = data[i];
                    j = i - jmp;
                    while (j >= 0 && tmp < data[j])
                    //插入排序法
                    {
                        data[j + jmp] = data[j];
                        j = j - jmp;
                    }
                    data[jmp + j] = tmp;
                }

                Write("第" + (k++) + "次排序：");
                Showdata();
                jmp = jmp / 2; //控制迴圈數
            }
        }
    }
}
```

【執行結果】

```
請輸入第1個元素：6
請輸入第2個元素：5
請輸入第3個元素：3
請輸入第4個元素：2
請輸入第5個元素：4
請輸入第6個元素：8
請輸入第7個元素：9
請輸入第8個元素：1
您輸入的原始陣列是：6 5 3 2 4 8 9 1
第1次排序：4 5 3 1 6 8 9 2
第2次排序：3 1 4 2 6 5 9 8
第3次排序：1 2 3 4 5 6 8 9
```

8-2-6 合併排序法

合併排序法（Merge Sort）通常是外部儲存裝置最常用的排序方法，工作原理乃是針對已排序好的二個或二個以上的檔案，經由合併的方式，將其組合成一個大的且已排序好的檔案。步驟如下：

1. 將 N 個長度為 1 的鍵值成對地合併成 N/2 個長度為 2 的鍵值組。
2. 將 N/2 個長度為 2 的鍵值組成對地合併成 N/4 個長度為 4 的鍵值組。
3. 將鍵值組不斷地合併，直到合併成一組長度為 N 的鍵值組為止。

以下我們利用 38、16、41、72、52、98、63、25 數列的由小到大排序過程，來說明合併排序法的基本演算流程：

38、16、41、72、52、98、63、25

[16、38]、[41、72]、[52、98]、[25、63]

[16、38、41、72]、[25、52、63、98]

[16、25、38、41、52、63、72、98]

上面展示的合併排序法例子是一種最簡單的合併排序，又稱為 2 路（2-way）合併排序，主要概念是把原來的檔案視作 N 個已排序妥當且長度為 1 的檔案，再將這些長度為 1 的資料兩兩合併，結合成 N/2 個已排序妥當且長度為 2 的檔案；同樣的作法，再依序兩兩合併，合併成 N/4 個已排序妥當且長度為 4 的檔案。以此類推，最後合併成一個已排序妥當且長度為 N 的檔案。

我們以條列的方式將步驟整理如下：

1. 將 N 個長度為 1 的檔案合併成 N/2 個已排序妥當且長度為 2 的檔案。
2. 將 N/2 個長度為 2 的檔案合併成 N/4 個已排序妥當且長度為 4 的檔案。
3. 將 N/4 個長度為 4 的檔案合併成 N/8 個已排序妥當且長度為 8 的檔案。
4. 將 $N/2^{i-1}$ 個長度為 2^{i-1} 的檔案合併成 $N/2^{i}$ 個已排序妥當且長度為 2^{i} 的檔案。

合併排序法

1. 合併排序法 n 筆資料一般需要約 $\log_2 n$ 次處理，每次處理的時間複雜度為 O(n)，所以合併排序法的最佳情況、最差情況及平均情況複雜度為 O(nlogn)。
2. 由於在排序過程中需要一個與檔案大小同樣的額外空間，故其空間複雜度 O(n)。
3. 是一個穩定（stable）的排序方式。

8-2-7 快速排序法

快速排序法又稱分割交換排序法，是目前公認最佳的排序法，也是使用切割征服（Divide and Conquer）的方式。會先在資料中找到一個隨機會自行設定一個虛擬中間值，並依此中間值將所有打算排序的資料分為兩部份。其中小於中間值的資料放在左邊而大於中間值的資料放在右邊，再以同樣的方式分別處理左右兩邊的資料，直到排序完為止。操作與分割步驟如下：

假設有 n 筆 R_1、R_2、R_3...R_n 記錄，其鍵值為 K_1、K_2、K_3...K_n：

① 先假設 K 的值為第一個鍵值。
② 由左向右找出鍵值 K_i，使得 K_i>K。
③ 由右向左找出鍵值 K_j 使得 K_j<K。
④ 如果 i<j，那麼 K_i 與 K_j 互換，並回到步驟②。
⑤ 若 i≧j 則將 K 與 K_j 交換，並以 j 為基準點分割成左右部份。然後再針對左右兩邊進行步驟①至⑤，直到左半邊鍵值 = 右半邊鍵值為止。

下面為您示範快速排序法將下列資料的排序過程：

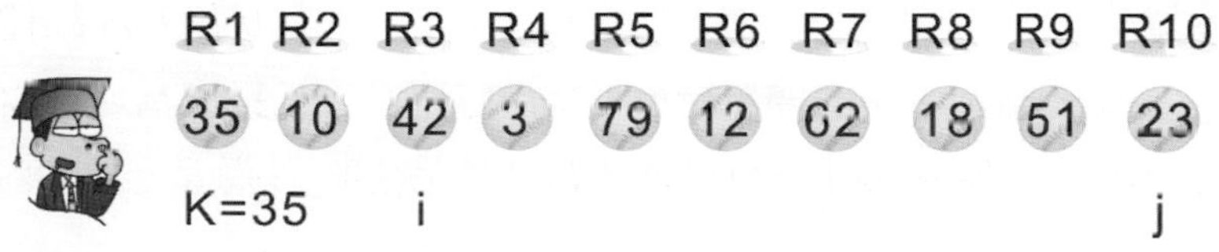

因為 i<j 故交換 K_i 與 K_j，然後繼續比較：

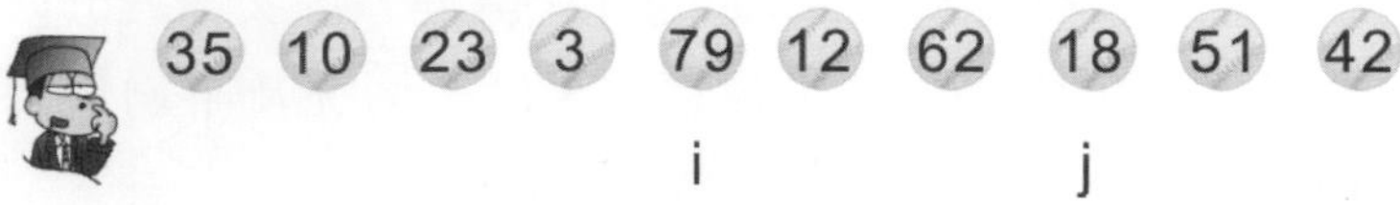

因為 i<j 故交換 K_i 與 K_j，然後繼續比較：

因為 i ≥ j 故交換 K 與 K_j，並以 j 為基準點分割成左右兩半：

[12 10 23 3 18] 35 [62 79 51 42]

由上述這幾個步驟，各位可以將小於鍵值 K 放在左半部；大於鍵值 K 放在右半部，依上述的排序過程，針對左右兩部份分別排序。過程如下：

[3 10] 12 [23 18] 35 [62 79 51 42]

3 10 12 [23 18] 35 [62 79 51 42]

3 10 12 18 23 35 [62 79 51 42]

3 10 12 18 23 35 [51 42] 62 [79]

3 10 12 18 23 35 42 51 62 79

快速法分析

1. 在最快及平均情況下，時間複雜度為 $O(n\log_2 n)$。最壞情況就是每次挑中的中間值不是最大就是最小，其時間複雜度為 $O(n^2)$。
2. 快速排序法不是穩定排序法。

3. 在最差的情況下，空間複雜度為 O(n)，而最佳情況為 $O(\log_2 n)$。
4. 快速排序法是平均執行時間最快的排序法。

範例 8.2.6 請設計一 C# 程式，可輸入數列的個數，並使用亂數產生數值，試利用快速排序法加以排序。

範例程式：Quick.sln

```
using static System.Console;//滙入靜態類別

namespace Quick
{
    class Program
    {
        static int process = 0;
        static int size;
        static int[] data = new int[100];

        static void Main(string[] args)
        {
            Write("請輸入陣列大小(100以下)：");
            size = int.Parse(ReadLine());
            Inputarr();
            Write("原始資料是：");
            Showdata();

            Quick(data, size, 0, size - 1);
            Write("\n排序結果：");
            Showdata();
            ReadKey();
        }
        static void Inputarr()
        {
            //以亂數輸入
            Random rand = new Random();
            int i;
            for (i = 0; i < size; i++)
                data[i] = (Math.Abs(rand.Next(99))) + 1;
        }

        static void Showdata()
        {
            int i;
            for (i = 0; i < size; i++)
```

```
                Write(data[i] + " ");
            WriteLine();
        }

        static void Quick(int[] d, int size, int lf, int rg)
        {
            int i, j, tmp;
            int lf_idx;
            int rg_idx;
            int t;
            //1:第一筆鍵值為d[lf]
            if (lf < rg)
            {
                lf_idx = lf + 1;
                rg_idx = rg;

                //排序
                while (true)
                {
                    Write("[處理過程" + (process++) + "]=> ");
                    for (t = 0; t < size; t++)
                        Write("[" + d[t] + "] ");

                    Write("\n");

                    for (i = lf + 1; i <= rg; i++)  //2:由左向右找出一個鍵值大於d[lf]者
                    {
                        if (d[i] >= d[lf])
                        {
                            lf_idx = i;
                            break;
                        }
                        lf_idx++;
                    }

                    for (j = rg; j >= lf + 1; j--)   //3:由右向左找出一個鍵值小於d[lf]者
                    {
                        if (d[j] <= d[lf])
                        {
                            rg_idx = j;
                            break;
                        }
                        rg_idx--;
                    }
```

```

                        if (lf_idx < rg_idx)      //4-1:若lf_idx<rg_idx
                        {
                            tmp = d[lf_idx];
                            d[lf_idx] = d[rg_idx]; //則d[lf_idx]和d[rg_idx]互換
                            d[rg_idx] = tmp;       //然後繼續排序
                        }
                        else
                        {
                            break; //否則跳出排序過程
                        }
                    }

                    //整理
                    if (lf_idx >= rg_idx)      //5-1:若lf_idx大於等於rg_idx
                    {                          //則將d[lf]和d[rg_idx]互換
                        tmp = d[lf];
                        d[lf] = d[rg_idx];
                        d[rg_idx] = tmp;
                        //5-2:並以rg_idx為基準點分成左右兩半
                        Quick(d, size, lf, rg_idx - 1); //以遞迴方式分別為左右兩半進行排序
                        Quick(d, size, rg_idx + 1, rg); //直至完成排序
                    }
                }
            }
        }
}
```

【執行結果】

```
請輸入陣列大小(100以下):10
原始資料是:35 27 76 27 32 88 16 23 37 11
[處理過程0]=> [35] [27] [76] [27] [32] [88] [16] [23] [37] [11]
[處理過程1]=> [35] [27] [11] [27] [32] [88] [16] [23] [37] [76]
[處理過程2]=> [35] [27] [11] [27] [32] [23] [16] [88] [37] [76]
[處理過程3]=> [16] [27] [11] [27] [32] [23] [35] [88] [37] [76]
[處理過程4]=> [16] [11] [27] [27] [32] [23] [35] [88] [37] [76]
[處理過程5]=> [11] [16] [27] [27] [32] [23] [35] [88] [37] [76]
[處理過程6]=> [11] [16] [27] [23] [32] [27] [35] [88] [37] [76]
[處理過程7]=> [11] [16] [27] [23] [27] [32] [35] [88] [37] [76]
[處理過程8]=> [11] [16] [27] [23] [27] [32] [35] [88] [37] [76]
[處理過程9]=> [11] [16] [23] [27] [27] [32] [35] [88] [37] [76]
[處理過程10]=> [11] [16] [23] [27] [27] [32] [35] [76] [37] [88]

排序結果:11 16 23 27 27 32 35 37 76 88
```

8-2-8 堆積排序法

堆積排序法可以算是選擇排序法的改進版，它可以減少在選擇排序法中的比較次數，進而減少排序時間。堆積排序法使用到了二元樹的技巧，它是利用堆積樹來完成排序。堆積是一種特殊的二元樹，可分為最大堆積樹及最小堆積樹兩種。而最大堆積樹滿足以下 3 個條件：

1. 它是一個完整二元樹。
2. 所有節點的值都大於或等於它左右子節點的值。
3. 樹根是堆積樹中最大的。

而最小堆積樹則具備以下 3 個條件：

1. 它是一個完整二元樹。
2. 所有節點的值都小於或等於它左右子節點的值。
3. 樹根是堆積樹中最小的。

在開始談論堆積排序法前，各位必須先認識如何將二元樹轉換成堆積樹（heap tree）。我們以下面實例進行說明：

假設有 9 筆資料 32、17、16、24、35、87、65、4、12，我們以二元樹表示如下：

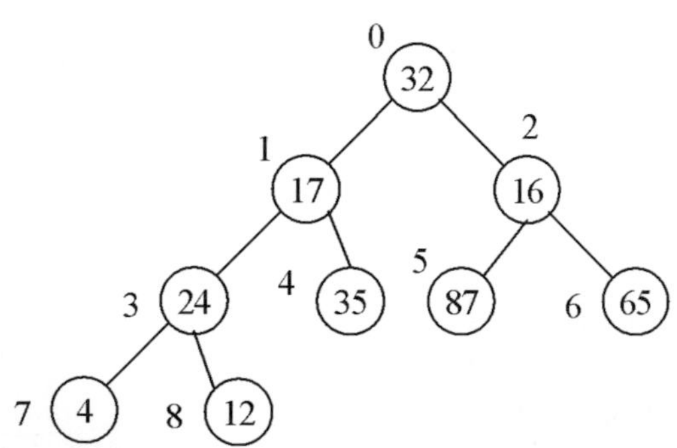

如果要將該二元樹轉換成堆積樹（heap tree）。我們可以用陣列來儲存二元樹所有節點的值，即

A[0]=32、A[1]=17、A[2]=16、A[3]=24、A[4]=35、A[5]=87、A[6]=65、A[7]=4、A[8]=12

① A[0]=32 為樹根，若 A[1] 大於父節點則必須互換。此處 A[1]=17<A[0]=32 故不交換。

② A[2]=16<A[0] 故不交換。

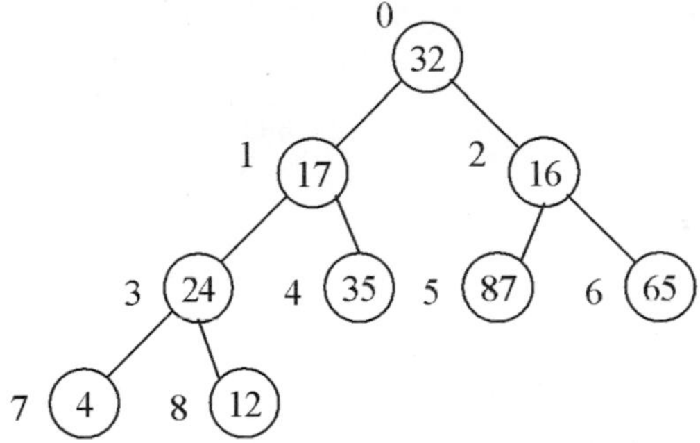

③ A[3]=24>A[1]=17 故交換。

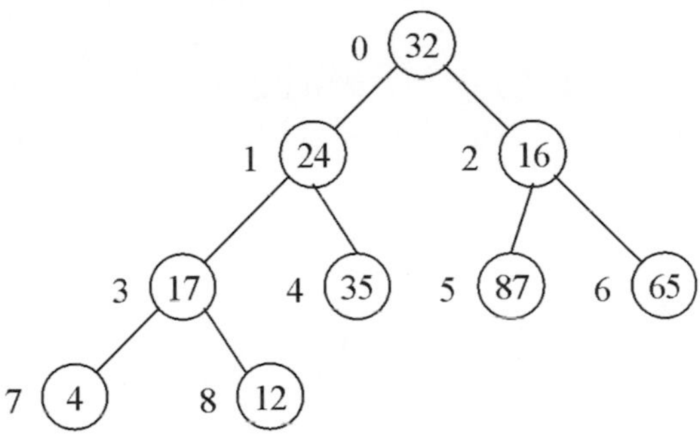

④ A[4]=35>A[1]=24 故交換，再與 A[0]=32 比較，A[1]=35>A[0]=32 故交換。

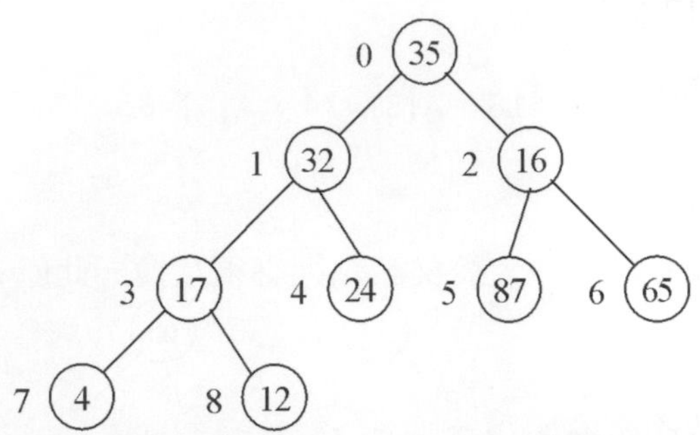

⑤ A[5]=87>A[2]=16 故交換，再與 A[0]=35 比較，A[2]=87>A[0]=35 故交換。

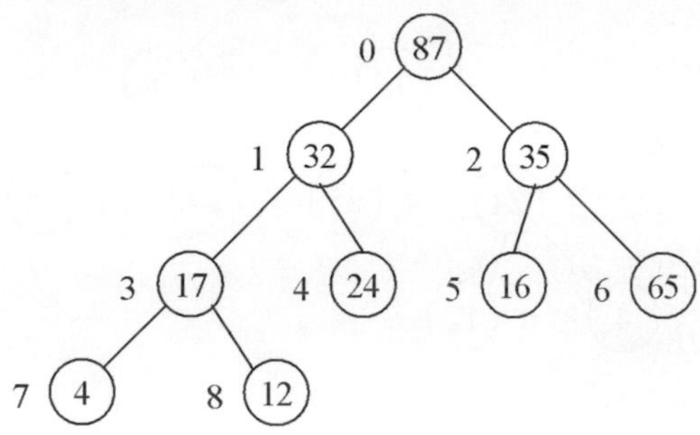

⑥ A[6]=65>A[2]=35 故交換，且 A[2]=65<A[0]=87 故不必換。

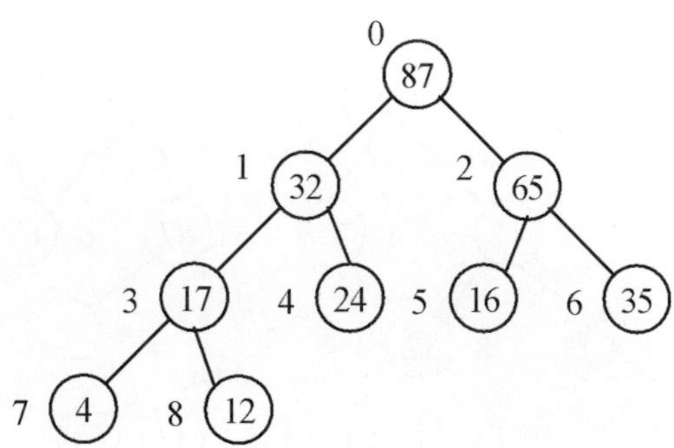

⑦ A[7]=4<A[3]=17 故不必換。

A[8]=12<A[3]=17 故不必換。

可得下列的堆積樹

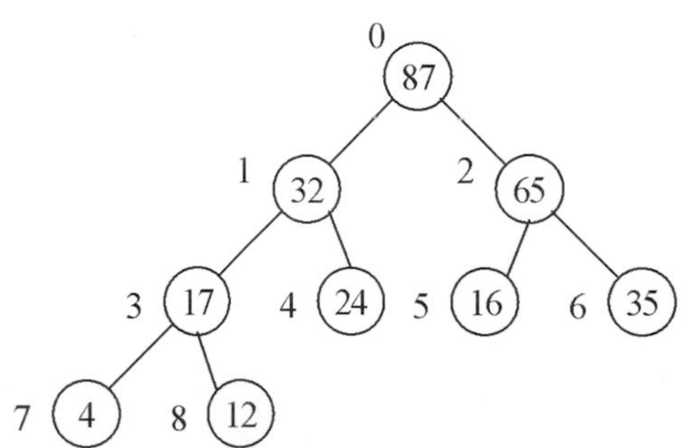

剛才示範由二元樹的樹根開始由上往下逐一依堆積樹的建立原則來改變各節點值，最終得到一最大堆積樹。各位可以發現堆積樹並非唯一，您也可以由陣列最後一個元素（例如此例中的 A[8]）由下往上逐一比較來建立最大堆積樹。如果您想由小到大排序，就必須建立最小堆積樹，作法和建立最大堆積樹類似，在此不另外說明。

下面我們將利用堆積排序法針對 34、19、40、14、57、17、4、43 的排序過程示範如下：

① 依下圖數字順序建立完整二元樹

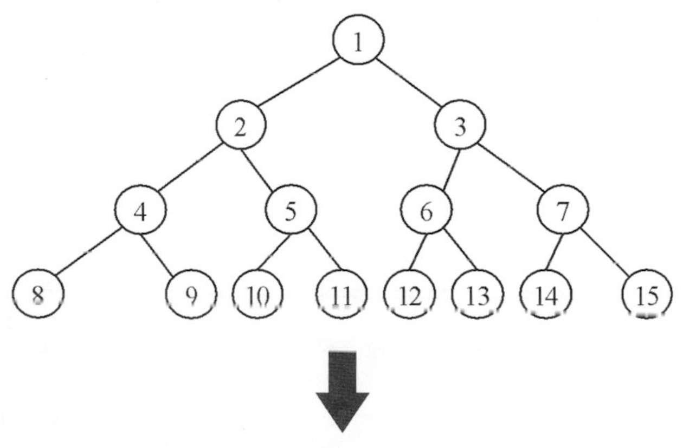

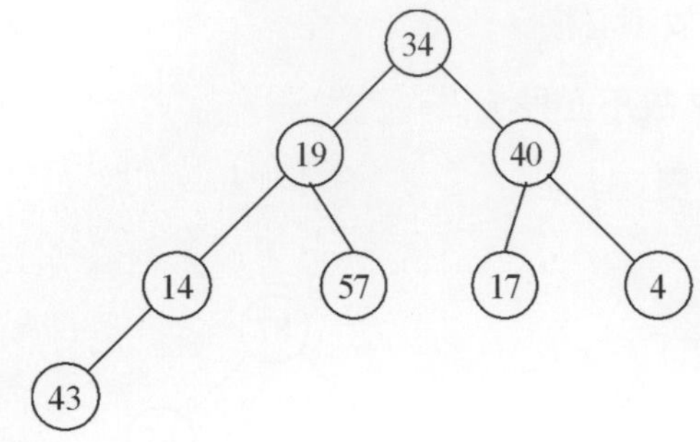

② 建立堆積樹

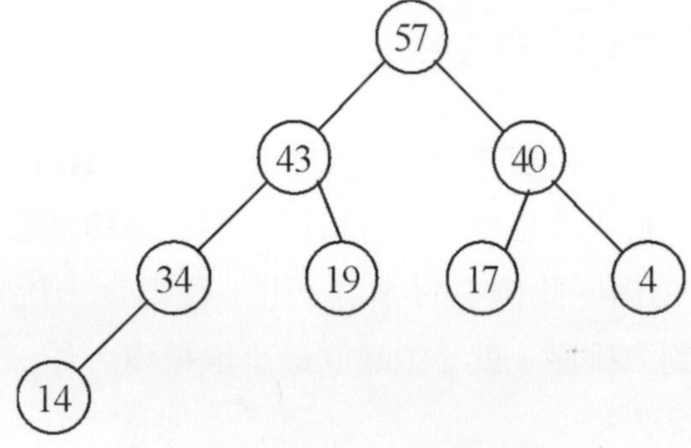

③ 將 57 自樹根移除，重新建立堆積樹

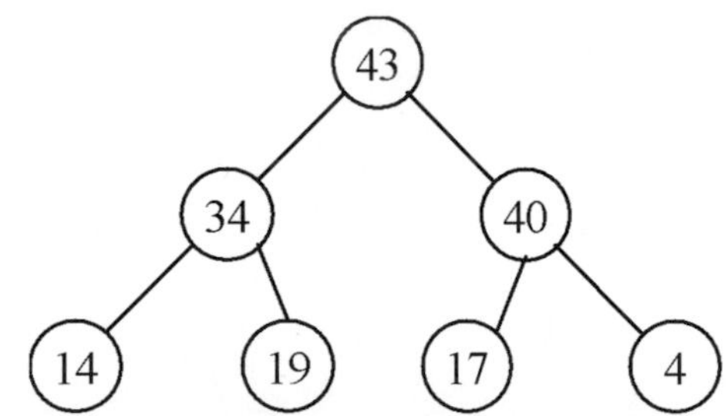

④ 將 43 自樹根移除，重新建立堆積樹

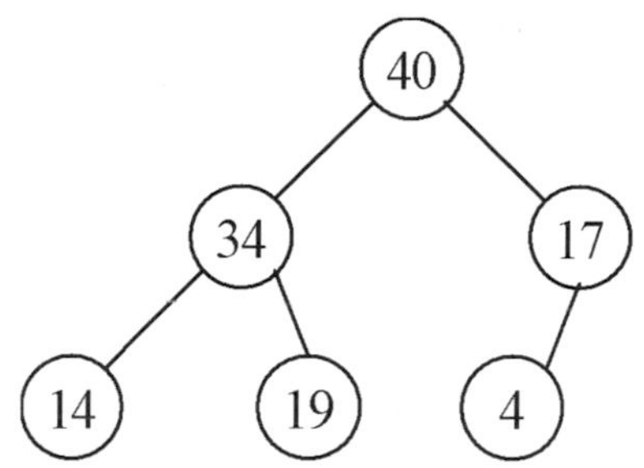

⑤ 將 40 自樹根移除，重新建立堆積樹

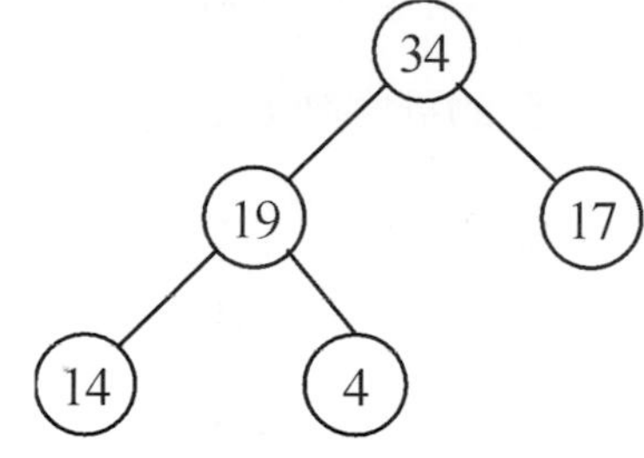

⑥ 將 34 自樹根移除，重新建立堆積樹

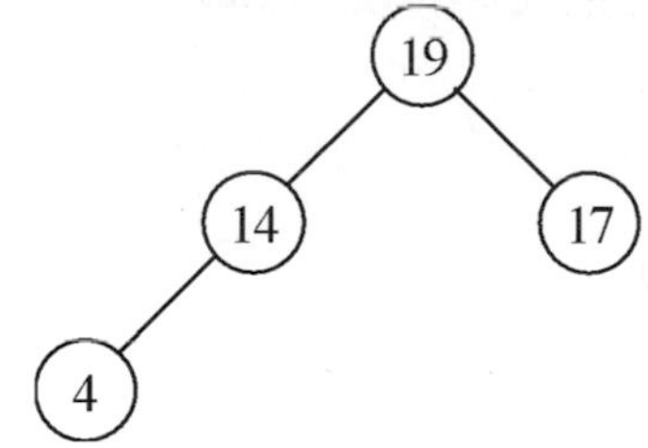

⑦ 將 19 自樹根移除，重新建立堆積樹

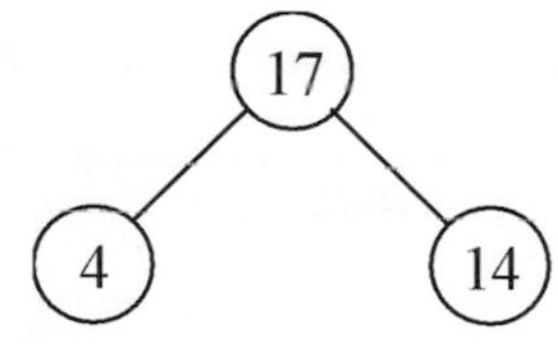

⑧ 將 17 自樹根移除，重新建立堆積樹

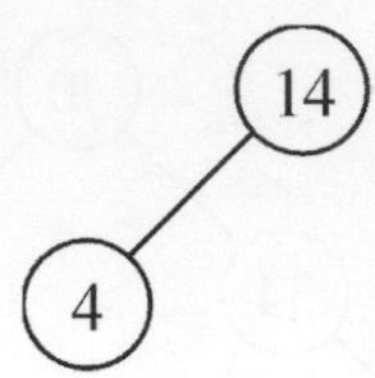

⑨ 將 14 自樹根移除，重新建立堆積樹

最後將 4 自樹根移除。得到的排序結果為

57、43、40、34、19、17、14、4

堆積法分析

1. 在所有情況下，時間複雜度均為 O（nlogn）。
2. 堆積排序法不是穩定排序法。
3. 只需要一額外的空間，空間複雜度為 O(1)。

範例 8.2.7 請設計一 C# 程式，並使用堆積排序法來將一數列排序。

範例程式：Heap.sln

```
using static System.Console;//滙入靜態類別

namespace Heap
{
    class Program
    {
        static int[] data = { 0, 5, 6, 4, 8, 3, 2, 7, 1 };//原始陣列內容

        static void Main(string[] args)
        {
```

```
        int i, size; //原始陣列內容
        size = 9;
        Write("原始陣列：");
        for (i = 1; i < size; i++)
            Write("[" + data[i] + "] ");
        Heap(data, size); //建立堆積樹
        Write("\n排序結果：");
        for (i = 1; i < size; i++)
            Write("[" + data[i] + "] ");
        WriteLine();
        ReadKey();
    }
    public static void Heap(int[] data, int size)
    {
        int i, j, tmp;
        for (i = (size / 2); i > 0; i--) //建立堆積樹節點
            Ad_heap(data, i, size - 1);
        Write("\n堆積內容：");
        for (i = 1; i < size; i++)     //原始堆積樹內容
            Write("[" + data[i] + "] ");
        WriteLine();
        for (i = size - 2; i > 0; i--) //堆積排序
        {
            tmp = data[i + 1];          //頭尾節點交換
            data[i + 1] = data[1];
            data[1] = tmp;
            Ad_heap(data, 1, i);        //處理剩餘節點
            Write("\n處理過程：");
            for (j = 1; j < size; j++)
                Write("[" + data[j] + "] ");
        }
    }
    public static void Ad_heap(int[] data, int i, int size)
    {
        int j, tmp, post;
        j = 2 * i;
        tmp = data[i];
        post = 0;
        while (j <= size && post == 0)
        {
            if (j < size)
            {
                if (data[j] < data[j + 1]) //找出最大節點
```

```
                        j++;
                    }
                    if (tmp >= data[j]) //若樹根較大，結束比較過程
                        post = 1;
                    else
                    {
                        data[j / 2] = data[j];//若樹根較小，則繼續比較
                        j = 2 * j;
                    }
                }
                data[j / 2] = tmp;        //指定樹根為父節點
            }
        }
    }
```

【執行結果】

```
原始陣列：[5] [6] [4] [8] [3] [2] [7] [1]
堆積內容：[8] [6] [7] [5] [3] [2] [4] [1]

處理過程：[7] [6] [4] [5] [3] [2] [1] [8]
處理過程：[6] [5] [4] [1] [3] [2] [7] [8]
處理過程：[5] [3] [4] [1] [2] [6] [7] [8]
處理過程：[4] [3] [2] [1] [5] [6] [7] [8]
處理過程：[3] [1] [2] [4] [5] [6] [7] [8]
處理過程：[2] [1] [3] [4] [5] [6] [7] [8]
處理過程：[1] [2] [3] [4] [5] [6] [7] [8]
排序結果：[1] [2] [3] [4] [5] [6] [7] [8]
```

8-2-9 基數排序法

基數排序法和我們之前所討論到的排序法不太一樣，它並不需要進行元素間的比較動作，而是屬於一種分配模式排序方式。

基數排序法依比較的方向可分為最有效鍵優先（Most Significant Digit First:MSD）和最無效鍵優先（Least Significant Digit First:LSD）兩種。MSD 法是從最左邊的位數開始比較，而 LSD 則是從最右邊的位數開始比較。底下的範例我們以 LSD 將三位數的整數資料來加以排序，它是依個位數、十位數、百位數來進行排序。請直接看以下最無效鍵優先（LSD）例子的說明，便可清楚的知道它的動作原理。

原始資料：

59	95	7	34	60	168	171	259	372	45	88	133

步驟 1 把每個整數依其個位數字放到串列中：

個位數字	0	1	2	3	4	5	6	7	8	9
資料	60	171	372	133	34	95 45		7	168 88	59 259

合併後成為：

60	171	372	133	34	95	45	7	168	88	59	259

步驟 2 再依其十位數字，依序放到串列中：

十位數字	0	1	2	3	4	5	6	7	8	9
資料	7			133 34	45	59 259	60 168	171 372	88	95

合併後成為：

7	133	34	45	59	259	60	168	171	372	88	95

步驟 3 再依其百位數字，依序放到串列中：

百位數字	0	1	2	3	4	5	6	7	8	9
資料	7 34 45 59 60 88 95	133 168 171	259	372						

最後合併即完成排序：

7	34	45	59	60	88	95	133	168	171	259	372

基數法分析

1. 在所有情況下，時間複雜度均為 O（$n\log_p k$），k 是原始資料的最大值。
2. 基數排序法是穩定排序法。
3. 基數排序法會使用到很大的額外空間來存放串列資料，其空間複雜度為 O(n*p)，n 是原始資料的個數，p 是資料字元數；如上例中，資料的個數 n=12，字元數 p=3。
4. 若 n 很大，p 固定或很小，此排序法將很有效率。

範例 8.2.8 請設計一 C# 程式，可自行輸入數值陣列的個數，並使用基數排序法來排序。

範例程式：Radix.sln

```
using static System.Console;//滙入靜態類別

namespace Radix
{
    class Program
    {
        static int size;
        static int[] data = new int[100];

        static void Main(string[] args)
        {
            Write("請輸入陣列大小(100以下)：");
            size = int.Parse(ReadLine());
            Inputarr();
            Write("您輸入的原始資料是：\n");
            Showdata();
            Radix();
            ReadKey();
        }
        static void Inputarr()
        {
            Random rand = new Random();
```

```
            int i;
            for (i = 0; i < size; i++)
                data[i] = (Math.Abs(rand.Next(999))) + 1;
                                                    //設定data值最大為3位數
        }

        static void Showdata()
        {
            int i;
            for (i = 0; i < size; i++)
                Write(data[i] + " ");
            WriteLine();
        }

        static void Radix()
        {
            int i, j, k, n, m;
            for (n = 1; n <= 100; n = n * 10)//n為基數，由個位數開始排序
            {
                //設定暫存陣列，[0~9位數][資料個數]，所有內容均為0
                int[,] tmp = new int[10, 100];
                for (i = 0; i < size; i++) //比對所有資料
                {
                    m = (data[i] / n) % 10; //m為n位數的值，如36取十位數
                                              (36/10)%10=3
                    tmp[m, i] = data[i]; //把data[i]的值暫存於tmp裡
                }

                k = 0;
                for (i = 0; i < 10; i++)
                {
                    for (j = 0; j < size; j++)
                    {
                        if (tmp[i, j] != 0) //因一開始設定tmp={0}，故不為
                                               0者即為
                        {
                            //data暫存在tmp 裡的值，把tmp裡的值放回data[ ]裡
                            data[k] = tmp[i, j];
                            k++;
                        }
                    }
                }
                Write("經過" + n + "位數排序後：");
                Showdata();
            }
        }
    }
}
```

【執行結果】

```
請輸入陣列大小(100以下)：10
您輸入的原始資料是：
16 762 637 141 123 681 887 633 753 676
經過1位數排序後：141 681 762 123 633 753 16 676 637 887
經過10位數排序後：16 123 633 637 141 753 762 676 681 887
經過100位數排序後：16 123 141 633 637 676 681 753 762 887
```

8-3 外部排序法

當我們所要排序的資料量太多或檔案太大，無法直接在記憶體內排序，而需依賴外部儲存裝置時，我們就會使用到外部排序法。外部儲存裝置又可依照存取方式分為兩種方式，如循序存取（如磁帶）或隨機存取（如磁碟）。

要循序存取的檔案就像是串列一樣，我們必須事先走訪整個串列才有辦法進行排序，而隨機存取的檔案就像是陣列，資料存取方便，所以相對的排序也會比循序存取快一些。一般說來，外部排序法最常使用的就是合併排序法，它適用於循序存取的檔案。

8-3-1 直接合併排序法

直接合併排序法（Direct Merge Sort）是外部儲存裝置最常用的排序方法。它可以分為兩個步驟：

1. 將欲排序的檔案分為幾個可以載入記憶體空間大小的小檔案，再使用內部排序法將各檔案內的資料排序。
2. 將第一步驟所建立的小檔案每二個合併成一個檔案。兩兩合併後，把所有檔案合併成一個檔案後就可以完成排序了。

例如：我們把一個檔案分成 6 個小檔案：

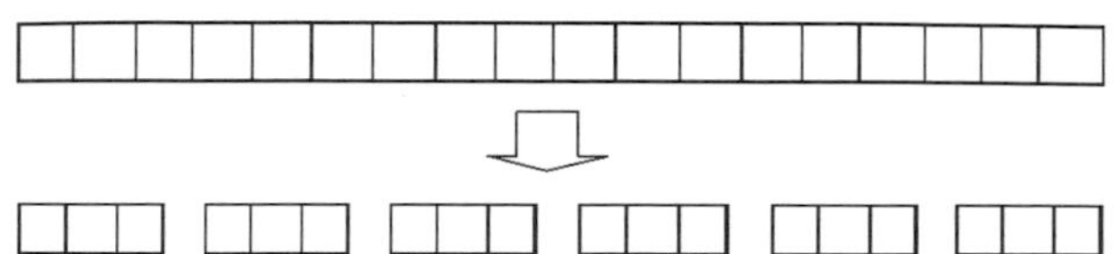

小檔案都完成排序後，兩兩合併成一個較大的檔案，最後再合併成一個檔案即可完成。

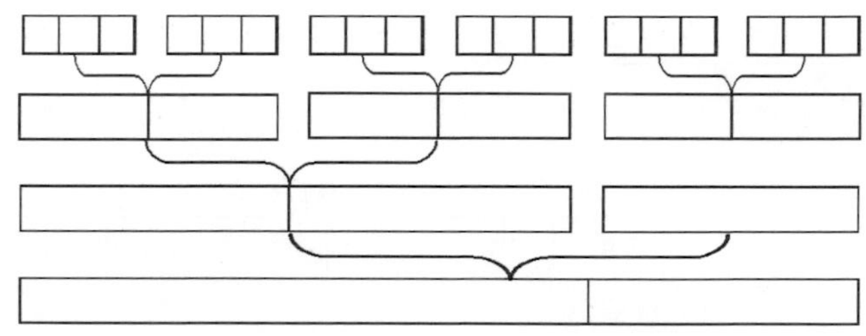

更實際點來說，我們要對檔案 test.txt 進行排序，而 test.txt 裡包含 1500 筆資料，但記憶體最多一次可處理 300 筆資料。

步驟 1 將 test.txt 分成 5 個檔案 t1~t5，每個檔案 300 筆。

步驟 2 以內部排序法對 t1~t5 進行排序。

步驟 3 進行檔案 t1、t2 合併，將記憶體分成三部份，每部份可存放 100 筆資料，先把 t1 及 t2 的前 100 筆資料放到記憶體裡，排序後放到合併完成緩衝區，等緩衝區滿了之後寫入磁碟。

t1	t2	合併完成區

步驟 4 重複步驟三直到完成排序為止。

合併的方法如下：

假設我們有兩個完成排序的檔案要合併，排序由小到大：

```
a1：1,4,6,8,9
b1：2,3,5,7
```

首先在兩個檔案中分別讀出一個元素進行比較，比較後將較小的檔案放入合併緩衝區內。

①a1:	1	4	6	8	9			2	3	5	7
	↑	檔案指標						↑	檔案指標		
合併緩衝區		1									

1 跟 2 比較後將較小的 1 放入緩衝區，a1 的檔案指標往後一個元素。

②a1:	1	4	6	8	9			2	3	5	7
		↑	檔案指標					↑	檔案指標		
合併緩衝區		1	2								

2 跟 4 比較後將較小的 2 放入緩衝區，b1 的檔案指標往後一個元素。

③a1:	1	4	6	8	9			2	3	5	7
		↑	檔案指標						↑	檔案指標	
合併緩衝區		1	2	3							

3 跟 4 比較後將較小的 3 放入緩衝區，b1 的檔案指標往後一個元素。

④a1:	1	4	6	8	9			2	3	5	7
		↑								↑	
合併緩衝區		1	2	3	4						

4 跟 5 比較後將較小的 4 放入緩衝區，a1 的檔案指標往後一個元素。

依此類推，等到緩衝區的資料滿了就進行寫入檔案的動作；a1 或 b1 的檔案指標到了最後一筆就讀取下面的資料進來進行比較及排序。

範例 8.3.1 請設計一 C# 程式，直接把兩個已經排序好的檔案合併與排序成一個檔案。

```
data1.txt：1 3 4 5     dara2.txt：2 6 7 9
```

此範例請特別注意，要依各位讀者的實際情況，指定要合併檔案的絕對位址，例如本書此例筆者的檔案是放在 D 硬碟的指定路徑中，如底下程式所示：

範例程式：Merge.sln

```
using static System.Console;//滙入靜態類別

namespace Merge
{
    class Program
    {
        static void Main(string[] args)
        {
            String filep = @"D:\C#\ch08\Merge\data.txt";
            String filep1 = @"D:\C#\ch08\Merge\data1.txt";
            String filep2 = @"D:\C#\ch08\Merge\data2.txt";

            //呼叫FileInfo類別建立檔案實體fp, fp1, fp2
            FileInfo fp = new FileInfo(filep);
            FileInfo fp1 = new FileInfo(filep1);
            FileInfo fp2 = new FileInfo(filep2);

            if (File.Exists(filep) == false)
                WriteLine("開啟主檔失敗");
            else if (File.Exists(filep1) == false)
                WriteLine("開啟資料檔 1 失敗"); //開啟檔案成功時，指標會傳回
                                                FILE檔案
            else if (File.Exists(filep2) == false) //指標，開啟失敗則傳回
                                                     null值
                WriteLine("開啟資料檔 2 失敗");
            else
            {
                WriteLine("資料排序中......");
                Merge(fp, fp1, fp2);//呼叫方法
                WriteLine("資料處理完成!!");
            }
```

```
            using (StreamReader pfile1 = File.OpenText(filep1))
            {
                WriteLine("data1.txt資料內容為：");
                ReadData(pfile1);
            }

            using (StreamReader pfile2 = File.OpenText(filep2))
            {
                WriteLine("data2.txt資料內容為：");
                ReadData(pfile2);
            }

            using (StreamReader srd = File.OpenText(filep))
            {
                WriteLine("排序後data.txt資料內容為：");
                ReadData(srd);
            }

            ReadKey();
        }

        //Read()方法只能讀取一個字元
        public static void ReadData(StreamReader sr)
        {
            int pk; char wd;
            while (true)
            {
                pk = sr.Read();
                wd = (char)pk;
                if (pk == -1)
                    break;
                Write($"[{wd}]");
            }
            WriteLine();    //換行
        }

        public static void Merge(FileInfo p, FileInfo p1, FileInfo p2)
        {
            char str1, str2;
            int n1, n2; //宣告變數n1，n2暫存資料檔data1及data2內的元素值

            StreamWriter pfile = File.CreateText(p.FullName);
            StreamReader pfile1 = File.OpenText(p1.FullName);
```

```
        StreamReader pfile2 = File.OpenText(p2.FullName);

        n1 = pfile1.Read();
        n2 = pfile2.Read();
        while (n1 != -1 && n2 != -1)      //判斷是否已到檔尾
        {
            if (n1 <= n2)
            {
                str1 = (char)n1;
                pfile.Write(str1); //如果n1比較小，則把n1存到fp裡
                n1 = pfile1.Read();  //接著讀下一筆 n1 的資料
            }
            else
            {
                str2 = (char)n2;
                pfile.Write(str2); //如果n2比較小，則把n2存到fp裡
                n2 = pfile2.Read();  //接著讀下一筆 n2的資料
            }
        }
        if (n2 != -1)
        {
            while (true)
            {
                if (n2 == -1)
                    break;
                str2 = (char)n2;
                pfile.Write(str2);
                n2 = pfile2.Read();
            }
        }
        else if (n1 != -1)
        {
            while (true)
            {
                if (n1 == -1)
                    break;
                str1 = (char)n1;
                pfile.Write(str1);
                n1 = pfile1.Read();
            }
        }
        pfile.Close();
        pfile1.Close();
```

```
                pfile2.Close();
            }
        }
}
```

【執行結果】

```
資料排序中......
資料處理完成!!
data1.txt資料內容為：
[1][3][4][5]
data2.txt資料內容為：
[2][6][7][9]
排序後data.txt資料內容為：
[1][2][3][4][5][6][7][9]
```

範例 8.3.2 請設計一 C# 程式，利用合併排序法將一檔案拆成兩個或兩個以上的行程（runs），再利用上一個範例程式所介紹的方法合併成一個檔案。此範例請特別注意，要依各位讀者的實際情況，指定要合併檔案的絕對位址，例如本書此例筆者的檔案是放在 D 硬碟的指定路徑中，如底下程式所示：

範例程式：MergeFile.sln

```
using static System.Console;//滙入靜態類別

namespace ch08_10
{
    class Program
    {
        static void Main(string[] args)
        {
            String filep = @"D:\C#\ch08\MergeFile\datafile.txt";
            String filep1 = @"D:\C#\ch08\MergeFile\sort1.txt";
            String filep2 = @"D:\C#\ch08\MergeFile\sort2.txt";
            String filepa = @"D:\C#\ch08\MergeFile\sortdata.txt";

            FileInfo fp = new FileInfo(filep);  //宣告檔案指標
            FileInfo fp1 = new FileInfo(filep1);
            FileInfo fp2 = new FileInfo(filep2);
            FileInfo fpa = new FileInfo(filepa);

```

```
            if (File.Exists(filep) == false)
                Write("開啟資料檔失敗\n");
            else if (File.Exists(filep1) == false)
                Write("開啟分割檔 1 失敗\n");
            else if (File.Exists(filep2) == false)
                Write("開啟分割檔 2 失敗\n");
            else if (File.Exists(filepa) == false)
                Write("開啟合併檔失敗\n");
            else
            {
                Write("檔案分割中......\n");
                Me(fp, fp1, fp2, fpa);
                Write("資料排序中......\n");
                Write("資料處理完成!!\n");
            }

            Write("原始檔datafile.txt資料內容為：\n");
            Showdata(fp);
            Write("\n分割檔sort1.txt資料內容為：\n");
            Showdata(fp1);
            Write("\n分割檔sort2.txt資料內容為：\n");
            Showdata(fp2);
            Write("\n排序後sortdata.txt資料內容為：\n");
            Showdata(fpa);
            ReadKey();
        }

        public static void Showdata(FileInfo p)
        {
            char str;
            int str1;
            StreamReader pfile = File.OpenText(p.FullName);

            while (true)
            {
                str1 = pfile.Read();
                str = (char)str1;
                if (str1 == -1)
                    break;
                Write("[" + str + "]");
            }
            Write("\n");
        }

```

```
        public static void Me(FileInfo p, FileInfo p1, FileInfo p2, FileInfo pa)
        {
            char str1, str2;
            int n1 = 0, n2, n;

            StreamReader pfile3 = File.OpenText(p.FullName);
            StreamWriter pfile1 = File.CreateText(p1.FullName);
            StreamWriter pfile2 = File.CreateText(p2.FullName);
            StreamWriter pfilea = File.CreateText(pa.FullName);

            while (true)
            {
                n2 = pfile3.Read();
                if (n2 == -1)
                    break;
                n1++;
            }
            pfile3.Close();
            StreamReader pfile = File.OpenText(p.FullName);

            for (n2 = 0; n2 < (n1 / 2); n2++)
            {
                str1 = (char)pfile.Read();
                pfile1.Write(str1);
            }
            pfile1.Close();
            Bubble(p1, n2);
            while (true)
            {
                n = pfile.Read();
                str2 = (char)n;
                if (n == -1)
                    break;
                pfile2.Write(str2);
            }
            pfile2.Close();
            Bubble(p2, n1 / 2);
            pfilea.Close();
            Merge(pa, p1, p2);
            pfile.Close();       //關閉檔案
        }

        public static void Bubble(FileInfo p1, int size)
```

```
        {
            char str1;
            int[] data = new int[100];
            int i, j, tmp, flag, ii;
            StreamReader pfile = File.OpenText(p1.FullName);

            for (i = 0; i < size; i++)
            {
                ii = pfile.Read();
                if (ii == -1)
                    break;
                data[i] = ii;
            }
            pfile.Close();      //關閉檔案
            StreamWriter pfile1 = File.CreateText(p1.FullName);

            for (i = size; i > 0; i--)
            {
                flag = 0;
                for (j = 0; j < i; j++)
                {
                    if (data[j + 1] < data[j])
                    {
                        tmp = data[j];
                        data[j] = data[j + 1];
                        data[j + 1] = tmp;
                        flag++;
                    }
                }
                if (flag == 0)
                    break;
            }
            for (i = 1; i <= size; i++)
            {
                str1 = (char)data[i];
                pfile1.Write(str1);
            }
            pfile1.Close();     //關閉檔案
        }

        public static void Merge(FileInfo p, FileInfo p1, FileInfo p2)
        {
            char str1, str2;
            int n1, n2;  //宣告變數n1，n2暫存資料檔data1及data2內的元素值
```

```
        StreamWriter pfile = File.CreateText(p.FullName);
        StreamReader pfile1 = File.OpenText(p1.FullName);
        StreamReader pfile2 = File.OpenText(p2.FullName);

        n1 = pfile1.Read();
        n2 = pfile2.Read();
        while (n1 != -1 && n2 != -1)          //判斷是否已到檔尾
        {
            if (n1 <= n2)
            {
                str1 = (char)n1;
                pfile.Write(str1);  //如果n1比較小，則把n1存到fp裡
                n1 = pfile1.Read(); //接著讀下一筆 n1 的資料
            }
            else
            {
                str2 = (char)n2;
                pfile.Write(str2);  //如果n1比較小，則把n1存到fp裡
                n2 = pfile2.Read();    //接著讀下一筆 n2的資料
            }
        }
        if (n2 != -1)   //如果其中一個資料檔已讀取完畢，經判斷後
        {        //把另一個資料檔內的資料全部放到fp裡
            while (true)
            {
                if (n2 == -1)
                    break;
                str2 = (char)n2;
                pfile.Write(str2);
                n2 = pfile2.Read();
            }
        }
        else if (n1 != -1)
        {
            while (true)
            {
                if (n1 == -1)
                    break;
                str1 = (char)n1;
                pfile.Write(str1);
                n1 = pfile1.Read();
            }
        }
        pfile.Close();
```

```
                pfile1.Close();
                pfile2.Close();
            }
        }
}
```

【執行結果】

```
檔案分割中......
資料排序中......
資料處理完成!!
原始檔datafile.txt資料內容為：
[d][j][e][l][s][o][r][k][f][m][d][e][w][o][a][e][p][r][m][c]

分割檔sort1.txt資料內容為：
[d][e][f][j][k][l][m][o][r][s]

分割檔sort2.txt資料內容為：
[a][c][d][e][e][m][o][p][r][w]

排序後sortdata.txt資料內容為：
[a][c][d][d][e][e][e][f][j][k][l][m][m][o][o][p][r][r][s][w]
```

8-3-2 k 路合併法

上節所介紹的是使用 2-way 合併，如果合併前共有 n 個行程，那麼所需的處理時間約為 $\log_2 n$ 次。接著，請您來看看 k-way 合併 (k>2)，它所需要的時間儘需 $\log_k n$，也就是處理輸出入時間減少許多，排序的速度也因此可以加快。

首先來描述利用 3 路合併（3-way merge）來處理 27 個行程（Runs）的示意圖：

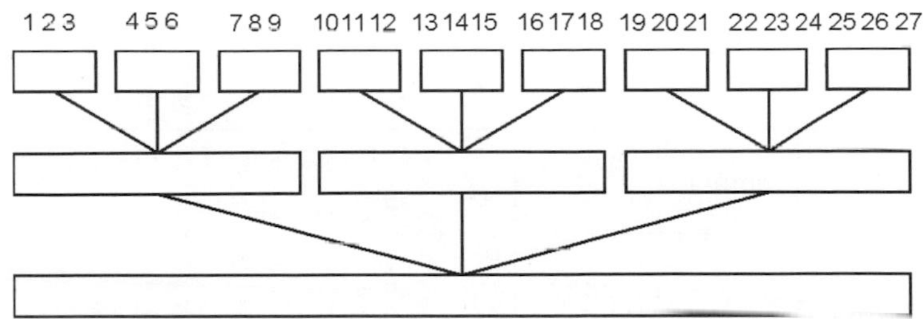

最後提醒各位一點，使用 k-way 合併的原意是希望減少輸出入時間，但合併 k 個行程前要決定下一筆輸出的排序資料，必須作 k-1 次比較才可以得到答案，也就就說，雖然輸出入時間減少了，但進行 k-way 合併時，卻增加了更多的比較時間，因此選擇合適的 k 值，才能在這兩者之間取得平衡。

8-3-3 多相合併法

處理 k-way 合併時，通常會將要合併的行程平均分配到 k 個磁帶上，但為避免下一次合併過程中被重新分佈於磁帶時，不小心覆蓋掉資料，我們會採用 2k 個磁帶（k 個當輸入，k 個當輸出），但因為這樣的考慮，會造成磁帶的浪費。

因此為了改善這些不必要的浪費，我們可以利用多相合併（Polyphase Merge），它可以使用少於 2k 個磁碟，卻能正確無誤地執行 k-way 合併。以下示範了如何進行多相合併。

下圖共有 21 個 runs，使用 2-way 合併及 3 個磁帶 T_1、T_2、T_3 來進行合併，假設這 21 個行程（已排序完畢，且令其長度為 1）的表示方為 S^n，其中 S 為行程大小，n 為長度相同 run 的個數。例如 8 個 runs 且長度為 2，可表示成 2^8。

Phase	T_1	T_2	T_3	合併狀況說明
1	1^{13}	1^8	empty	起始分佈情況
2	1^5	empty	2^8	將 T_1 及 T_2 長度為 1 的 8 個行程合併到 T_3，其長度變成 2
3	empty	3^5	2^3	將 $T_1$5 個長度為 1 的行程和 $T_3$5 個長度為 2 的行程，合併到 T_2，其長度變成 3
4	5^3	3^2	empty	將 $T_2$3 個長度為 3 的行程和 $T_3$3 個長度為 2 的行程，合併到 T_1，其長度變成 5
5	5^1	empty	8^2	將 $T_1$2 個長度為 5 的行程和 $T_2$2 個長度為 3 的行程，合併到 T_3，其長度變成 8
6	empty	13^1	8^1	將 $T_1$1 個長度為 5 的行程和 $T_3$1 個長度為 8 的行程，合併到 T_2，其長度變成 13
7	21^1	empty	empty	將 $T_2$1 個長度為 13 的行程和 $T_3$1 個長度為 8 的行程，合併到 T_1，其長度變成 21

使用 2-way 及 3 個磁碟的多項合併

課後評量

1. 請問排序的資料是以陣列資料結構來儲存，則下列的排序法中，何者的資料搬移量最大，試討論之。(a) 氣泡排序法 (b) 選擇排序法 (c) 插入排序法
2. 請舉例說明合併排序法是否為一穩定排序？
3. 請問 12 筆資料進行合併排序法，需要經過幾個回合（Pass）才可以完成。
4. 待排序鍵值如下，請使用氣泡排序法列出每回合的結果：

   26、5、37、1、61
5. 建立下列序列的堆積樹：8、4、2、1、5、6、16、10、9、11。
6. 待排序鍵值如下，請使用選擇排序法列出每回合的結果：

   8、7、2、4、6
7. 待排序鍵值如下，請使用選擇排序法列出每回合的結果：

   26、5、37、1、61
8. 待排序鍵值如下，請使用合併排序法列出每回合的結果：

   11、8、14、7、6、8+、23、4
9. 在排序過程中，資料移動的方式可分為那兩種方式？兩者間的優劣如何？
10. 如果依照執行時所使用的記憶體區分為兩種方式？
11. 何謂穩定的排序？請試著舉出三種穩定的排序？
12. (1) 何謂堆積（Heap）？

    (2) 為什麼有 n 個元素之堆積可完全存放在大小為 n 之陣列中？

    (3) 將下圖中之堆積表示為陣列。

    (4) 將 88 移去後，則該堆積變為如何？

    (5) 若將 100 插入 (3) 之堆積，則該堆積變為如何？

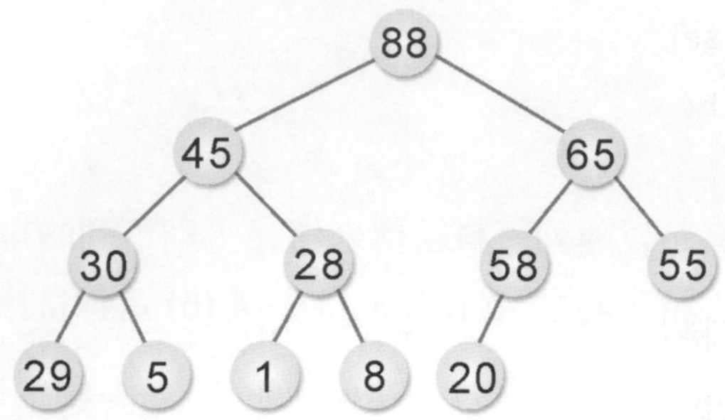

13. 請問最大堆積樹必須滿足那三個條件？

14. 請回答下列問題：

(1) 何謂最大堆積（max heap）？

(2) 請問下面三棵樹何者為堆積（設 a<b<c<...<y<z）

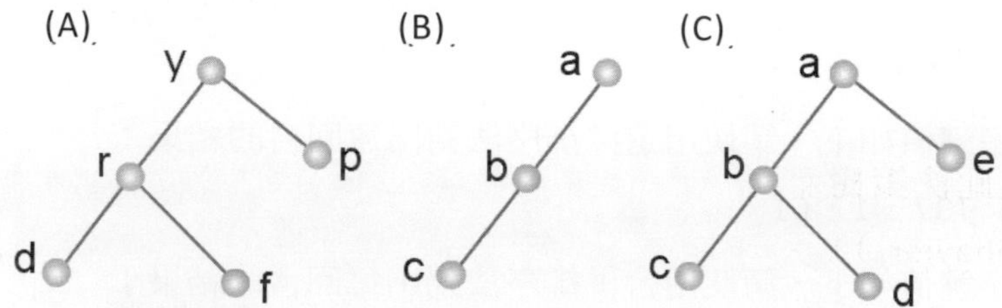

(3) 利用堆積排序法（heap sort）把第 (2) 題中堆積內的資料排成由小到大的次序，請畫出堆積的每一次變化。

15. 請簡述基數排序法的主要特點。

16. 循序輸入以下資料：5,7,2,1,8,3,4。並完成以下工作：

(1) 建立最大堆積樹。

(2) 將樹根節點刪除後，再建立最大堆積樹。

(3) 在插入 9 後的最大堆積樹為何？

17. 若輸入資料儲存於雙鏈串列（doubly linked list），則下列各種排序方法是否仍適用？說明理由為何？

(1) 快速排序（quick sort）

(2) 插入排序（insertion sort）

(3) 選擇排序（selection sort）

(4) 堆積排序（heap sort）

18. 如何改良快速排序（ quick sort ）的執行速度？

19. 下列敘述正確與否？請說明原因。

(1) 不論輸入資料為何，插入排序（Insertion Sort）的元素比較總數較泡沫排序（Bubble Sort）的元素比較次數之總數為少。

(2) 若輸入資料已排序完成，則再利用堆積排序（Heap Sort）只需 O(n) 時間即可排序完成。n 為元素個數。

20. 我們在討論一個排序法的複雜度（complexity），對於那些以比較（comparison）為主要排序手段的運算法而言決策樹是一個常用的方法。

(1) 何謂決策樹（decision tree）？

(2) 請以插入排序法（Insertion Sort）為例，將（a、b、c）三項元素（Element）排序，則其決策樹為何？請畫出。

(3) 就此決策樹而言，什麼能表示此一運算法的最壞表現（worst case behavior ）。

(4) 就此決策樹而言，什麼能表示此一運算法的平均比較次數（ Average number of comparisions ）。

21. 利用二元搜尋法（binary search），在 L[1]≦L[2]≦...≦L[i-1] 中找出適當位置。

(1) 最壞情形下，此一修改的插入排序元素比較總數為何？（以 Big-Oh 符號表示）

(2) 最壞情形下，共需元素搬動總數為何？（以 Big-Oh 符號表示）

22. 討論下列排序法的平均狀況（average case）和最壞狀況（worst case）時的時間複雜度：

(1) 氣泡法（bubble sort）

(2) 快速法（quick sort）

(3) 堆積法（heap sort）

(4) 合併法（merge sort）

23. 試以下列資料 26,73,15,42,39,7,92,84 說明堆積排序（Heap Sort）的過程。

24. 多相式合併排序法（Polyphase Merging）亦稱菲布努西合併法（Fibonacci Merging）。係將已排序之資料組（Run）依菲布努西數將已排序之資料組分配到不同的磁帶上，再加合併。（菲布努西數 F_i 之定義為 $F_0=0$，$F_1=1$，$F_n=F_{n-1}+F_{n-2}$，$n \geqq 2$）。現有 355 組（RUN）已排好序之資料組儲放在第一卷磁帶上，若四個磁帶機可用，依多相式合併排序法將此 355 組資料組合併成一完全排好序的資料檔。

    (1) 共需經多少 " 相 "（Phase）才能合併完成？

    (2) 畫出每一 " 相 " 經分配及合併後各磁帶機上有多少組資料組？並簡要說明其合併情形。

25. 請回答以下選擇題：

    (1) 若以平均所花的時間考量，利用插入排序法（insertion sort）排序 n 筆資料的時間複雜度為：

    (a) $O(n)$ (b) $O(\log_2 n)$ (c) $O(n\log_2 n)$ (d) $O(n^2)$

    (2) 資料排序（Sorting）中常使用一種資料值的比較而得到排列好的資料結果。若現有 N 個資料，試問在各資料排序方法中，最快的平均比較次數為何？

    (a) $\log_2 N$ (b) $N\log_2 N$ (c) N (d) N^2

    (3) 在一個堆積（heap）資料結構上搜尋最大值的時間複雜度為：

    (a) $O(n)$ (b) $O(\log_2 n)$ (c) $O(1)$ (d) $O(n^2)$

    (4) 關於額外記憶體空間，那一種排序法需要最多？

    (a) 選擇排序法（Selection sort）

    (b) 氣泡排序法（Bubble sort）

    (c) 插入排序法（Insertion sort）

    (d) 快速排序法（Quick sort）

26. 請建立一個最小堆積（minimum heap）（必須寫出建立此堆積的每一個步驟）。

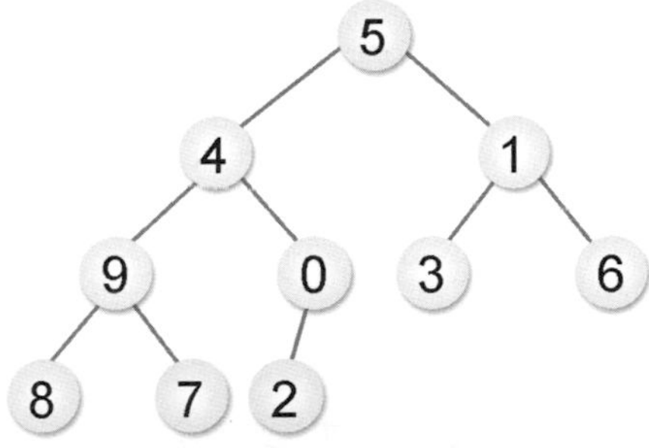

27. 請說明選擇排序為何不是一種穩定的排序法？

NOTE

CHAPTER

9

搜尋演算法與雜湊函數

在資料處理過程中，是否能在最短時間內搜尋到所需要的資料，是一個相當值得資訊從業人員關心的議題。所謂搜尋（Search）指的是從資料檔案中找出滿足某些條件的記錄之動作，用以搜尋的條件稱為「鍵值」(Key)，就如同排序所用的鍵值一樣，我們平常在電話簿中找某人的電話，那麼這個人的姓名就成為在電話簿中搜尋電話資料的鍵值。例如大家常使用的 Google 搜尋引擎所設計的 Spider 程式會主動經由網站上的超連結爬行到另一個網站，並收集每個網站上的資訊，並收錄到資料庫中，這就必須仰賴不同的搜尋演算法來進行。

我們每天都在搜尋許多標的物

此外，通常判斷一個搜尋法的好壞主要由其比較次數及搜尋時間來決定，雜湊法又可稱為赫序法或散置法，任何透過雜湊搜尋的資料都不須要經過事先的排序，也就是說這種搜尋可以直接且快速的找到鍵值所放的地址。一般的搜尋技巧主要是透過各種不同的比較方式來搜尋所要的資料項目，反觀雜湊法則直接透過數學函數來取得對應的位址，因此可以快速找到所要的資料。

9-1 常見搜尋演算法

如果根據資料量的大小，我們可將搜尋分為：

1. **內部搜尋**：資料量較小的檔案可以一次全部載入記憶體以進行搜尋。
2. **外部搜尋**：資料龐大的檔案便無法全部容納於記憶體中，這種檔案通常均先加以組織化，再存於磁碟中，搜尋時也必須循著檔案的組織性來達成。

但如果從另一個角度來看，搜尋的技巧又可分為「靜態搜尋」及「動態搜尋」兩種。定義如下：

1. 靜態搜尋：指的是搜尋過程中，搜尋的表格或檔案的內容不會受到更動。例如符號表的搜尋就是一種靜態搜尋。
2. 動態搜尋：指的是搜尋過程中，搜尋的表格或檔案的內容可能會更動，例如在樹狀結構中 B-tree 搜尋就是屬於一種動態搜尋的技巧。

在 Google 中搜尋資料就是一種動態搜尋

搜尋技巧中比較常見的方法有循序法、二元搜尋法、費勃那法、插補插入法、雜湊法、m 路搜尋樹、B- 樹法等。為了讓各位能確實掌握搜尋之技巧基本原理，以便應用於日後之各種領域，茲將幾個主流的搜尋方法分述於後。

9-1-1 循序搜尋法

循序搜尋法又稱線性搜尋法，是一種最簡單的搜尋法。它的方法是將資料一筆一筆的循序逐次搜尋。所以不管資料順序為何，都是得從頭到尾走訪過一次。此法的優點是檔案在搜尋前不需要作任何的處理與排序，缺點為搜尋速度較慢。如果資料沒有重覆，找到資料就可中止搜尋的話，在最差狀況是未找到資料，需作 n 次比較，最好狀況則是一次就找到，只需 1 次比較。

我們就以一個例子來說明，假設已存在數列 74,53,61,28,99,46,88，如果要搜尋 28 需要比較 4 次；搜尋 74 僅需比較 1 次；搜尋 88 則需搜尋 7 次，這表示當搜尋的數列長度 n 很大時，利用循序搜尋是不太適合的，它是一種適用在小檔案的搜尋方法。在日常生活中，我們經常會使用到這種搜尋法，例如各位想在衣櫃中找衣服時，通常會從櫃子最上方的抽屜逐層尋找。

在衣櫃中逐層找尋衣服，也是一種循序搜尋法的應用。

循序法分析

1. 時間複雜度：如果資料沒有重覆，找到資料就可中止搜尋的話，在最差狀況是未找到資料，需作 n 次比較，時間複雜度為 O(n)。
2. 在平均狀況下，假設資料出現的機率相等，則需（n+1）/2 次比較。
3. 當資料量很大時，不適合使用循序搜尋法。但如果預估所搜尋的資料在檔案前端則可以減少搜尋的時間。

範例 9.1.1 請設計一 C# 程式，以亂數產生 1~150 間的 80 個整數，並實作循序搜尋法的過程。

範例程式：Sequential.sln

```
using static System.Console;//滙入靜態類別

String strM;
int[] data = new int[100];
int i, j, find, val = 0;
Random intRnd = new Random();
for (i = 0; i < 80; i++)
    data[i] = (((intRnd.Next(150))) % 150 + 1);
while (val != -1)
{
    find = 0;
    Write("請輸入搜尋鍵值(1-150)，輸入-1離開：");
    strM = ReadLine();
    val = int.Parse(strM);
    for (i = 0; i < 80; i++)
    {
        if (data[i] == val)
        {
            Write("在第" + (i + 1) + "個位置找到鍵值 [" + data[i] + "]\n");
            find++;
        }
    }
    if (find == 0 && val != -1)
        Write("######沒有找到 [" + val + "]######\n");
}
Write("資料內容：\n");
for (i = 0; i < 10; i++)
```

```
{
    for (j = 0; j < 8; j++)
        Write(i * 8 + j + 1 + "[" + data[i * 8 + j] + "]  ");
    WriteLine();
}
ReadKey();
```

【執行結果】

```
######沒有找到 [46]######
請輸入搜尋鍵值(1-150)，輸入-1離開：48
######沒有找到 [48]######
請輸入搜尋鍵值(1-150)，輸入-1離開：49
######沒有找到 [49]######
請輸入搜尋鍵值(1-150)，輸入-1離開：52
在第7個位置找到鍵值 [52]
請輸入搜尋鍵值(1-150)，輸入-1離開：-1
資料內容：
1[60]  2[22]  3[1]  4[87]  5[93]  6[81]  7[52]  8[2]
9[104]  10[68]  11[108]  12[75]  13[24]  14[111]  15[102]  16[20]
17[90]  18[85]  19[114]  20[136]  21[86]  22[30]  23[58]  24[58]
25[105]  26[25]  27[120]  28[107]  29[81]  30[85]  31[144]  32[33]
33[12]  34[66]  35[1]  36[92]  37[57]  38[86]  39[136]  40[60]
41[70]  42[1]  43[79]  44[26]  45[84]  46[130]  47[109]  48[100]
49[108]  50[53]  51[117]  52[88]  53[7]  54[44]  55[82]  56[30]
57[115]  58[94]  59[133]  60[69]  61[112]  62[95]  63[71]  64[20]
65[74]  66[75]  67[63]  68[109]  69[111]  70[11]  71[113]  72[4]
73[99]  74[54]  75[67]  76[86]  77[101]  78[32]  79[124]  80[126]
```

9-1-2 二分搜尋法

如果要搜尋的資料已經事先排序好，則可使用二分搜尋法來進行搜尋。二分搜尋法是將資料分割成兩等份，再比較鍵值與中間值的大小，如果鍵值小於中間值，可確定要找的資料在前半段的元素，否則在後半部。如此分割數次直到找到或確定不存在為止。例如以下已排序數列 2、3、5、8、9、11、12、16、18 ，而所要搜尋值為 11 時：

首先跟第五個數值 9 比較：

因為 11 ＞ 9，所以和後半部的中間值 12 比較：

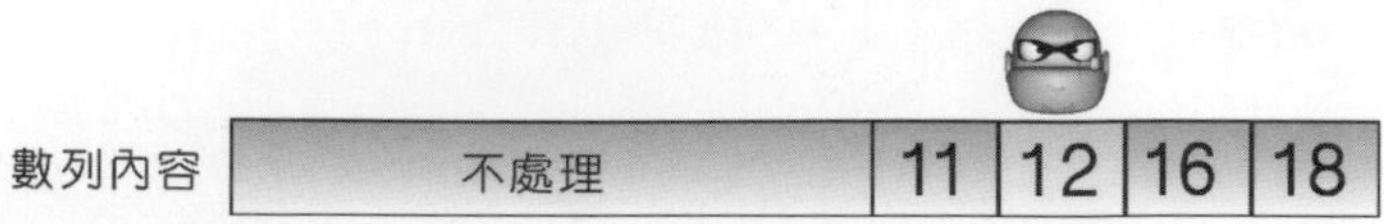

因為 11 ＜ 12，所以和前半部的中間值 11 比較：

因為 11=11，表示搜尋完成，如果不相等則表示找不到。

二分法分析

1. 時間複雜度：因為每次的搜尋都會比上一次少一半的範圍，最多只需要比較 $\lceil \log_2 n \rceil + 1$ 或 $\lceil \log_2 (n+1) \rceil$，時間複雜度為 O(log n)。
2. 二分法必須事先經過排序，且資料量必須能直接在記憶體中執行。
3. 此法適合用於不需增刪的靜態資料。

範例 9.1.2 請設計一 C# 程式，以亂數產生 1~150 間的 80 個整數，並實作二分搜尋法的過程與步驟。

範例程式：Binary.sln

```
using static System.Console;//滙入靜態類別

namespace Binary
{
    class Program
    {
        static void Main(string[] args)
        {
            int i, j, val = 1, num;
            int[] data = new int[50];
```

```
            String strM;
            Random intRnd = new Random();
            for (i = 0; i < 50; i++)
            {
                data[i] = val;
                val += (intRnd.Next(100) % 5 + 1);
            }
            while (true)
            {
                num = 0;
                Write("請輸入搜尋鍵值(1-150)，輸入-1結束：");
                strM = ReadLine();
                val = int.Parse(strM);
                if (val == -1)
                    break;
                num = bin_search(data, val);
                if (num == -1)
                    Write("##### 沒有找到[" + val + "] #####\n");
                else
                    Write("在第 " + (num + 1) + "個位置找到 [" +
    data[num] + "]\n");
            }
            Write("資料內容：\n");
            for (i = 0; i < 5; i++)
            {
                for (j = 0; j < 10; j++)
                    Write((i * 10 + j + 1) + "-" + data[i * 10 + j] + " ");
                WriteLine();
            }
            WriteLine();
            ReadKey();
        }

        public static int bin_search(int[] data, int val)
        {
            int low, mid, high;
            low = 0;
            high = 49;
            WriteLine("搜尋處理中......");
            while (low <= high && val != -1)
            {
                mid = (low + high) / 2;
                if (val < data[mid])
```

```
                {
                    Write(val + " 介於位置 " + (low + 1) + "[" + data[low] + "]及中間值 " + (mid + 1) + "[" + data[mid] + "]，找左半邊\n");
                    high = mid - 1;
                }
                else if (val > data[mid])
                {
                    Write(val + " 介於中間值位置 " + (mid + 1) + "[" + data[mid] + "]及 " + (high + 1) + "[" + data[high] + "]，找右半邊\n");
                    low = mid + 1;
                }
                else
                    return mid;
            }
            return -1;
        }
    }
}
```

【執行結果】

```
請輸入搜尋鍵值(1-150)，輸入-1結束：55
搜尋處理中......
55 介於位置 1[1]及中間值 25[71]，找左半邊
55 介於中間值位置 12[30]及 24[70]，找右半邊
55 介於中間值位置 18[50]及 24[70]，找右半邊
55 介於位置 19[53]及中間值 21[59]，找左半邊
55 介於中間值位置 19[53]及 20[56]，找右半邊
55 介於位置 20[56]及中間值 20[56]，找左半邊
##### 沒有找到[55] #####
請輸入搜尋鍵值(1-150)，輸入-1結束：70
搜尋處理中......
70 介於位置 1[1]及中間值 25[71]，找左半邊
70 介於中間值位置 12[30]及 24[70]，找右半邊
70 介於中間值位置 18[50]及 24[70]，找右半邊
70 介於中間值位置 21[59]及 24[70]，找右半邊
70 介於中間值位置 23[68]及 24[70]，找右半邊
在第 24個位置找到 [70]
請輸入搜尋鍵值(1-150)，輸入-1結束：-1
資料內容：
1-1 2-6 3-7 4-11 5-14 6-15 7-16 8-19 9-22 10-26
11-27 12-30 13-34 14-39 15-41 16-42 17-47 18-50 19-53 20-56
21-59 22-64 23-68 24-70 25-71 26-75 27-77 28-82 29-83 30-87
31-90 32-91 33-93 34-98 35-100 36-104 37-106 38-108 39-112 40-117
41-120 42-122 43-124 44-129 45-134 46-135 47-136 48-140 49-144 50-148
```

9-1-3 內插搜尋法

內插搜尋法（Interpolation Search）又叫做插補搜尋法，是二分搜尋法的改版。它是依照資料位置的分佈，利用公式預測資料的所在位置，再以二分法的方式漸漸逼近。使用內插法是假設資料平均分佈在陣列中，而每一筆資料的差距是相當接近或有一定的距離比例。其內插法的公式為：

$$Mid=low+\frac{key-data[low]}{data[high]-data[low]}*(high-low)$$

其中 key 是要尋找的鍵，data[high]、data[low] 是剩餘待尋找記錄中的最大值及最小值，對資料筆數為 n，其插補搜尋法的步驟如下：

① 將記錄由小到大的順序給予 1,2,3...n 的編號。

② 令 low=1，high=n

③ 當 low<high 時，重複執行步驟 ④ 及步驟 ⑤

④ 令 $Mid=low+\frac{key-data[low]}{data[high]-data[low]}*(high-low)$

⑤ 若 $key<key_{Mid}$ 且 $high\neq Mid-1$ 則令 high=Mid-1

⑥ 若 $key=key_{Mid}$ 表示成功搜尋到鍵值的位置

⑦ 若 $key>key_{Mid}$ 且 $low\neq Mid+1$ 則令 low=Mid+1

內插法分析

1. 一般而言，內插搜尋法優於循序搜尋法，而如果資料的分佈愈平均，則搜尋速度愈快，甚至可能第一次就找到資料。此法的時間複雜度取決於資料分佈的情況而定，平均而言優於 O(log n)。
2. 使用內插搜尋法資料需先經過排序。

範例 **9.1.3** 請設計一 C# 程式，以亂數產生 1~150 間的 50 個整數，並實作內插搜尋法的過程與步驟。

範例程式：Interpolation.sln

```
using static System.Console;//滙入靜態類別

namespace Interpolation
{
    class Program
    {
        static void Main(string[] args)
        {
            int i, j, val = 1, num;
            int[] data = new int[50];
            String strM;
            Random intRnd = new Random();
            for (i = 0; i < 50; i++)
            {
                data[i] = val;
                val += (intRnd.Next(100) % 5 + 1);

            }
            while (true)
            {
                num = 0;
                Write("請輸入搜尋鍵值(1-" + data[49] + ")，輸入-1結束：");
                strM = ReadLine();
                val = int.Parse(strM);
                if (val == -1)
                    break;
                num = Interpolation(data, val);
                if (num == -1)
                    Write("##### 沒有找到[" + val + "] #####\n");
                else
                    Write("在第 " + (num + 1) + "個位置找到 [" + data[num] + "]\n");
            }
            WriteLine("資料內容：");
            for (i = 0; i < 5; i++)
            {
                for (j = 0; j < 10; j++)
```

```
                    Write((i * 10 + j + 1) + "-" + data[i * 10 + j] + " ");
                WriteLine();
            }
            ReadKey();
        }
        public static int Interpolation(int[] data, int val)
        {
            int low, mid, high;
            low = 0;
            high = 49;
            int tmp;
            Write("搜尋處理中......\n");
            while (low <= high && val != -1)
            {
                tmp = (int)((float)(val - data[low]) * (high - low) / (data[high] - data[low]));
                mid = low + tmp;    //內插法公式
                if (mid > 50 || mid < -1)
                    return -1;
                if (val < data[low] && val < data[high])
                    return -1;
                else if (val > data[low] && val > data[high])
                    return -1;
                if (val == data[mid])
                    return mid;
                else if (val < data[mid])
                {
                    Write(val + " 介於位置 " + (low + 1) + "[" + data[low] + "]及中間值 " + (mid + 1) + "[" + data[mid] + "]，找左半邊\n");
                    high = mid - 1;
                }
                else if (val > data[mid])
                {
                    Write(val + " 介於中間值位置 " + (mid + 1) + "[" + data[mid] + "]及 " + (high + 1) + "[" + data[high] + "]，找右半邊\n");
                    low = mid + 1;
                }
            }
            return -1;
        }
    }
}
```

【執行結果】

```
請輸入搜尋鍵值(1-141)，輸入-1結束：54
搜尋處理中......
54 介於位置 1[1]及中間值 19[55]，找左半邊
##### 沒有找到[54] #####
請輸入搜尋鍵值(1-141)，輸入-1結束：58
搜尋處理中......
58 介於位置 1[1]及中間值 20[60]，找左半邊
##### 沒有找到[58] #####
請輸入搜尋鍵值(1-141)，輸入-1結束：60
搜尋處理中......
60 介於位置 1[1]及中間值 21[64]，找左半邊
在第 20個位置找到 [60]
請輸入搜尋鍵值(1-141)，輸入-1結束：-1
資料內容：
1-1 2-5 3-8 4-10 5-13 6-16 7-18 8-22 9-24 10-29
11-30 12-33 13-34 14-39 15-42 16-46 17-49 18-51 19-55 20-60
21-64 22-65 23-69 24-74 25-75 26-79 27-80 28-85 29-88 30-92
31-97 32-102 33-103 34-107 35-112 36-113 37-116 38-117 39-119 40-123
41-124 42-125 43-126 44-127 45-132 46-134 47-135 48-138 49-140 50-141
```

9-1-4 費氏搜尋法

費氏搜尋法（Fibonacci Search）又稱費伯那搜尋法，此法和二分法一樣都是以切割範圍來進行搜尋，不同的是費氏搜尋法不以對半切割而是以費氏級數的方式切割。

費氏級數 F(n) 的定義如下：

$$\begin{cases} F_0=0,\ F_1=1 \\ F_i=F_{i-1}+F_{i-2}，i \geqq 2 \end{cases}$$

費氏級數：0,1,1,2,3,5,8,13,21,34,55,89,...。也就是除了第 0 及第 1 個元素外，每個值都是前兩個值的加總。

費氏搜尋法的好處是只用到加減運算而不需用到乘法及除法，這以電腦運算的過程來看效率會高於前兩種搜尋法。在尚未介紹費氏搜尋法之前，我們先來認識費氏搜尋樹。所謂費氏搜尋樹是以費氏級數的特性所建立的二元樹，其建立的原則如下：

1. 費氏樹的左右子樹均亦為費氏樹。
2. 當資料個數 n 決定，若想決定費氏樹的階層 k 值為何，我們必須找到一個最小的 k 值，使得費氏級數的 Fib(k+1)≧n+1。
3. 費氏樹的樹根定為一費氏數，且子節點與父節點的差值絕對值為費氏數。
4. 當 k ≥ 2 時，費氏樹的樹根為 Fib(k)，左子樹為 (k-1) 階費氏樹（其樹根為 Fib(k-1)），右子樹為 (k-2) 階費氏樹（其樹根為 Fib(k)+Fib(k-2)）。
5. 若 n+1 值不為費氏數的值，則可以找出存在一個 m 使得 Fib(k+1)-m=n+1，m=Fib(k+1)-(n+1)，再依費氏樹的建立原則完成費氏樹的建立，最後費氏樹的各節點再減去差值 m 即可，並把小於 1 的節點去掉即可。

費氏樹的建立程序概念圖，我們以下圖為您示範說明：

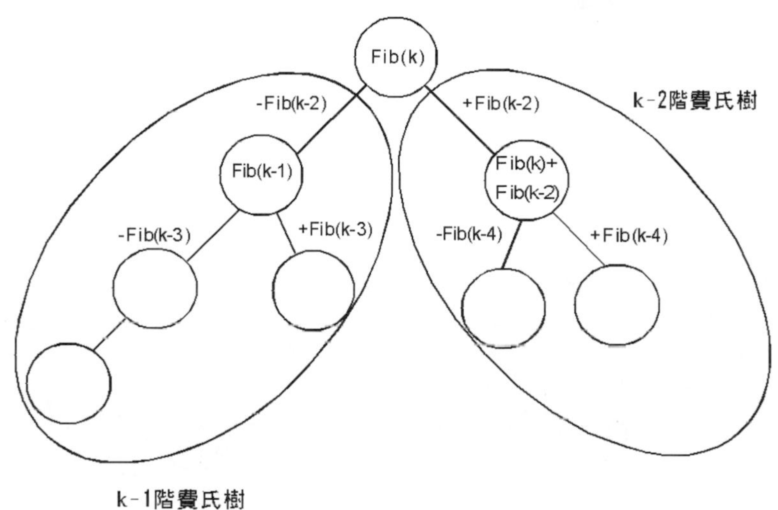

k 階費氏樹示意圖

也就是說當資料個數為 n，且我們找到一個最小的費氏數 Fib(k+1) 使得 Fib(k+1)≧n+1。則 Fib(k) 就是這棵費氏樹的樹根，而 Fib(k-2) 則是與左右子樹開始的差值，左子樹用減的；右子樹用加的。例如我們來實際求取 n=33 的費氏樹。

由於 n=33，且 n+1=34 為一費氏樹，並我們知道費氏數列的三項特性：

```
Fib(0)=0
Fib(1)=1
Fib(k)=Fib(k-1)+Fib(k-2)
```

得知 Fib(0)=0、Fib(1)=1、Fib(2)=1、Fib(3)=2、Fib(4)=3、Fib(5)=5

Fib(6)=8、Fib(7)=13、Fib(8)=21、Fib(9)=34

由上式可得知 Fib(k+1)=34→k=8，建立二元樹的樹根為 Fib(8)=21

左子樹樹根為 Fib(8-1)=Fib(7)=13

右子樹樹根為 Fib(8) ＋ Fib(8-2)=21+8=29

依此原則我們可以建立如下的費氏樹：

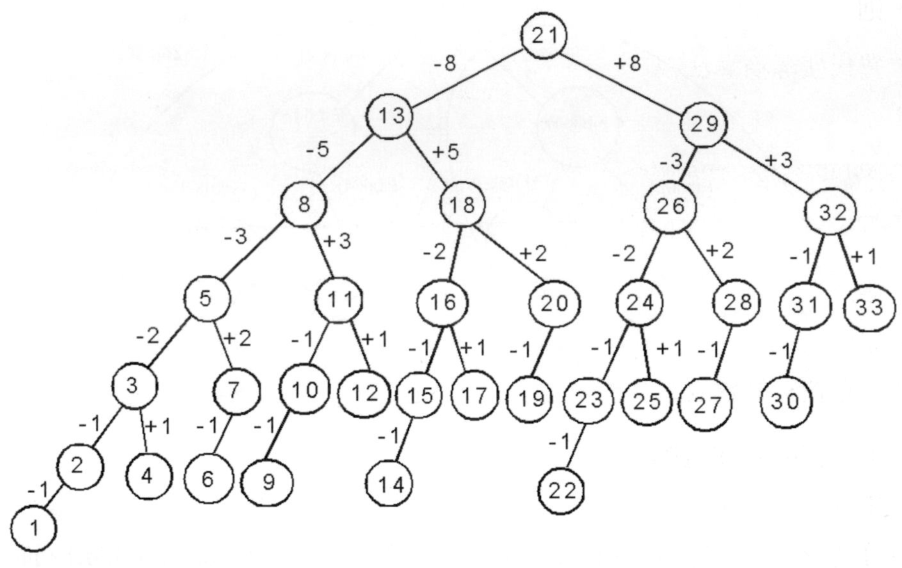

費氏搜尋法是以費氏樹來找尋資料，如果資料的個數為 n，而且 n 比某一費氏數小，且滿足如下的運算式：

```
Fib(k+1) ≧ n+1
```

此時 Fib(k) 就是這棵費氏樹的樹根，而 Fib(k-2) 則是與左右子樹開始的差值，若我們要尋找的鍵值為 key，首先比較陣列索引 Fib(k) 和鍵值 key，此時可以有下列三種比較情況：

① 當 key 值比較小，表示所找的鍵值 key 落在 1 到 Fib(k)-1 之間，故繼續尋找 1 到 Fib(k)-1 之間的資料。

② 如果鍵值與陣列索引 Fib(k) 的值相等，表示成功搜尋到所要的資料。

③ 當 key 值比較大，表示所找的鍵值 key 落在 Fib(k)+1 到 Fib(k+1)-1 之間，故繼續尋找 Fib(k)+1 到 Fib(k+1)-1 之間的資料。

費氏法分析

1. 平均而言，費氏搜尋法的比較次數會少於二元搜尋法，但在最壞的情況下則二元搜尋法較快。其平均時間複雜度為 O（$\log_2 N$）。
2. 費氏搜尋演算法較為複雜，需額外產生費氏樹。

9-2 雜湊搜尋法

雜湊法（或稱赫序法或散置法）這個主題通常被放在和搜尋法一起討論，主要原因是雜湊法不僅被用於資料的搜尋外，在資料結構的領域中，您還能將它應用在資料的建立、插入、刪除與更新。

例如符號表在電腦上的應用領域很廣泛，包含組譯程式、編譯程式、資料庫使用的資料字典等，都是利用提供的名稱來找到對應的屬性。符號表依其特性可分為二類：靜態表（Static Table）和「動態表」（Dynamic Table）。而「雜湊表」（Hash Table）則是屬於靜態表格中的一種，我們將相關的資料和鍵值儲存在一個固定大小的表格中。

9-2-1 雜湊法簡介

基本上，所謂雜湊法（Hashing）就是將本身的鍵值，經由特定的數學函數運算或使用其他的方法，轉換成相對應的資料儲存位址。而雜湊所使用的數學函數就稱為「雜湊函數」（Hashing function）。現在我們先來介紹有關雜湊函數的相關名詞：

- **bucket（桶）**：雜湊表中儲存資料的位置，每一個位置對應到唯一的一個位址（bucket address）。桶就好比一筆記錄。
- **slot（槽）**：每一筆記錄中可能包含好幾個欄位，而 slot 指的就是「桶」中的欄位。
- **collision（碰撞）**：若兩筆不同的資料，經過雜湊函數運算後，對應到相同的位址時，稱為碰撞。
- **溢位**：如果資料經過雜湊函數運算後，所對應到的 bucket 已滿，則會使 bucket 發生溢位。
- **雜湊表**：儲存記錄的連續記憶體。雜湊表是一種類似資料表的索引表格，其中可分為 n 個 bucket，每個 bucket 又可分為 m 個 slot，如下圖所示：

	索引	姓名	電話
bucket →	0001	Allen	07-772-1234
	0002	Jacky	07-772-5525
	0003	May	07-772-6604
		↑ slot	↑ slot

- **同義字（Synonym）**：當兩個識別字 I_1 及 I_2，經雜湊函數運算後所得的數值相同，即 $f(I_1)=f(I_2)$，則稱 I_1 與 I_2 對於 f 這個雜湊函數是同義字。
- **載入密度（Loading Factor）**：所謂載入密度是指識別字的使用數目除以雜湊表內槽的總數：

$$\alpha(\text{載入密度}) = \frac{n(\text{識別字的使用數目})}{s(\text{每一個桶內的槽數}) \cdot b(\text{桶的數目})} = \frac{n}{s \cdot b}$$

如果 α 值愈大則表示雜湊空間的使用率越高，碰撞或溢位的機率會越高。

- **完美雜湊（perfect hashing）**：指沒有碰撞又沒有溢位的雜湊函數。

在此建議各位，通常在設計雜湊函數應該遵循底下幾個原則：

1. 降低碰撞及溢位的產生。
2. 雜湊函數不宜過於複雜，越容易計算越佳。
3. 儘量把文字的鍵值轉換成數字的鍵值，以利雜湊函數的運算。
4. 所設計的雜湊函數計算而得的值，儘量能均匀地分佈在每一桶中，不要太過於集中在某些桶內，這樣就可以降低碰撞，並減少溢位的處理。

9-3 常見的雜湊函數

常見的雜湊法有除法、中間平方法、折疊法及數位分析法。為您分別介紹相關的原理與執行方式，說明如下。

9-3-1 除法

最簡單的雜湊函數是將資料除以某一個常數後，取餘數來當索引。例如在一個有 13 個位置的陣列中，只使用到 7 個位址，值分別是 12,65,70,99,33,67,48。那我們就可以把陣列內的值除以 13，並以其餘數來當索引，我們可以用下例這個式子來表示：

```
h(key)=key mod B
```

在這個例子中，我們所使用的 B=13。一般而言，會建議各位在選擇 B 時，B 最好是質數。而上例所建立出來的雜湊表為：

索引	資料
0	65
1	
2	67
3	
4	
5	70
6	
7	33
8	99
9	48
10	
11	
12	12

以下我們將用除法作為雜湊函數，將下列數字儲存在 11 個空間：323,458,25,340,28,969,77，請問其雜湊表外觀為何？

令雜湊函數為 h(key)=key mod B，其中 B=11 為一質數，這個函數的計算結果介於 0 ～ 10 之間（包括 0 及 10 二數），則 h(323)=4、h(458)=7、h(25)=3、h(340)=10、h(28)=6、h(969)=1、h(77)=0。

索引	資料
0	77
1	969
2	
3	25
4	323
5	
6	28
7	458
8	
9	
10	340

9-3-2 中間平方法

中間平方法和除法相當類似，它是把資料乘以自己，之後再取中間的某段數字做索引。在下例中我們用中間平方法，並將它放在 100 位址空間，其操作步驟如下：

將 12,65,70,99,33,67,51 平方後如下：

```
144,4225,4900,9801,1089,4489,2601
```

我們取佰位數及十位數作為鍵值，分別為

```
14、22、90、80、08、48、60
```

上述這 7 個數字的數列就是對應原先 12,65,70,99,33,67,51 等 7 個數字存放在 100 個位址空間的索引鍵值，即

f(14)=12

f(22)=65

f(90)=70

f(80)=99

f(8) =33

f(48)=67

f(60)=51

若實際空間介於 0~9（即 10 個空間），但取佰位數及十位數的值介於 0 ～ 99（共有 100 個空間），所以我們必須將中間平方法第一次所求得的鍵值，再行壓縮 1/10 才可以將 100 個可能產生的值對應到 10 個空間，即將每一個鍵值除以 10 取整數（下例我們以 DIV 運算子作為取整數的除法），我們可以得到下列的對應關係：

f(14 DIV 10)=12		f(1)=12
f(22 DIV 10)=65		f(2)=65
f(90 DIV 10)=70		f(9)=70
f(80 DIV 10)=99	⟶	f(8)=99
f(8 DIV 10)=33		f(0)=33
f(48 DIV 10)=67		f(4)=67
f(60 DIV 10)=51		f(6)=51

9-3-3 折疊法

折疊法是將資料轉換成一串數字後，先將這串數字先拆成數個部份，最後再把它們加起來，就可以計算出這個鍵值的 Bucket Address。例如有一資料，轉換成數字後為 2365479125443，若以每 4 個字為一個部份則可拆為：2365,4791,2544,3。將四組數字加起來後即為索引值：

```
  2365
  4791
  2544
+    3
------
  9703 → bucket address
```

在折疊法中有兩種作法，如上例直接將每一部份相加所得的值作為其 bucket address，這種作法我們稱為「移動折疊法」。但雜湊法的設計原則之一就是降低碰撞，如果您希望降低碰撞的機會，我們可以將上述每一份部的數字中的奇數位段或偶數位段反轉，再行相加來取得其 bucket address，這種改良式的作法我們稱為「邊界折疊法」(folding at the boundaries)。

請看下例的說明：

狀況一：將偶數位段反轉

```
  2365（第 1 位段屬於奇數位段故不反轉）
  1974（第 2 位段屬於偶數位段要反轉）
  2544（第 3 位段屬於奇數位段故不反轉）
+    3（第 4 位段屬於偶數位段要反轉）
------
  6886 → bucket address
```

狀況二：將奇數位段反轉

5632（第 1 位段屬於奇數位段要反轉）

4791（第 2 位段屬於偶數位段故不反轉）

4452（第 3 位段屬於奇數位段要反轉）

\+ 3（第 4 位段屬於偶數位段故不反轉）

14878 → bucket address

9-3-4 數位分析法

數位分析法適用於資料不會更改，且為數字型態的靜態表。在決定雜湊函數時先逐一檢查資料的相對位置及分佈情形，將重複性高的部份刪除。例如下面這個電話表，它是相當有規則性的，除了區碼全部是 07 外，在中間三個數字的變化也不大，假設位址空間大小 m=999，我們必須從下列數字擷取適當的數字，即數字比較不集中，分佈範圍較為平均（或稱亂度高），最後決定取最後那四個數字的末三碼。故最後可得雜湊表為：

電話
07-772-2234
07-772-4525
07-774-2604
07-772-4651
07-774-2285
07-772-2101
07-774-2699
07-772-2694

索引	電話
234	07-772-2234
525	07-772-4525
604	07-774-2604
651	07-772-4651
285	07-774-2285
101	07-772-2101
699	07-774-2699
694	07-772-2694

相信看完上面幾種雜湊函數之後，各位可以發現雜湊函數並沒有一定規則可尋，可能是其中的某一種方法，也可能同時使用好幾種方法，所以雜湊時常被用來處理資料的加密及壓縮。但是雜湊法常會遇到「碰撞」及「溢位」的情況。我們接下來要了解如果遇到上述兩種情形時，該如何解決。

9-4 碰撞與溢位問題的處理

沒有一種雜湊函數能夠確保資料經過處理後所得到的索引值都是唯一的，當索引值重複時就會產生碰撞的問題，而碰撞的情形在資料量大的時候特別容易發生。因此，如何在碰撞後處理溢位的問題就顯得相當的重要。常見的溢位處理方法如下：

9-4-1 線性探測法

線性探測法是當發生碰撞情形時，若該索引已有資料，則以線性的方式往後找尋空的儲存位置，一找到位置就把資料放進去。線性探測法通常把雜湊的位置視為環狀結構，如此一來若後面的位置已被填滿而前面還有位置時，可以將資料放到前面。

C# 的線性探測演算法

```
public static void creat_table(int num, int[] index)  //建立雜湊表副程式
{
    int tmp;
    tmp = num % INDEXBOX;  //雜湊函數=資料%INDEXBOX
    while (true)
    {
        if (index[tmp] == -1)  //如果資料對應的位置是空的
        {
            index[tmp] = num;  //則直接存入資料
            break;
         }
         else
            tmp = (tmp + 1) % INDEXBOX; //否則往後找位置存放
    }
}
```

範例 9.4.1 請設計一 C# 程式，以除法的雜湊函數取得索引值。並以線性探測法來儲存資料。

範例程式：Linear.sln

```
using static System.Console;//滙入靜態類別

namespace Linear
{
    class Program
    {
        const int INDEXBOX = 10;    //雜湊表最大元素
        const int MAXNUM = 7;       //最大資料個數

        static void Main(string[] args)
        {
            int i;
            int[] index = new int[INDEXBOX];
            int[] data = new int[MAXNUM];
            Random rand = new Random();
            WriteLine("原始陣列值：");
            for (i = 0; i < MAXNUM; i++) //起始資料值
                data[i] = rand.Next(20) + 1;
            for (i = 0; i < INDEXBOX; i++)//清除雜湊表
                index[i] = -1;
            Print_data(data, MAXNUM);     //列印起始資料
            WriteLine("雜湊表內容：");
            for (i = 0; i < MAXNUM; i++) //建立雜湊表
            {
                Creat_table(data[i], index);
                Write("  " + data[i] + " =>");//列印單一元素的雜湊表位置
                Print_data(index, INDEXBOX);
            }
            WriteLine("完成雜湊表：");
            Print_data(index, INDEXBOX);//列印最後完成結果
            ReadKey();
        }
        public static void Print_data(int[] data, int max)
                                            //列印陣列副程式
        {
            int i;
            Write("\t");
```

```
            for (i = 0; i < max; i++)
                Write("[" + data[i] + "] ");
            WriteLine();
        }
        public static void Creat_table(int num, int[] index)
                                                    //建立雜湊表副程式
        {
            int tmp;
            tmp = num % INDEXBOX;   //雜湊函數=資料%INDEXBOX
            while (true)
            {
                if (index[tmp] == -1)   //如果資料對應的位置是空的
                {
                    index[tmp] = num;  //則直接存入資料
                    break;
                }
                else
                    tmp = (tmp + 1) % INDEXBOX; //否則往後找位置存放
            }
        }
    }
}
```

【執行結果】

```
原始陣列值：
        [19] [5] [15] [7] [18] [20] [7]
雜湊表內容：
  19 => [-1] [-1] [-1] [-1] [-1] [-1] [-1] [-1] [-1] [19]
  5 =>  [-1] [-1] [-1] [-1] [-1] [5] [-1] [-1] [-1] [19]
  15 => [-1] [-1] [-1] [-1] [-1] [5] [15] [-1] [-1] [19]
  7 =>  [-1] [-1] [-1] [-1] [-1] [5] [15] [7] [-1] [19]
  18 => [-1] [-1] [-1] [-1] [-1] [5] [15] [7] [18] [19]
  20 => [20] [-1] [-1] [-1] [-1] [5] [15] [7] [18] [19]
  7 =>  [20] [7] [-1] [-1] [-1] [5] [15] [7] [18] [19]
完成雜湊表：
        [20] [7] [-1] [-1] [-1] [5] [15] [7] [18] [19]
```

上例程式中以除法的雜湊函數取得索引值，並以線性探測法來儲存資料。

9-4-2 平方探測法

線性探測法有一個缺失，就是相當類似的鍵值經常會聚集在一起，因此可以考慮以平方探測法來加以改善。在平方探測中，當溢位發生時，下一次搜尋的位址是 $(f(x)+i^2) \bmod B$ 與 $(f(x)-i^2) \bmod B$，即讓資料值加或減 i 的平方，例如資料值 key，雜湊函數 f：

第一次尋找：f(key)

第二次尋找：$(f(key)+1^2)\%B$

第三次尋找：$(f(key)-1^2)\%B$

第四次尋找：$(f(key)+2^2)\%B$

第五次尋找：$(f(key)-2^2)\%B$

.

.

.

第 n 次尋找：(f(key)±((B-1)/2)2)%B，其中，B 必須為 4j+3 型的質數，且 1≦i≦(B-1)/2。

9-4-3 再雜湊法

再雜湊就是一開始就先設置一系列的雜湊函數，如果使用第一種雜湊函數出現溢位時就改用第二種，如果第二種也出現溢位則改用第三種，直到沒有發生溢位為止。例如 h1 為 key%11，h2 為 key*key，h3 為 key*key%11，h4…。

接著請利用再雜湊處理下列資料碰撞的問題：

681，467，633，511，100，164，472，438，445，366，118；

其中雜湊函數為（此處的 m=13）

f_1 = h(key) = key MOD m

f_2 =h(key) = (key+2) MOD m

f_3 =h(key) = (key+4) MOD m

說明如下：

1. 利用第一種雜湊函數 h(key)=key MOD 13，所得的雜湊位址如下：

681 → 5

467 → 12

633 → 9

511 → 4

100 → 9

164 → 8

472 → 4

438 → 9

445 → 3

366 → 2

118 → 1

2. 其中 100，472，438 皆發生碰撞，再利用第二種雜湊函數 h(value+2)=(value+2) MOD 13，進行資料的位址安排：

100 → h(100+2)=102 mod 13=11

472 → h(472+2)=474 mod 13=6

438 → h(438+2)=440 mod 13=11

3. 438 仍發生碰撞問題，故接著利用第三種雜湊函數 h(value+4)=(438+4)MOD 13，重新進行 438 位址的安排：

438 → h(438+4)=442 mod 13=0

⇒ 經過三次重雜湊後，資料的位址安排如下：

位置	資料
0	438
1	118
2	366
3	445
4	511
5	681
6	472
7	null
8	164
9	633
10	null
11	100
12	467

9-4-4 鏈結串列法

將雜湊表的所有空間建立 n 個串列，最初的預設值只有 n 個串列首。如果發生溢位就把相同位址之鍵值鏈結在串列首的後面，形成一個鏈結串列，直到所有的可用空間全部用完為止。如下圖：

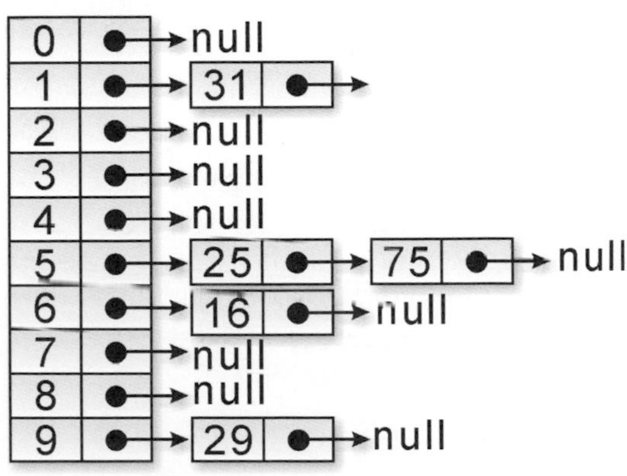

C# 的再雜湊（利用鏈結串列）演算法

```
public static void creat_table(int val) //建立雜湊表副程式
{
    Node newnode = new Node(val);
    int hash;
    hash = val % 7;     //雜湊函數除以7取餘數
    Node current = indextable[hash];
    if(current.next == null)
        indextable[hash].next = newnode
    else
        while(current.next != null) current = current.next;
    current.next = newnode; //將節點加在串列首後
}
```

範例 9.4.2 請設計一 C# 程式，利用鏈結串列來進行再雜湊的實作。

範例程式：LinkedList.sln

```
using static System.Console;//滙入靜態類別

namespace LinkedList
{
    class Node
    {
        public int val;
        public Node next;
        public Node(int val)
        {
            this.val = val;
            this.next = null;
        }
    }
    class Program
    {
        const int INDEXBOX = 7;    //雜湊表最大元素
        const int MAXNUM = 13;     //最大資料個數
        static Node[] indextable = new Node[INDEXBOX]; //宣告動態陣列

        static void Main(string[] args)
        {
            int i;
```

```
            int[] index = new int[INDEXBOX];
            int[] data = new int[MAXNUM];
            Random rand = new Random();
            for (i = 0; i < INDEXBOX; i++)
                indextable[i] = new Node(-1);  //清除雜湊表
            Write("原始資料：\n\t");
            for (i = 0; i < MAXNUM; i++)          //起始資料值
            {
                data[i] = rand.Next(30) + 1;
                Write("[" + data[i] + "]");
                if (i % 8 == 7)
                    Write("\n\t");
            }
            Write("\n雜湊表：\n");
            for (i = 0; i < MAXNUM; i++)
                Creat_table(data[i]);             //建立雜湊表
            for (i = 0; i < INDEXBOX; i++)
                Print_data(i); //列印雜湊表
            ReadKey();
        }
        public static void Creat_table(int val)//建立雜湊表副程式
        {
            Node newnode = new Node(val);
            int hash;
            hash = val % 7;      //雜湊函數除以7取餘數
            Node current = indextable[hash];
            if
                (current.next == null) indextable[hash].next = newnode;
            else
                while (current.next != null) current = current.next;
            current.next = newnode; //將節點加在串列首後
        }
        public static void Print_data(int val) //列印雜湊表副程式
        {
            Node head;
            int i = 0;
            head = indextable[val].next;  //起始指標
            Write("    " + val + "：\t");  //索引位址
            while (head != null)
            {
                Write("[" + head.val + "]-");
                i++;
                if (i % 8 == 7)  //控制長度
```

```
                    Write("\n\t");
                head = head.next;
            }
            WriteLine("\b "); //清除最後一個"-"符號
        }
    }
}
```

【執行結果】

```
原始資料：
        [14][12][23][11][24][22][14][10]
        [15][5][4][3][25]
雜湊表：
   0：  [14]-[14]
   1：  [22]-[15]
   2：  [23]
   3：  [24]-[10]-[3]
   4：  [11]-[4]-[25]
   5：  [12]-[5]
   6：
```

9-4-5 雜湊法整合範例

在本章的最前面，我們曾說過使用雜湊法有許多的好處如快速搜尋等。在談完雜湊函數及溢位處理後，將來看看如何使用雜湊法快速的建立及搜尋資料。在上例中我們直接把原始資料值存在雜湊表中，如果現在要搜尋一個資料，只需將它先經過雜湊函數的處理後，直接到對應的索引值串列中尋找，如果沒找到表示資料不存在。如此一來可大幅減少讀取資料及比對資料的次數，甚至可能一次的讀取比對就找到想找的資料。我們將修改上一小節的範例程式，加入搜尋的功能，並印出比對的次數。

範例程式：Search.sln

```
using static System.Console;//滙入靜態類別

namespace Search
{
    class Node
    {
```

```
        public int val;
        public Node next;
        public Node(int val)
        {
            this.val = val;
            this.next = null;
        }
    }

    class Program
    {
        const int INDEXBOX = 7;    //雜湊表最大元素
        const int MAXNUM = 13;     //最大資料個數
        static Node[] indextable = new Node[INDEXBOX]; //宣告動態陣列

        static void Main(string[] args)
        {
            int i, num;
            int[] index = new int[INDEXBOX];
            int[] data = new int[MAXNUM];
            Random rand = new Random();
            for (i = 0; i < INDEXBOX; i++)
                indextable[i] = new Node(-1); //清除雜湊表
            Write("原始資料：\n\t");
            for (i = 0; i < MAXNUM; i++) //起始資料值
            {
                data[i] = rand.Next(30) + 1;
                Write("[" + data[i] + "]");
                if (i % 8 == 7)
                    Write("\n\t");
            }
            for (i = 0; i < MAXNUM; i++)
                Creat_table(data[i]); //建立雜湊表
            WriteLine();
            while (true)
            {
                Write("請輸入搜尋資料(1-30)，結束請輸入-1：");
                num = int.Parse(ReadLine());
                if (num == -1)
                    break;
                i = Findnum(num);
                if (i == 0)
                    WriteLine("#####沒有找到 " + num + " #####");
```

```
                    else
                        WriteLine("找到 " + num + "，共找了 " + i + " 次!");
                }
                WriteLine("\n雜湊表：");
                for (i = 0; i < INDEXBOX; i++)
                    Print_data(i); //列印雜湊表
                ReadKey();
            }
            public static void Creat_table(int val) //建立雜湊表副程式
            {
                Node newnode = new Node(val);
                int hash;
                hash = val % 7; //雜湊函數除以7取餘數
                Node current = indextable[hash];
                if
                 (current.next == null) indextable[hash].next = newnode;
                else
                    while (current.next != null) current = current.next;
                current.next = newnode; //將節點加在串列
            }
            public static void Print_data(int val) //列印雜湊表副程式
            {
                Node head;
                int i = 0;
                head = indextable[val].next; //起始指標
                Write("    " + val + "：\t"); //索引位址
                while (head != null)
                {
                    Write("[" + head.val + "]-");
                    i++;
                    if (i % 8 == 7) //控制長度
                        Write("\n\t");
                    head = head.next;
                }
                WriteLine("\b "); //清除最後一個"-"符號
            }

            public static int Findnum(int num) //雜湊搜尋副程式
            {
                Node ptr;
                int i = 0, hash;
                hash = num % 7;
                ptr = indextable[hash].next;
```

```
                while (ptr != null)
                {
                    i++;
                    if (ptr.val == num)
                        return i;
                    else
                        ptr = ptr.next;
                }
                return 0;
            }
        }
}
```

【執行結果】

```
原始資料：
       [20][3][18][12][5][26][4][30]
       [4][14][24][7][17]
請輸入搜尋資料(1-30)，結束請輸入-1：24
找到 24，共找了 2 次!
請輸入搜尋資料(1-30)，結束請輸入-1：26
找到 26，共找了 3 次!
請輸入搜尋資料(1-30)，結束請輸入-1：-1

雜湊表：
  0：   [14]-[7]
  1：
  2：   [30]
  3：   [3]-[24]-[17]
  4：   [18]-[4]-[4]
  5：   [12]-[5]-[26]
  6：   [20]
```

至於程式的追縱，基本上只是鏈結串列的操作，相信對於讀者並不困難。

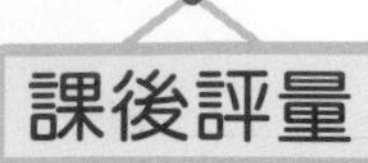

1. 若有 n 筆資料已排序完成，請問用二元搜尋法找尋其中某一筆資料，其搜尋時間約為
   (a)$O(\log^2 n)$　(b)$O(n)$　(c)$O(n^2)$　(d)$O(\log_2 n)$
2. 請問使用二元搜尋法（Binary Search）的前提條件是什麼？
3. 有關二元搜尋法，下列敘述何者正確 (a) 檔案必須事先排序 (b) 當排序資料非常小時，其時間會比循序搜尋法慢 (c) 排序的複雜度比循序搜尋法高 (d) 以上皆正確
4. 下圖為二元搜尋樹（Binary Search Tree），試繪出當加入（Insert）鍵值（Key）為 "42" 後之圖形，注意，加入後之圖形仍需保持高度為 3 之二元搜尋樹。

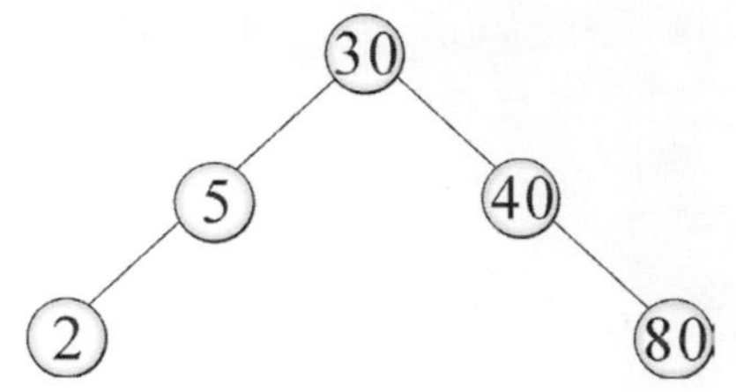

5. 用二元搜尋樹去表示 n 個元素時，最小高度及最大高度的二元搜尋樹（Height of Binary Search Tree）其值分別為何？
6. 費氏搜尋法搜尋的過程中算術運算比二元搜尋法簡單，請問上述說明是否正確？
7. 假設 A[i]=2i，$1 \leq i \leq n$。若欲搜尋鍵值為 2k-1，請以插補搜尋法進行搜尋，試求須比較幾次才能確定此為一失敗搜尋？
8. 用雜湊法將下列 7 個數字存在 0、1…6 的 7 個位置：101、186、16、315、202、572、463。若欲存入 1000 開始的 11 個位置，又應該如何存放？

9. 何謂雜湊函數？試以除法及摺疊法（Folding Method），並以 7 位電話號碼當資料說明。

10. 試述 Hashing 與一般 Search 技巧有何不同？

11. 何謂完美雜湊？在何種情況下可使用之？

12. 設有個 n 資料錄（Data Record）我們要在這個資料錄中找到一個特定鍵值（Key Value）的資料錄。

    (1) 若用循序搜尋（Sequential Search），則平均搜尋長度（Search Length）為多少？

    (2) 若用二分搜尋（Binary Search）則平均搜尋長度為多少？

    (3) 在什麼情況下才能使用二分搜尋法去找出一特定資料錄？

    (4) 若找不到要尋找的資料錄，則在二分搜尋法中會做多少次比較（Comparison）？

13. 採用何種雜湊函數可以使用下列的整數集合 :{74,53,66,12,90,31,18,77,85,29} 存入陣列空間為 10 的 Hash Table 不會發生碰撞？

14. 解決 Hashing Collision 有一種叫 Quadratic 的方法，即證明 Collision Function 為 h(k)，其中 k 為 key，當 Hashing Collision 發生時 $h(k) \pm i^2$，$1 \leqq i \leqq \frac{M-1}{2}$，M 為表列之大小，這樣的方法能涵蓋表列的每一個位置。證 Hashing Collision 將產生 0 ～ (M-1) 間之所有正整數。

15. 當雜湊函數 f(x)=5x+4，請分別計算下列 7 筆鍵值所對應的雜湊值。

    87、65、54、76、21、39、103

16. 請解釋下列雜湊函數的相關名詞。

    - bucket（桶）
    - 同義字
    - 完美雜湊
    - 碰撞

17. 有一個二元搜尋樹（Binary Search Tree）T

    (1) 該 key 平均分配在 [1,100] 之間，找出該搜尋樹平均要比較幾次。

    (2) 假設 k=1 時，其機率為 0.5，k=4 時其機率為 0.3，k=9 時其機率為 0.103，其餘 97 個數，機率為 0.001。

    (3) 假設各 key 之機率如 (2)，是否能將此搜尋樹重新安排？

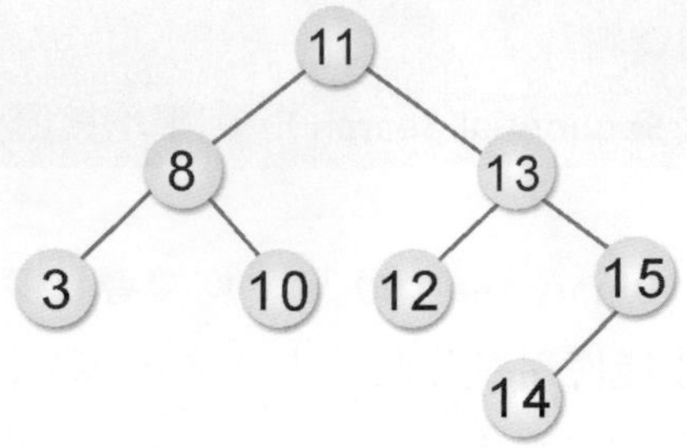

    (4) 以得到之最小平均比較次數，繪出重新調整後的搜尋樹。

18. 試寫出下列一組資料（1,2,3,6,9,11,17,28,29,30,41,47,53,55,67,78）以插補法找到 9 的過程。

APPENDIX

A

資料結構專有名詞索引

A 字部

❑ Abstract data type（抽象資料型態）

如檔案中記錄（Record）、一般堆疊（Stack）、或佇列（Queue），是一種事實上沒有程式實體的資料型態。

❑ abstract syntax（抽象語法）

例如在資料結構的演繹法中 SPARKS 語言、流程圖或語法圖。這些描述工具都不僅限於單一平台或程式，我們就稱這些描述性工具為一種 abstract syntax。

❑ Activation record（活動記錄表）

程式語言中，用來表示一子區間環境資料結構的各種相關資訊。以下是 PASCAL 的活動記錄表：

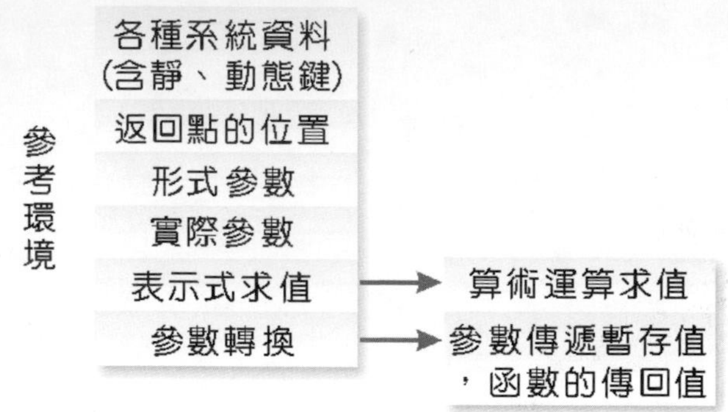

❑ Actual parameter（實際參數）

程式語言中，呼叫副程式的參數為實際參數。

❑ Ada（程式語言）

是一種大量應用在國防需要的程式語言，Ada 本身具備多種程式組合的程式庫，而且可以像其他語言一般，可以利用副程式傳遞參數。另外呼叫副程式以實質參數取代形式參數，是在執行期進行的，傳入的值或傳出的變數可以參數化，但型態無法參數化，為克服此限制，Ada 提供了一個完全分開的參數化功能，叫通用性程式單元（Generic program units）。簡單的說，通用程式單元可以以「資料的型態」或副程式來展開一段程式的本文。

❑ Adaptive Maintenance（調整性維護）

是指為了適應外在大環境改變而增加或修定原系統中部份功能的維護工作。它主要是由於硬體技術改良、輸入或輸出設備變動，而調整系統以減少反應時間，或是引進資料庫系統或者修正程式使其具相同資料結構。這類的工作佔了整個軟體維護的 25%。

❑ adjacency matrix（相鄰矩陣）

【定義】

1. 將 n 個頂點的圖形以一個 n*n 二維矩陣來表示，其中如果 A(i,j)=1，則表示 graph 中有一條 edge(V_i,V_j) 存在。反之，A(i,j)=0 則沒有一條 edge(V_i,V_j) 存在。
2. 無向圖形中，相鄰矩陣一定是對稱，且對角線為 0，不過有向圖形就不一定了。
3. 用相鄰矩陣表示圖形共需 n_2 個空間，如是無向圖形，因為對稱，我們只需儲存矩陣上的上三角或下三角形即可，只需 n*(n-1)/2（因為對角線為 0）。
4. 在無向圖形中，任一節點 i 的分支度為 $\sum_{j=1}^{n}$A(i, j)，就是第 i 列所有元素的和。在有向圖中，節點 i 的出分支度為 $\sum_{j=1}^{n}$A(i, j)，就是第 i 列所有元素的和，而入分支度為 $\sum_{i=1}^{n}$A(i, j)，就是第 J 行所有元素的和。

❑ Adjacent list（相鄰串列）

【定義】

1. 將圖形的 n 個頂點形成 n 個串列首，每個串列中的節點表示他們和首節點之間有 edge 相連。每個節點資料結構如下：

Vertex	Link

2. Vertex Link 在無向圖形中，若有 n 個頂點，則將形成 n 個串列首。2m 個節點（對稱）若為有向圖形中，則有 n 個串列首，以及 m 個頂點。
3. 相鄰串列中，求所有頂點分支度所需時間複雜度為 O(n+m)。

❑ Algorithm（演算法）

資料結構學科中，演算法是解決某一個工作或問題所需要的一些有限個數的指令或步驟，同時也必須具備以下五大要件：

1. 有限性：必須在有限個步驟內解決問題，不可造成無窮迴路。
2. 有效性：每一個步驟或運算若交給人們用筆或紙計算，也能在有限時間內達成同樣效果。
3. 明確性：每一個步驟或指令必須要敘述得很清楚，不可以模糊不清。
4. 輸入資料：演算法的輸入資料可有可無，零個或一個以上都可以。
5. 輸出資料：演算法的結果一定要有一個或一個以上的輸出資料。

❑ Aliasing（別名）

在程式語言中，是指兩個或以上的不同名稱變數，佔用同一個記憶體位址，我們就稱為別名（aliasing）現象。

❑ Alphanumeric（文數字）

文數字（alphanumeric）資料包含數字、字母、文字與特殊符號。在電腦內則是以數值碼來表示「文數字」。例如文字數 '0' 可以用數字 48 來代表、文字 'a' 可以用數字 97 代表。這種文數字碼的編號方式，有兩種較為流行：

1. ASCII 碼（American Standard Code for Information Interchange）稱為「美國標準資訊交換碼」，它採用 8 位元表示不同的字元。但最左邊為核對位元，故實際上僅有 7 位元表示也就是說 ASCII 最多可以表示 128 個不同的字元。它是目前 PC 上最普遍的編碼方式，可以表示大小英文字母、數字、符號及各種控制字元。例如：

字元	ASCII 碼
x	120
1	49
*	42

2. EBCDIC 碼（Extened Binary Coded Decimal Interchange Code）其原理乃採用 8 個位元來表示不同之字元，因此 EBCDIC 最多可表示 256 個不同字元。例如 "1" 的 EBCDIC 碼是 F1(16)、"a" 的 EBCDIC 碼是 81(16)。

❑ ALU（算術邏輯單元）

Arithmetic/Logic Unit，在電腦中實際負責電腦內部的各種算術運算（如：+、-、*、/ 等）和邏輯運算（如：NOT、AND、OR 等）的執行單位。過程是將資料從主記憶體傳送到 CPU 的暫存器內，經過此單元運算後再送交主記憶體內儲存。

❑ APL（程式語言名稱）

APL 是 A Programming Language 的縮寫，是一種程式語言。並具備以下特性：

1. 擅長解決數學問題，尤其是向量矩陣及允許陣列的整體運算。
2. 採非標準的字元集。（如既不是 EBCDIC 也不是屬於 ASCII 碼）。
3. 識別符號的領域（scope）觀念。
4. 為一種交談式語言，為動態繫合（dynamic binding）。

❑ argument（引數）

也稱為參數（parameter），為指令後的附加敘述。不同的引數會有不同的執行結果，例如 1s -a 及 1s -l 兩者的輸出結果是不一致的（a,l 即為引數）。

❑ Arithmetic Operator（算術運算子）

算術運算子是用來執行程式中的各種算術運算。例如：

運算子	運算意義
+	加法運算
-	減法運算
*	乘法運算
/	除法運算
\	整數除法運算
^	指數運算
Mod	餘數運算
&	連結運算

❑ Array（陣列）

陣列是程式語言中的一種結構化資料型態，它是由陣列的名稱、維度（dimension）、陣列中元素的型態以及陣列中索引（Index）的型態所組成，當然各種程式語言都有本身不同的陣列宣告。

❑ AWK（程式語言）

對於 C 或 PASCAL 的程式設計師而言，經常為了設計一個目的簡單的程式；卻仍然必須中規中矩的完成許多繁雜的宣告工作。如果我們使用 AWK 語言來解決，這些困擾都可迎刃而解。AWK 語言主要的精華就是利用鑄型匹配（pattern match）和動作（action）來處理一連串的資料操作（data manipulation）工作。AWK 可以掃描（scan）一些輸入檔案，而且能自動將每列資料分割成許多欄位（field）；進而分別處理這些資料。同時所設計成的程式也絕對是簡單明確。不過，它輕薄短小的特點，並不妨礙它設計更複雜的功能。例如圖形（graphics）、編譯器（compiler），甚至於系統的管理（system administration）。

B 字部

❑ B（位元組簡稱）

代表位元組（byte）的簡稱，是 8 個位元組合；N 個位元組可以代表一個字元（character）。

❑ b（位元簡稱）

代表位元（bit）的簡稱，是電腦記憶層次中最小的儲存單位。

❑ Background（背景程式）

在多工作業環境下的電腦，那些比主要行程（main process）略低執行優先順序的行程，通常以一種看不到的方式執行。諸如此類的程式我們稱之為背景程式。

❑ Balanced Binary Tree（平衡樹）

平衡樹（Balanced Binary Tree）又稱之為 AVL 樹（是由 Adelson-Velskii 和 Landis 兩人所發明的）本身也是一棵二元搜尋樹。也就是當資料加入或刪除資料時，會檢查二元樹是否平衡，如果不平衡就設法調整為平衡樹，例如，經常異動的動態資料，像編譯器（Compiler）裡的符號表（Symbol Table）等。下面就是平衡樹的正式定義。

T 是一個非空的二元樹，Tl 和 Tr 分別是它的左右子樹，若符合下列兩條件，則稱 T 是個高度平衡樹：

1. Tl 和 Tr 也是高度平衡樹。
2. |hl-hr|≦1，hl 及 hr 分別為 Tl 和 Tr 的高度。

❑ BCD（BCD 碼）

BCD（Binary Coded Decimal）和 ASCII 略有不同，它用 6 位元去表示一個數字，且前二個位元我們稱之為區域位元，後四位為數字位元，例如英文 M 其區域位元為 10，但其數字位元為 0001，故其 BCD 碼的表示法為 100001。

❑ BFS（圖形追蹤的方法）

BFS 是資料結構中圖形追蹤的一種方法，它的基本原理如下：

1. 選擇一個起始頂點 Vx，並做一個已拜訪過的記號。
2. 將所有與 Vx 相連的頂點放入佇列。
3. 重複步驟 4 直到佇列空了為止。
4. 從佇列取出一個頂點 Vx，做一個已拜訪過的記號，並將與 Vx 相連而且尚未拜訪過的頂點放入佇列中。

❑ Binary Search Tree（二元搜尋樹）

資料結構中名詞，表示 T 是一個二元樹；可能是空樹或者每一個節點都包含一個辨識字且滿足以下三個條件：

1	T 的左子樹內的所有辨識字均小於 T 的樹根的辨識字
2	T 的右子樹內的所有辨識字均大於 T 的樹根的辨識字
3	T 的左、右子樹也是一個二元搜尋樹

❑ Binary Search（二元搜尋法）

一種搜尋方法，其方式是重複地將已排序的序列分割成二半，直到找到所欲搜尋的數值為止。

❑ Binary tree traversal（二元樹的追蹤）

所謂二元樹的追蹤，最簡單的定義就是拜訪樹中所有的節點各一次。且在追蹤後，可以將樹中的資料化成線性的次序。如果以 L、D、R 分別代表往左邊移動，印出資料與往右邊移動，那麼共有 3!=6 種組合：LDR，LRD，DLR，DRL，RDL 與 RLD。採用二元樹之 order 特性一律由左而右，那麼只剩下三種：LDR，LRD 與 DLR 分別給予一種名稱叫做中序（inorder）、後序（postorder）、前序（preorder）三種。分別敘述如下：

1. 中序追蹤（Inorder traversal）步驟：

   ①追蹤左子樹

   ②拜訪樹根

   ③追蹤右子樹

2. 後序追蹤（Postorder traversal）步驟：

   ① 追蹤左子樹

   ② 追蹤右子樹

   ③ 拜訪樹根

3. 前序追蹤（Preorder traversal）步驟：

   ① 拜訪樹根

   ② 追蹤左子樹

   ③ 追蹤右子樹

❑ Binary Tree（二元樹）

資料結構中名詞，二元樹是由節點所組成的有限集合，這個集合不是空集合就是左子樹和右子樹所組成的。資料結構如下：

LLINK	DATA	RLINK

二元樹和樹不同的特性有：

1. 樹不可以為空集合，但二元樹可以。
2. 樹中的一個節點分支度為 d≧0，而二元樹的每一個節點分支度 0≦d≦2。
3. 樹的子樹之間沒有次序關係，而二元樹的子樹之間有次序關係。

❑ Binary Space Partitioning Tree, BSP Tree（二元空間分割樹）

也是一種二元樹，每個節點有兩個子節點，是一種應用在遊戲空間分割的方法，以建立一種模型分佈的關聯，來做為搜尋模型的依據，通常被使用在平面的繪圖應用，試圖將所有的平面組織成一棵二元樹。BSP Tree 採取的方法就是在一開始將資料檔讀進來的時候，就將整個資料檔中的數據先建成一個二元樹的資料結構，因為 BSP 通常對圖素排序是預先計算好的而不是在運行時進行計算。

❑ Binding（繫結）

在程式語言中，繫結（Binding）的定義是指將一變數的名稱與其位址屬性或值任何一種特性（property）產生關連，這個動作就稱為繫結（binding）。而發生的時間稱為「繫結時間」（binding time）。

❑ BIOS（基本輸入輸出系統）

BIOS（Basic Input Output System）又稱為「基本輸入輸出系統」，是廠商燒錄在 ROM 上用來啟動電腦的軟體。

❑ Bit（位元）

電腦中最小的記憶單位，機器語言中的 0 或 1 就代表 1 個位元。任何電腦中的資料都由位元組合而成。

❑ Bitmap（點陣圖）

指圖形儲存方式是以二維點陣方式來儲存資料。

❑ Bitwise logical operator（位元邏輯運算子）

是位元運算子（Bitwise operator）的一種；有以下三種：

1. &（AND）：兩個運算元都是 1 則結果為 1，兩個運算元其中一個是 0，另一個是 1，則傳回 0。

2. |（OR）：兩個運算元都是 0，則結果為 0；其餘都是 1。

3. ^（XOR）：兩個運算元不相同則傳回 1；兩個運算元都相同則傳回 0。

❑ Bitwise operator（位元運算子）

所謂「位元運算」（Bitwise operation）就是將兩個運算元的資料，一個位元接著一個位元進行我們所需的運算。例如 JavaScript 的位元運算子共有以下六種：

運算子	意義
&	表示位元 AND 運算子（Bitwise AND）
|	表示位元 OR 運算子（Bitwise OR）
^	表格位元互斥運算子（Bitwise XOR）
<<	表示左移運算子（Left Shift）
>>	表示有號數右移運算子（Right Shift）
>>>	表示無號數右移運算子（Zero Fill Right Shift）

❑ Bitwise shift operator（位元位移運算子）

是位元運算子（Bitwise operator）的一種，有以下三種：

1. <<（位元左移運算）：移動位於第一個運算元的量到第二個運算元所指位元位址的左邊。空出的右邊填 0，超過左邊的位元就不要。

2. >>（位元右移有號數運算子）：移動第一個運算元的量到第二運算元所指位元位址的右邊。空出的左邊填上原位元值，超過右邊的位元就不要。

3. >>>（無號數右移運算子）：移動第一個運算元的量到第二運算元所指位元位址的右邊。空出的左邊填上 0，超過右邊的位元就不要。

❑ Boolean operator（布林運算子）

常見的布林運算子有：

OR：只需在運算對象中有一個為真，其值為真。

AND：所有運算對象皆為真時，結果為真，否則為偽。

NOT：只能有一個運算對象，結果為運算對象之相反值。

XOR：運算對象有奇數個 1 時，結果為真，有偶數個 1 時，結果為假。

❑ Boundary Tag Method（邊界標示法）

邊界標示法的結構如下圖所示。每塊空間的開始與結束的位置保留的目的是為了記載配置情況而用。

1. 配置之節點（表示正在使用的節點）

   TAG：0 表示未使用；1 表示正在使用中。

   Size：此空間的大小。

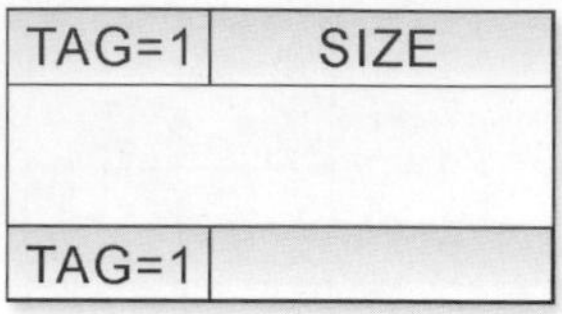

TAG=1	SIZE
TAG=1	

2. 空閒節點：（表示可用節點）

   LLINK,RLINK：向左、向右的兩個鏈結指標。

   TAG：0 表示未使用；1 表示正在使用中。

   SIZE：此塊空間大小。

   UPLINK：指向此塊空間起始位址的指標。

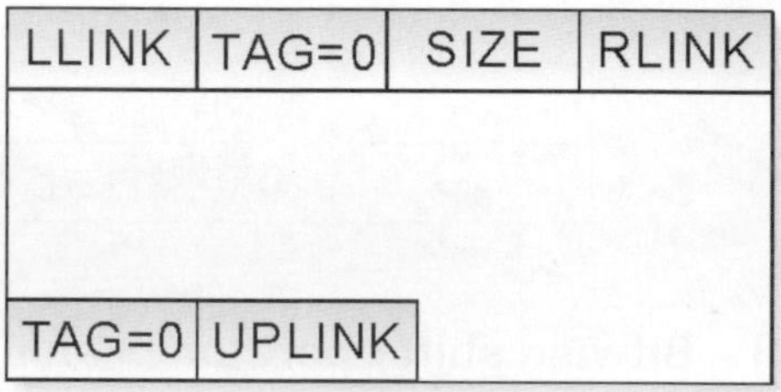

LLINK	TAG=0	SIZE	RLINK
TAG=0	UPLINK		

對於以上四個欄位的功用及解釋如下：LLINK 指向上一個可用節點的起始位址，RLINK 指向下一個可用節點的起始位址，TAG=0 表示並未使用，而 SIZE 表示此塊空間的大小。可用節點的最後一個字包含兩個欄位：TAG 及 UPLINK，其中 TAG=0 表示空閒，而 UPLINK 則指向此塊可用節點的起始位址。要判斷其左、右鄰居是否也是 free 時，只須判斷 p-1 位址與 p+n 位址上的 TAG 欄是否為 0 便可，若 TAG=0 就可以將其結合成一塊。

❑ Boundary Value Analysis（邊際值分析法）

我們知道輸入資料時的邊際條件往往是造成錯誤的主要原因。而邊際分析法的目的就是在檢驗邊際值（如最大值與最小值）周圍的執行情形是否有誤。

❑ BSP（企業系統規劃）

事實上，它所強調的是由上而下的設計，也就是從高層主管開始，瞭解並界定其資訊需求，再依組織層次往下推衍，直到瞭解全公司的資訊需求，完成整體的系統結構（包括子系統與系統間的介面）為止。收集資料是以訪談為主，並著重企業處理活動（business processes）。特別要注意的是 BSP 強調的主要活動及決策領域，並不是針對某特定部門的資訊需求，也不只是職別報告的階層。

❑ Bubble sort（氣泡法）

是排序方法的一種，方法是逐次比較 2 個相鄰的記錄，若大、小順序有誤，則立即對調，掃描一遍後一定有一個記錄被置於正確位置，就彷彿氣泡逐漸由水底逐漸冒升到水面上一樣。演繹法：

```
Procedure bubsort(X,n)
k←n
while k≠0 do
    t←0
    for j=1 To k-1 do
        if Xj>Xj+1 then
            [temp←Xj; Xj=Xj+1;
            Xj+1=temp; t←j;]
        end
    k←t
    end
end
```

❑ Buddy System（二元夥伴管理系統）

在系統程式中記憶體配置的一種方法。它主要是以 2^k 的乘冪位數來配置、歸還記憶體。也就是如果要求大小為 n 的空間，須配置 2^k 的空間，其中 $k=[\log_2 n]$。自然是所找到的空間一定會比所要求的大。如果把一空間一分為二，則此 2 空間的每一個 block 又都是 2 的乘冪，則此 2 個 block 互稱為 buddy。這種以 2 的倍數為單位，其動態分配與回收記憶體空間的手法，稱為「二元夥伴管理系統」。

❑ Busy waiting（忙碌等待）

在系統程式中，是指 CPU 保持執行狀態但所擁有 CPU 使用權的期間卻像做一些對系統效能毫無幫助，例如無窮迴路。

❑ Byte（位元組）

一個位元組有 8 個位元。且記憶體儲存容量是以 Byte 為基本計算單位。例如一般的英文字母、阿拉伯數字或標點符號（如%、,、&等）都是由一個位元組表示，而像一般的中文字則要兩個位元組才可以表示。以一個位元組來表示的資料稱為一個字元（character），兩個位元組來表示的資料就稱為一個字組（word）。常用的儲存資料單位如下表所示：

1KB (kilo bytes)	$=2^{10}$ Bytes
1MB (mega bytes)	$=2^{20}$ Bytes
1GB (Giga bytes)	$=2^{30}$ Bytes
1 TB (Tera bytes)	$=2^{40}$ Bytes

C 字部

❑ Call by address（傳址呼叫）

程式語言的參數傳遞方法之一。內容如下：

1. 主程式呼叫副程式時，將主程式的參數之位址傳給對應副程式之參數。
2. 副程式被呼叫前，系統並沒有分實際記憶體空間給副程式之參數。一旦副程式被呼叫時，主程式的參數即和副程式的參數佔用相同的記憶體位址。
3. 如果副程式執行完畢後，則主程式和副程式參數之間的對應關係結束，且副程式的參數又變作位址未定。

❑ Call by name（傳名呼叫）

程式語言的參數傳遞法之一。內容如下：

1. 主程式呼叫副程式時，將主程式的參數名稱（name）傳給副程式的參數，並取代副程式中所對應的所有參數名稱。
2. 副程式執行時，主程式之參數和副程式所對應的參數佔用相同位址，所以副程式之參數值改變，對應主程式之參數值也會隨之改變。

❑ Call by text（本文呼叫法）

基本上就是 call by name 的方式，但是 call by name 是副程式參數被存取時，才對應到相對的主程式參數計值。而且以呼叫者的環境為計值環境求得值或位址，作為副程式參數的值或位址。但是 call by text 卻是以被呼叫者的環境為計值環境。LISP 中有種參數傳遞的方式就是 call by text。

❑ Call by value and result（傳值兼結果法）

程式語言中的參數傳遞法之一。內容如下：

1. 主程式呼叫副程式時，將主程式的參數之值，傳給對應的副程式參數。
2. 副程式執行時，系統要分額外的記憶空間給副程式的參數。
3. 副程式執行完畢會將副程式參數的值，傳給對應主程式的參數。

❑ Call by value（傳值呼叫）

程式語言中的參數傳遞法之一。內容如下：

1. 將主程式的參數值，傳送給副程式的參數。
2. 無論副程式的值如何改變，並不會影響主程式的參數值。
3. 副程式必須花費和主程式的參數不同的額外記憶空間來儲存，而且副程式執行完畢後，即把此額外空間還給 CPU。

❑ CASE（電腦輔助軟體工程）

為 Computer-Aided Software Engineering 的縮寫，它是利用整合性的軟體工具從事於軟體的開發工作，以產生軟體程式及文件為目的。換句話說是一種軟體自動化（Software Automation），而且也是一套法則。不過資訊人員在使用 CASE 開發軟體，就是依照軟體工程的原則；甚至於文件製作，也可由 CASE 製作。

❑ Circular array（環狀陣列）

所謂環狀陣列，就是將陣列的頭尾元素相接，亦即第一個元素為最後一個元素的後繼者。

❑ Circular list（環狀串列）

如果我們將串列的最後一個節點的指令指向串列結構開始的第一個節點，我們就稱此串列為「環狀串列」（circular list）。

環狀串列可以從串列中任一節點來追蹤所有串列的其他節點，也無所謂哪一個節點是首節點。

❑ Circular queue（環形佇列）

資料結構學科中，環形佇列就是把佇列看成如下圖的環狀結構，不過 front 和 rear 的初值設定為 0 而不是 -1。front 永遠以逆時鐘方向指著佇列中第一個元素的前一個位置，rear 指向佇列目前的最後位置。

另外我們要強調的是若且唯若 front=rear 時，佇列是空的；而且在製造環形佇列的環形運動時，可以使用模數（mod）來達成。

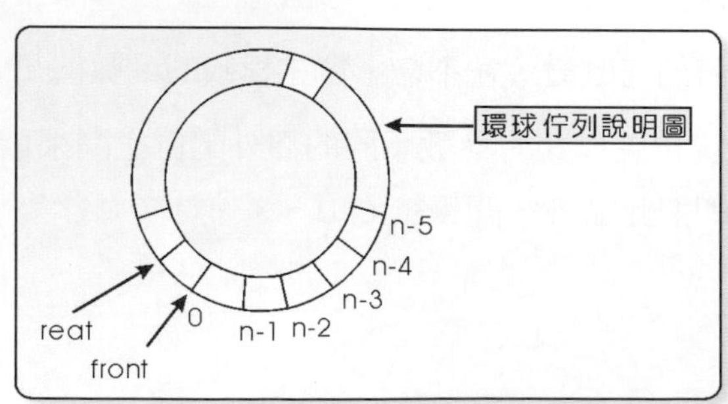

❑ class（類別）

類別是物件型別的軟體實作。它定義了資料結構及可應用在此物件中運算動作的方法。例如在 C++ 中的 Class，就是要建立一種新的型態，這種型態不單純是一種如整數、實數一樣的純量型態，反而可以看到一種抽象資料型態（ADT）。其實 Class 就好像一種型態的宣告，不過這種型態裡面不但有一般的變數，還有屬於這種型態下專有的運算函數。

❑ Coalescing holes（間隙接合）

若有兩相鄰記憶區塊則將其合併成另一個較大的記憶區塊。

❑ Comparison Operators（比較運算子）

比較運算子或稱為關係運算子（relational operators）。它的功用是在表現式（expression）中執行比較（comparison）的工作。我們也以下表來為各位說明：

運算子	運算意義
=	等於
<>	不等於
>	大於
<	小於
>=	大於或等於
<=	小於或等於
is	物件等於

❑ compiler（編譯器）

功用就是把高階語言翻譯成機器語言的工具程式。

❑ compliment（補數）

所謂「補數」就是相反數。某一數和其相反數作加法運算，其值為零。如下：X+（X 的補數）=0，而電腦內部的負數常用補數去表示。

❑ **Computer Virus（電腦病毒）**

事實上所謂的電腦病毒，是指某種會有不斷複製能力的某些具有破壞性程式而言，它經常存在一般的軟體程式中或進入主記憶體內，不斷的傳播病毒給其他在這部電腦內使用的磁片，等到某個固定時間病毒發作時，便進行破壞資料檔的工作。

❑ **Concurrent Subroutine（同作常式）**

副程式的一種。這種副程式的方法的最大特徵就是副程式中的執行順序不再要求是單線控制（Single thread of control）。

例如在傳統語言中，如 FORTRAN、ALGOL 60、PASCAL 等，所有程式中的敘述皆以一個接一個（one by one）的順序方式執行；而且對程式進行中的任何瞬間，都僅有唯一的敘述執行，這樣的觀點就稱為單線控制。

對於即時系統（real time system）中，單線控制就英雄無用武之地。這時就要使用多線控制；簡單的說，就是程式執行的瞬間，可看到好幾個敘述同時在執行，而這種觀念就稱為同作常式（Concurrent Subroutine）。

❑ **Critical Section（臨界區間）**

系統程式中名詞，表示 process 中的一段程式碼（code），會讀取或修改共享變數，當一個 process 進入 critical section 時，不允許任何其它 process 進入。

D 字部

❑ **Data（資料）**

是一種單純且沒有意義的表示方式，如文字、符號、數值等。這些資料經過整理後，可以呈現出令人容易理解的資訊。

❑ Data Abstraction（資料抽象化）

指將資料庫系統分為三個層次，外層（External level）、概念層（Conceptual level）及內層（Internal level）的過程。

❑ Data Encryption（資料加密）

資料庫系統所提供的授權辦法無法完全防護機密的資料。這時可將機密資料加以編碼（Encrypt）。除非知道破解之道，否則無法了解其內容。尤其是在分散式資料系統的資料傳輸上，為了安全的理由可加密後加傳一個 Key 做為保密之用。

❑ DDBMS（分散式資料庫管理系統）

為 Distributed Data Base Management System 的縮寫，資料邏輯上屬於同一資料庫，但實際上卻被分散放置在各處的資料庫中，此時管理這些資料庫的系統，即稱分散式資料庫管理系統。

❑ Decision Tree（決策樹）

在系統分析中，決策樹的作用和「決策表（Decision Table）」相同，可以說它就是將決策表的內容繪製成樹狀圖形的模式。例如：

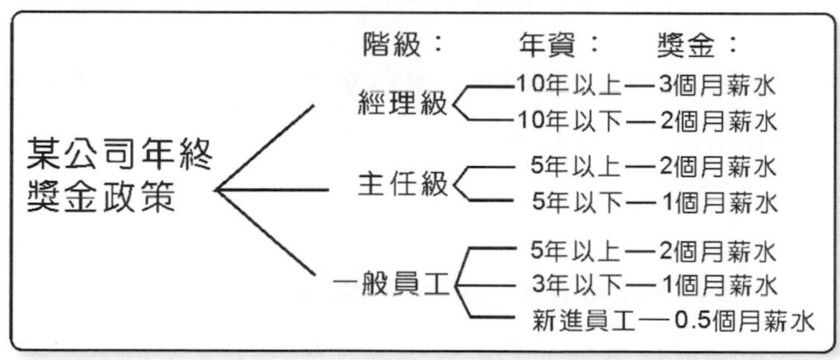

決策樹和決策表雖然類似，但兩者之間仍然有所不同：

1	對了解這二種工具的困難度而言，決策樹最容易被初學者接受
2	對於邏輯驗證的相關問題，決策表比決策樹效果更佳
3	作為程式設計的資料而言，決策表比決策樹更好
4	對於修正的彈性度而言，決策樹又比決策表更棒

❑ DES（加密法）

為 Data Encryption Standard 的縮寫，是由 IBM 發明，並以 54bit 的鑰匙（key）作用於長度 64bits 資料上的一種加密及解密方法。

❑ DFS（先深後廣法）

DFS 是資料結構中圖形的追蹤方法之一，其基本原理如下：

1. 選擇一個頂點 Vx 當做起始點，並做一個已拜訪過的記號。
2. 在所有與 Vx 相連且未被拜訪過的頂點中任選一個頂點，令 Vy 做一個已拜訪過的記號，並以 Vy 為新的起點進行先深後廣搜尋。先深後廣主要是使用堆疊技巧遞迴的進行，由於每次均是任意選取一個和 Vx 相連的頂點當做新的起點，因此搜尋的結果並不唯一，可以有多組解。搜尋之後若有剩餘頂點，則表示此圖形並不相連；反之則相連。
3. 若採用相鄰矩陣來搜尋，決定任一頂點 V 的所有相鄰頂點需 O(n) 的時間，若共需拜訪 n 個頂點，時間為 $O(n^2)$。若採用相鄰串列，則串列每一頂點只需拜訪一次，所需時間為 O(e),e 為邊的數目。

❑ Direct Access Method file（直接處理檔案）

資料的存取和儲存位置無關。資料存放在磁碟上之位址，乃根據其關鍵值經某特定之公式演算而來。故可以直接存取任一筆記錄，其存取速度最快。而這些公式我們就稱為赫序函數（Hashing Function）。

❑ Direct recursion（直接遞迴）

在遞迴式（recursion）中，遞迴函數可以呼叫自身。

❑ Display Stack（顯示堆疊）

對用靜態鏈指標存取子區間環境每次都需要循鏈回溯，效率較不好，所以可用所謂的顯示堆疊來解決。但其缺點是當 I/O 時需增加額外的成本。顯示堆疊中包含了各種指標，這些指標指向目前區段的活動記錄及包含目前區段的活動記錄。

❑ Divide and conquer（分治法）

是一種很重要的演算法，可以應用分治法來逐一拆解複雜的問題，核心精神在將一個難以直接解決的大問題依照相同的概念，分割成兩個或更多的子問題，以便各個擊破，分而治之。演算法的設計方法之一。如快速排序法（quick sort），方法是將問題分成兩半，如此遞迴進行，直到小到可以解決問題為主。再將結果用遞迴兩兩合併，直到完成。

❑ Double Linked List（雙向鏈結串列）

資料結構科學中，單向鏈結串列和環狀串列的最大缺點就是萬一不幸其中有一個鏈結斷裂，那麼後面的串列資料便遺失而永遠無法再復原了。所以，我們利用雙向鏈結欄，讓每一個節點有左、右兩個鏈結欄；且一個指向前一個節點，一個指向後一個節點。另外，為了使用方便，通常加上一個串列首；其資料欄不存放在任何資料，其左邊鏈結指向串列最後一個節點，而右邊鏈結欄指向第一個節點。如下圖所示：

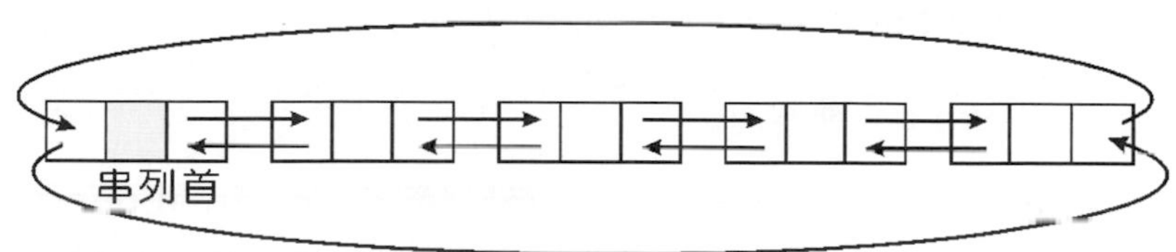

下面是有關雙向鏈結串列，更清楚的說明其定義：每個節點具有三個欄位（如下圖所示）其中 LLINK 指示前一個節點，RLINK 指向後一個節點。

資料結構 ⟶	LLINK	DATA	RLINK

有 3 項成立要素：

1. 雙向串列前加上一個串列首，此串列首不具備任何 DATA。
2. 假設 ptr 為一指標而且指向雙向鏈結串列的任一節點，則 ptr=RLINK (LLINK(ptr))=LLINK(RLINK(ptr))。
3. 若雙向串列是空串列，則只有一個串列首。

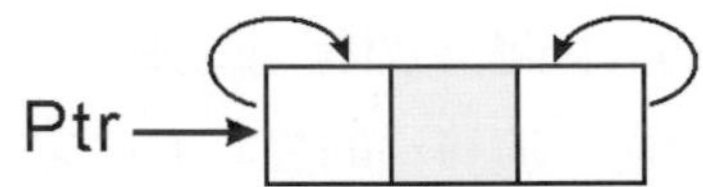

❑ DSS（決策支援系統）

是一種提供規劃、分析、解決企業辦公室內相關問題的資訊應用系統。重要的是並非決策的制定，而是使決策得到解決問題過程中各種可行方案。

❑ dynamic checking（動態檢驗）

在程式執行中，仍必須維持每一個資料對象一個型態的資訊。

❑ Dynamic link（動態鏈）

活動記錄中的一個欄位，根據動態領域法（dynamic scoping）的原則，它是指向呼叫它的副程式。

❑ Dynamic Linking（動態連結）

程式開始執行時，只載程式段，當執行外部參考（external reference）時始呼叫 loader 載入該程式段以解決外部參考的問題；這種異於傳統鏈結方式的作法即為動態連結。

❑ Dynamic loading（動態載入）

Dynamic Loading（動態載入）：使用到的段落載入 primary storage，沒使用到暫放於 secondary storage，此種技巧（使用時才載入）我們稱為 Dynamic Loading。

❑ Dynamic Storage allocation（動態儲存配置法）

變數儲存區配置的過程是在程式進行中（RUNTIME）處理，如 PASCAL 的區域變數 BASIC 及 LISP 等。

❑ Dynamic Storage Management（動態記憶體管理）

多程式（Multi-programming）電腦的作業系統，允許 CPU 同一時間內執行多個程式，每當一個程式要執行時，作業系統便從可用記憶中取一塊足夠的記憶體，以配置給該程式。執行完畢時，作業系統便回收記憶體；作業系統處理記憶體的配置或回收的工作，就稱做「動態記憶體管理」（Dynamic storage Management）。

❑ Dynamic variable（動態變數）

是指該變數在記憶體的位址，乃是在執行時作業系統才分配給它。

E 字部

❑ encapsulation（封裝性）

在物件導向的觀念中，將物件的特性與方法組合起來的動作稱為「資料封裝」（Encapsulation），資料封裝最主要的優點便是可以達到資訊隱藏（information hiding）與模組化（modularity）的功能。

所謂的資訊隱藏，我們可以將它想像成感冒膠囊，當我們感冒服用感冒膠囊時，我們並不知道它裡面包含什麼種類的藥粉，我們也不知道它是如何被製作出來的，我們只知道它的功能是用來治療感冒的。在程式裡的物件也是這樣，它的內部資料以及實作都被隱藏起來，我們只需要知道如何使用它就可以了。而一粒粒的膠囊就是「模組化」的物件，它不是分離的藥粉與膠囊殼，而是經過「資訊封裝」後，擁有具體形象的膠囊。

❑ encryption（加密）

為一種保護資料的方式，透過某一個主鍵，能將資料編碼成不可閱讀的狀況，充份達到資料保密的目的。

❑ Eulerian chain（尤拉鏈）

資料結構的圖形結構中，表示從任何一個頂點開始，經過每一個邊一次，但不一定要回到原出發點。只允許其中 2 個頂點的分支度是奇數，其餘必須是偶數。

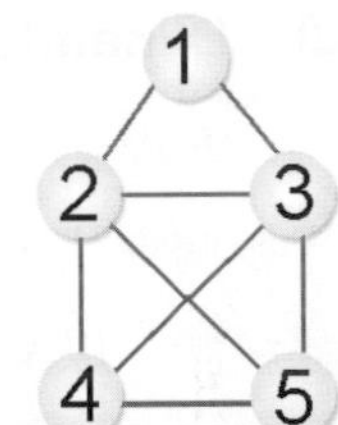

❑ Eulerian cycle（尤拉環）

資料結構的圖形結構中，表示都經過每個邊一次，再回到出發的那個頂點且每個頂點的分支度都是偶數。

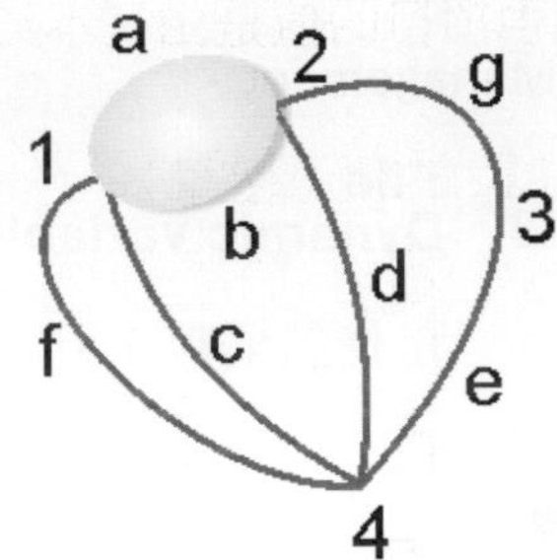

❑ Even Parity Check（偶同位）

所有數值資料含檢查位元之 0 總數為偶數。例如：01111011 ←檢查位元。

F 字部

❑ FA（有限自動機）

FA 是 Finite Automata 的縮寫。所謂 Finite Automata 為一輸入字串，經一連串之推移後，到達可接受狀態。我們稱其為一合法字串，所有字串所成之集合，稱此 FA 所認識之語言。如下例：

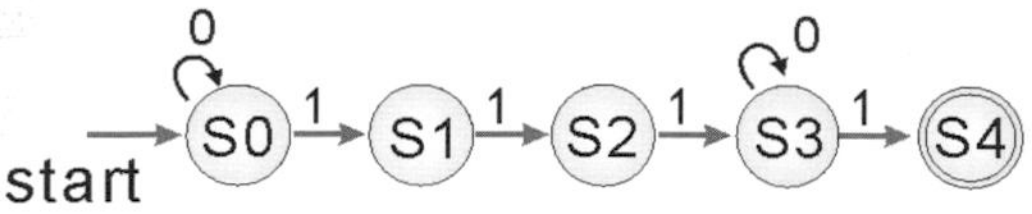

此 FA 所認知之語言為 0*1110*1 故 011101 及 111001 可被接受但 001100 則不能被此 FA 接受。

❑ Fibonacci series（費伯納序列）

以下是費伯納序列的定義：

$$F_n=\begin{cases}1 & n=0,1\\ F_{n-1}+F_{n-2} & n=2,3,4,5,6.....(n\text{為正整數})\end{cases}$$

用口語化來說，就是一序列的第零項是 0，第二項是 1；其他每一個序列中項目的值是由其本身前面 2 項的值相加所得。

❑ File（檔案）

由數筆相關的記錄構成，如學生檔就是由描述所有學生的每筆記錄所構成。

❑ File compression（檔案壓縮）

透過壓縮程式將某檔案所佔的磁碟空間大小壓縮成較小的檔案，以方便使用者拷貝或傳輸。

❑ File Decompression（檔案解壓縮）

將已壓縮的檔案還原成正常檔案的過程。

❑ flow chart（流程圖）

所謂流程圖（flow chart）是指使用一種標準的圖形符號，以各個符號有條理及先後順序關係來說明解決問題的程序及方法。其優點如下：

1. 協助程式設計師以較簡單之方式表達解決問題的邏輯和程序。

2. 由於使用標準符號表達問題解決之邏輯，使工作之交接更加方便，程式更易於維護及除錯。
3. 有利於電腦從業人員研究溝通問題。

❑ Formal Parameter（形式參數）

被呼叫副程式中的參數，就稱為形式參數。

❑ Free tree（自由樹）

一個相連的（connected）、不循環的（Acyclic）、無方向（undirected）的圖形。

G 字部

❑ Garbage collection（垃圾收集法）

將系統所不需要使用的記憶體空間收集起來。一般是當自由空間串列用盡時，且又需要記憶體時，中止運算並處理垃圾收集法。

❑ global variable（全域變數）

在主程式中所定義的變數，且壽命與主程式一樣的，稱為全域變數。也就是只有在主程式結束執行時，全域變數在記憶體中才會消失。

❑ Greed Method（貪心法）

又稱為貪婪演算法，方法是從某一起點開始，就是在每一個解決問題步驟使用貪心原則，都採取在當前狀態下最有利或最優化的選擇，不斷的改進該解答，持續在每一步驟中選擇最佳的方法，並且逐步逼近給定的目標，當達到某一步驟不能再繼續前進時，演算法停止，以盡可能快的地求得更好的解。經常用在求圖形的最小生成樹（MST）、最短路徑與霍哈夫曼編碼等。

H 字部

❑ Hash Table（雜湊表）

可為欄位提供一雜湊函數，以決定資料庫表格中一筆記錄的位置的一種存取方法。

❑ hashing function（雜湊函數）

雜湊搜尋法是透過一個數學函數來計算（或轉換）一個鍵值所對應的位址，由於這種搜尋可以直接且快速地找到鍵值所存放的位址，而無須透過循序搜尋的尋找方式，因此有人稱雜湊是一種中鍵值至位址的關係轉換，更重要的是，任何透過雜湊搜尋的檔案都不需經過事先的排序。也就是直接以：

鍵值→雜湊函數→位址

一般而言，在有限的記憶體中，使用雜湊函數可快速的建檔、插入、刪除、搜尋及更新。

雜湊的四大優點：

1. 使用赫序法搜尋，事先不用排序。
2. 搜尋速度與資料多少無關，在沒有碰撞和溢位下，只需一起讀取即可。
3. 保密性高，不事先知道雜湊函數，就無法搜尋。
4. 可做資料壓縮，可節省空間。

❑ Heap sort（堆積排序法）

排序法的一種，它是利用堆積樹的概念來排序，其步驟如下：

1. 將輸入的檔案記錄建成一完整二元樹。
2. 把此二元樹轉成堆積樹。
3. 樹根是最大值，將樹根與二元樹中的最後一個節點位置對調，然後再扣除原樹根的節點，重複執行步驟 2,3 直到僅剩一個節點。

4. 將處理過的樹對應陣列，依序輸出內含值，即可得到由小到大的順序記錄。

❑ heap tree（堆積樹）

何謂堆積樹：

1. 是一個完整二元樹。
2. 每一個節點的值都大於子節點的值。
3. 樹根是堆積中最大的。

例如：

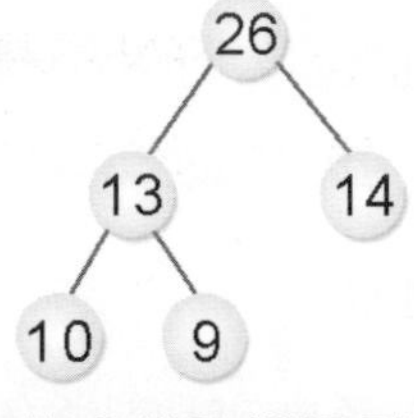

符合堆積樹規則

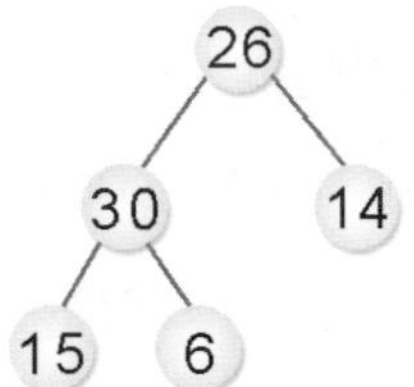

不符合堆積樹規則

I 字部

❑ Inference Engine（推理引擎）

推理引擎是運作在一些法則（rule）上，而這些法則都是有關於某一專業領域的知識。它有前導式（forward）和後導式（backward）兩種推理方式，它使得電腦不需要應用程式就可作複雜的推理，也是人工智慧中的基本技巧。

❑ Infix（中序法）

在資料結構中，描述計算機中所用的四則運算法之一。方式如下：< 運算元 >< 運算子 >< 運算元 > 如 A+B。而我們一般日常生活中所用的表示法都是中序法。但中序法有運算符號的優先權結合性問題，再加上複雜的括號困擾，對於編譯器處理上很傷腦筋。解決之道是將它換成後序法（較常用）或前序法。

❑ Information（資訊）

是資料經過處理後而具備特定的屬性和意義，可以用來幫助某些決策的訂定。

❑ Inorder traversal（中序追蹤）

二元樹追蹤的一種，步驟為：

1. 追蹤左子樹。
2. 拜訪樹根。
3. 追蹤右子樹。

❑ Insertion sort（插入排序法）

排序法的一種，是將資料項逐一比較，每次比較一項，將資料項置於原來表格或檔案的適當位置。可以看作是在一串有序的記錄 R1,R2…Ri 中，插入新的記錄 R，使得 i+1 個記錄排列妥當。演算法如下：

```
Procedure Insert-sort(X,n)
X0←-32767(-∞)
for j=2 to n do
    i←j-1
    t‹ Xj
    while t<Xi do
        Xi+1←Xi
        i←i-1; end
        Xi+1←t
    end
end
```

❑ iterative method（疊代法）

疊代法（iterative method）是無法使用公式一次求解，而須反覆運算的演算法，例如用迴圈去循環重複程式碼的某些部分來得到答案。

L 字部

❑ Linear List（線性串列）

線性串列（Linear-list）是最常用且最單純的一種資料結構。簡單的說，線性串列是 n 個元素的有限序列，像 26 個英文字母的字母串列就是：（A,B,C,D,E,…Z）。對電腦而言，陣列可以說是標準的線性串列結構。我們首先給線性串列一個較嚴謹的定義，它有以下 4 大特點：

1. 存在唯一的第一個元素。
2. 存在唯一的最後一個元素。
3. 除第一個元素外，每一個元素都有一個唯一的前導者。
4. 除最後一個元素外，每一個元素都有一個唯一的後序者而線性串列依照它在電腦中儲存的方法又可簡單分為 2 種：

   ① 循序結構（contiguous allocation）：將線性串列使用連續空間來儲存，一般即為程式語言中的陣列型態，又可稱為密集串列（denselist），或靜態結構。

   ② 鏈結結構（linked allocation）：一般指動態的串列結構（指標型態）。

❑ linked list（鏈結串列）

定義：串列中的每一個節點均不需儲存於連續的記憶體位置，且是一個指向節點的指標，每一個節點包括：

1. 資料欄。
2. 鏈結欄。（是一個鏈結串列的基本節點）

   如串列 A={a，b，c，d，x} 其單向鏈結串列資料結構圖如下：

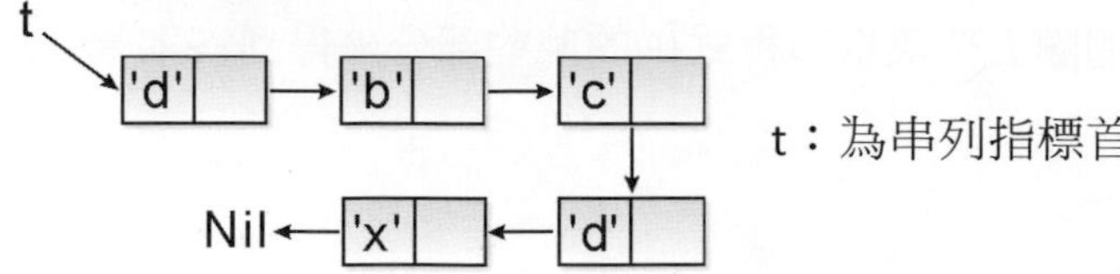

❑ LISP（列表處理語言）

為 List Processor 的縮寫，和 prolog 一樣都是屬於一種人工智慧的程式語言。這種語言具備以下特點：

1. 基本資料結構稱為 S-expression（symbolic expression）包含二類，一為串列（list），二為原素（atom）。
2. 外號是「人工智慧的低階語言」，即難學習但是效率高。
3. 利用「垃圾收集法」作為記憶體管理方式（garbage collection）。類似 Basic，屬於 Dynamic binding。
4. 算術運算式表示法：有點像前序法，但是有不太像，差別是 LISP 多了括號。
5. 依賴遞迴的觀念控制整個資料結構（Everything in Lisp is recursive）。
6. 非結構化程式語言，稱為功能程式語言（functional programming），整個程式是以函數間的呼叫為主，沒有敘述句及上下層級觀念。

❑ Local variable（區域變數）

程式語言中，在某個區塊（block）內，如：副程式，所定義的變數。

❑ Logical Operators（邏輯運算子）

邏輯運算子主要是用來處理邏輯運算，邏輯運算事實上就是一種 true 和 false 的運算。例如：在 VBScript 中，true 可用數字 -1 代表，false 則可用數字 0 代表。

❑ Logical record（邏輯記錄）

由於在磁帶使用上為了避免浪費空間，必須將多筆個別記錄組成一段固定大小的單位。而每一筆個別的記錄就稱為「邏輯記錄」（logical record）。

M 字部

❑ Merge sort（合併排序）

原理：將兩個或兩個以上已排序好的檔案，合併成一個大的已排序好的檔案。

【過程】

1. 將 N 個長度為 1 的鍵值成對地合併成 N/2 個長度為 2 的鍵值組。
2. 將 N/2 個長度為 2 的鍵值組成對地合併成 N/4 個長度為 4 的鍵值組。
3. 將鍵值組不斷地合併，直到合併成一組長度為 N 的鍵值組為止。
4. 這是一種切割征服觀念的應用。

【演算法】

```
Procedure mergesort(a,1,r:integer)
Var I, j, k, m:integer;
begin
if r-1>0 then
    begin
    m:=(j+1)div 2;
    mergesort(1,m)=
    mergesort(m+1,r);
    for i=m down to 1 do
        b[i]:=a[i];
        for j:=m+1 to r do
            b[r+m+1-j]:=a[j];
            for k=1 to j do
                if b[i]<b[j] then
                    [a[k]=b[i];
                    i=i+1;]
                else
                    [a[k]:=b[j];
                    j:=j-1]
            end
    end
```

❑ **multigraph(複線圖)**

資料結構的圖形結構中，表示圖形的定義是在邊(edge)的集合中，相同的邊不可以有 2 條以上。也就是說複線圖不是一種圖形，且有一條以上相同的邊。

❑ **Multiprogramming(多元程式作業系統)**

就是多工(Multitasking)作業系統，此種作業系統允許同一時間執行一個或多個程式。事實上這種系統的作業是為節省 CPU 時間，允許多個程式同時存於記憶體中，當執行中的程式在處理 I/O 工作時，便將 CPU 時間給下一個程式使用。因電腦執行速度很快，使用者感覺起來好像有多個程式同時在執行，不過 CPU 卻只有一個。

O 字部

❑ **Object(物件)**

一個物件(Object)是一種東西，可能是實體的、可能是抽象的，而我們可以存放資料，及可以處理這些資料的方法在其中。

❑ **Occurrence Tree(階層式的事件樹)**

資料庫的專有名詞。階層式的資料是依綱目的組織型態儲存的，每一份的資料(案例)稱為 Occurrence Tree。

❑ **Octree(八元樹)**

如果不為空樹的話，樹中任一節點的子節點恰好只會有八個或零個，也就是子節點不會有 0 與 8 以外的數目，八個子節點則將這個空間將其遞迴細分為八個象限或區域。

❑ Overloading（覆載）

相同名稱的函數（Method）可以重複定義成不同的型態和參數，執行呼叫時，依引數的型態做動態繫結 Dynamic binding。在相同的類別（Class）中，找出不同型態的同名函數。

P 字部

❑ Password Control（密碼控制法）

系統控制工作項目之一，指在思考到整個系統的「安全性」與「隱密性」時，我們可以利用不同層次者所擁有的密碼來管制使用者對系統參與及利用的程度。

❑ pattern matching（鑄型匹配）

鑄型（pattern）本身即是一種資料對象用以控制從屬子串（即引數字串 subject string）上的尋找動作，若在從屬字串上找到相配合的子字串，則和一個表示成功的布林值對應，反之則傳回一個空子串及失敗的布林值。我們可以這樣認為鑄型在 SNOBOL 語言中是一個資料型態。也就是說鑄型是變數的合法值，一個鑄型於執行時被設定為一種特定形式以適合鑄型匹配器的有效轉譯。這種形式是個樹形的記憶體連結狀。

❑ Polyphase Merge（多相合併）

在資料結構科學中，一般處理 k way merge 時，為求平衡，通常是將合併的行程平均分配到 k 個磁帶上，這樣子往往需要 2k 個磁帶（k 個當輸入，k 個當輸出），以防止準備下一次合併過程中行程被重新分配，此舉將造成磁帶的浪費。解決：這種路帶合併排序便稱為磁帶的多步合併排序。它的特點是：有 k+1 臺磁帶機可作 k- 路多步合併，輸出帶由各帶輪流擔任，每一步合併都進行到有且僅有一條輸入帶變空為止，且該磁帶為下一步的輸出帶。

❑ Postfix（後序法）

在資料結構中，描述計算機中所用的四則運算法之一。方式如下：< 運算元 >< 運算元 >< 運算子 > 如 AB+。

❑ Postorder traversal（後序追蹤）

二元樹的追蹤法的一種，步驟為：

1. 追蹤左子樹
2. 追蹤右子樹
3. 拜訪樹根

❑ Preorder traversal（前序追蹤）

二元樹追蹤法的一種，步驟為：

1. 拜訪樹根
2. 追蹤左子樹
3. 追蹤右子樹

❑ Prim's algorithm（Prim 定理）

資料結構圖形結構部分中，建立 MST 的兩種方法之一。定理如下：有一網路 G=(V,E)，其中 V={1,2,3...N}，起初設 U={1}，U,V 是 2 頂點的集合，然後從 V-U 集合中找一頂點 X，能與 U 集合中的某點形成最小成本的邊，把這一頂點 X 加入 U 集合，重複其步驟，直到 U=V 為止。

❑ Priority queue（優先佇列）

不以時間優先順序進出，而以每一個元素所賦予的優先權進出。更清楚的說，每一個佇列中的元素，我們都賦予一個代表優先權的數字，最大的數字就有最高的優先權。所以優先佇列可以用陣列結構來表示，陣列的第一元素通常是代表最高優先權。一般在 CPU 的工作排程，我們會用到優先佇列，也就是像層級越高的管理者就有較一般員工較先享有 CPU 的權力。附帶說明的是，如果每一個新加入的優先權均高於已在佇列中的元素，此時優先佇列也就是一種堆疊。但如果每一個新加入元素的優先權均低於已經在佇列中的元素時，此時的優先佇列也就是一般佇列。最後，我們再談談佇列的應用；除了以上所提可用於工作排程之外，另外還有下列 2 種：

1. 作為輸出、入工作緩衝區；例如：spooling 是先將輸入資料寫在磁碟上，再輸入電腦處理，處理後的資料先寫在磁碟上，再由印表機印出。
2. 用於電腦模擬（computer simulation）方面，在模擬中經常有時間導向（time-driven）或事件導向（event-driven）的輸入訊號，由訊號到達的時間不一定，也是用佇列來安排。

❑ Process Design Language（虛擬碼）

簡稱 PDL，是一種非正規且較高層次的程式語言，且有下列四點特性：

1. 虛擬碼的指令集沒有限制，可任意增減（Open-ended）。
2. 虛擬碼不能編譯，不被任何正規語言的文法規則束縛。
3. 與機器沒有相關。
4. 適合近代軟體發展觀念在寫程式之前方便做設計上的檢查。

❑ Pseudo Instruction（虛擬指令）

系統程式中的專有名詞。Pseudo Instruction 是命令 assembler 作適當且必要的處理，但不產生目的碼（object code），對於某些單純指令，可從機器碼還原到原來指令，但並不是所有的指令都能恢復。如：Using，告知組合程式使用那一個基底暫存器。

Q 字部

❑ Quadtree（四元樹）

類似一般的二元樹，經常應用於二維空間資料的分析與分類，就是樹的每個節點擁有四個子節點，而不是 2 個，目的是將地理空間遞迴劃分為不同層次的樹結構。再將已知範圍的空間等分成四個相等的子空間，在檢查的時候就可以鎖定部分區域的物體，從而增加效率。

❑ Quick sort（快速排序法）

資料結構學科中排序法的一種，它是利用就平均時間而言，快速排序是所有方法中最好的。方法如下：假設有 n 個 R1,R2,R3…Rn 其值為 k1,k2,k3...kn 其步驟如下：

1. 令 k= 第一個鍵值。
2. 由左向右找出一個鍵值 ki → ki>k。
3. 由右向左找出一個鍵值 kj → kj>k。
4. 若 i<j 則 ki 與 kj 交換，然後跳到步驟 2。
5. 若 i≧j 則將 k 與 kj 交換，並以 j 為點分割成左、右兩半，然後分別針對左、右兩半進行步驟 1 至 5，直到左半邊鍵值 = 右半邊鍵值為止。

R 字部

❑ Recursive Routine（遞迴程式）

指的是一副程序可以呼叫本身的程序（此類稱為直接遞迴）或一個程式 A 可以呼叫另一個副程式 B，而副程式 B 又可以呼叫 A（此類稱為間接遞迴）。

❑ Relational Database（關連式資料庫）

關連式結構係利用一些被定義的集合，以表格的形式組成各種關連（Relation），然後將這些關連組合起來。

❑ Reserved Word（保留字）

指程式語言中具有特殊意義或能執行某些特定功能的字，使用者不可在程式中使用這些保留字。

S 字部

❑ Scalar data type（純量資料型態）

資料型態的一種，一般說來可分為 4 種：

1. 數值資料型別包括：
   ① 整數（integer）
   ② 實數（real）
   ③ 子區間（subrange）
   ④ 固定點實數（Fixed-point real）
   ⑤ 複數（complex）
   ⑥ 有理數（rational number）
2. 布林型態（boolean type）。
3. 字元（character）及字元串（string）。
4. 列舉式資料型態（enumerated data type），即使用者自定型態。

❑ Schedule Subroutine（排程副程式）

這類型副程式的關鍵是在呼叫當時，並未馬上控制權轉移，只有當狀況發生時才去執行，進行控制權轉移。

❑ Search（搜尋）

在資料結構科學中，所謂搜尋指的是從資料檔案中找出滿足某些條件的記錄之動作就叫做搜尋（Search），用以搜尋的條件稱為鍵值（Key），就如同排序所用的鍵值一樣。又根據資料量的大小，可分為：

1. 內部搜尋：資料量較小的檔案可以一次全部載入記憶體以進行搜尋。
2. 外部搜尋：資料龐大的檔案便無法全部容納於記憶體中，這種檔案通常均先加以組織再存於磁碟中，搜尋時也必需循著檔案的組織特性來達成。

❑ Selection sort（選擇排序法）

首先在所有的資料中挑選一個最小的項放在第一個位置（假設是由小到大），再從第二個開始挑選一個最小的放在第 2 個位置，有 n 個記錄→ n-1 對調（最多）及 n(n-1)/2 次比較。演算法如下：

```
Procedure Sel-Sort(An)
for i←1 to n-1 do
    j←i
    for k←j+1 to n do
        if A(k)<A(j) then
            j←k
        end
        temp=A(i)
        A(i)=A(j)
        A(j)=temp
    end
end
```

❑ Singly Linked List（單向鏈結串列）

定義：串列中的每一個節點均不需儲存於連續的記憶體位置，且是一個指向節點的指標，每一個節點包括：

1. 資料欄
2. 鏈結欄（是一個鏈結串列的基本節點）

如串列 A={a,b,c,d,x} 其單向鏈結串列資料結構圖如下：

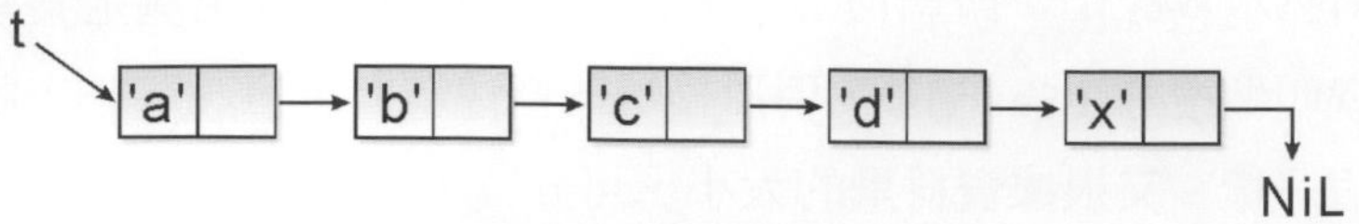

t：為串列指標首

❑ SNOBOL（程式語言）

SNOBOL 最有名之處是它的字串處理和鑄型匹配（Pattern matching）運算；另外也是它最新發明程式師自定型態的功能。在執行上，和 PASCAL 或 C 比較，SNOBOL 是屬於動態繫合（dynamic binding）。也就是在執行期間（RUN TIME），可能有新變數定義，子程式控制流程改變；甚至於 "+" 及 "*" 的基本運算意義都會改變。所以 SNOBOL 的程式很彈性，不過也容易發生錯誤。和 LISP 一樣，我們不需要先宣告變數的型態，在執行期間變數名稱可能在程式的不同地方會表示不同型態。在 SNOBOL 中的變數是一種指標結構，這個指標是指向中文字串表內的資料對象。其他像 SNOBOL 也提供多維度陣列及特性表列（稱為（tables）），其中每個成份的資料部份都可於執行時隨時改變。

❑ Spanning tree（擴張樹）

資料結構科學中，一個圖形的擴張樹是以最少的邊來連結圖形中所有的頂點且不造成 cycle 的樹狀結構。更清楚的說，當一個圖形連通時，則使用 DFS or BFS 必能拜訪圖形中所有的頂點，且 G=(V,E) 的所有邊可分成 2 集合：T 和 B（T 為搜尋時所經過的所有邊，而 B 為其餘未被經過的邊），if S=(V,T) 為 G 中的擴張樹（spanning tree），具有以下三項性質：

1. E=T+B。
2. 加入 B 中的任一邊到 S 中，則會產生 cycle。
3. V 中的任何 2 頂點 Vi,Vj 在 S 中存在唯一的一條簡單路徑。

❑ Sparse matrix（稀疏矩陣）

一個矩陣內的大部份元素值是零。例如：以下矩陣即為一稀疏矩陣：

$$\begin{bmatrix} 15 & 0 & 0 & 22 & 0 & -15 \\ 0 & 11 & 3 & 0 & 0 & 0 \\ 0 & 0 & 0 & -6 & 0 & 0 \\ 0 & 0 & 0 & 0 & 0 & 0 \\ 91 & 0 & 0 & 0 & 0 & 0 \\ 0 & 0 & 28 & 0 & 0 & 0 \end{bmatrix}$$

❑ SQL（結構化查詢語言）

所謂 SQL 乃是結合觀點定義語言（VDL）、資料定義語言（DDL）、資料操作語言（DML）、及資料控制語言（DCL）的一種整合性資料庫語言。

SQL 關連式資料庫語言便是一種典型的例子。正因 SQL 已成為目前關連式資料庫的標準語言，所以我們常看到的資料庫產品都提供了 SQL 界面。也就是說，如果你懂了 SQL，你就可以在各種電腦上資料庫系中撰寫程式及存取資料。

❑ Stack（堆疊）

是一個具有後進先出（LIFO）特性的資料型態，所有的加入與刪除動作，皆在頂端完成。

❑ Static link（靜態鍵）

活動記錄中的一個欄位，根據靜態領域法（Static scoping）的原則，它是指向包含它自己的程式區塊。

❑ Static memory（靜態記憶體）

大多數的模組在任務執行完成以後，會將執行結果和控制權還給它的叫用者，而所有執行過程的中間結果都將不復存在。然而，有些模組的內部會有一些記憶，這些記憶下次被叫用時的狀態與前一次執行完成時的結果一樣，這就稱為「靜態記憶」。

❑ Static Scoping（靜態領域法）

在程式編譯（compiling time）或翻譯（translation time）時，決定變數參考（reference）到那個資料物件。作法如下：

1. 在某個程式區塊（Block）中，如果有在此區塊內未曾定義的變數，則往包含此區塊的上一層尋找。
2. 若找到了變數的宣告，就看做該變數是在此區塊中定義。如果在本層仍未發現，就繼續再往包含此區塊的上層區塊尋找，直到找到第一次開始宣告此變數的區塊。
3. 如果一直未發現此變數的宣告，則稱此變數未曾宣告。
4. 大部分的語言，如：FORTRAN、COBOL、Ada、C、PASCAL 是使用此種方法。

❑ Static Storage allocation（靜態儲存配置法）

變數儲存區配置的過程，是在程式編譯（Compiling Time）時處理，如COBOL、FORTRAN 與 PASCAL 的全域變數。

❑ Structured data type（結構化資料型態）

資料型態的一種，它的定義是一資料結構包含其他資料對象，為其元素或成份的資料對象。種類如下：

1. 陣列（array）
2. 記錄（record）
3. 字串（string）
4. 串列（list）

5. 堆疊及佇列（stack and queue）
6. 樹狀組織（tree）
7. 有向圖形（directed graph）
8. 指標（pointer）
9. 集合（set）
10. 檔案（file）

T 字部

❑ Topological sort（拓撲排序）

在資料結構圖形部分中，若一個 AOV 網路中具有部分次序的關係，我們可將其化為線性排列，且若 V_i 是 V_j 的前行者，則在線性排列，V_i 一定在 V_j 前面，此種特性稱為拓撲排序（topological sort）。（注意：結果並非唯一）。排序的步驟：

1. 在 AOV 網路中挑選沒有前行者的頂點。
2. 輸出此頂點，並將此頂點所接的邊刪除。重複 1、2，一直到全部頂點輸出為止。

❑ Tower of Hanoi（河內塔問題）

遞迴（recursion）在解決某些問題時也確實有它獨到之處，其中法國數學 Lucas 在 1883 年所提出的「河內塔」問題，最能傳神貼切的點出遞迴法的特別之處。河內塔問題我們可以這樣描述：假設有 3 個木樁和 n 個大小均不相同的套環（disc）。開始的時候 n 個套環都套在木樁 A 上。現在我們希望是否能找到一個解答，將 A 樁上的套環藉著 B 木樁當中間橋樑，全部移到 C 木樁上的最少次數。不過在搬動時還必須遵守下列規則：

1. 直徑較小的套環永遠置於直徑較大的套環上。
2. 套環可任意地由任何一個木樁移到其他的木樁上。
3. 每一次僅能移動一個套環。

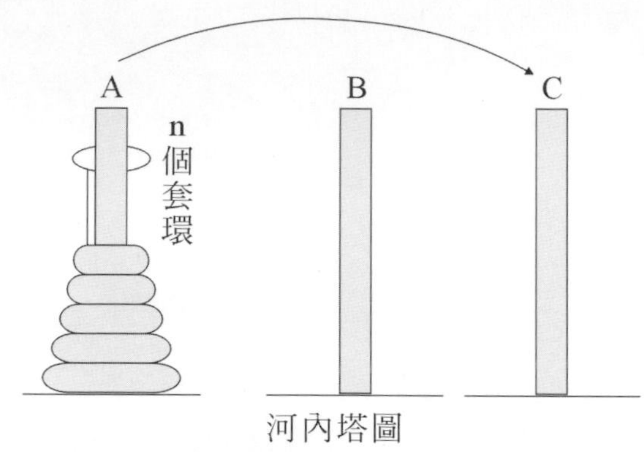

河內塔圖

❑ Tree（樹）

在資料結構學科中，樹狀結構是一種非常重要的非線性結構。不論是人類社會的族譜或是機關組織，再者計算機上的 MS-DOS 和 Unix 作業系統均是一種樹狀結構的應用。有些資料庫的管理系統，設計的原理更是利用樹狀階層的概念。當然電腦工作的從業人員對於樹狀結構一定也不會太陌生，因此樹狀結構在資料結構之中扮演了舉足輕重的地位。基本上，要了解這個重要的主題，首先我們必須從樹的定義和基本名詞開始著手。

定義：樹是一個或一個以上的節點，其中：

1. 有一個特殊的節點稱為樹根（root）。
2. 其餘的節點分為 n≧0 個不同的集合，$T_1,T_2,T_3...T_n$，則每一個集合稱它的子樹。

例如圖 (a) 就是一種樹的表示方式。

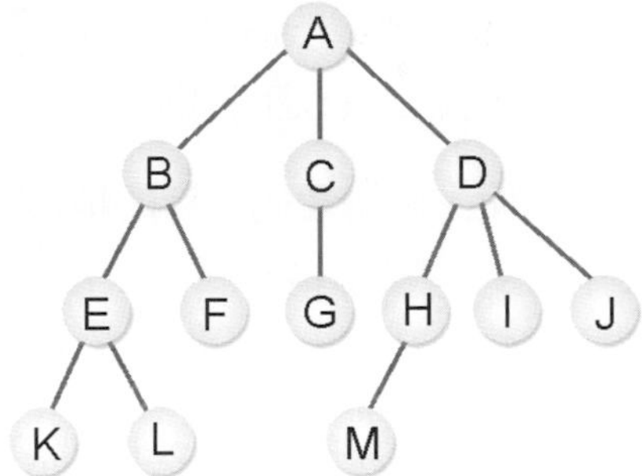

然而圖 (b) 就不是一種樹的結構。

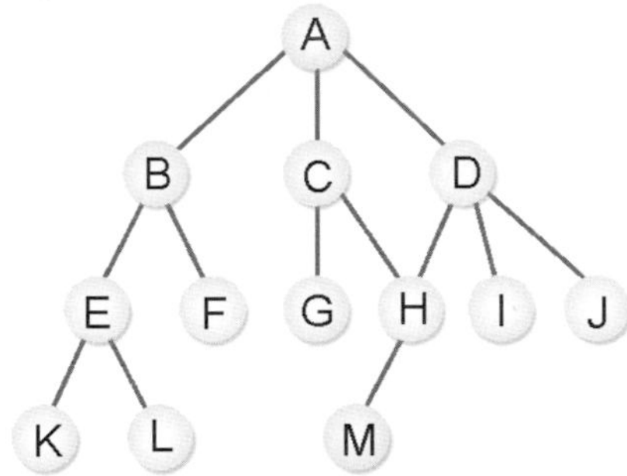

V 字部

❑ Virtual data type（虛擬資料型態）

比實質資料型態高一層，例如字串（string）、陣列（array）等。

❑ virtual storage（虛擬記憶體）

在單工作業的系統中，在任何單位時間內都只有一個程序執行。而現代作業系統的作法是將主記憶體劃分成很多等長的頁（Page frame），程式也劃分成許多等長的頁，在真正執行程式時，不需要將所有程式同時放入主記憶體中，只需要將正要執行的程式片斷以分頁的方式放入主記憶體中執行。這幾頁執行後，再執行程式的其餘頁。這樣以化整為零方式處理，可以使大於主記憶體程式段，也可以執行；這就是虛擬記憶體的說明。有虛擬記憶體的系統，允許程式大小超過主記憶的最大容量，並且有以下特點：

1. 由於分段再分頁的技巧，使主記憶體內片斷的情形幾乎完全清除。
2. 程式的位址空間可大於主記憶體，也就是說，程式大小不再受到主記憶體大小的限制，並且主記憶體可容納更多的程式。
3. 沒有虛擬記憶體的系統，程式必須全部一次放入主記憶中，程式設計比較沒有彈性。有 VS 的作業系統：UNIX。沒有 VS 的作業系統：MS-DOS。

❑ Virtual terminal（虛擬終端機）

為了讓不同型別的終端機也能共同具有處理相同的資料及程式的能力所設計出來的虛擬終端機標準。

NOTE

NOTE

讀者回函

GIVE US A PIECE OF YOUR MIND

感謝您購買本公司出版的書，您的意見對我們非常重要！由於您寶貴的建議，我們才得以不斷地推陳出新，繼續出版更實用、精緻的圖書。因此，請填妥下列資料(也可直接貼上名片)，寄回本公司(免貼郵票)，您將不定期收到最新的圖書資料！

購買書號： **書名：**

姓　　名：________________________

職　　業：□上班族　□教師　□學生　□工程師　□其它

學　　歷：□研究所　□大學　□專科　□高中職　□其它

年　　齡：□10~20　□20~30　□30~40　□40~50　□50~

單　　位：________________ 部門科系：________________

職　　稱：________________ 聯絡電話：________________

電子郵件：________________________

通訊住址：□□□ ________________________

____

您從何處購買此書：

□書局 ________ □電腦店 ________ □展覽 ________ □其他 ________

您覺得本書的品質：

內容方面：□很好　□好　□尚可　□差

排版方面：□很好　□好　□尚可　□差

印刷方面：□很好　□好　□尚可　□差

紙張方面：□很好　□好　□尚可　□差

您最喜歡本書的地方：________________________

您最不喜歡本書的地方：________________________

假如請您對本書評分，您會給(0~100分)：________ 分

您最希望我們出版那些電腦書籍：

請將您對本書的意見告訴我們：

您有寫作的點子嗎？□無　□有　專長領域：________

歡迎您加入博碩文化的行列哦！

請沿虛線剪下寄回本公司

Give Us a Piece Of Your Mind

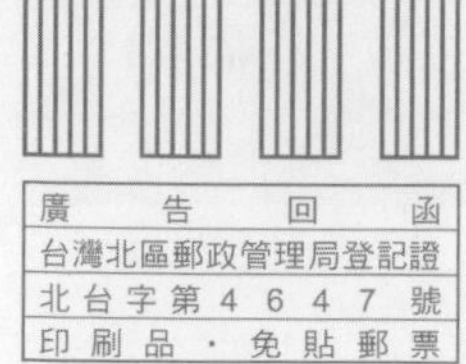

221

博碩文化股份有限公司　產品部

台灣新北市汐止區新台五路一段112號10樓A棟